CAE

制造业先进技术系列

金属材料加工CAE技术与应用

郑文涛　左晓姣　林雪健　著

机械工业出版社

本书分4篇，全面介绍了ProCAST、DEFORM、Abaqus和DANTE有限元仿真分析软件在金属材料铸造成型、塑性成形和切削加工、焊接和热处理过程数值模拟中的应用，包括低压铸造、压力铸造、连续铸造、离心铸造、阀体熔模铸造等8种典型铸造成型工艺模拟；模锻、挤压和轧制3种典型体积成形工艺模拟，以及切削加工过程模拟；点焊、无坡口板材对焊、有坡口板材对焊、管材对焊和T形接头焊5种典型焊接成形工艺模拟；气体渗碳和低压渗碳、气体渗碳淬火、多级渗碳淬火和回火3种典型热处理工艺模拟。本书案例丰富，图文并茂，可以帮助从事金属材料加工的人员掌握相应的CAE分析工具，以实现相关工艺过程的设计优化。

本书可供金属材料加工领域工程技术人员使用，也可作为高等院校材料成型及控制工程专业师生的教材。

图书在版编目（CIP）数据

金属材料加工CAE技术与应用 / 郑文涛，左晓姣，林雪健著. --北京 ：机械工业出版社，2024. 11.
（制造业先进技术系列）. -- ISBN 978-7-111-77012-1

Ⅰ. TG

中国国家版本馆CIP数据核字第2024RB8640号

机械工业出版社（北京市百万庄大街22号 邮政编码100037）
策划编辑：孔 劲 责任编辑：孔 劲 王彦青
责任校对：李 杉 王 延 封面设计：马精明
责任印制：常天培
北京机工印刷厂有限公司印刷
2024年11月第1版第1次印刷
184mm×260mm · 16.5印张 · 399千字
标准书号：ISBN 978-7-111-77012-1
定价：69.00元

电话服务 网络服务
客服电话：010-88361066 机 工 官 网：www.cmpbook.com
010-88379833 机 工 官 博：weibo.com/cmp1952
010-68326294 金 书 网：www.golden-book.com
封底无防伪标均为盗版 机工教育服务网：www.cmpedu.com

前 言 >>>

随着科技的飞速发展，金属材料加工行业正经历着前所未有的变革。计算机辅助工程（CAE）技术在金属材料加工领域的应用，无疑为这一行业注入了新的活力。本书旨在介绍金属材料加工 CAE 技术及其应用，为广大读者提供理论与实践兼顾的参考资料，帮助读者快速掌握应用 ProCAST、DEFORM、Abaqus 和 DANTE 仿真分析软件进行金属材料加工工艺过程仿真的技能。

本书主要以典型案例为依托，详细介绍了金属材料加工 CAE 技术与应用。

本书概述了数值模拟技术采用的有限元法和有限元差分法、CAE 技术在铸造、锻压、焊接和热处理方面的主要应用、专用的模拟仿真软件及其主要功能；分 4 篇讲解了 ProCAST、DEFORM、Abaqus、DANTE 在铸造成型、塑性成形和切削加工、焊接、热处理过程数值模拟中的应用，其中，第 1 篇包含第 2~9 章，分别介绍了叶轮砂型铸造、砂型铸造导轨、轮毂低压铸造、副车架压力铸造、管材连续铸造、管材离心铸造、阀体熔模铸造和曲轴壳型铸造仿真分析前、后处理操作过程；第 2 篇包含第 10~13 章，分别介绍了涡轮盘模锻、管材挤压、板材连续轧制和切削加工仿真分析前、后处理操作过程；第 3 篇包含第 14~18 章，分别介绍了双层板电阻点焊、无坡口板材对焊、有坡口板材对焊、有坡口管材对焊和 T 形接头焊接仿真分析前后处理操作过程；第 4 篇包含第 19~21 章，分别介绍了内花键气体渗碳和低压渗碳、内花键齿轮气体渗碳淬火和齿轮多级渗碳淬火回火热处理工艺仿真分析前、后处理操作过程。

为了更清晰地呈现出模拟分析仿真结果，书中为部分图形提供了二维码，可在相应位置扫码查看。各章的模型文件可在百度网盘中下载。下载链接：https：//pan.baidu.com/s/1yySteN2lyugN2x8 ALQlmQQ，提取码：CAER，也可扫描下方二维码下载。

本书的著作人为沈阳工业大学郑文涛（负责第 1 章、第 1 篇的第 2~4 章、第 2 篇全部内容、第 3 篇的第 17 章和第 18 章和第 4 篇的第 19 章和第 21 章），左晓姣（负责第 3 篇的第 14~16 章和第 4 篇的第 20 章）和林雪健（负责第 1 篇的第 5~9 章）。

借本书出版的机会，衷心感谢中国科学院金属研究所张士宏研究员、宋鸿武研究员和陈响军研究员，重庆大学何维均教授和青岛赛普克有限元科技发展有限公司提供的大力支持和无私帮助。

鉴于作者水平有限，书中难免有不当之处，敬请读者批评指正。

目　　录 >>>

前言

第1章　绪论 1

1.1　概述 1
1.2　CAE技术在材料加工中的应用 2
1.2.1　在铸造成型中的应用 2
1.2.2　在锻造成形中的应用 3
1.2.3　在焊接中的应用 3
1.2.4　在金属热处理中的应用 4
1.3　CAE分析软件介绍 4
1.3.1　铸造成型CAE分析软件 4
1.3.2　锻造成形CAE分析软件 5
1.3.3　焊接CAE分析软件 6
1.3.4　金属热处理CAE分析软件 7
1.3.5　通用CAE分析软件 7

第1篇
基于ProCAST软件的金属铸造成型CAE分析

第2章　叶轮砂型铸造过程模拟 10

2.1　概述 10
2.2　前处理 10
2.2.1　初始设置 10
2.2.2　分析步设置 13

2.3 后处理 …… 18

2.3.1 温度场 …… 18

2.3.2 流场 …… 20

2.3.3 缺陷分析 …… 20

第 3 章　砂型铸造导轨应力变形模拟 …… 21

3.1 概述 …… 21

3.2 前处理 …… 21

3.2.1 初始设置 …… 21

3.2.2 分析步设置 …… 23

3.3 后处理 …… 28

3.3.1 温度场 …… 28

3.3.2 应力场和位移场 …… 29

3.3.3 缺陷分析 …… 30

第 4 章　轮毂低压铸造成型过程模拟 …… 31

4.1 概述 …… 31

4.2 前处理 …… 31

4.2.1 初始设置 …… 31

4.2.2 分析步设置 …… 37

4.3 后处理 …… 42

4.3.1 固相率分布和凝固时间 …… 42

4.3.2 温度场 …… 43

4.3.3 流场 …… 43

4.3.4 缺陷分析 …… 43

第 5 章　副车架压力铸造成型过程模拟 …… 45

5.1 概述 …… 45

5.2 前处理 …… 45

5.2.1 初始设置 …… 45

5.2.2 分析步设置 …… 46

5.3 后处理 …… 51

5.3.1 温度场 …… 51

5.3.2 凝固时间和固相率 …… 52

5.3.3 流场 …… 52

5.3.4 缺陷分析 …… 52

第6章　管材连续铸造成型过程模拟 54
6.1 概述 54
6.2 前处理 54
6.2.1 初始设置 54
6.2.2 分析步设置 57
6.3 后处理 62

第7章　管材离心铸造成型过程模拟 64
7.1 概述 64
7.2 前处理 64
7.2.1 初始设置 64
7.2.2 分析步设置 65
7.3 后处理 68
7.3.1 温度场和流场 68
7.3.2 缺陷分析 70

第8章　阀体熔模铸造成型过程模拟 71
8.1 概述 71
8.2 前处理 71
8.2.1 初始设置 71
8.2.2 分析步设置 73
8.3 后处理 76
8.3.1 温度场和流场 76
8.3.2 缺陷分析 77

第9章　曲轴壳型铸造成型过程模拟 79
9.1 概述 79
9.2 前处理 79
9.2.1 初始设置 79
9.2.2 分析步设置 81
9.3 后处理 84
9.3.1 温度场和流场 84
9.3.2 缺陷分析 86

第2篇 基于DEFORM软件金属塑性成形及切削加工CAE分析

第10章　涡轮盘模锻成形过程模拟 …… 88

10.1　概述 …… 88
10.2　前处理 …… 88
10.2.1　创建新项目 …… 88
10.2.2　工件设置 …… 91
10.2.3　上模设置 …… 94
10.2.4　下模设置 …… 98
10.2.5　分析步设置 …… 98
10.2.6　模型定位 …… 99
10.2.7　相互作用设置 …… 100
10.2.8　生成数据文件 …… 101
10.2.9　提交求解器计算 …… 102
10.3　后处理 …… 103

第11章　管材挤压成形过程模拟 …… 106

11.1　概述 …… 106
11.2　前处理 …… 106
11.2.1　创建新项目 …… 106
11.2.2　工件设置 …… 107
11.2.3　上模设置 …… 108
11.2.4　下模设置 …… 109
11.2.5　分析步设置 …… 110
11.2.6　模型定位 …… 110
11.2.7　相互作用设置 …… 110
11.2.8　生成数据文件 …… 111
11.2.9　提交求解器计算 …… 111
11.3　后处理 …… 111

第12章　板材连续轧制成形过程模拟 …… 114

12.1　概述 …… 114
12.2　前处理 …… 114

12.2.1 创建新项目 …… 114
12.2.2 工件设置 …… 115
12.2.3 挡板设置 …… 118
12.2.4 轧辊设置 …… 118
12.2.5 分析步设置 …… 120
12.2.6 模型定位 …… 120
12.2.7 相互作用设置 …… 120
12.2.8 生成数据文件 …… 121
12.2.9 提交求解器计算 …… 121
12.3 后处理 …… 121

第13章 切削加工过程模拟 …… 124

13.1 概述 …… 124
13.2 前处理 …… 124
13.2.1 创建新项目 …… 124
13.2.2 工件设置 …… 125
13.2.3 刀具设置 …… 127
13.2.4 分析步设置 …… 129
13.2.5 模型装配 …… 129
13.2.6 相互作用设置 …… 130
13.2.7 生成数据文件 …… 130
13.2.8 提交求解器计算 …… 130
13.3 后处理 …… 130

第3篇
基于Abaqus软件金属焊接CAE分析

第14章 双层板电阻点焊过程模拟 …… 134

14.1 概述 …… 134
14.2 前处理 …… 137
14.2.1 初始设置 …… 137
14.2.2 创建部件 …… 140
14.2.3 网格划分和单元属性设置 …… 144
14.2.4 创建材料并赋予部件 …… 149

14.2.5 创建装配 ······ 151
14.2.6 分析步设置 ······ 152
14.2.7 相互作用设置 ······ 153
14.2.8 创建载荷和边界条件 ······ 158
14.2.9 任务生成 ······ 163
14.3 后处理 ······ 165
14.3.1 应力场 ······ 167
14.3.2 位移场 ······ 168
14.3.3 温度场 ······ 169

第 15 章　无坡口板材对焊过程模拟 ······ 170

15.1 概述 ······ 170
15.2 前处理 ······ 172
15.2.1 初始设置 ······ 172
15.2.2 创建部件 ······ 172
15.2.3 网格划分和单元属性设置 ······ 173
15.2.4 创建材料并赋予部件 ······ 174
15.2.5 创建装配 ······ 174
15.2.6 分析步设置 ······ 175
15.2.7 相互作用设置 ······ 175
15.2.8 创建载荷和边界条件 ······ 175
15.2.9 任务生成 ······ 176
15.3 后处理 ······ 179
15.3.1 温度场 ······ 179
15.3.2 应力场 ······ 180
15.3.3 位移场 ······ 180

第 16 章　有坡口板材对焊过程模拟 ······ 182

16.1 概述 ······ 182
16.2 焊接传热模型前处理 ······ 182
16.2.1 初始设置 ······ 182
16.2.2 创建部件 ······ 183
16.2.3 网格划分和单元属性设置 ······ 183
16.2.4 创建材料并赋予部件 ······ 185
16.2.5 创建装配 ······ 185
16.2.6 分析步设置 ······ 185
16.2.7 相互作用设置 ······ 185

16.2.8 创建载荷和边界条件 ······ 187
16.2.9 任务生成 ······ 187
16.3 焊接应力模型前处理 ······ 189
16.3.1 初始设置 ······ 189
16.3.2 单元属性设置 ······ 189
16.3.3 分析步设置 ······ 189
16.3.4 相互作用设置 ······ 190
16.3.5 创建载荷和边界条件 ······ 190
16.3.6 任务生成 ······ 192
16.4 后处理 ······ 192
16.4.1 温度场 ······ 192
16.4.2 应力场 ······ 192
16.4.3 位移场 ······ 193

第17章 有坡口管材对焊过程模拟 ······ 194

17.1 概述 ······ 194
17.2 前处理 ······ 195
17.2.1 初始设置 ······ 195
17.2.2 创建部件 ······ 195
17.2.3 网格划分和单元属性设置 ······ 196
17.2.4 创建材料并赋予部件 ······ 197
17.2.5 创建装配 ······ 198
17.2.6 分析步设置 ······ 198
17.2.7 相互作用设置 ······ 198
17.2.8 创建载荷和边界条件 ······ 200
17.2.9 任务生成 ······ 200
17.3 后处理 ······ 202

第18章 T形接头焊接过程模拟 ······ 204

18.1 概述 ······ 204
18.2 前处理 ······ 205
18.2.1 初始设置 ······ 205
18.2.2 创建部件 ······ 205
18.2.3 网格划分和单元属性设置 ······ 206
18.2.4 创建材料并赋予部件 ······ 207
18.2.5 创建装配 ······ 207
18.2.6 分析步设置 ······ 207

18.2.7 相互作用设置 ······ 208
18.2.8 创建载荷和边界条件 ······ 209
18.2.9 任务生成 ······ 210
18.3 后处理 ······ 212

第4篇 基于DANTE软件金属热处理CAE分析

第19章 内花键气体渗碳和低压渗碳过程模拟 ······ 216

19.1 概述 ······ 216
19.2 前处理 ······ 217
19.2.1 初始设置 ······ 217
19.2.2 创建部件 ······ 217
19.2.3 部件装配 ······ 218
19.2.4 网格划分和单元属性设置 ······ 218
19.2.5 创建材料并赋予部件 ······ 223
19.2.6 分析步设置 ······ 224
19.2.7 初始状态定义 ······ 225
19.2.8 创建约束边界条件和相互作用 ······ 225
19.2.9 任务生成 ······ 228
19.3 后处理 ······ 229

第20章 内花键齿轮气体渗碳淬火过程模拟 ······ 230

20.1 概述 ······ 230
20.2 前处理 ······ 231
20.2.1 创建材料并赋予部件 ······ 231
20.2.2 分析步设置 ······ 231
20.2.3 初始状态定义 ······ 235
20.2.4 创建约束边界条件和相互作用 ······ 236
20.2.5 任务生成 ······ 239
20.3 后处理 ······ 240

第21章　齿轮多级渗碳淬火回火热处理过程模拟 242

21.1　概述 242
21.2　前处理 243
21.2.1　初始设置 243
21.2.2　创建部件 243
21.2.3　部件装配 243
21.2.4　网格划分和单元属性设置 243
21.2.5　创建材料并赋予部件 245
21.2.6　分析步设置 246
21.2.7　初始状态定义 246
21.2.8　创建约束边界条件和相互作用 247
21.2.9　任务生成 248
21.3　后处理 248

第1章 >>>
绪论

1.1 概述

金属材料加工过程的CAE（Computer Aided Engineering）分析是基于数学建模和数值计算的计算机数值模拟技术在加工领域中的具体应用。其基本含义是将金属材料加工过程中的工程问题或科学问题定义为由一组控制方程加上初始条件、边界条件和载荷等构成的定解问题，再应用合适的数值方法进行求解。控制方程包括流动方程、热传导方程、平衡方程、运动方程等。数值模拟方法通常包括有限元法和有限差分法等。

1. 有限元法

有限元法（Finite Element Method，FEM）的基本思想是：将一个求解域（对象）离散成有限个形状简单的子域（网格单元），利用有限个节点将各个子域连接起来，使其分别承受相应的等效节点载荷（如力载荷、温度载荷、位移载荷、电载荷、磁载荷等），并传递子域间的相互作用；在此基础上，应用子域插值函数和平衡条件构建物理场控制方程，将全部子域的控制方程进行组合，结合给定的初始条件、边界条件和载荷条件等进行综合求解，从而获得复杂工程问题的近似数值解。变分法和加权余量法是建立有限元方程常用的两类数学方法。

2. 有限差分法

有限差分法（Finite Difference Method，FDM）的基本思想是：将一个连续求解域（对象）离散成有限个形状简单的子域（网格单元），利用有限个节点将各个子域连接起来，用差商代替控制微分方程中的导数，并在此基础上建立含有限个未知数的节点差分方程组；代入初始条件、边界条件和载荷后求解差分方程组，该差分方程组的解就是原微分方程定解问题的数值近似解。

构造有限差分的数学方法有很多，目前普遍采用的是泰勒（Taylor）级数展开法，即将展开式中求解连续场控制方程的导数用网格节点上函数值的差商代替，进而建立起以网格节点函数为未知量的代数方程组。常见的差分格式有：一阶向前差分、一阶向后差分、一阶中心差分和二阶中心差分等，其中前两种格式为一阶计算精度，后两种格式为二阶计算精度。考虑时间因数的影响，差分格式又可分为显式、隐式和显隐交替式等。

CAE分析软件操作通常包含前处理、求解计算和后处理三个步骤：

（1）前处理

1）创建几何建模：建立分析对象的几何模型，如铸造成型和锻造成形工艺中的模具、铸件或坯料的几何模型、焊接成形中焊接结构与焊缝的几何模型、热处理零件的几何模型及流体或其他具有空间区域分布的物理场几何模型。

2）进行离散化：将连续的几何模型离散化，即将连续的介质分割成有限数量的网格单元。每个网格单元内部使用积分点或节点来定义其物理量，如温度、位移、力、应力、电和磁等，对网格单元赋予单元类型属性。

3）赋予材料属性：设置材料物理参数和力学性能参数等，并将材料赋予几何模型。

4）建立装配：将几何模型按照实际分析问题的空间方位进行装配。

5）创建分析步：根据实际分析问题建立一个或多个分析步。

6）创建相互作用：设置几何模型之间相互作用属性并对相应的接触面、换热面等进行设置。

7）创建初始条件、边界条件和载荷等：初始条件包括初始的温度场、位移场、速度场、应力场和电场、磁场等；边界条件包括各种边界区域载荷、约束等；载荷包含温度、位移、力、应力，以及电、磁等。

8）创建并提交分析任务：创建分析任务并设置计算机求解参数，以及辅助的用户子程序文件，然后提交计算。

（2）求解计算　此步骤由 CAE 分析软件求解器自动进行。

（3）后处理　对求解得到的结果进行后处理，包括查看不同时刻的温度、位移、应力应变、电、磁等各物理场，绘制并输出各物理量随时间和空间等的变化曲线图，以及进行误差分析等。

1.2　CAE 技术在材料加工中的应用

CAE 技术广泛应用于工程和科学领域，如结构力学分析、流体动力学分析、热传导分析、电磁场分析等。它可以帮助工程师和科学家预测和解决潜在的问题，优化设计，提高产品质量，减少成本，节约时间。随着科学理论、计算机软件和硬件技术的不断发展，有限元仿真分析的计算能力和精度不断提升，数值模拟技术在包括材料加工在内的众多领域的应用将更加深入和广泛。

1.2.1　在铸造成型中的应用

数值模拟技术在铸造工艺中的应用已经成为提高铸造产品质量、优化工艺参数和降低生产成本的重要手段。通过数值模拟，可以在不进行实际铸造试验的情况下，预测铸件在成型过程中的各种现象，如温度分布、凝固过程、应力变形、缺陷形成等。以下是数值模拟技术在铸造工艺中的一些主要应用。

1）凝固过程模拟：数值模拟可以详细地预测铸件在凝固过程中的温度场、固相分数和冷却速率。这些信息对于控制铸件的微观结构、避免缩孔和疏松等缺陷至关重要。

2）流动性分析：在金属液充填模具的过程中，流动性分析可以帮助预测铸件中的夹杂物、气孔和冷隔等缺陷。通过模拟金属液的流动行为，可以优化浇注系统和模具设计。

3）应力与变形预测：铸造过程中产生的热应力和机械应力会导致铸件变形和裂纹。数值模拟可以预测这些应力和变形，从而指导设计合理的铸造工艺和后续的矫正工序。

4）工艺参数优化：通过数值模拟，可以对浇注温度、浇注速度、模具预热温度等工艺参数进行优化，以确保铸件质量并提高生产率。

5）新材料开发：对于新材料的铸造性评估，数值模拟可以提供一个快速、经济的试验平台，帮助理解新材料在铸造过程中的行为。

6）铸造过程培训：数值模拟技术可以用于铸造工程师和操作员的培训，提供一个虚拟的环境来模拟和理解铸造过程，提高操作技能和问题解决能力。

7）环境和安全：通过优化铸造工艺，减少缺陷和返工，数值模拟技术有助于减少材料和能源的消耗，降低废品率，从而对环境保护做出贡献。

1.2.2 在锻造成形中的应用

数值模拟技术在锻造工艺中的应用已经成为提高锻件质量、优化锻造工艺和降低生产成本的重要手段。通过数值模拟，可以在不进行实际锻造试验的情况下，预测锻件在成形过程中的各种现象，如金属流动、温度分布、应力变形、缺陷形成等。以下是数值模拟技术在锻造工艺中的一些主要应用：

1）金属流动模拟：数值模拟可以详细地预测锻件在锻造过程中的金属流动行为，对于控制锻件的形状、尺寸和微观结构，避免折叠、裂纹等缺陷至关重要。

2）温度场分析：锻造过程中金属的温度分布对锻件的组织和性能有很大影响。数值模拟可以预测锻造过程中的温度场，从而优化锻造工艺参数，确保锻件质量。

3）应力与变形预测：锻造过程中产生的应力会导致锻件变形或产生裂纹。数值模拟可以预测这些应力和变形，从而指导设计合理的锻造工艺和后续的矫正工序。

4）工艺参数优化：通过数值模拟，可以对锻造坯料温度、模具温度和锻造速度等工艺参数进行优化，以确保锻件质量并提高生产率。

5）模具设计验证：数值模拟可以帮助验证模具设计的合理性，预测模具在锻造过程中的磨损、裂纹等问题，从而优化模具设计和提高模具寿命。

6）新材料开发：对于新材料的锻造性评估，数值模拟可以提供一个快速、经济的试验平台，帮助理解新材料在锻造过程中的行为。

7）锻造过程培训：数值模拟技术可以用于锻造工程师和操作员的培训，提供一个虚拟的环境来模拟和理解锻造过程，提高操作技能和问题解决能力。

1.2.3 在焊接中的应用

数值模拟技术可以在焊接结构的设计和生产过程中提供极大的帮助。通过模拟焊接过程中的热流、应力、变形等现象，可以优化焊接工艺，提高焊接质量，降低成本，缩短时间。数值模拟在焊接中的应用主要包括以下几个方面：

1）焊接过程中的温度场模拟：通过模拟焊接过程中的温度分布，可以预测焊接接头的组织和性能，优化焊接参数。

2）应力与变形模拟：焊接过程中会产生热应力和变形，通过数值模拟可以预测焊接结构的应力分布和变形情况，从而优化焊接顺序和焊接工艺，减少焊接变形。

3）焊接缺陷的预测：数值模拟可以预测焊接过程中可能产生的缺陷，如裂纹、气孔等，从而提前采取措施避免缺陷的产生。

4）焊接工艺的优化：通过数值模拟，可以优化焊接参数，如焊接电流、电压、焊接速度等，提高焊接质量。

5）新材料的焊接性评估：数值模拟可以用于评估新材料的焊接性，预测焊接接头的性能，为新材料的应用提供依据。

1.2.4 在金属热处理中的应用

数值模拟技术在金属热处理工艺设计优化过程中获得日益广泛的应用，它可以帮助工程师对金属的温度变化、相变、应力分布等进行详细的模拟和分析。这种技术的核心在于通过模拟热处理过程中复杂的物理现象，如热传导、相变、应力等，从而在不进行实际热处理试验的情况下，优化热处理工艺，提高工件质量，降低成本，缩短时间。以下是数值模拟技术在金属热处理工艺中的一些主要应用：

1）温度场模拟：数值模拟技术可以模拟金属在热处理过程中的温度分布，帮助工程师了解和优化热处理过程中的加热和冷却工艺，确保工件质量。

2）相变模拟：金属在热处理过程中的相变对其微观结构和性能有很大影响。数值模拟技术可以模拟金属在加热和冷却过程中的相变行为，如奥氏体转变、珠光体转变、贝氏体转变等，从而优化热处理工艺参数。

3）应力与变形预测：热处理过程中产生的热应力和机械应力会导致工件变形或裂纹。数值模拟技术可以预测这些应力和变形，从而指导设计合理的热处理工艺和后续的矫正工序。

4）工艺参数优化：通过数值模拟，可以对热处理温度、保温时间、冷却速度等工艺参数进行优化，以确保工件质量并提高生产率。

5）新材料开发：对于新材料的金属热处理评估，数值模拟技术可以提供一个快速、经济的试验平台，帮助理解新材料在热处理过程中的行为。

6）热处理过程培训：数值模拟技术可以用于金属热处理工程师和操作员的培训，提供一个虚拟的环境来模拟和理解热处理过程，提高操作技能和问题解决能力。

1.3 CAE 分析软件介绍

1.3.1 铸造成型 CAE 分析软件

铸造仿真分析软件用于模拟和分析铸造过程中各种物理现象，如金属液的流动、冷却、凝固和应力变化等。常用的专业铸造仿真分析软件包括：

1）ProCAST：由法国 ESI 公司开发，包含传热分析、流体分析、应力分析、辐射分析、显微组织分析、电磁感应分析、网格生成、反向求解和材料数据库模块，可以进行砂型铸造、消失模铸造、高压铸造、低压铸造、重力铸造、倾斜浇铸、熔模铸造、壳型铸造、挤压铸造、触变铸造、触变成形和流变铸造工艺仿真。

2）MAGMASOFT：由德国 MAGMA Giessereitechnologie GmbH 公司开发，包含基础模

块、低压铸造模块、高压铸造模块、倾转浇注模块、浇注翻转模块、轮毂专用模块、铸铁专业模块、铸钢专业模块、热处理模块、消失模铸造模块、迪砂专用模块、应力应变分析模块、热处理中的应力模块、精铸模块和射砂分析模块。

3）Flow-3D CAST：由美国 Flow Science 公司开发，包含高压铸造、重力金属型铸造、低压金属型铸造、倾转铸造、离心铸造、砂型铸造、低压砂型铸造、精密铸造、消失模铸造、制芯工艺和连续铸造工艺仿真模块。

4）华铸 CAE：由中国华中科技大学开发，包含基础模块、应力模块、组织模块、热处理模块、热物性参数模块和移动端模块，可以进行砂型重力、金属型、消失模、熔模、离心、低压、压力、差压等铸造工艺仿真。

5）CASTSoft/CAE：由中国北京北方恒利科技发展有限公司开发，具有砂型 / 金属型重力铸造、砂型低压铸造、金属型低压铸造、精密铸造、压力铸造、倾转铸造、消失模铸造和 V 法铸造仿真分析功能，适用于各种铸钢、铸铁、铝合金、镁合金等材料。

6）Cast-Designer：由美国 C3P Engineering Software International 公司开发，支持绝大多数铸造工艺仿真，具有包括智能配料、材料报价、DFM 评估、流道系统设计、高级全场分析（热 / 流动 / 凝固 / 应力 / 微观）模拟与人工智能技术 CAD 驱动全面优化功能。

7）AnyCasting：由韩国 AnyCasting 公司开发，包含前后处理、求解计算和材料库基本模块，压铸 / 半固态、低压 / 差压、金属模具（倾转）、砂型、大钢锭、熔模和离心铸造工艺模块，以及应力、材料属性和铸铁高级模块。

此外，还有法国 TRANSVALOR S.A. 公司开发的 THERCAST、日本 QUALICA 开发的 JSCAST、日本 Hitachi 公司开发的 ADSTEFAN、瑞典 NovaCast 公司开发的 NovaCast、美国 Finite Solution 公司开发的 SOLIDCast 等专业铸造仿真软件。

1.3.2 锻造成形 CAE 分析软件

锻造仿真分析软件用于模拟和分析金属在锻造过程中的物理现象，如金属流动、温度变化、应力分布等。常用的锻造仿真分析软件如下。

1）DEFORM：由美国 SFTC（Scientific Forming Technologies Corporation）开发。DEFORM 是一个高度模块化、集成化的有限元模拟系统，它主要包括前处理器、求解器、后处理器三大模块。前处理器完成模具和坯料的几何信息、材料信息、成形条件的输入，并建立边界条件。求解器是一个集弹性、弹塑性、刚（黏）塑性、热传导于一体的有限元求解器。DEFORM 自带的材料模型包含弹性、弹塑性、刚塑性、热弹塑性、热刚（黏）塑性、粉末材料、刚性材料及自定义材料等类型，并提供了丰富的开放式材料数据库。可用于锻造、挤压、拉拔、自由锻、轧制、粉末成形、切削、冲压、旋压、焊接、电磁成形等工艺及 DOE 工艺参数优化设计。

2）QFORM：由俄罗斯 QuantorForm 公司开发，涵盖绝大部分金属体积成形工艺，如自由锻、冷锻、温锻、热锻、粉末成形、镦锻成形、型材挤压、辊锻、楔横轧、辗环等，可进行模具寿命、热处理工艺、微观组织预测、工艺链全过程模拟分析，适合所有锻造材料（锻钢、锻铝、铜合金、高温合金等）与设备的锻造工艺模拟分析，包括完备的材料数据库和设备数据库。

3）Simufact.forming：由美国 MSC Software 公司开发，软件具有模锻、辊锻、环轧、摆

辗、楔横轧、穿孔斜轧、开坯锻、多向锻造、挤压等体积成形，以及板材冲压、液压、轧制成形工艺和管材弯曲、径向锻造、轧制成形工艺等工艺过程的仿真分析能力。

4）FORGE：由法国 TRANSVALOR S.A. 公司开发。FORGE 是一款专注于模拟金属在锻造过程中的塑性变形和热力耦合行为的软件。FORGE 软件具有独特功能，如正向 / 逆向点、面追踪功能，自动优化功能等，可以对锻造生产的全过程进行模拟，包括棒料剪切下料，开式 / 闭式锻造、辊锻、辊轧、楔横轧、环轧、旋压、挤压、拉丝、冲压和热处理等。

此外，还有法国 TRANSVALOR S.A. 公司开发的 COLDFORM、韩国 MFRC 公司开发的 AFDEX 等专业锻造工艺仿真软件。

1.3.3 焊接 CAE 分析软件

焊接仿真分析软件用于模拟和分析焊接过程中的物理现象，如温度场、应力场、变形、焊缝形状等。以下是一些常用的焊接仿真分析软件。

1）SYSWELD：由法国 ESI 公司开发。它可以模拟不同的焊接工艺（MIG 焊、TIG 焊、电阻点焊、电子束和激光焊）和热处理工艺（渗碳、碳氮共渗和淬火），并能够对材料特性、微观组织、残余应力和焊接结构件的变形进行全面的仿真评估。

2）Simufact.welding：由 MSC Software 公司开发，软件适用于多种熔焊和压力焊（如气体保护焊、埋弧焊、激光焊、电子束焊、钎焊和电阻点焊等）的仿真计算，可以考虑焊接顺序和焊接夹具等参数对焊接质量的影响，还可进行夹具卸载、冷却、焊后应力释放、热处理等工艺的建模仿真。

3）SORPAS：由丹麦 SWANTEC（Scientific Welding and Numerical Technology）公司开发，它是一款专业的电阻焊仿真模拟分析软件，能够进行电阻焊过程中的力场、热场、电场和微观组织分析。SORPAS 数据库包含了绝大部分常用的金属材料，用户还可以添加自己的材料。输入焊接工况可直接进行工艺模拟，该软件还可以自动模拟相关的焊接区间、最终焊接状态并优化工艺参数。

4）Flow 3D WELD：由美国 Flow Science 公司开发，软件考虑了传热传质、表面张力、熔化凝固、保护气体压力、多重反射和相变等所有相关物理过程，包括固相转变为液相过程中体积、密度、黏度等物性变化，液相转变为蒸汽气相的质量损失，液相转变为固相的凝固收缩过程（包括液相区转变为糊状区、糊状区转变为固相区、固体区域的收缩）。利用该软件可以对热源功率、保护气体、焊接速度、焊接运动轨迹、焊接角度等参数进行优化。

5）Cast-Designer WELD：由美国 C3P Engineering Software International 公司开发，可以对绝大多数的焊接工艺进行仿真分析。软件建立有丰富的焊接热源数据库，如双椭球热源、高斯热源、锥形热源、摩擦焊热源和组合热源，考虑了熔池熔体的流动，具有单元生死功能和多焊接道次设计仿真分析能力。

此外，还有中国华中科技大学开发的 InteWeld、中国北京翔博科技开发的 Semweld、美国 GE Additive 公司开发的 Virfac Welding、日本 JSOL 公司开发的 JWELD 等专业焊接工艺仿真软件。

1.3.4 金属热处理 CAE 分析软件

热处理仿真分析软件用于模拟和分析金属在热处理过程中的物理现象，如温度变化、相变、应力分布等。以下是一些常用的热处理仿真分析软件。

1）DANTE：美国 DANTE Solutions 公司开发。DANTE 是一款专门用于模拟金属热处理过程中的温度场、相变、应力等的仿真分析软件。它包含丰富的热处理材料库，全面考虑热处理过程材料非线性，采用 BCJ（Bammann-Chiesa-Johnson）黏塑性材料本构模型，以及 ISV（Internal State Variable）基于内变量的微观组织模拟方法，能够准确描述零件在热处理过程中的应力应变关系，可用于模拟各种淬火（浸入淬火、气体淬火和模压淬火等）、渗碳、渗氮、回火等热处理过程，能够得到零件的微观组织、相组成、应力、变形等分析结果，从而预测热处理过程中的缺陷，指导热处理工艺优化。

2）DEFORM-HT：由美国 SFTC（Scientific Forming Technologies Corporation）开发，属于 DEFORM 软件中的一个模块，可用于金属热处理工艺从加热、奥氏体化、渗碳、淬火、回火到空冷等全过程的模拟，可通过耦合结构、传热和微观组织计算，预测热处理相变、温度、残余应力、变形、碳化物组成分布和硬度等。

3）COSMAP：由日本 IdeaMAP 公司开发，能够模拟淬火、渗碳、渗氮、碳氮共渗、高频加热等工艺中零部件的温度场、碳氮扩散场、弹塑性应力应变场、相变体积率的耦合作用。能够对热处理零部件的变形、硬度、残余应力、渗碳渗氮深度、淬火的均匀性等进行预测，从而可以通过模拟优化热处理工艺条件，合理地设计热处理前的加工余量，合理地选择热处理工艺参数。

此外，俄罗斯 QuantorForm 公司开发的 QFORM、美国 MSC Software 公司开发的 Simufact.forming 等专业锻造仿真分析软件也具备一定的热处理工艺仿真分析能力。

1.3.5 通用 CAE 分析软件

除上述专业铸造、锻造、焊接和热处理仿真分析软件外，还有法国 Dassault 公司的 Abaqus、美国 Ansys 公司的 Ansys、美国 MSC 公司的 MSC.Marc 和瑞典 COMSOL 公司的 COMSOL Multiphysics 等通用仿真分析软件，它们具有强大的复杂线性、非线性多物理场问题求解能力及丰富的材料和载荷等用户二次开发接口，使得这些软件在金属材料加工工艺仿真分析中获得了广泛的应用。

第1篇

基于 ProCAST 软件的金属铸造成型 CAE 分析

第2章 >>>

叶轮砂型铸造过程模拟

2.1 概述

砂型铸造是一种历史悠久的铸造方法，由于所用的造型材料价廉易得，铸型制造简便，铸件单件生产、成批量生产均可，因此长期以来，一直是铸造生产中的基本工艺。本章旨在介绍应用ProCAST 2022.0软件进行叶轮砂型铸造仿真前、后处理全过程操作步骤。图2-1所示为叶轮铸件图。

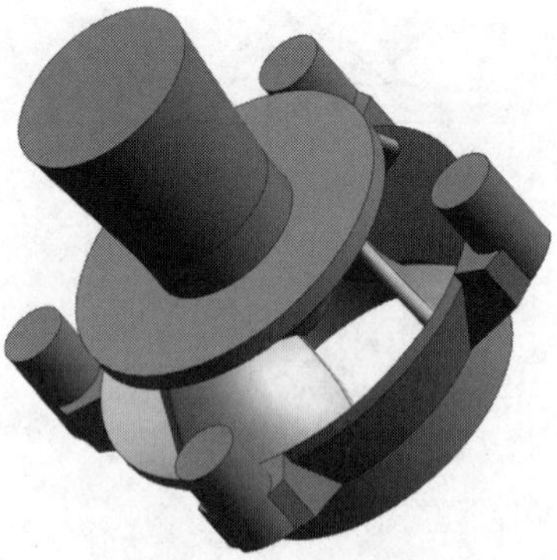

图2-1 叶轮铸件图

2.2 前处理

2.2.1 初始设置

1. 模型导入

1）在Windows开始菜单ESI Group下单击Visual-Cast 18.0启动软件，界面如图2-2所示，包含标题栏、菜单栏、工具栏、主窗口/视窗/模型窗口、导航栏窗口、信息窗口等。

2）单击菜单Applications → Mesh（见图2-3）进入Mesh模块，界面布局与图2-2中类似，单击主窗口中的Open File图标，在弹出的窗口中找到模型文件所在目录，本章案例中，模型文件所在路径为D：\Temp_ProCAST\CH02，文件名为yelun.stp，选择模型文件，单击Open按钮。模型文件采用其他三维建模软件创建后导出成stp格式（ProCAST软件支持常见主流三维软件创建的模型文件及多种以主流格式保存的模型文件），模型文件yelun.stp中包含铸件和模具（砂型）两个体。在模型窗口中显示导入的模型，单击工具栏中窗口视图操作工具按钮可以改变模型显示样式、显示角度、移动、缩放等（见图2-4），图2-4中左起第一个为Wireframe模式、第二个为Flat模式、第三个为Flat Wireframe模式，将光标移动到图标按钮上稍做停留，光标下方会出现图标说明文字。

3）单击菜单File → Save，弹出文件操作窗口，默认文件名为yelun.vdb，单击Save按钮保存并关闭文件操作窗口。

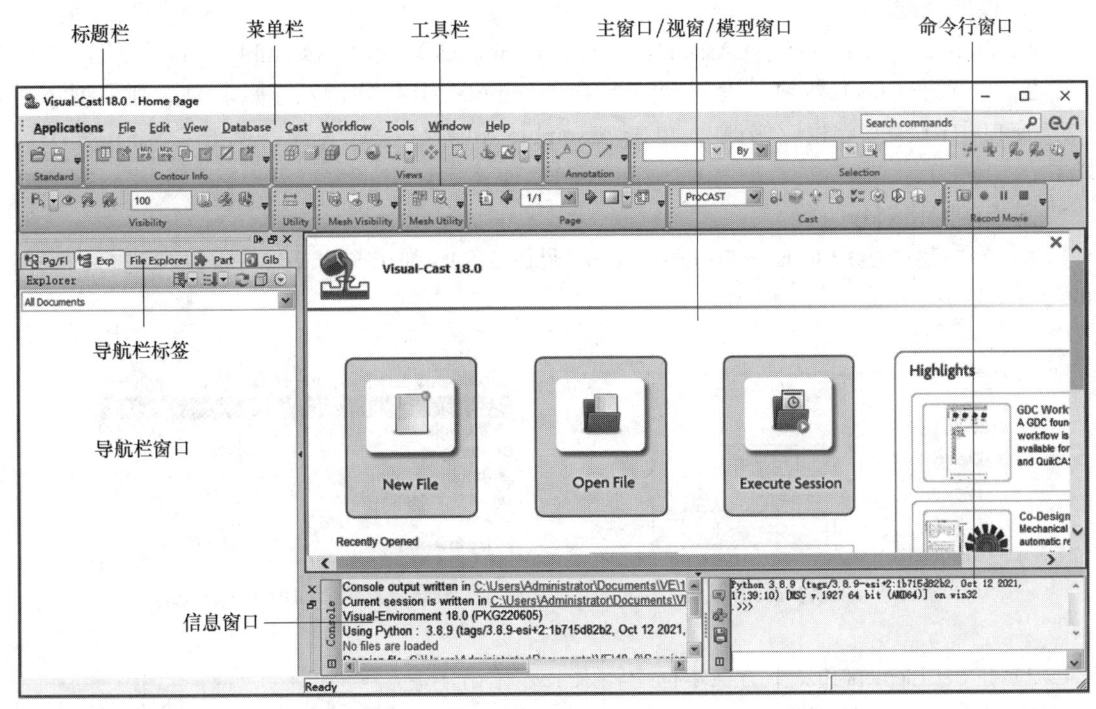

图 2-2　软件界面功能区

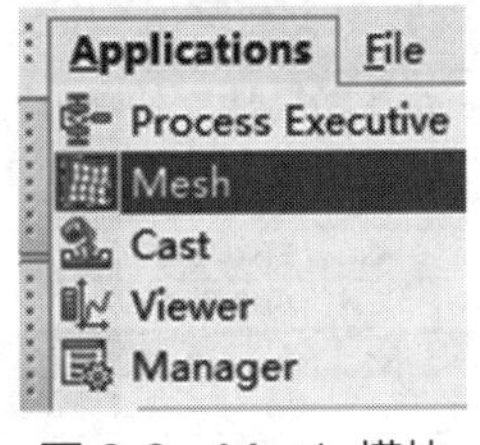

图 2-3　Mesh 模块

图 2-4　窗口视图操作工具按钮

4）在模型窗口中默认显示导入模型的 Wireframe 样式线框图，按住中键并移动光标可以进行旋转，滚动中键可以进行缩放，Flat Wireframe 模式显示如图 2-5 所示。在左侧导航栏中默认的 Exp 标签页中，单击 Parts 和 Volumes 左侧的“+”，显示有 1 个部件和 2 个体，如图 2-6 所示，Volumes 中 yelun_1 为叶轮，yelun_2 为砂型。

图 2-5　模型 Flat Wireframe 模式显示

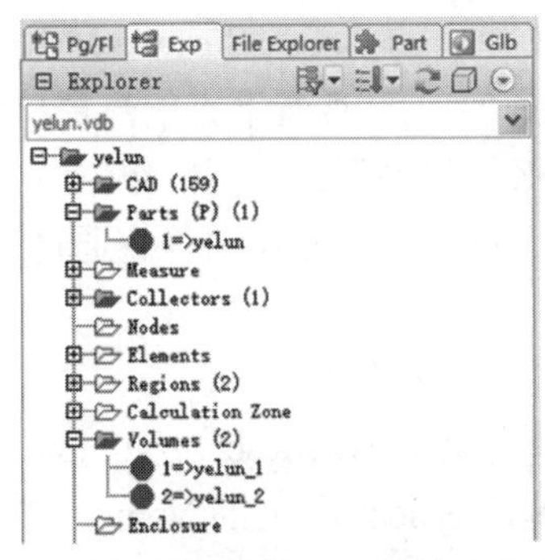

图 2-6　导航栏中 Exp 标签页内容

2. 模型装配

1）单击菜单 Geometry → Assembly（Stitch Volumes），弹出 Assembly 窗口（见图 2-7）。

2）先单击 Check 按钮，没问题时下方 Assemble All 按钮激活（如未激活则根据下方信息窗口中内容进行相应修改），单击 Assemble All 按钮完成装配，单击 Close 按钮关闭窗口。

3. 2D 网格划分

1）单击菜单 2D Mesh → Surface Mesh（见图 2-8），弹出 Surface Mesh 窗口进行面网格的设置与划分。

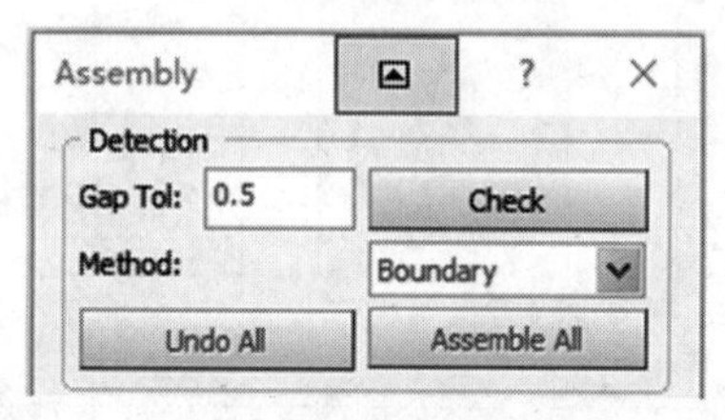

图 2-7　装配设置窗口

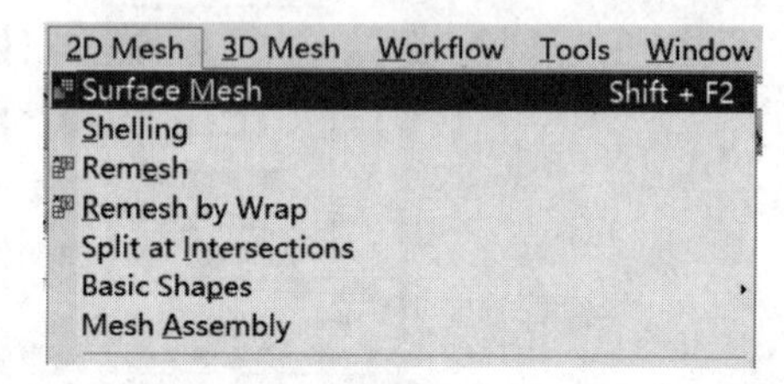

图 2-8　选择 Surface Mesh

2）在 Set Element Size 下方文本框中输入 15，单击 To All 按钮，全局网格尺寸设置为 15。

3）单击绿色“+”按钮，选择砂型圆柱体上下圆弧和侧面线段共 6 条边，然后单击中键确认（或者单击“+”右边的按钮，也可以单击模型窗口右边中间出现的绿色图标进行确认），在 Element Size 下方表格中输入数值 50。2D 面网格划分参数设置如图 2-9 所示。

4）单击 Mesh All Surfaces 按钮划分面网格，单击 Close 按钮关闭窗口。

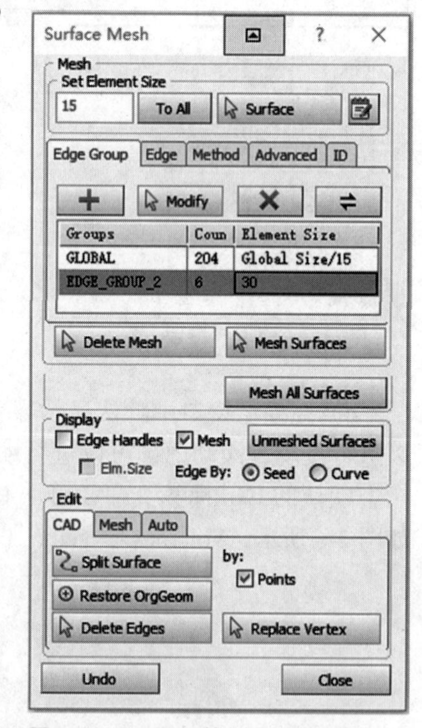

图 2-9　2D 面网格划分参数设置

4. 2D 网格检查

1）单击菜单 2D Mesh → Check Surface Mesh 检查面网格划分情况。

2）在弹出的 Compute Volumes 窗口中单击 Convert to FE 按钮关闭窗口。

3）在弹出的 Check Surface Mesh 窗口中单击 Check 按钮（见图 2-10），查看下方信息窗口中是否显示 Surface Mesh is OK，如果不是，可以单击 Auto Correct 按钮进行自动修复，如果是，则说明检查通过，单击 Close 按钮关闭窗口。

5. 3D 网格划分

1）单击菜单 3D Mesh → Volume Mesh（见图 2-11），弹出 Tetra Mesh 窗口（见图 2-12）。

2）单击 Select 后边的 Volume 按钮，框选模型，此时模型变成黄色显示，单击中键确认。

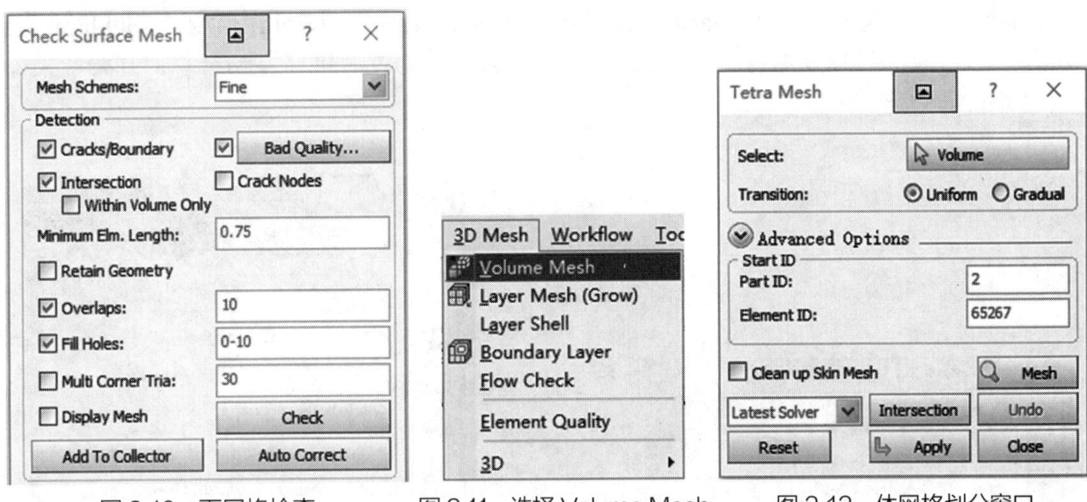

图 2-10　面网格检查　　图 2-11　选择 Volume Mesh　　图 2-12　体网格划分窗口

3）单击 Mesh 按钮，弹出 Tetra Mesh Generation 窗口，等待进度条达到 100% 后，该窗口自动关闭，然后单击下方的 Apply 按钮，此时体网格划分完毕，单击 Close 按钮关闭窗口。

2.2.2　分析步设置

单击菜单 Applications → Cast 进入 Cast 模块进行参数设置。Cast 模块界面布局与图 2-2 中类似。首先在弹出的窗口中进行重力方向的设置，在 Direction 后下拉列表框中单击选择 +Y Axis（见图 2-13），重力方向与 Y 轴正向一致。然后单击 Apply 按钮和 Close 按钮。单击菜单 Workflow → Generic 进入工作流程（见图 2-14），左侧导航栏出现 Generic 标签页，显示工作流程包含的步骤，单击标签页中左边显示的序号 1~8 逐个进行设定。

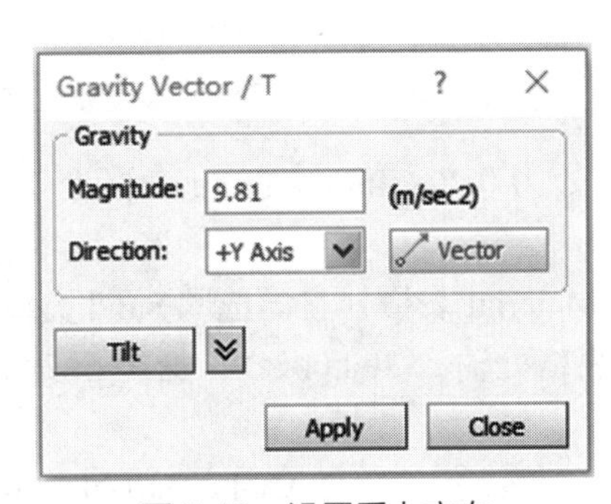

图 2-13　设置重力方向

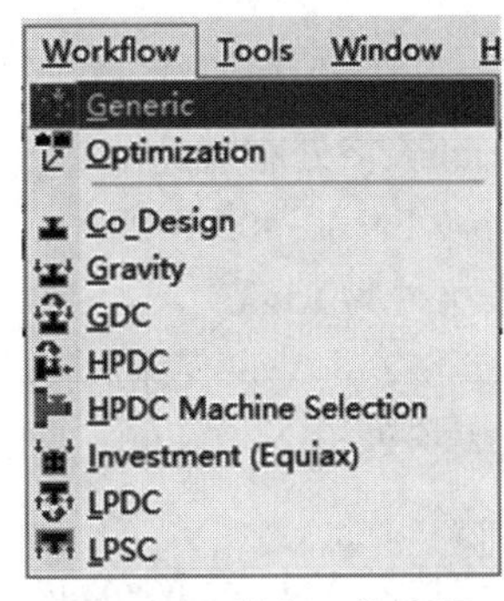

图 2-14　进入工作流程

1. 项目描述

默认进入 Generic 标签页中第 1 步设置界面，如图 2-15 所示，可以对项目路径、模型名称和模型文件名进行设置，这一步采用默认设置，不需要进行改动。

2. 任务定义

单击“序号 2”显示第 2 步设置界面，对模拟任务进行定义设置，在 Process 后边下拉文本框中单击选择 Gravity Sand Casting，勾选 Solidification（THERMAL）和 Shrinkage Porosity 进行凝固过程及缩孔计算，勾选 Fluid Flow（FLOW）进行充型计算，其余框未勾选，如图 2-16 所示。

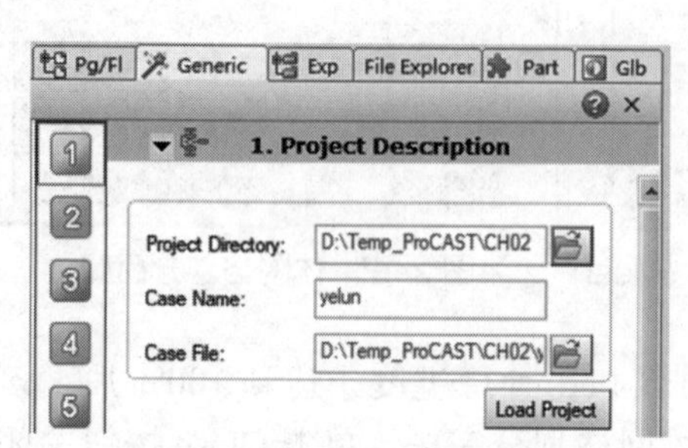

图 2-15　第 1 步项目设置

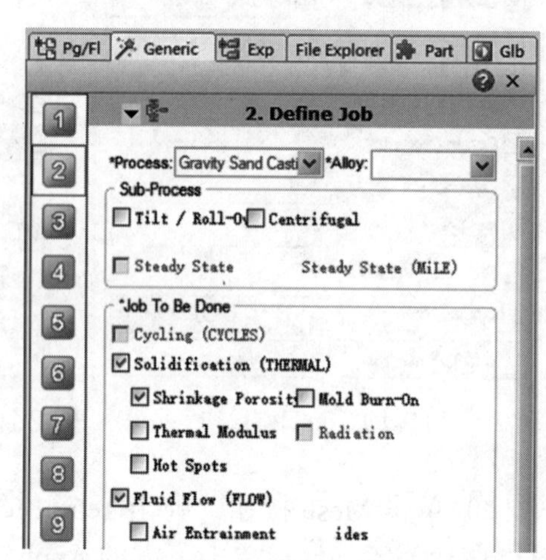

图 2-16　定义计算任务

3. 重力方向 / 对称 / 周期 / 虚拟模具设置

单击“序号 3”，对模型的重力方向 / 对称 / 周期 / 虚拟模具进行设定，重力方向之前已设置完毕，在此处进行核对，其余项不用设置，如图 2-17 所示。

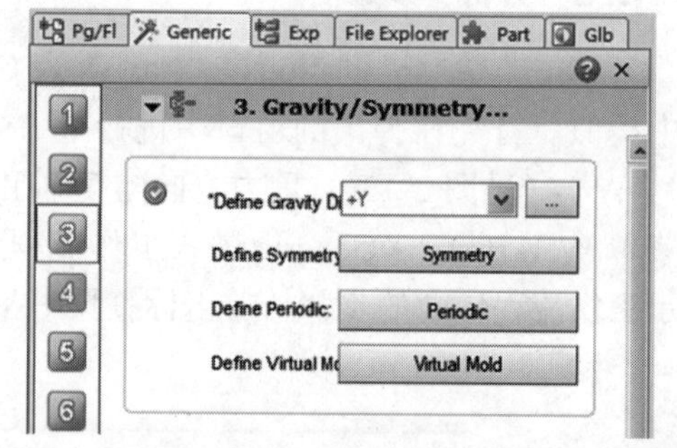

图 2-17　重力方向 / 对称 / 周期 / 虚拟模具设置

4. 体管理

单击“序号 4”，弹出 Volume Manager 设置窗口。

1）在 yelun_1 的 Type 表格处右击，选为 Alloy，Material 表格处右键选取 Fe（Steel）类型中的 Low-Alloy EN 1.3505 100Cr6，Fill% 表格处为 0.00，Initial Temp 表格处输入 1535.00，Stress Type 表格处为 Rigid。

2）在 yelun_2 的 Type 表格处选取 Mold，Material 表格处右键选取 Sand 类型中的 Green Sand，Fill% 表格处输入 100.00，Initial Temp 表格处输入 300.00，Stress Type 表格处右键选取 Linear-Elastic。

3）设定完成后 Volume Manager 窗口如图 2-18 所示，单击 Apply 按钮和 Close 按钮。

5. 界面换热管理

单击“序号 5”，对界面换热进行设置，单击 Create/Edit... 按钮，弹出 Interface HTC Manager 窗口，在 Type 表格处右击选取 COINC，Interface Condition 表格处右击选取 h=500，如图 2-19 所示，单击 Apply 按钮和 Close 按钮。

6. 工艺条件设置

单击“序号 6”，进行工艺条件设置。

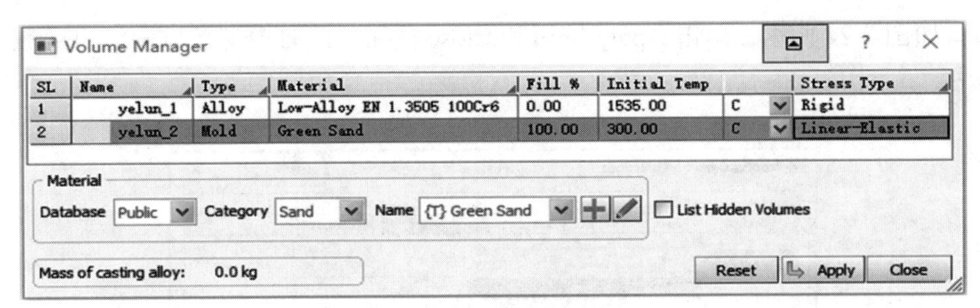

图 2-18　体管理内容设置

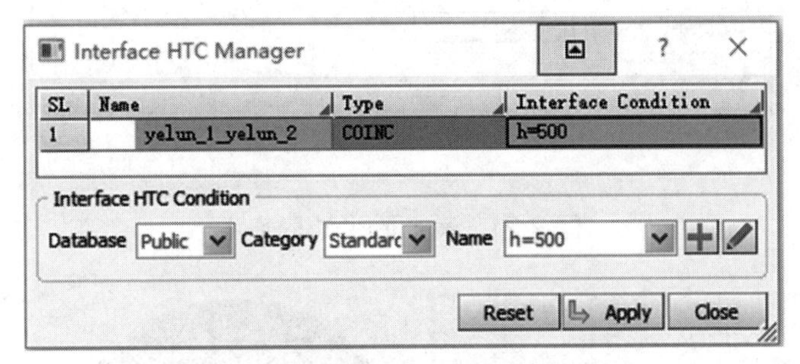

图 2-19　设置换热类型和换热系数

1）单击 Create/Edit... 按钮，弹出 Process Condition Manager 窗口，在空白处右击选取 Add → Thermal → Heat，添加 Heat 边界条件（见图 2-20），将设置砂型外表面与环境之间的热交换。单击 Region 后的列表图标，弹出 Selection List 窗口，选择砂型 EXT_yelun_2，此时模型窗口中砂型外表面变为红色，单击 OK 按钮，单击中键确认，在 Boundary Cond. 表格处右键选取 Air Cooling，单击 Apply 按钮，为砂型外表面建立空冷边界条件。

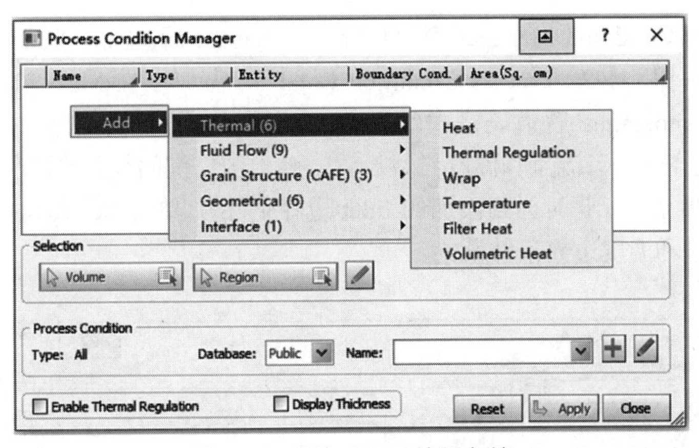

图 2-20　添加 Heat 边界条件

2）在 Process Condition Manager 窗口中表格区域空白处右击选取 Add → Fluid Flow → Inlet，添加 Inlet 边界条件，如图 2-21 所示，将设置浇口截面位置尺寸及金属液流入参数。单击 Region 按钮后边的 ✎ 按钮，弹出 Define Region 窗口，在模型窗口中单击选取铸件浇口中心，在 Define Region 窗口中将 Radius 后边文本框内值改为 200，此时 Define Region 窗口和模型窗口如图 2-22 所示，单击 Apply 按钮和 Close 按钮，此时模型窗口中浇口区域节点显示为红色。

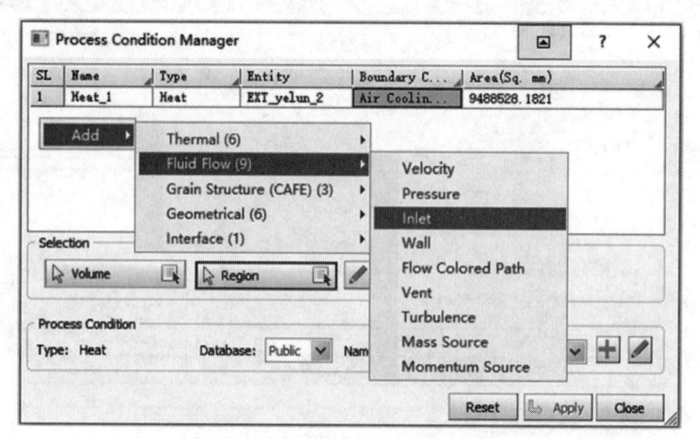

图 2-21　添加 Inlet 边界条件

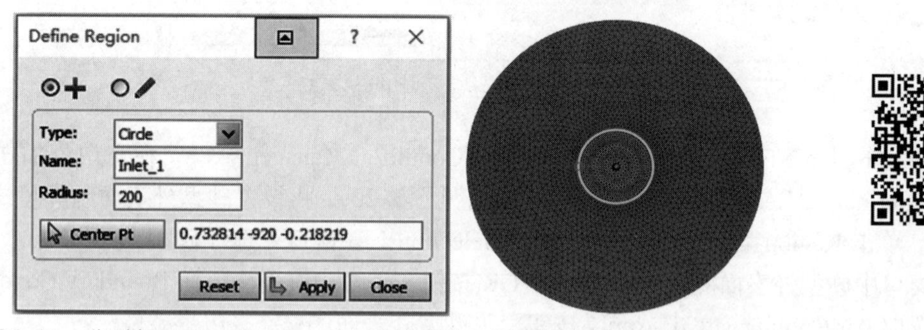

图 2-22　分别在 Define Region 窗口和模型窗口设置浇注半径和选取浇注中心

3）在 Process Condition Manager 窗口中下方 Database 后边文本框单击下拉选取 User，单击绿色“+”按钮，弹出 Process Condition Database 窗口，在 Mass Flow Rate 后边表格中输入 40，在 Temperature 后边表格中输入 1535（见图 2-23），单击窗口下方 Save 按钮和 Close 按钮，完成浇注入口流量和温度参数设置，弹出窗口询问是否将刚创建的 Inlet 浇口参数赋予选取的边界条件（此时为刚添加的 Inlet 边界条件），单击 Yes 确认。单击 Apply 按钮完成浇注入口流量和温度边界条件设置。

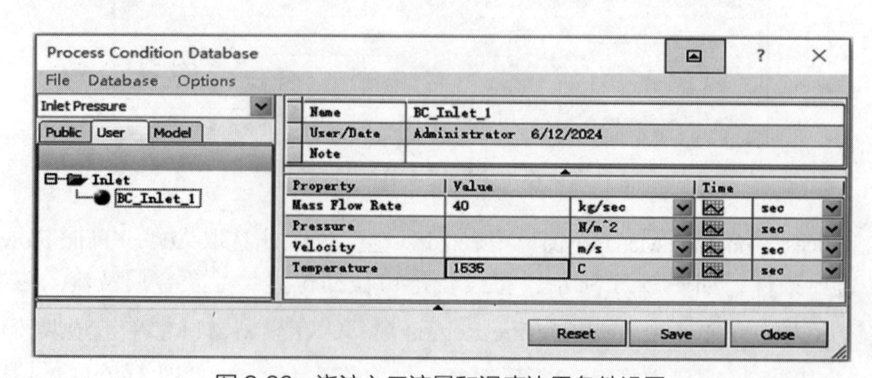

图 2-23　浇注入口流量和温度边界条件设置

4）此时，Process Condition Manager（工艺条件件管理器）窗口如图 2-24 所示，单击 Close 按钮关闭窗口。

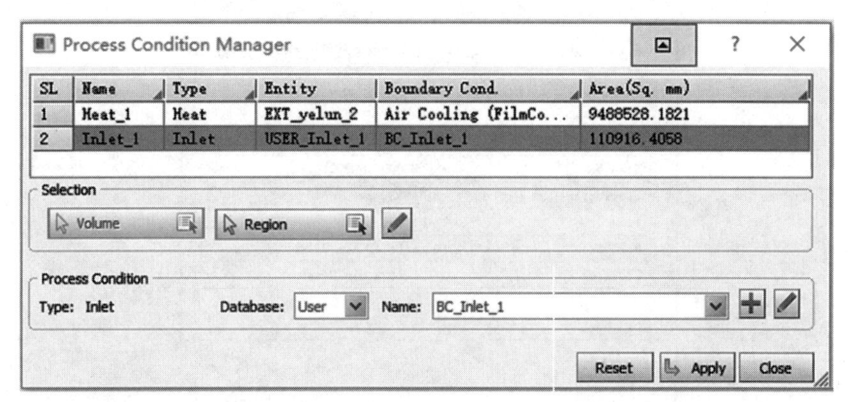

图 2-24　Process Condition Manager（工艺条件件管理器）窗口

7. 任务终止标准设置

单击“序号 7”，进行任务终止标准设置，单击 Simulation Parameters... 按钮，弹出 Simulation Parameters 窗口，在 Pre-defined Parameters 后边文本框下拉选择 Gravity Filling，弹出窗口单击 OK 按钮，在 General 标签页中将 TSTOP 后的值设为 700，意味着当铸件温度低于 700℃时停止计算，另外增大 DTMAX 后文本框中的值可显著提高计算效率。本次计算采用默认值 1，其他参数不变，更改完成后单击 Apply 按钮和 Close 按钮。

8. 开始模拟

单击“序号 8”，进行模拟计算提交设置，根据计算机硬件情况修改 Number of Cores 后的计算核心数，如图 2-25 中所示，其他序号均显示为绿色。单击菜单 File → Save 保存文件，单击 Run 按钮提交计算，弹出 Windows 窗口，显示 Calculation is running，可以最小化该窗口，计算完成后窗口会显示 End of simulation for project...。在计算进行过程中可以单击 Monitor... 按钮，在弹出的 Calculation Monitoring 窗口中可以查看计算进度，计算完成后窗口如图 2-26 所示。

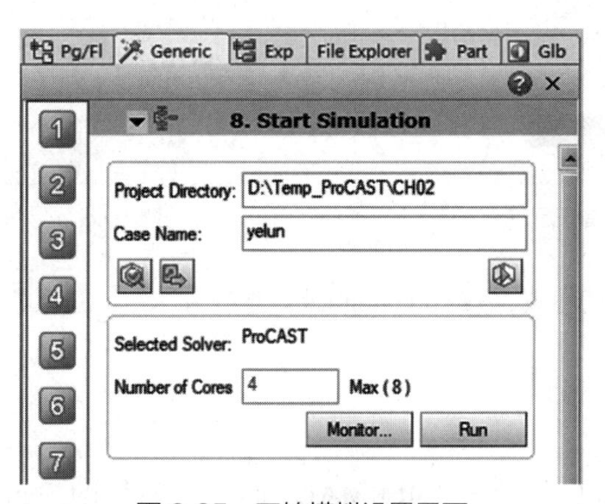

图 2-25　开始模拟设置界面

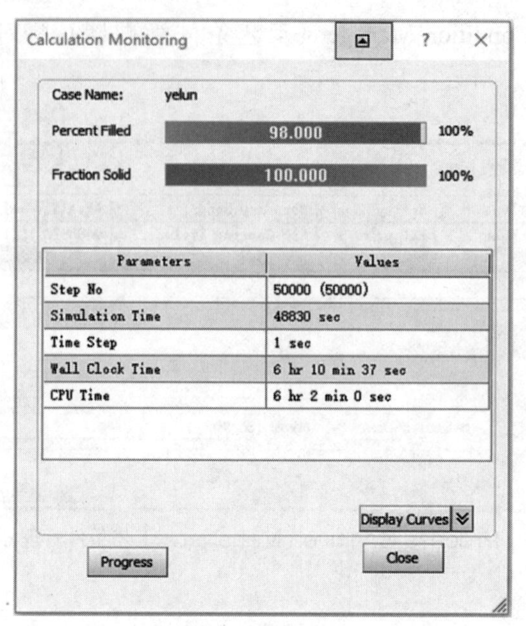

图 2-26　计算监测窗口

2.3　后处理

计算完成后，进入后处理模块，查看模拟结果。

1）单击菜单 Applications → Viewer（见图 2-27）进入后处理 Viewer 模块。界面布局与图 2-2 中类似。

2）在左侧导航栏 Exp 标签页中单击 Parts 前边的“+”，取消勾选 yelun_2，隐藏砂型模型（见图 2-28），以便更加清晰地观察结果。

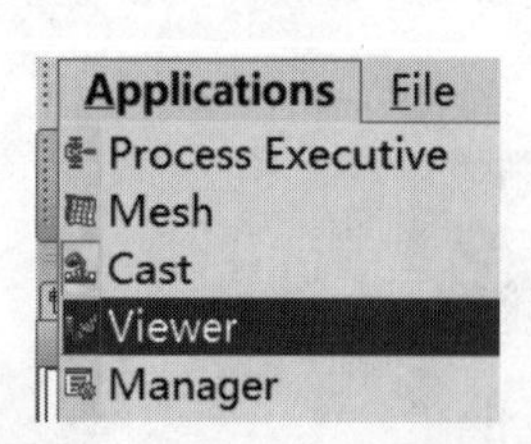

图 2-27　Viewer 模块选择

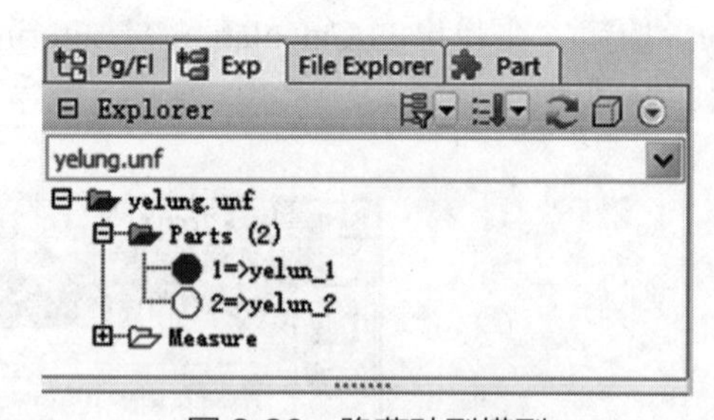

图 2-28　隐藏砂型模型

3）在 Contour Panel 区域，选择 Categories 类型和 Results 观察不同变量结果云图（见图 2-29）。

2.3.1　温度场

1）在 Contour Panel 区域单击 THERMAL，再单击右侧的 Temperature，然后单击“播放”按钮即可观察到温度场的云图动画，拖动滑块可以观察不同时刻的云图。图 2-30 所示为充型 9.7%（体积分数，后同）、充型结束、模拟结束时铸件的温度云图，不同的颜色代表铸件的不同温度。图 2-30 左侧颜色条和数值用于表示铸件上颜色对应的数值，双击“颜色条”可调整。

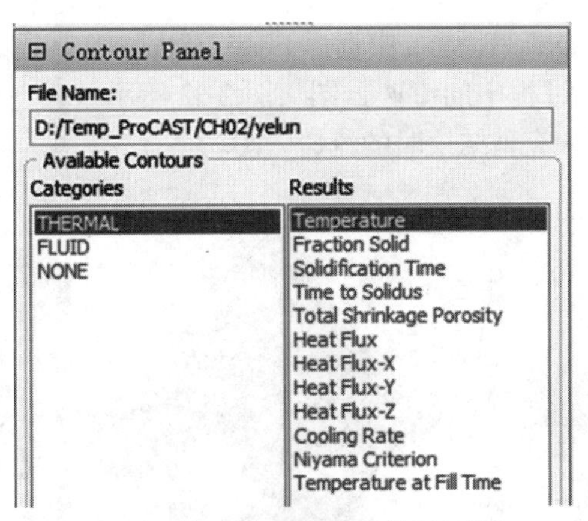

图 2-29　观察不同变量结果云图

图 2-30　不同时刻铸件温度云图

图 2-30~图 2-32

2）单击 Fraction Solid，然后单击“播放”按钮即可观察到铸件固相分数云图动画，拖动滑块可以观察不同时刻云图。图 2-31 所示为充型 9.7%、充型结束、模拟结束时的固相率云图。

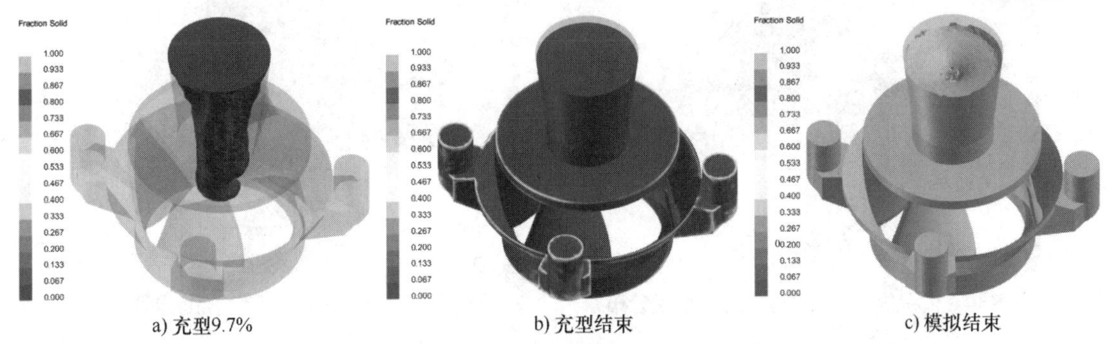

图 2-31　不同时刻铸件固相率云图

3）单击 Solidification Time，可观察铸件不同部位的凝固时间，如图 2-32 所示。

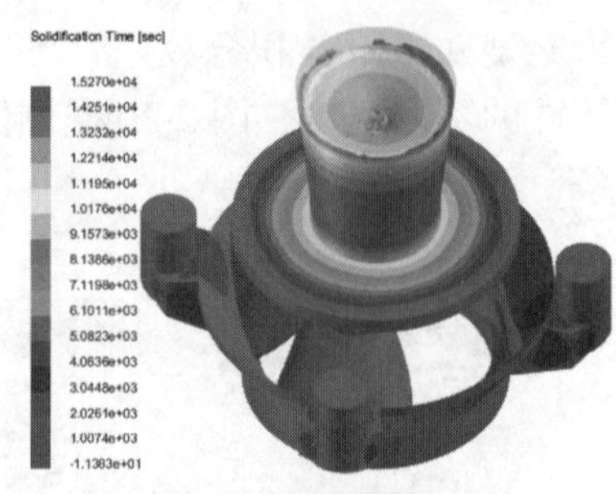

图 2-32　凝固时间云图

2.3.2　流场

在 Categories 中选择 Fluid，Results 中选择 Fluid Velocity-Magnitude 可观察铸件充型过程中的流速云图，图 2-33 所示为充型 9.7%、充型 50.0% 和充型结束时的流速云图。

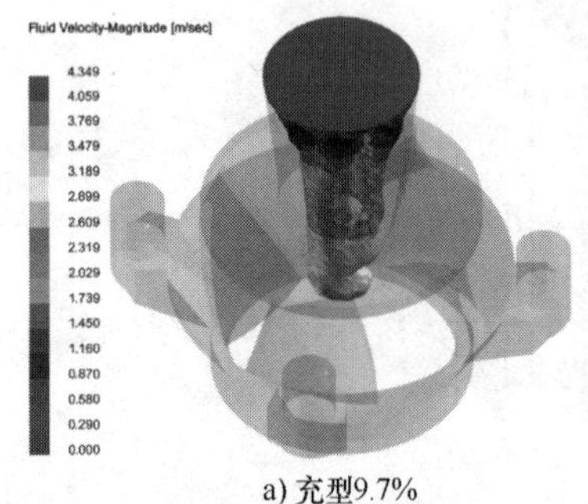

a) 充型9.7%

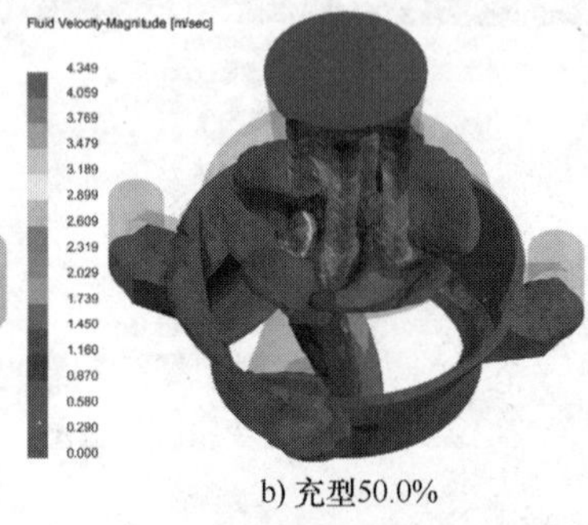

b) 充型50.0%

c) 充型结束

图 2-33　充型过程中的流速云图

2.3.3　缺陷分析

1）在 Contour Panel 区域选择 Thermal 和 Total Shrinkage Porosity 观察缩孔缩松模拟结果，选中 Picture Types 区域 Cut Off，单击其右侧图标弹出 Cutoff Control 窗口，拖动滑块或输入 Cut Off 值，体积分数低于 5% 的缩孔缩松分布如图 2-34 所示。此时 Cut Off 值设置为 0 和 5，单击 Close 按钮关闭 Cutoff Control 窗口。

2）选择 Thermal 和 Niyama Criterion 观察缩孔缩松模拟结果，参考 1）中方法在 Cutoff Control 窗口设置，Niyama Criterion 在 0~95$K^{0.5}\cdot Sec^{0.5}/cm$ 之间时缩孔缩松分布如图 2-35 所示。

图 2-34~图 2-35

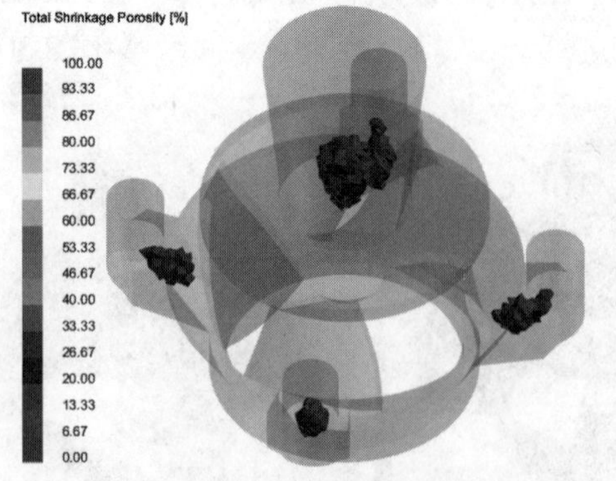

图 2-34　体积分数低于 5% 的缩孔缩松分布

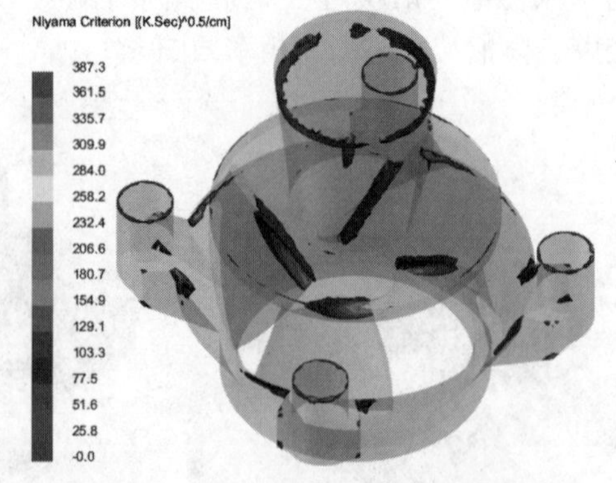

图 2-35　Niyama 判据缩孔缩松分布

第3章 >>>
砂型铸造导轨应力变形模拟

3.1 概述

在大型铸件的铸造工艺设计过程中，铸造应力和变形通常需要重点考虑。本章旨在介绍利用 ProCAST 2022.0 软件模拟导轨砂型铸造凝固过程中的凝固特性、铸造应力和变形。图 3-1 所示为导轨铸件示意图，由于模型具有对称性，所以选取模型的一半来简化模型，减少计算量。

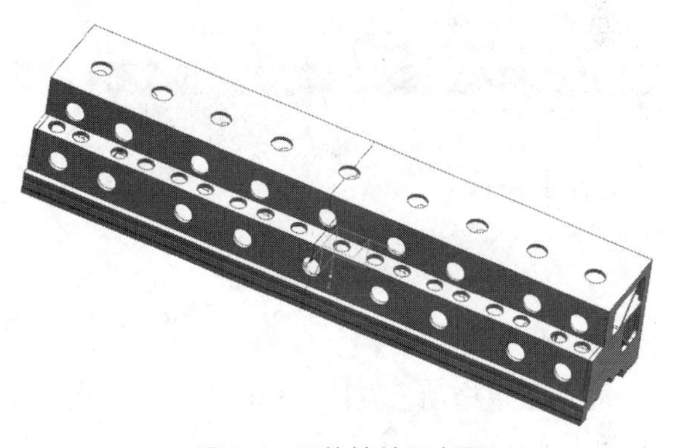

图 3-1 导轨铸件示意图

3.2 前处理

3.2.1 初始设置

1. 模型导入

1）在 Windows 开始菜单 ESI Group 下单击 Visual-Cast 18.0 启动软件，然后单击菜单 Applications → Mesh 进入网格划分界面。

2）单击 Open File，然后选择 slider.x_t 文件（通过其他三维建模软件创建模型后导出 x_t 格式文件）导入三维模型，导轨 1/2 模型图如图 3-2 所示。

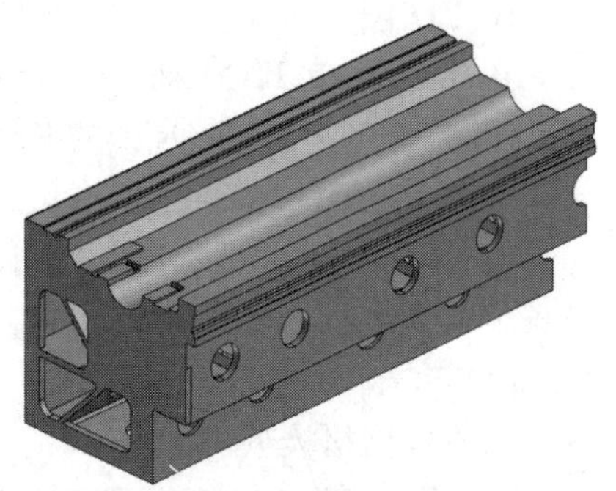

图 3-2 导轨 1/2 模型图

2. 模型检查

1）导入后单击菜单 Geometry → Repair，弹出 Repair 窗口，如图 3-3 所示。

2）单击 Check 按钮，信息窗口下方显示 No problems identified，单击 Close 按钮。

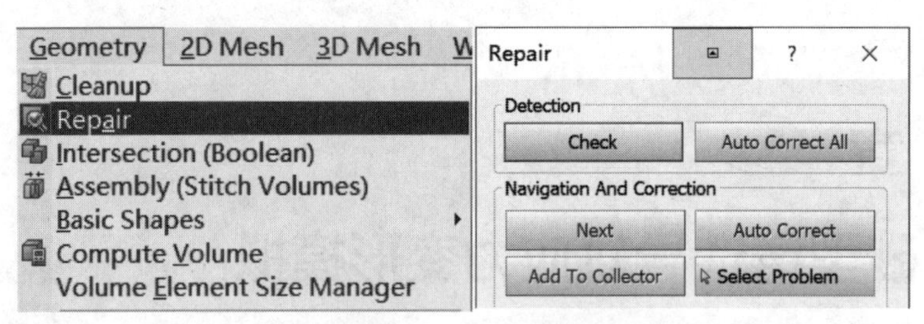

图 3-3　Repair 选项和弹出窗口

3. 创建砂型部分

1）单击菜单 Geometry → Basic Shapes → Box，弹出 Box 窗口，模型窗口中出现一个长方体将整个模型包络，如图 3-4 所示。

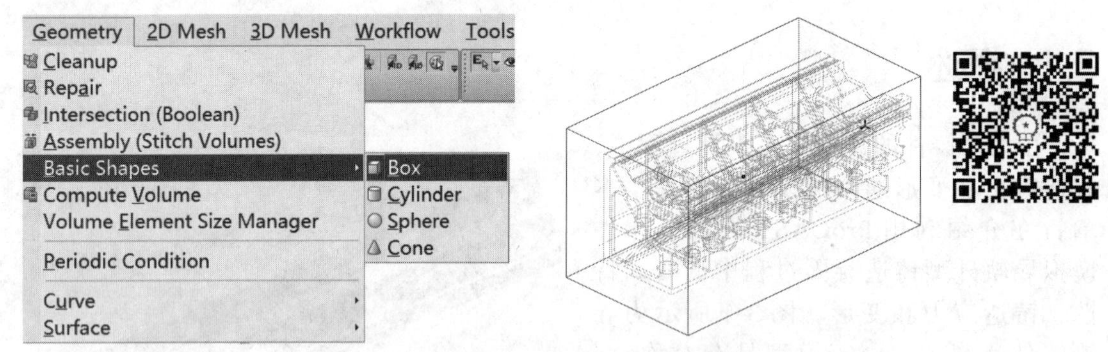

图 3-4　Box 选项和长方体的边界

2）通过拖动长方体各个面上的控制点移动长方体的边界，除对称面（坐标原点所在平面）不拖动外，其余五个面均需要拖动一段距离作为吃砂量（也可以单击长方体中心“+”后在弹出的 Point Definition 窗口中设置中心坐标值，在 Box 窗口中设置长、宽、高数值进行精确设置）。然后单击 Box 窗口中 Apply 按钮和 Close 按钮确认并关闭窗口。

4. 模型装配

1）单击菜单 Geometry → Assembly（Stitch Volumes），弹出 Assembly 窗口。

2）先单击 Check 按钮，正确时下方 Assemble All 按钮激活（如未激活则打开 Box 窗口重新设置长方体），单击 Assemble All 按钮完成装配，单击 Close 按钮关闭窗口。

5. 2D 网格划分

1）单击菜单 2D Mesh → Surface Mesh，弹出 Surface Mesh 窗口进行面网格的划分。

2）单击工具栏 Views 中的 Flat Wireframe 图标改变模型显示模式。

3）在 Surface Mesh 窗口中设定全局网格尺寸为 30，单击 To All 按钮。

4）单击绿色“+”按钮，选择长方体的 12 条棱边（见图 3-4 中红色线），然后单击中键确认，在 Element Size 下方表格中输入数值 50，此时网格尺寸设置如图 3-5 所示，单击 Mesh All Surface 按钮划分面网格，单击 Close 按钮关闭窗口。

6. 2D 网格检查

1）单击菜单 2D Mesh → Check Surface Mesh 检查面网格划分情况。

2）在弹出的 Compute Volumes 窗口中单击 Convert to FE 按钮关闭窗口（见图 3-6）。

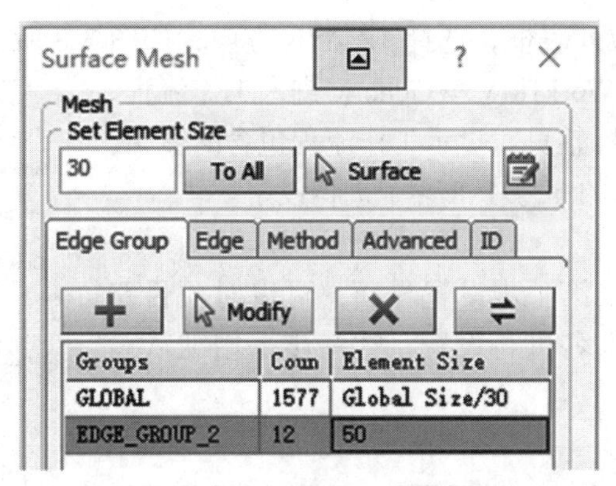

图 3-5 网格尺寸设置

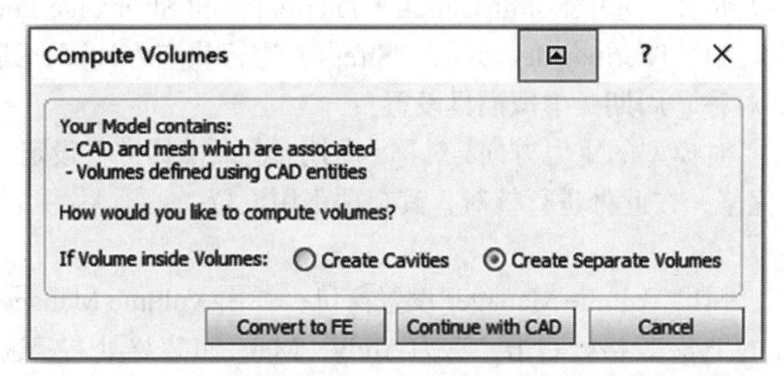

图 3-6 CAD 和 FE 模型选择窗口

3）在弹出的 Check Surface Mesh 窗口中单击 Check 按钮，模型上出现红色线段，单击 Auto Correct 按钮自动修复，信息窗口中显示 Surface Mesh is OK，说明检查通过，此时模型上不再有红色线条，单击 Close 按钮关闭窗口。

7. 3D 网格划分

1）单击菜单 3D Mesh → Volume Mesh，如图 3-7 所示，弹出 Tetra Mesh 窗口，单击 Select 后边箭头按钮，框选模型，此时模型变成黄色显示，单击中键确认。

图 3-7 Volume Mesh 选项和模型框选

2）单击 Mesh 按钮，等待弹出窗口中进度条完成，然后单击 Apply 按钮确认体网格划分，单击 Close 按钮关闭窗口。

3.2.2 分析步设置

单击菜单 Applications → Cast 进入 Cast 模块进行参数设置。首先在弹出窗口中进行重力方向的设置，单击下拉列表框，选择 +Z Axis 方向，如图 3-8 所示，然后单击 Apply 按钮和 Close 按钮。单击菜单 Workflow → Generic 进入工作流程，左侧导航栏出现 Generic 标签页，显示工作流程包含的步骤，将单击标签页中左边显示的序号 1~8 逐个进行设定。

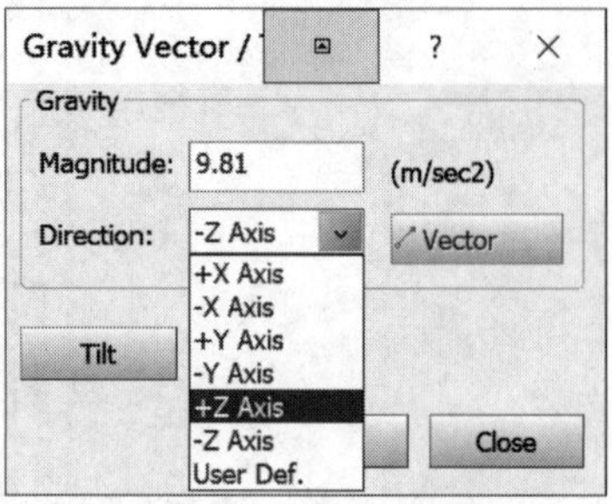

图 3-8　选择 +Z Axis 方向

1. 项目描述

默认左侧窗口中进入第 1 步设置界面，可以对项目路径、模型名称和模型文件名进行设置，这一步采用默认设置，不需要进行改动。

2. 任务定义

单击“序号 2”显示第 2 步设置界面，对模拟任务进行定义设置，如图 3-9 所示，选中 Solidification（Thermal）和 Shrinkage Porosity 进行凝固过程及缩孔缩松计算，选中 Thermo-Mechanics（Stress）进行热应力计算，其余框取消勾选。

3. 重力方向 / 对称 / 周期 / 虚拟模具设置

单击“序号 3”，对模型的重力方向 / 对称 / 周期 / 虚拟模具进行设定，重力方向已在进入工作流程前设置完毕，在此处进行核对，其余项不用设置。

4. 体管理

单击“序号 4”，弹出 Volume Manager 设置窗口，弹出 Volume Manager 窗口。

1）在 Part_1_1 的 Type 表格处右击，选为 Alloy，Material 表格处右键选取 Fe（Cast Iron）（15）→ {F}Cast Iron(Stress)，Fill% 表格处输入 100.00，Initial Temp 表格处输入 1360.00（见图 3-9），Stress Type 表格处右键选取 Linear Elastic。

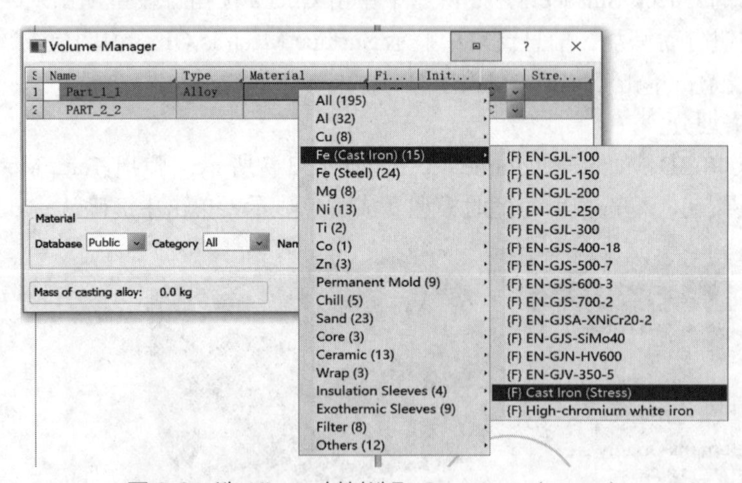

图 3-9　选 Alloy，材料选取 Cast Iron（Stress）

2）PART_2_2 的 Type 表格处选取 Mold，Material 表格处右键选取 Green Sand（在 Sand 类型中），Fill% 表格处输入 100.00，Initial Temp 为 20.00，Stress Type 表格处右键选取 Vacant，设定完成后如图 3-10 所示，单击 Apply 按钮和 Close 按钮。

5. 界面换热管理

单击“序号 5”，对界面换热进行设置，单击 Create/Edit... 按钮，弹出 Interface HTC Manager 窗口，Type 表格处右击选取 COINC，Interface Condition 表格处右击选取 h=500，

如图 3-11 所示，单击 Apply 按钮和 Close 按钮。

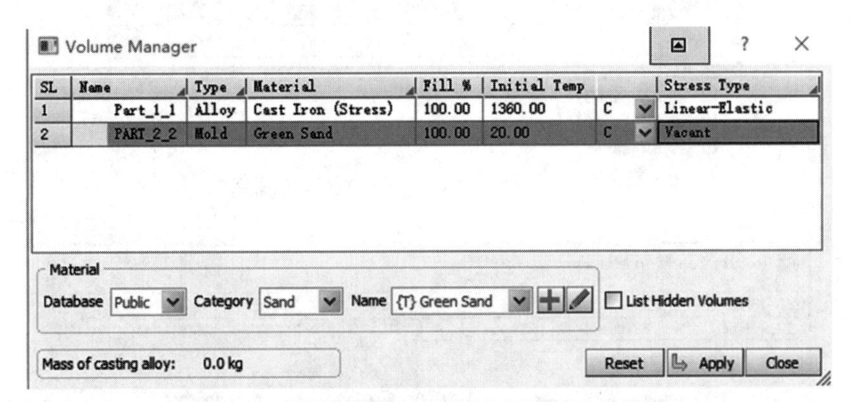

图 3-10　铸件和模具体材料及温度等参数设置

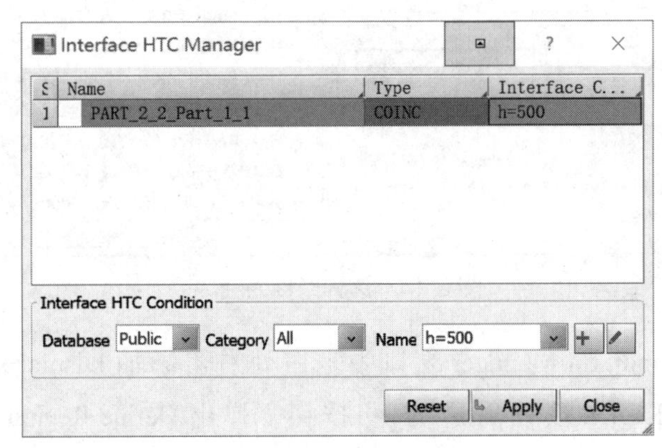

图 3-11　设置换热类型和换热系数

6. 工艺条件设置

单击序号 6，进行工艺条件设置。

1）单击 Create/Edit... 按钮，弹出 Process Condition Manager 窗口。

2）在窗口中空白处右击添加 Heat 边界条件，单击 Region 按钮后边的✎按钮，弹出 Define Region 窗口，Type 后选取 Surface（见图 3-12），此时无法在模型窗口中选择体的表面，单击左侧导航栏 Explorer 标签，单击 CAD 左侧的文件夹图标使之激活（见图 3-13），单击 Define Region 窗口中的 Surface 按钮，在模型上选择长方体之前拉动的五个面（另一个为对称面，不需要选取），单击中键确认（或单击 Apply 按钮），再单击 Close 按钮，回到 Process Condition Manager 窗口中，Boundary Cond 表格处右键选取 Air Cooling（见图 3-14），单击 Apply 按钮确认砂型外表面空冷换热边界条件设置。

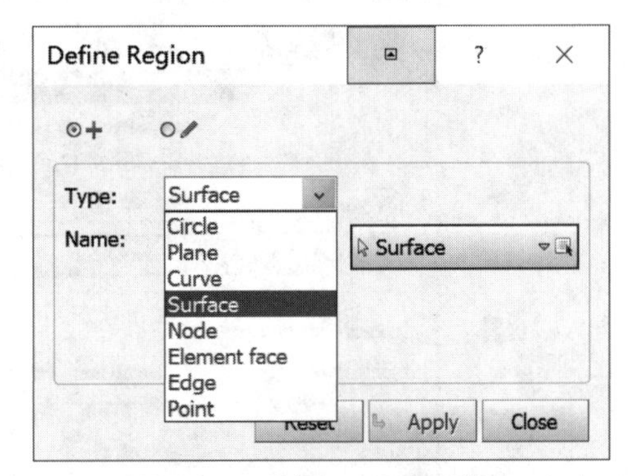

图 3-12　选择 Surface 类型

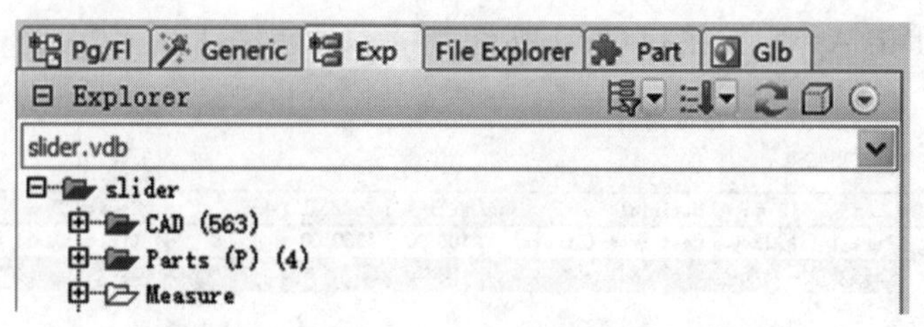

图 3-13　激活 CAD 左侧的文件夹图案

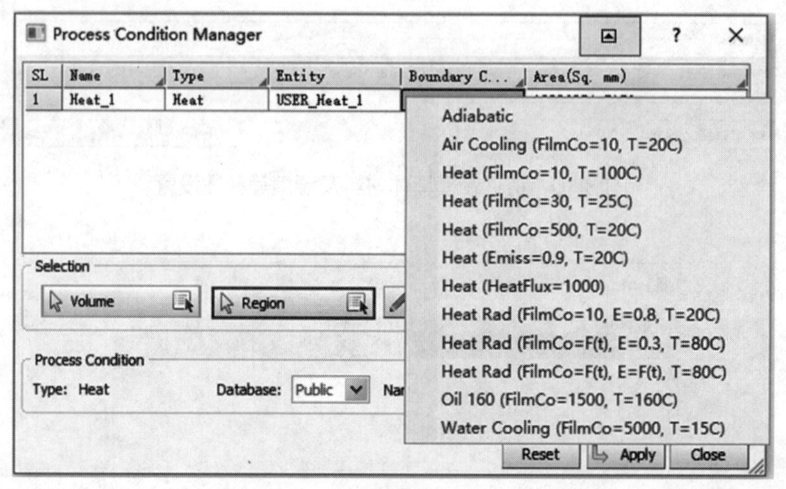

图 3-14　边界条件为空冷

3）在 Process Condition Manager 窗口中空白处右击添加 Displacement 边界条件，如图 3-15 所示。单击 Region 按钮后边的 ✎ 按钮，弹出 Define Region 窗口，Type 后选取 Surface，单击"箭头"按钮，在模型上选择长方体上之前未拉动的对称面（还需要选取铸件上的对称面），如图 3-16 所示，单击中键确认，单击 Define Region 窗口中的 Close 按钮，Boundary Cond. 表格处右键选取 Displacement_X0，设定 X 方向的位移为 0，单击 Apply 按钮。

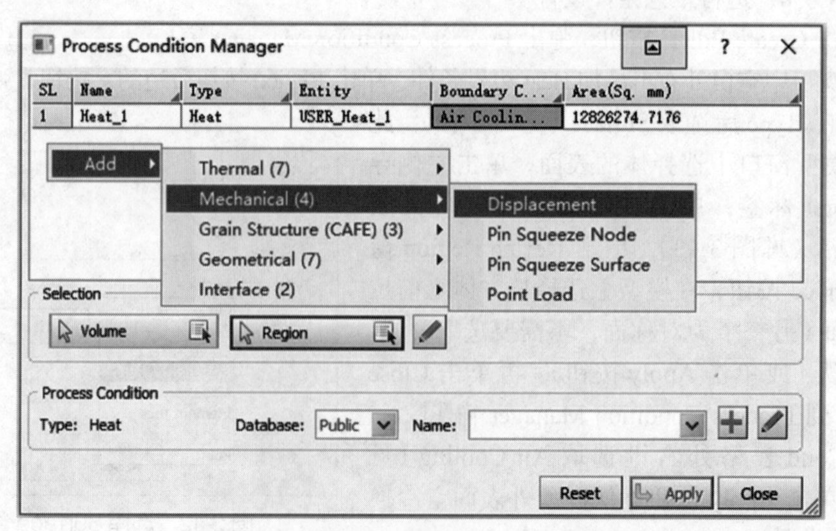

图 3-15　添加 Displacement 边界条件

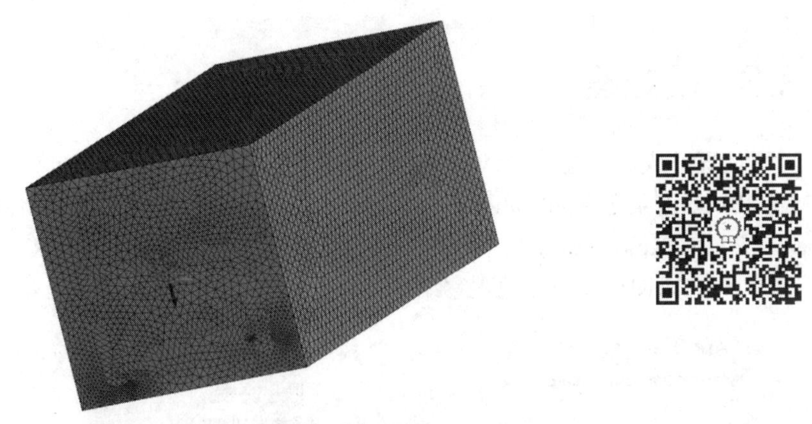

图 3-16　位移边界条件对称面选取

4）此时边界条件设置窗口如图 3-17 所示，单击 Close 按钮完成工艺条件设置。单击左侧导航栏 Generic 标签回到工作流程设置界面。

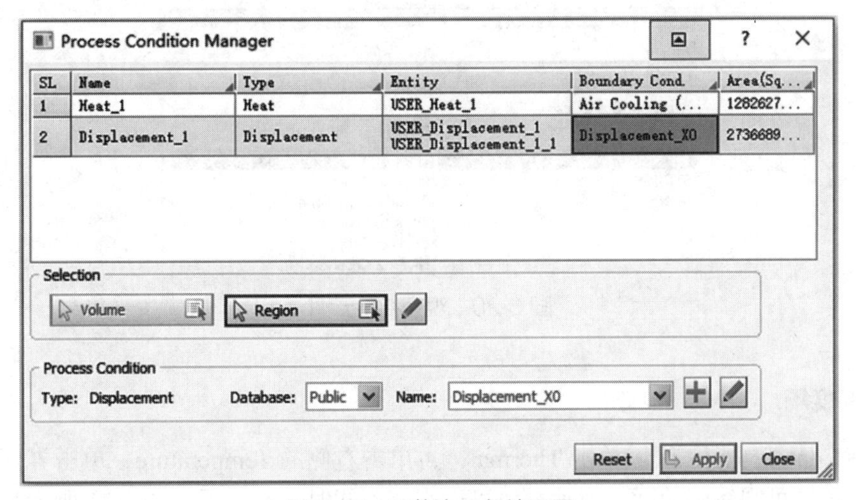

图 3-17　工艺边界条件设置

7. 任务终止标准设置

单击“序号 7”，进行任务终止标准设置，单击 Simulation Parameters... 按钮，弹出 Simulation Parameters 窗口，在 General 中 Tstop 后的值设为 400，Dtmax 后的值设为 10；在 Thermal 中，Tfreq 后的值设为 50；在 Stress 中，Sfreq 后的值设为 50，Scalc 后的值设为 25。更改完成后单击 Apply 按钮和 Close 按钮。

8. 开始模拟

单击“序号 8”，进行模拟计算提交设置，根据计算机硬件情况修改 Number of Cores 后的计算核心数，单击菜单 File → Save 保存文件，单击 Run 按钮提交计算，单击 Monitor... 按钮，在弹出的 Calculation Monitoring 中可以查看计算进度。

3.3 后处理

计算完成后，进入 Viewer 界面，查看模拟结果。

1）单击菜单 Applications → Viewer（见图 3-18）进入后处理界面。

2）在 Explorer标签页中单击 Parts 前边的“+”，取消勾选 PART_2_2，隐藏砂型模型（见图 3-19），以便更加清晰地观察结果。

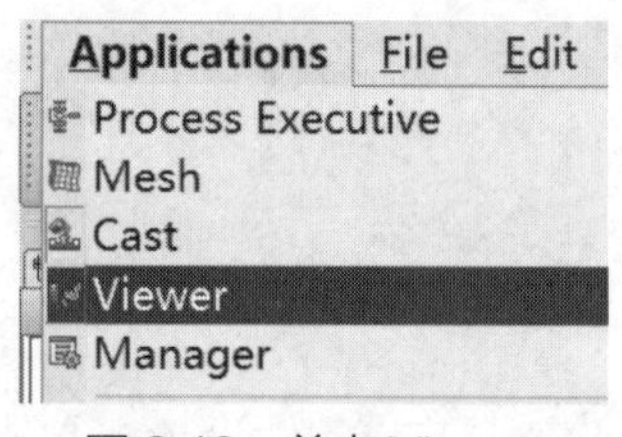

图 3-18　单击 Viewer

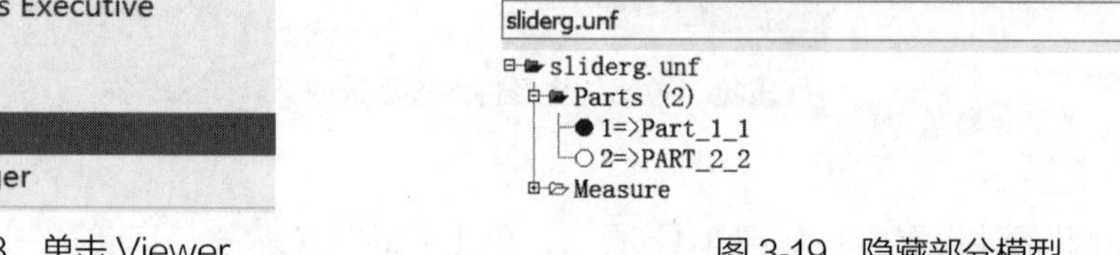

图 3-19　隐藏部分模型

3）在 Contour Panel 区域，选择 Categories 类型和 Results 观察结果云图（见图 3-20）。

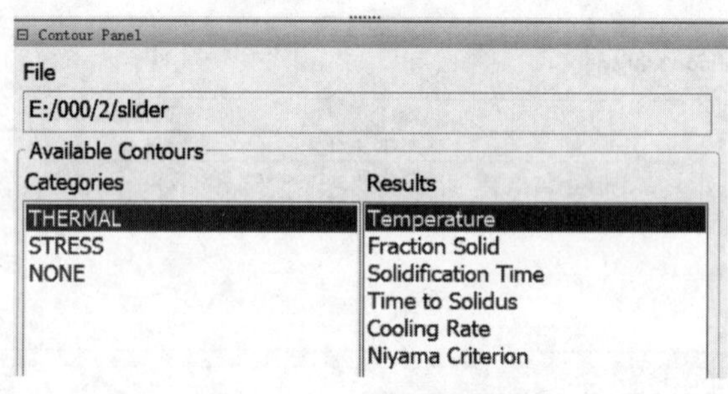

图 3-20　观察结果云图

3.3.1 温度场

1）在 Contour Panel 区域单击 Thermal，再单击右侧的 Temperature，单击界面左下方的“播放”按钮即可观察到动画，拖动滑块可以观察不同时刻的云图。图 3-21 所示为凝固 55%和凝固结束时铸件的温度云图。

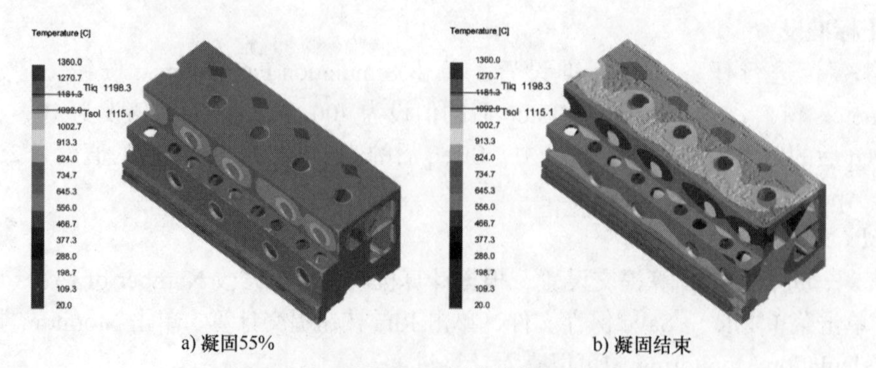

a) 凝固55%　　b) 凝固结束

图 3-21　不同凝固时刻铸件的温度云图

图 3-21~
图 3-23

2）选择 Fraction Solid 可查看铸件固相率云图，图 3-22 所示为凝固 24%、凝固 55%、凝固 93.8% 时的固相率云图。

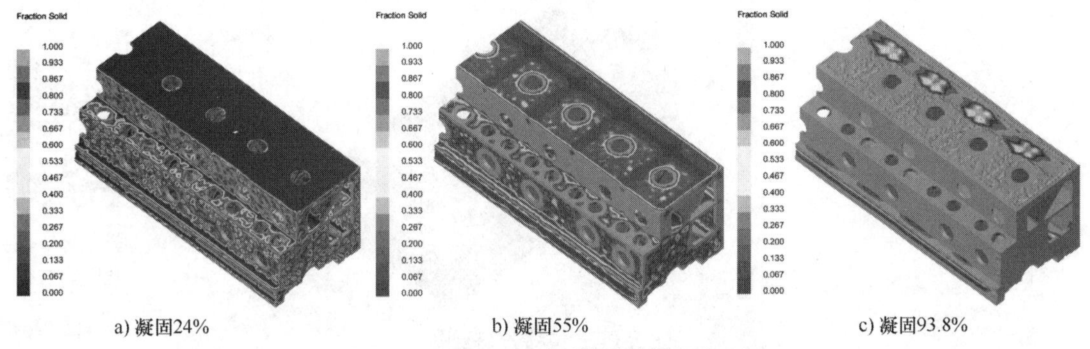

图 3-22　不同凝固时刻铸件的固相率云图

3）单击 Solidification Time，可观察铸件不同部位的凝固时间，如图 3-23 所示。

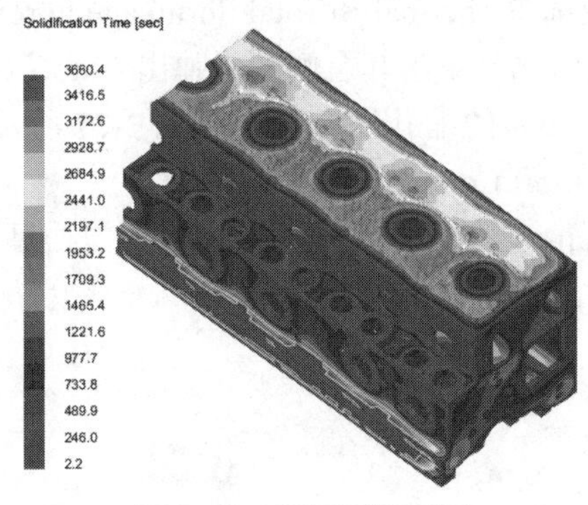

图 3-23　凝固时间云图

3.3.2　应力场和位移场

1）在 Contour Panel 区域单击 Stress，单击 Maximum Shear Stress 和 Principal Stress 1，可观察最大剪应力和第一主应力分布云图，如图 3-24 和图 3-25 所示。

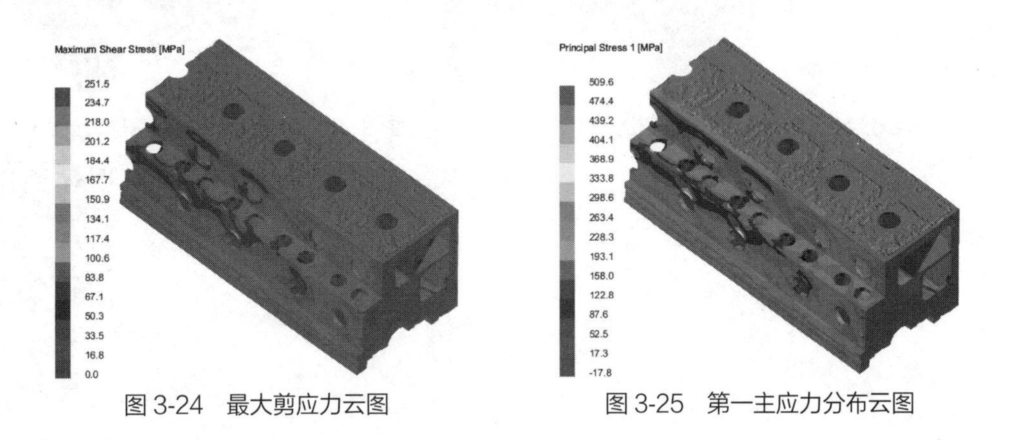

图 3-24　最大剪应力云图

图 3-25　第一主应力分布云图

2）单击 Total Displacement，可观察位移分布云图，如图 3-26 所示。

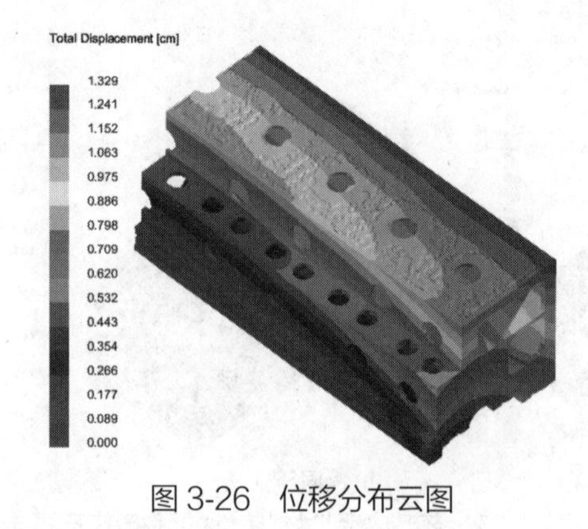

图 3-26 位移分布云图

图 3-24~
图 3-26

3.3.3 缺陷分析

1）在 Contour Panel 区域选择 Thermal 和 Total Shrinkage Porosity 观察缩孔缩松模拟结果，选中 Picture Types 区域的 Cut Off，单击其右侧图标弹出 Cutoff Control 窗口，拖动滑块或输入 Cut Off 值，体积分数低于 5% 的缩孔缩松分布如图 3-27 所示。此时 Cut Off 值设置为 0 和 5，单击 Close 按钮关闭 Cutoff Control 窗口。

2）选择 Thermal 和 Niyama Criterion 观察缩孔缩松模拟结果，参考 1）中方法在 Cut Off Control 窗口设置，Niyama Criterion 力 0~90$K^{0.5}$ · $Sec^{0.5}$/cm 时缩孔缩松分布如图 3-28 所示。

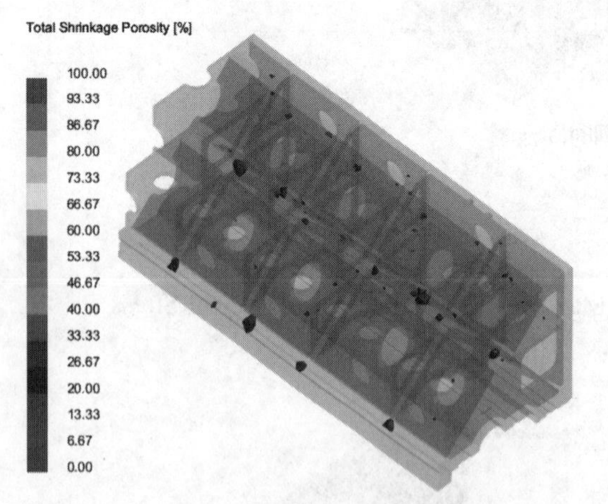

图 3-27 体积分数低于 5% 的缩孔缩松分布

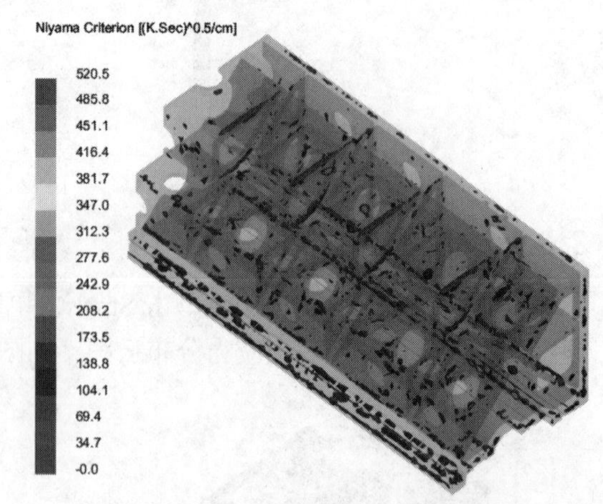

图 3-28 Niyama 判据缩孔缩松分布

图 3-27~
图 3-28

第4章 >>>
轮毂低压铸造成型过程模拟

4.1 概述

汽车铝合金轮毂的低压铸造过程：在密封的保持炉中，通入一定的干燥压缩空气使铝液在气体压力的作用下，沿升液管上升，通过浇口平稳地进入模具型腔，并保持炉内液面上的气体压力，一直到铸件完全凝固为止。然后解除液面上的气体压力，使升液管中未凝固的铝液随重力的作用流入保持炉，再由液压缸开型并推出铸件，其模具采用金属型。

轮毂在进行低压铸造时易产生缩孔、缩松、气孔、夹杂等缺陷，采用模拟软件 ProCAST 进行铸造过程模拟，可针对所产生的缺陷进行工艺改进，更好地优化方案。

铝合金轮毂低压铸造铸件模型如图 4-1 所示。由于轮毂铸件与模具之间的接触面较多，在对模型进行 2D 面网格划分时，铸件与模具接触区域在划分网格时有一定的难度，解决好二维网格划分是仿真建模分析的关键。

图 4-1　铝合金轮毂低压铸造铸件模型

4.2 前处理

4.2.1 初始设置

1. 模型的导入

1）在 Windows 开始菜单 ESI Group 下单击 Visual-Cast 18.0 启动软件，单击菜单 Applications → Mesh，进入网格划分界面。

2）单击 Open File，选择 wheel.igs 文件导入三维模型，如图 4-2 所示。

2. 模型装配

1）单击菜单 Geometry → Assembly（Stitch Volumes），弹出 Assembly 窗口，如图 4-3 所示。

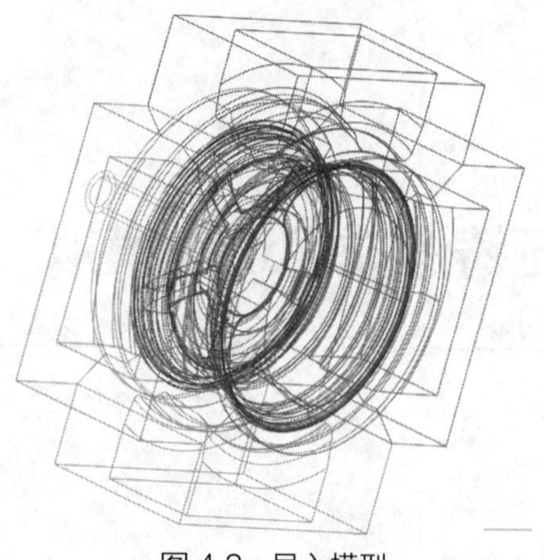

图 4-2　导入模型

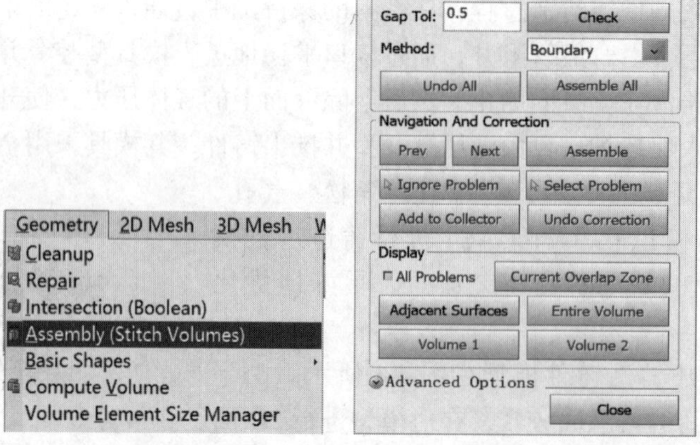

图 4-3　Assembly（Stitch Volumes）位置和弹出的装配窗口

2）单击 Check 按钮，软件运行一段时间后，模型上显示所有重叠的面，如图 4-4 所示。

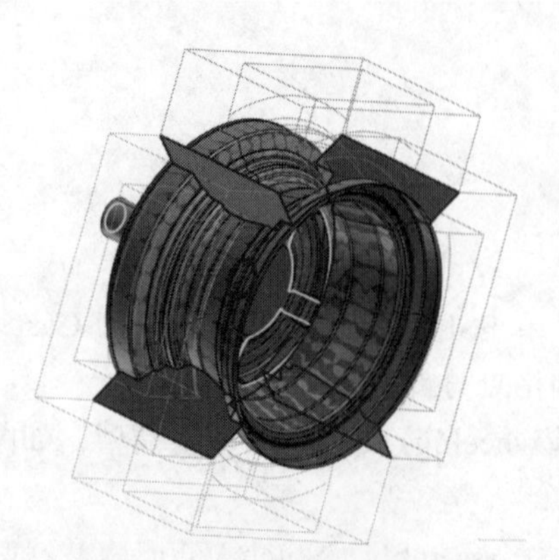

图 4-4　模型上所有重叠的面

3）单击窗口中的 Assemble All 按钮，完成装配，单击 Close 按钮关闭窗口。

3. 2D 网格划分

1）单击菜单 2D Mesh → Surface Mesh，弹出 Surface Mesh 窗口，如图 4-5 所示，进行面网格划分。

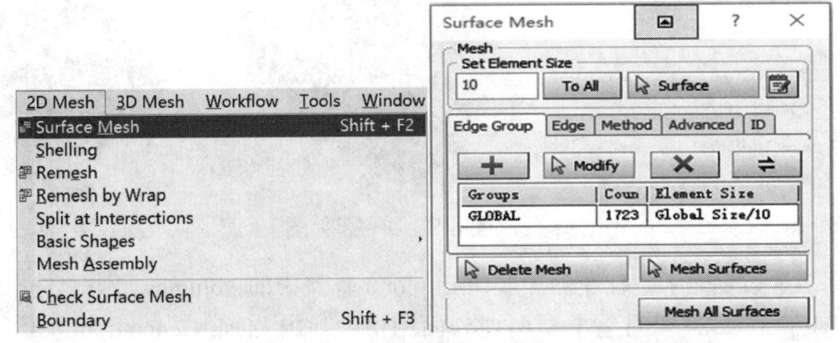

图 4-5　Surface Mesh 位置和弹出的面网格划分窗口

2）划分面网格前，先改变模型的显示模式，单击工具栏 Views 区域的图标，将初始的 Wireframe（线框模式）显示方式改成 Flat Wireframe（面与线框模式）显示方式，模型显示如图 4-6 所示。

3）在 Surface Mesh 窗口中可以看到默认的全局网格尺寸为 10，单击窗口中的 Mesh Surfaces 按钮，然后单击选择模型上的任意面，便可以观察到所选面网格划分状况，单击“升液管表面”按钮，观察默认尺寸 10 的划分效果（见图 4-7），其不能完美地表现圆柱面，考虑此处不进行流体计算，因此采用默认尺寸。

图 4-6　模型显示图

图 4-7　尺寸 10 的划分效果

4）选择铸件进行显示，单击左侧任务栏 Exp 标签中的 Volumes 前的“+”，显示所有体（铸件和模具），选中铸件对应的体 Body_6 和 Body_7（按住 Control 键可以选择多个），右击选择 Locate，如图 4-8 所示。将铸件整体显示出来，如图 4-9 所示，单击窗口中的 Mesh Surfaces 按钮，框选铸件观察默认尺寸 10 的面网格划分效果，如图 4-10 所示。

5）观察发现，此网格不能完美地表现轮毂表面，考虑此处需要进行流体计算，进行流体计算的铸件部位需要一个更小的网格，因此应改变网格大小，以提高计算精度，更好地展现充型效果。单击面网格划分窗口中的绿色“+”按钮，添加新的边组，用以更改网格大小，框选整体铸件，使铸件所有边显示为黄色，单击中键确认（也可以单击模型窗口右侧黄色框内的绿色箭头），在 Element Size 下方表格中输入数值 8，如图 4-11 所示。

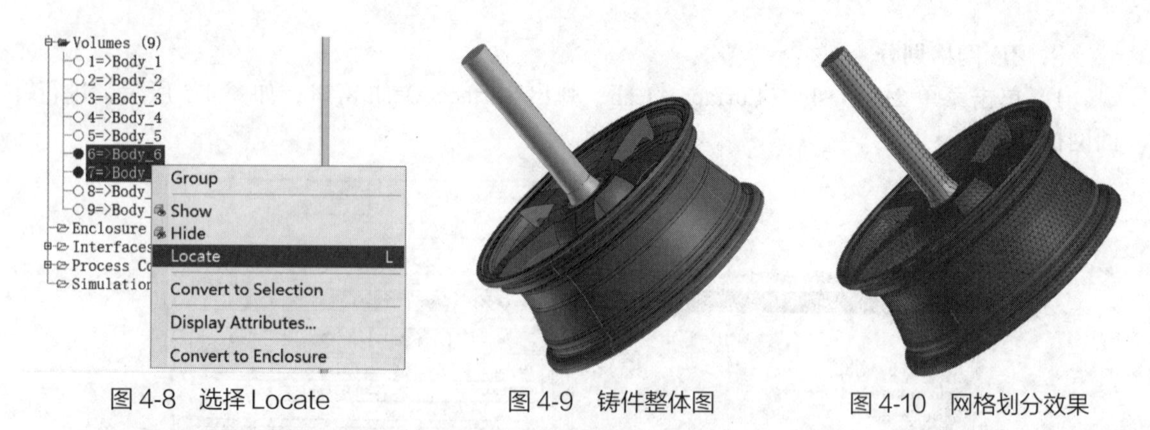

图 4-8 选择 Locate　　图 4-9 铸件整体图　　图 4-10 网格划分效果

6）网格尺寸设定完毕，在左侧导航栏 Explorer 标签中的 Volumes 下方，选中所有的体，单击 Mesh All Surface 按钮对整个模型划分面网格，弹出 Mesh Generation 进度条窗口（见图 4-12），等待进度条完成，数据显示 100%，面网格划分完毕，单击 Close 按钮关闭窗口。

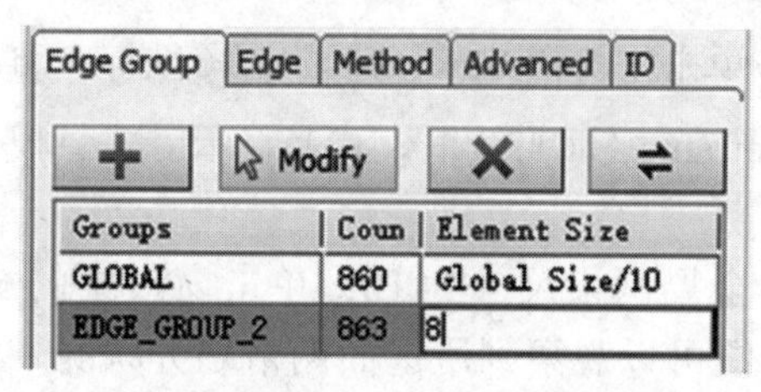

图 4-11 添加新的边组

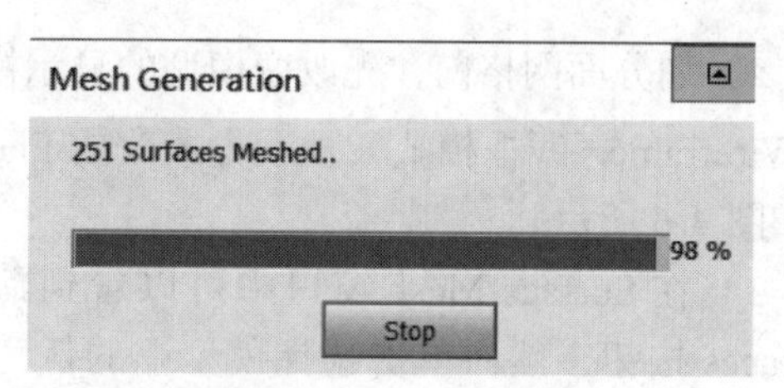

图 4-12 网格生成进度条

4. 2D 网格检查

1）单击菜单 2D Mesh → Check Surface Mesh，弹出 Check Surface Mesh 窗口（若同时弹出 Compute Volumes 窗口，单击 Cancel 按钮关闭窗口即可），选中 Crack Nodes 修复破裂点，如图 4-13 所示，单击窗口内的 Check 按钮，进行网格检查。

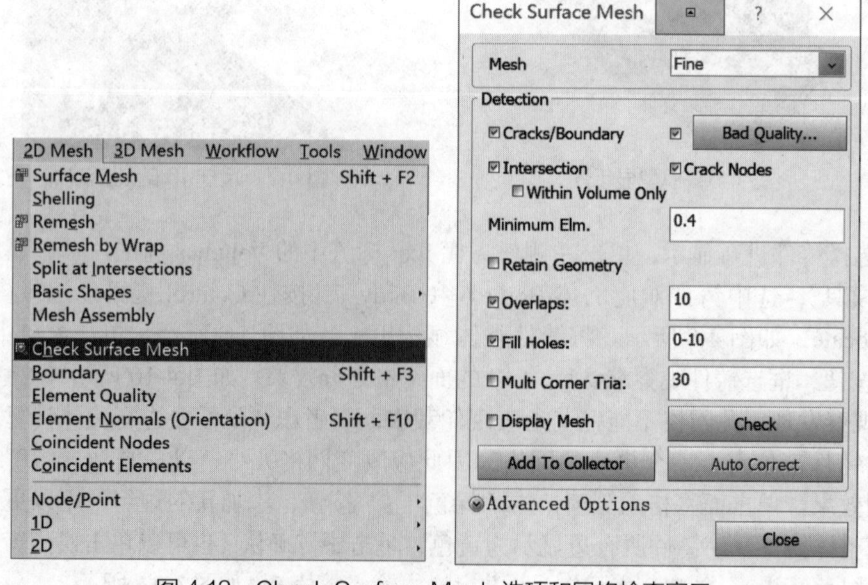

图 4-13 Check Surface Mesh 选项和网格检查窗口

2）检查完毕，模型上有红色线段（见图 4-14），且模型窗口下面的信息窗口显示红色的 Surface Mesh is not OK。此时单击 Auto Correct 按钮自动修复，修复成功后信息窗口显示 Surface Mesh is OK，如一次修复不成功可多次单击 Auto Correct 按钮直到修复成功。

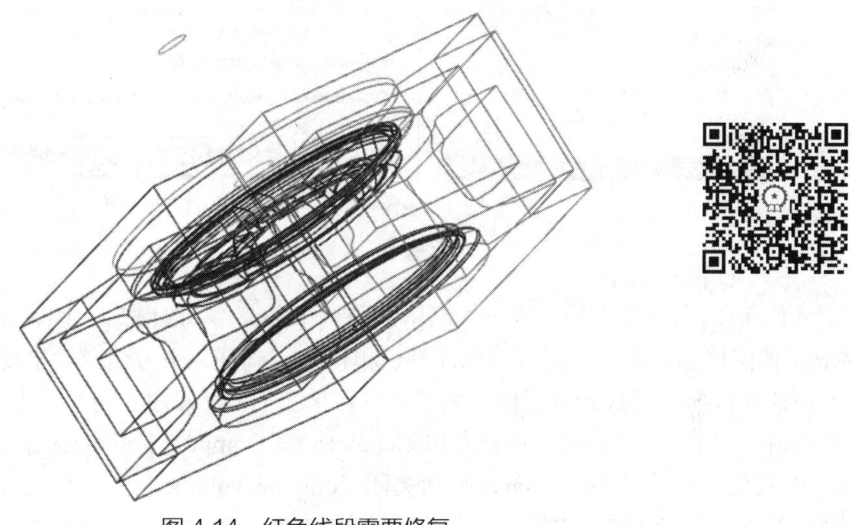

图 4-14　红色线段需要修复

3）更改 Check Surface Mesh 窗口中的 Minimum Elm. 值，从默认 0.4 改为 1，再重复单击 Check 按钮和 Auto Correct 按钮，直到信息栏出现 Surface Mesh is OK。经过网格修复，Volumes 的数量增多，如图 4-15 所示。

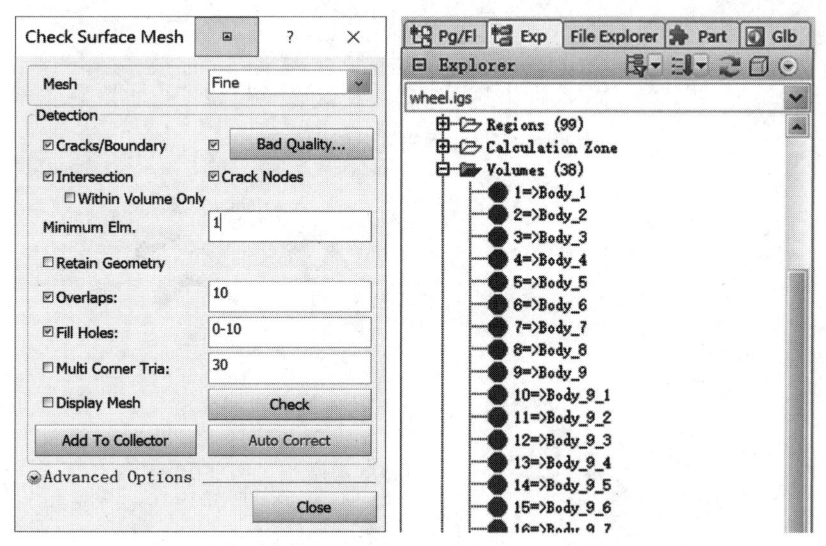

图 4-15　最小单元长度设置及 Volumes 数量变化

4）由于体数目增多，且本模型装配关系复杂，直接进行体网格划分容易出现问题。因此面网格划分完毕后，不能直接进行体网格划分，应先对模型进行计算。单击菜单 Geometry → Compute Volume，弹出 Compute Volumes 窗口，如图 4-16 所示，单击 Convert to CAD 按钮，等待一段时间，可以发现，Volumes 数量减少（左侧任务栏 Volumes 中显示）。

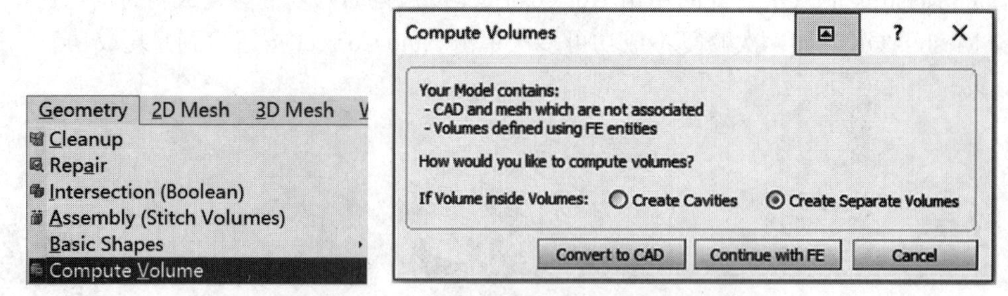

图 4-16　Compute Volume 选项及弹出窗口

5. 3D 网格划分

1）面网格划分完毕，进行体网格划分，单击菜单 3D Mesh → Volume Mesh，弹出 Tetra Mesh 体网格划分窗口，框选全部模型，单击中键确认，下方信息栏出现如图 4-17 所示信息。出现这种状况，须重新进行模型体积计算，单击 Close 按钮关闭，单击 Tetra Mesh 窗口，在弹出窗口中单击 No 按钮。单击菜单 Geometry → Compute Volume，弹出窗口，单击 Convert to FE 按钮，完成后单击 Cancel 按钮关闭 Compute Volume 窗口。此时 Volumes 的数目增多，隐藏 Volumes1-9（单击 1 后按住 Shift 键再单击 9，右击弹出菜单中单击 Hide），模型窗口中显示若干不规则的体（见图 4-18）。

2）图 4-18 所示的体有明显的尖角，难以划分体网格，选取这些体后右击，在弹出菜单中单击 Delete，在弹出窗口中单击 Yes 按钮确认删除。选取 Volumes1-9，右击选择 Show，显示模型。

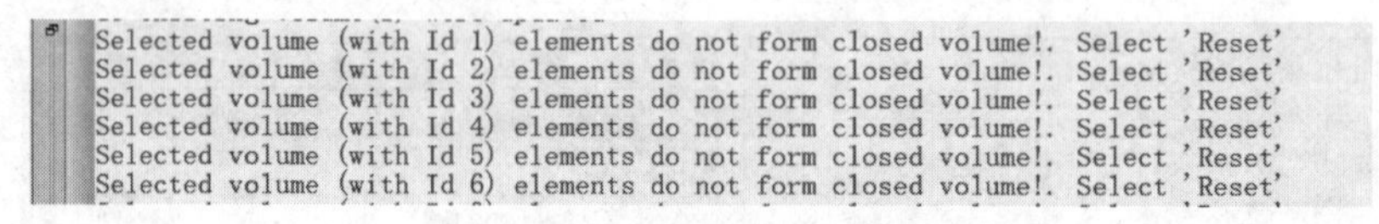

图 4-17　体网格划分错误信息

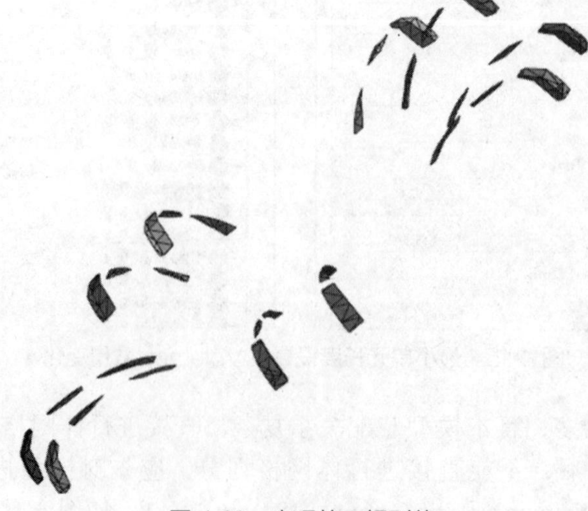

图 4-18　出现的不规则体

3）在生成体网格之前单击菜单 File → Save 或按快捷键 Ctrl+S 进行保存。

4）单击菜单 3D Mesh → Volume Mesh，弹出 Tetra Mesh 体网格划分窗口，框选全部模型，使模型变为黄色选中状态，如图 4-19 所示，单击中键确认，单击 Mesh 按钮，弹出 Tetra Mesh Generation 进度条，进行体网格划分，等进度完毕单击 Tetra Mesh 窗口中的 Apply 按钮和 Close 按钮接受体网格并关闭窗口，体网格模型如图 4-20 所示，保存模型文件。

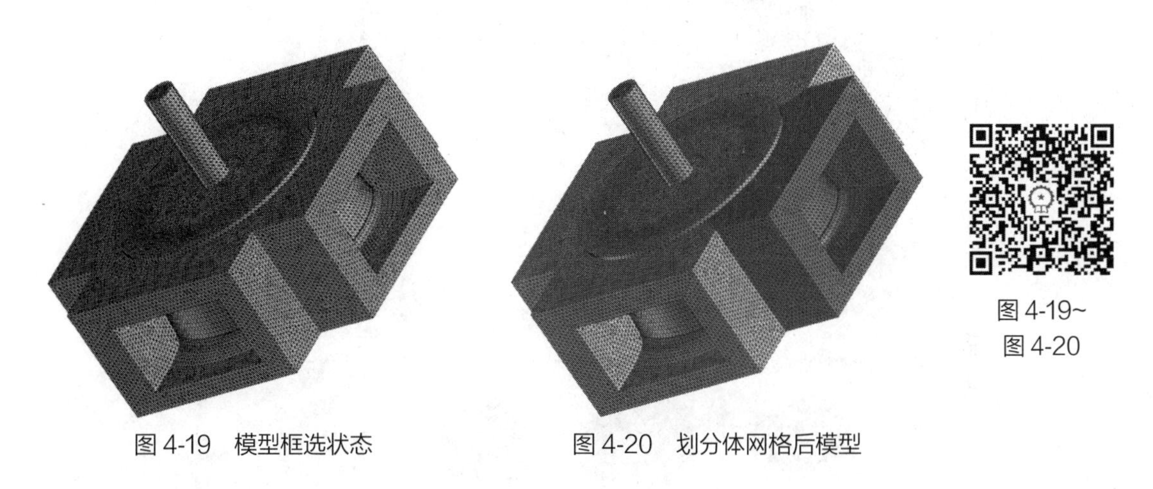

图 4-19~
图 4-20

图 4-19　模型框选状态　　图 4-20　划分体网格后模型

4.2.2　分析步设置

单击菜单 Applications → Cast 进入 Cast 模块进行参数设置。首先，在弹出的窗口中进行重力方向的设置，在 Direction 后边下拉列表框中选择 –Y Axis，然后单击 Apply 按钮和 Close 按钮，如图 4-21 所示。

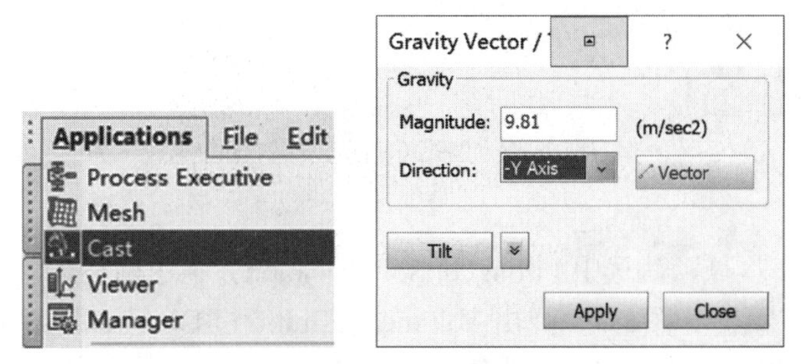

图 4-21　Cast 模块位置和重力方向设定窗口

单击菜单 Workflow → LPDC 进入低压铸造设置工作流程。左侧导航栏出现 LPDC 标签页，显示工作流程包含的步骤，将单击标签页中左边显示的序号 1~4 逐个进行设定。

1. 项目描述

默认左侧窗口中进入第 1 步设置界面，可以对项目路径、模型名称和模型文件名进行设置，这一步采用默认设置，不需要进行改动，如图 4-22 所示。

2. 任务定义

单击“序号 2”显示第 2 步 LPDC 工艺设置界面，如图 4-23 所示。

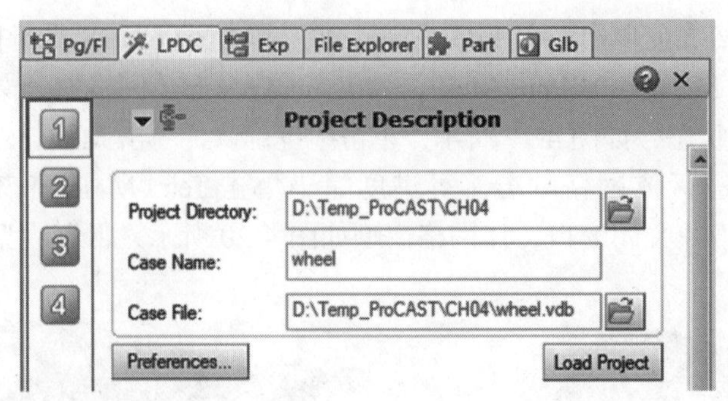

图 4-22 项目描述

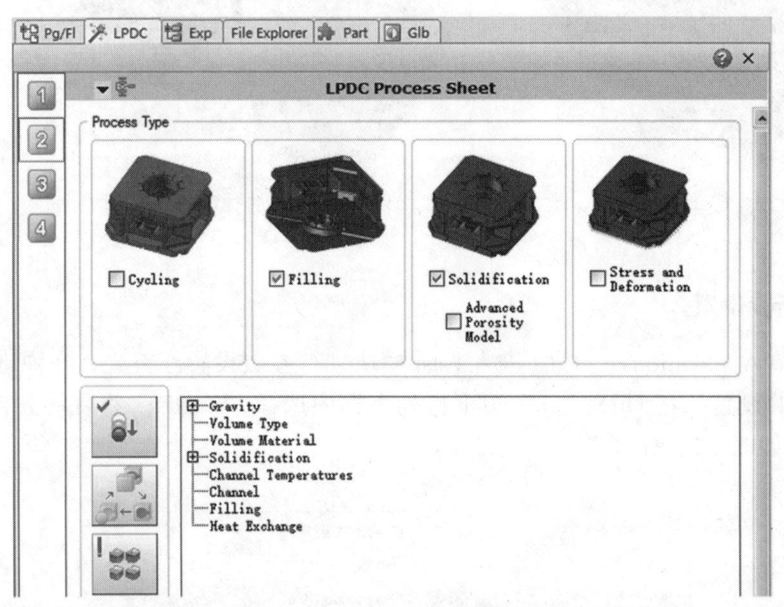

图 4-23 LPDC 工艺设置界面

1）Process Type 区域默认选中 Filling 和 Solidification，不用调整。

2）单击下边“第三个图标”，弹出 Volume Definition 窗口，如图 4-24 所示，首先设置铸件并赋予材料，单击 Volume 后的列表图标弹出 Selection List 窗口，选择铸件体 Body_6 和 Body_7，如图 4-25 所示，单击 OK 按钮关闭窗口，在模型窗口中单击中键确认，在 Material 区域 Name 栏下拉列表中选取 EN AC-42100 AlSi7Mg0.3（Stress 1K/s），如图 4-26 所示，然后单击绿色“+”按钮。设置模具并赋予材料，在 Type 后边下拉列表中修改 Alloy 为 Die（见图 4-27），单击 Volume 后的列表图标弹出 Selection List 窗口，选择除铸件体 Body_6 和 Body_7 以外的体，单击 OK 按钮关闭窗口，在模型窗口中单击中键确认，Material 区域 Category 栏下拉列表中选取 Permanent Mold，Name 栏下拉列表中选取 Steel H13，然后单击绿色“+”按钮。设置完成后，窗口中表格如图 4-28 所示，单击 Apply 按钮和 Close 按钮。

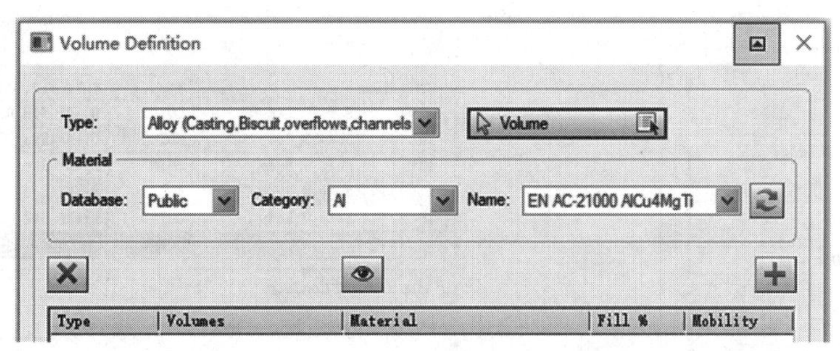

图 4-24　Volume Definition 窗口

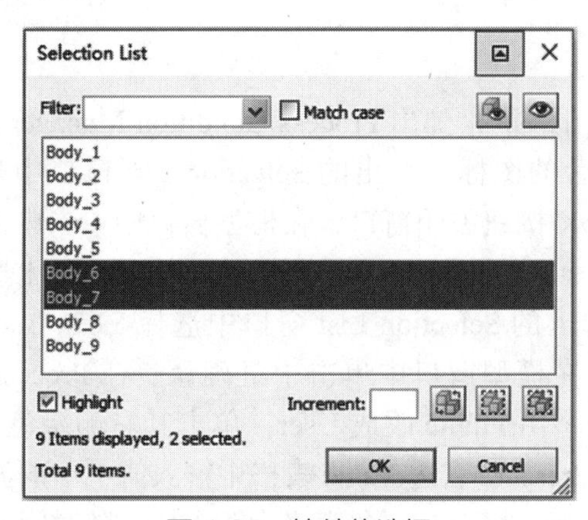

图 4-25　铸件体选择

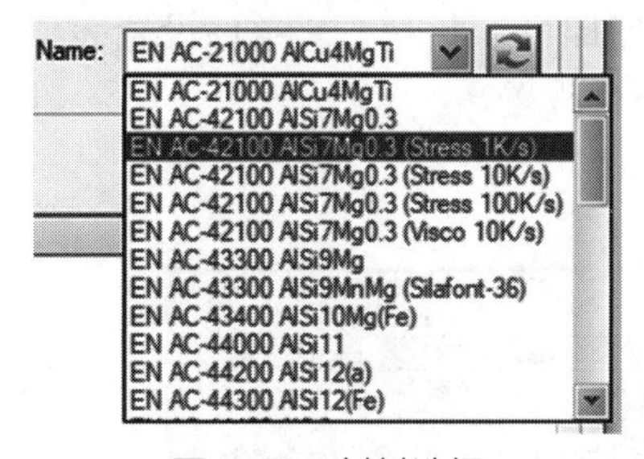

图 4-26　材料选择

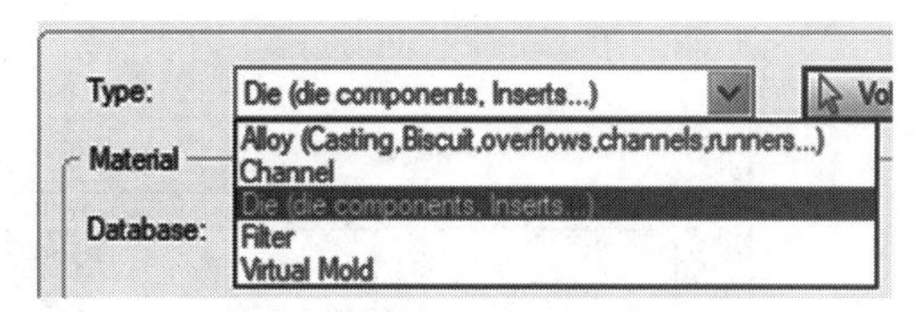

图 4-27　选择模具

Type	Volumes	Material	Fill %	Mobility
Alloy	Body_6, Body_7	EN AC-42100 AlSi7Mg0.3 (...	0.0	
Die	Body_1, Body_2, B...	Steel H13	100.0	Fix

图 4-28　铸件和模具体的定义和材料选择

3）单击下边“第四个图标”，弹出 Initial Temperatures 窗口，在 Alloy 文末框输入 700，Die 文末框输入 200，如图 4-29 所示，单击 Apply 按钮和 Close 按钮。

4）单击下边“第五个图标”，弹出 Interface HTC Manager 窗口，下拉滑块到最后，右击最后一行最右边表格，选择 h=2000，如图 4-30 所示，单击 Apply 按钮和 Close 按钮，完成铸件与模具之间换热参数设置。

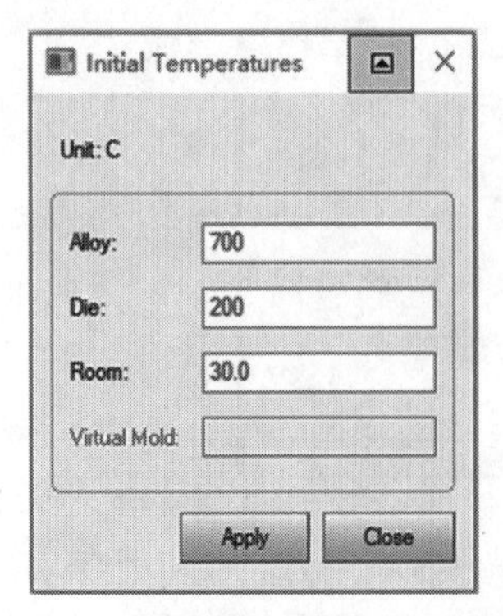

图 4-29　铸件和模具初始温度设置

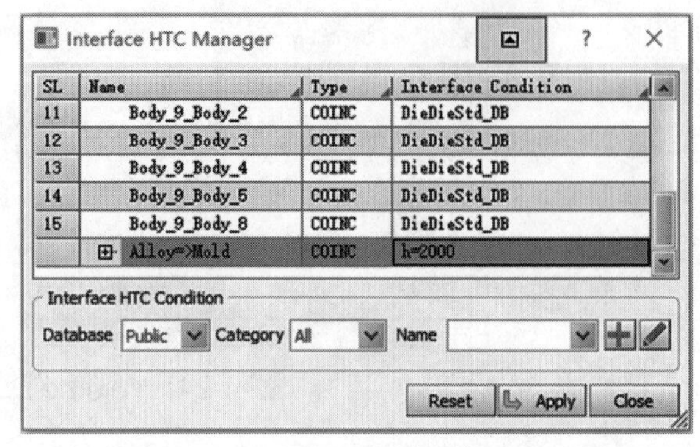

图 4-30　铸件与模具之间换热参数设置

5）单击下边“第八个图标”，弹出 Process Condition Manager 窗口，单击第一行 Entity 表格，单击 Volume 按钮后的图标，弹出的 Selection List 窗口中选择除铸件体 Body_6 和 Body_7 以外的体，单击 OK 按钮关闭窗口，在模型窗口中单击中键确认。在窗口表格区域空白处右击添加 Inlet Pressure（见图 4-31），单击 Inlet Pressure_1 这一行 Entity 表格，单击 Region 按钮后的图标，弹出的 Selection List 窗口中选择 EXT_Body_7（升液管入口截面），单击 OK 按钮关闭窗口，在模型窗口中单击中键确认。在 Process Condition Manager 窗口中，将下方 Database 后类型由 Public 改成 User，单击其右侧绿色“+”按钮，弹出 Process Condition Database 窗口，Pressure 右边 Value 表格中输入值 1，单位 N/m^2 改为 MPa，单击右边 Time 栏的“曲线图”图标，窗口左下角表格中输入压力随时间变化数据（见图 4-32），输入完成后单击 Finish 按钮，再单击 Save 按钮和 Close 按钮，此时弹出窗口，询问是否将刚创建的压力曲线赋予添加的压力边界条件，单击 Yes 按钮即可，此时工艺条件设置表格如图 4-33 所示，单击 Apply 按钮和 Close 按钮，完成工艺条件设置。

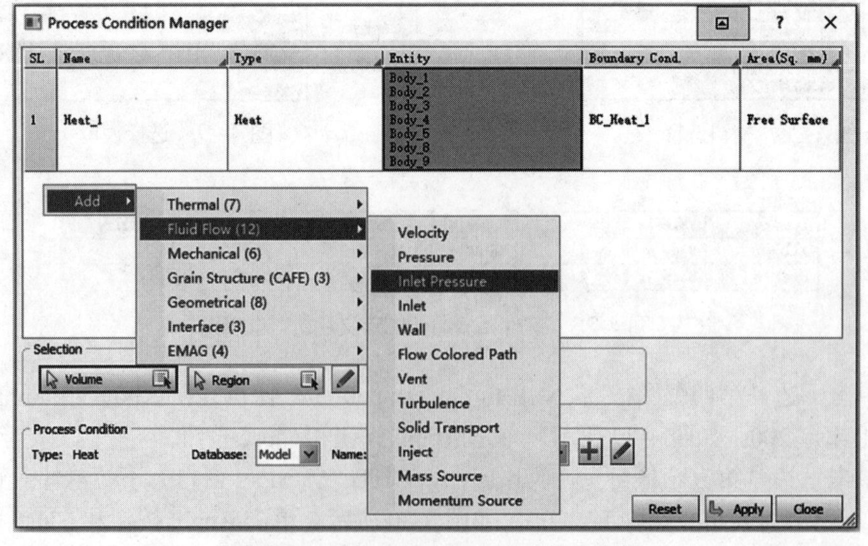

图 4-31　添加 Inlet Pressure 边界条件

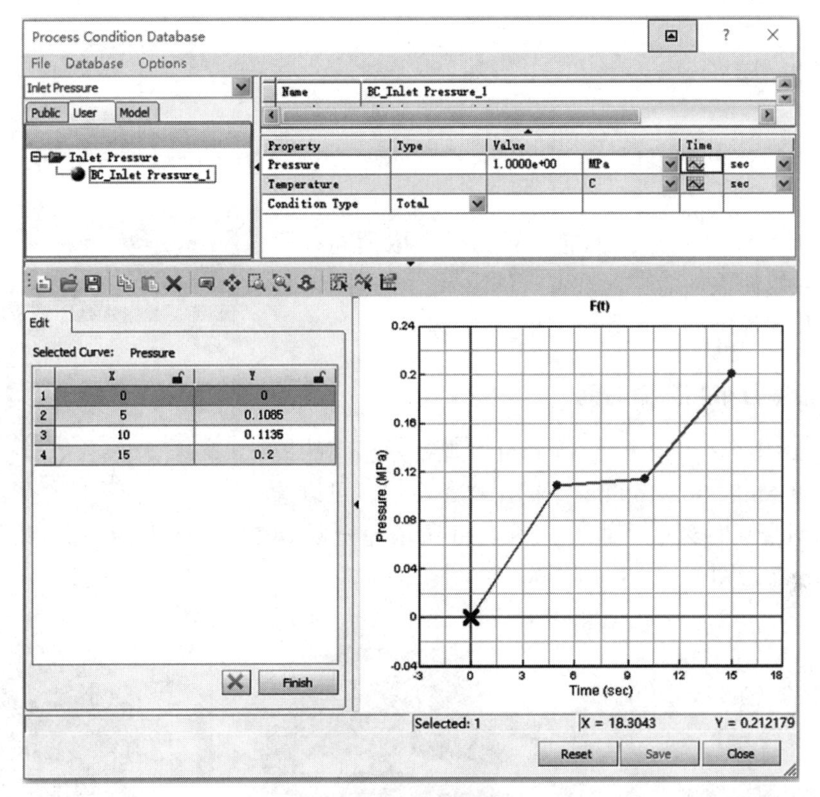

图 4-32　压力设置窗口

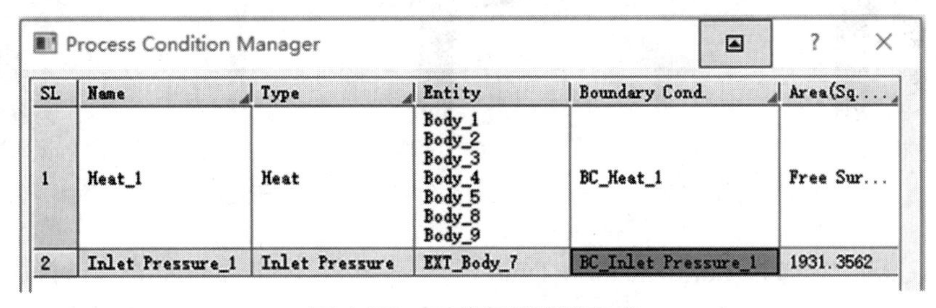

SL	Name	Type	Entity	Boundary Cond.	Area(Sq....
1	Heat_1	Heat	Body_1 Body_2 Body_3 Body_4 Body_5 Body_8 Body_9	BC_Heat_1	Free Sur...
2	Inlet Pressure_1	Inlet Pressure	EXT_Body_7	BC_Inlet Pressure_1	1931.3562

图 4-33　工艺条件设置完成

3. 开始模拟

单击“序号 3”，进行模拟计算提交设置，根据计算机硬件情况修改 Number of Cores 后的计算核心数，如图 4-34 所示，单击菜单 File → Save 保存文件，单击 Run 按钮提交计算，单击 Monitor... 按钮，在弹出的 Calculation Monitoring 中可以查看计算进度。

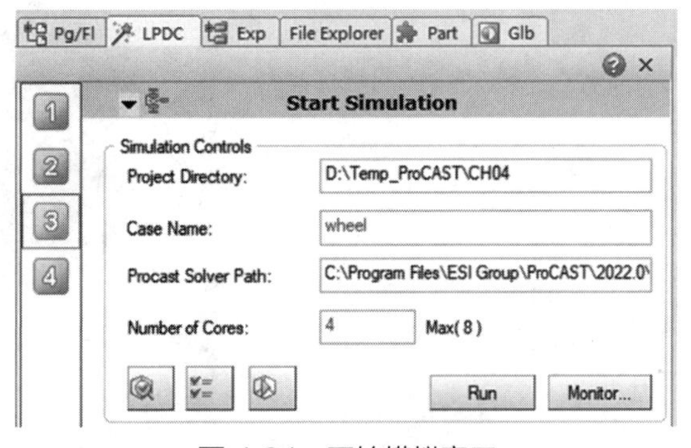

图 4-34　开始模拟窗口

4.3 后处理

计算完成后，单击菜单 Applications → Viewer，进入 Viewer 后处理界面，查看模拟结果。

在 Exp 标签页中单击 Parts 前边的“+”，取消勾选模具将其隐藏，以便更加清晰地观察铸件结果。单击图 4-35 中结果分类和名称可以查看分析结果。

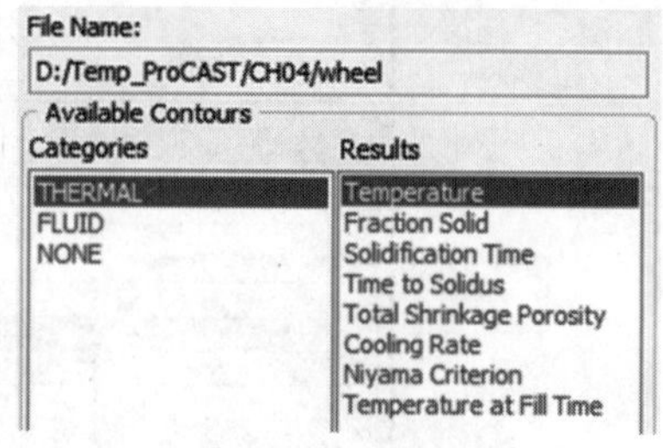

图 4-35　结果选择

4.3.1 固相率分布和凝固时间

1）Results 中选择 Fraction Solid 可以观察固相率的模拟结果。拖动 Animation Toolbar 下的工作条滑块，可以选择金属液充型凝固时刻进行查看。图 4-36 所示为充型 14.2%、充型 79.2% 和凝固结束时铸件的固相率分布云图。

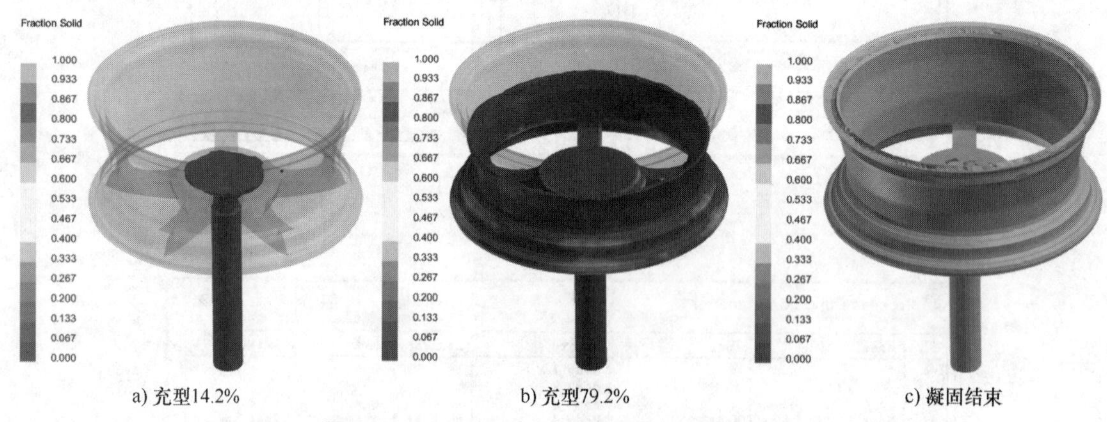

图 4-36　不同凝固时刻铸件的固相率分布云图

2）在 Results 中选择 Solidification Time 可观察铸件不同部位的凝固时间，如图 4-37 所示。

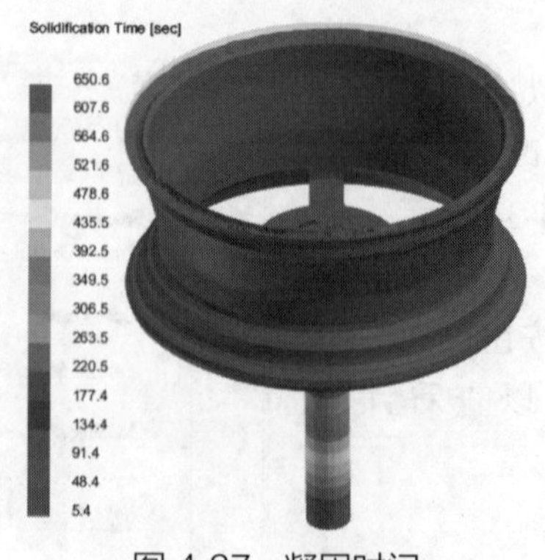

图 4-37　凝固时间

图 4-36~
图 4-37

4.3.2　温度场

1）在 Results 中选择 Temperature 可以观察不同时刻温度分布云图。图 4-38 所示为充型 14.2%、充型 79.2% 和凝固结束铸件的温度分布云图。

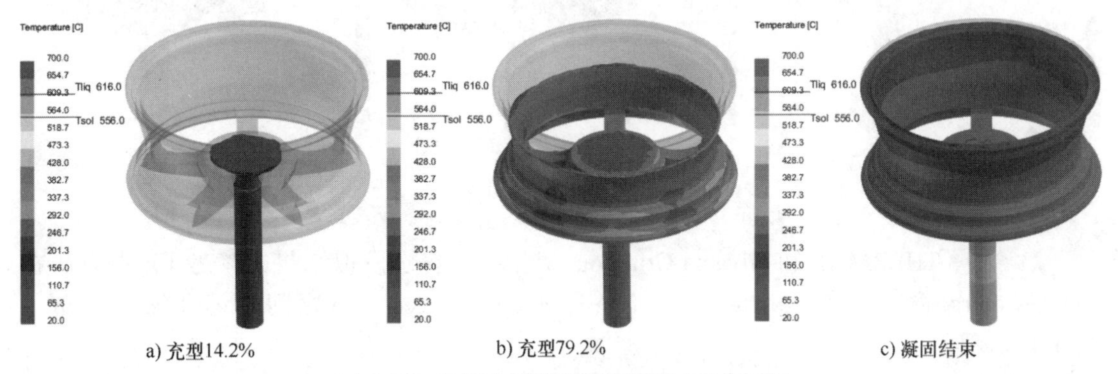

a) 充型14.2%　　b) 充型79.2%　　c) 凝固结束

图 4-38　不同充型阶段铸件的温度分布云图

2）在 Results 中选择 Temperature at Fill Time 可以观察不同位置金属液在充型时刻的温度，如图 4-39 所示。

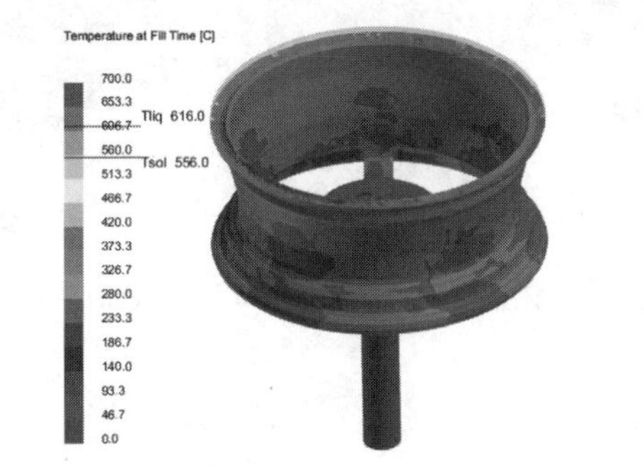

图 4-39　充型结束时刻铸件温度分布云图

图 4-38~图 4-39

4.3.3　流场

在 Categories 中选择 FLUID，Results 中选择 Fluid Velocity-Magnitude，可观察铸件充型过程中的流速云图。图 4-40 所示为充型 14.2%、充型 79.2% 和充型结束时刻的流速云图。

4.3.4　缺陷分析

1）在 Contour Panel 区域选择 THERMAL 和 Total Shrinkage Porosity 观察缩孔缩松模拟结果，选中 Picture Types 区域的 Cut Off，单击其右侧图标弹出 Cutoff Control 窗口，拖动滑块或输入 Cut Off 值，体积分数低于 5% 的缩孔缩松分布如图 4-41 所示。此时 Cut Off 值设置为 0 和 5，单击 Close 按钮关闭 Cutoff Control 窗口。

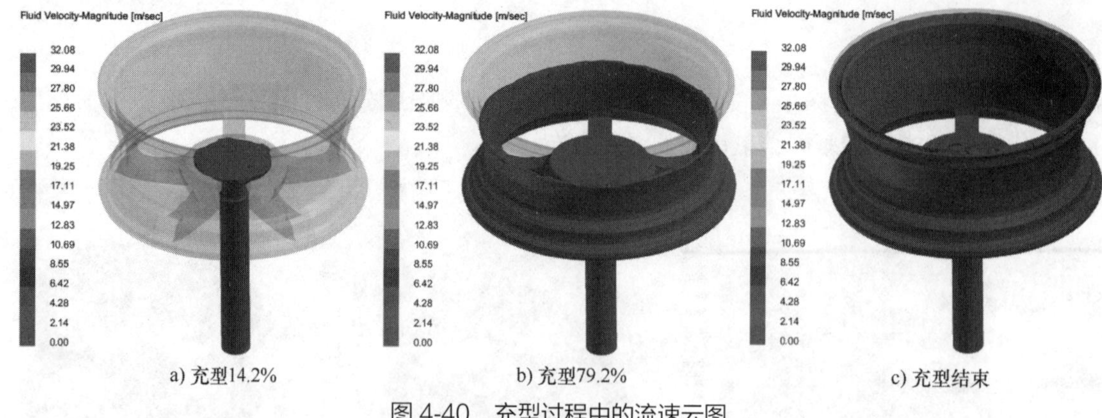

a) 充型14.2%　　b) 充型79.2%　　c) 充型结束

图 4-40　充型过程中的流速云图

2）选择 THERMAL 和 Niyama Criterion 观察缩孔缩松模拟结果，参考 1）中方法在 Cutoff Control 窗口设置，Niyama Criterion 在 0~20K$^{0.5}$ · Sec$^{0.5}$/cm 之间时缩孔缩松分布如图 4-42 所示。

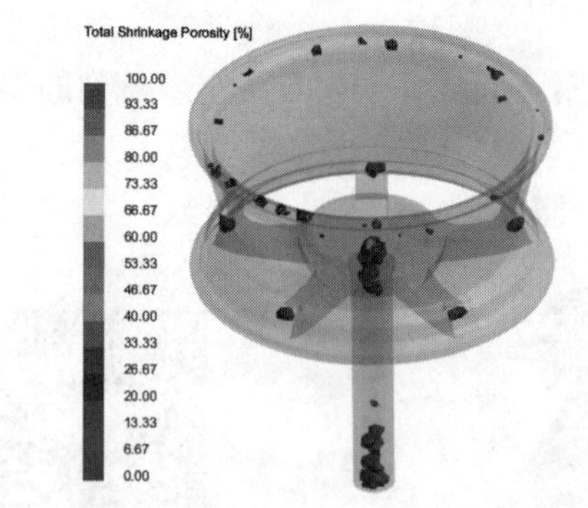

图 4-41　体积分数低于 5% 的缩孔缩松分布

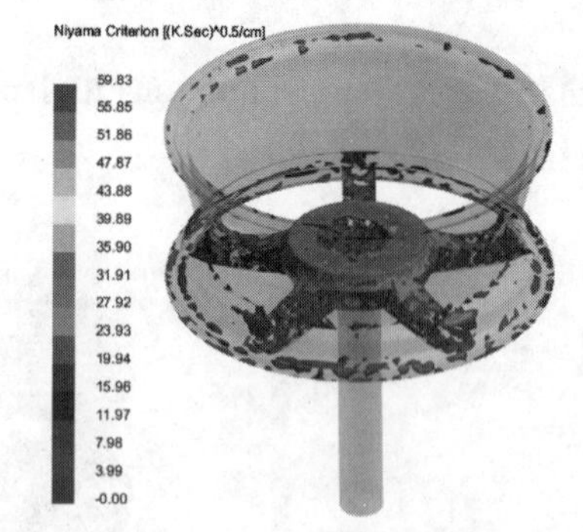

图 4-42　Niyama 判据缩孔缩松分布

图 4-41~图 4-42

第 5 章 >>>

副车架压力铸造成型过程模拟

5.1 概述

压力铸造指将熔融态或半固态金属高速高压下注入密闭的模具型腔内，在压力下使之凝固成型获得制件的一种特种铸造方法，简称压铸。具有生产率高、尺寸精度高、组织致密等优点，广泛用于镁合金、铝合金和铜合金结构件大批量生产。

本章旨在介绍 ProCAST 2022.0 模拟压力铸造工艺过程的软件操作步骤，本案例是一个副车架，由于模型具有对称性，故取 1/2 铸件模型进行建模仿真，模型如图 5-1 所示。

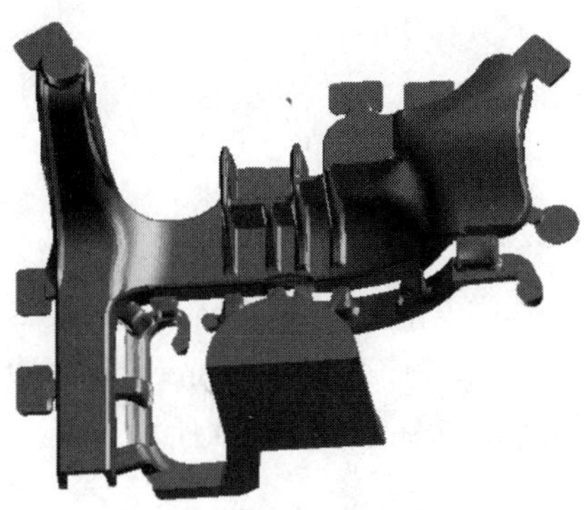

图 5-1 副车架铸件 1/2 模型示意图

5.2 前处理

5.2.1 初始设置

1. 模型导入

1）启动 Visual-Cast 18.0，单击菜单 Applications → Mesh，进入网格划分界面。

2）单击 Open File 选择 mold.vdb 文件，此模型文件已经划分好 2D 网格。

2. 3D 网格划分

1）单击菜单 3D Mesh → Volume Mesh，弹出 Tetra Mesh 体网格划分窗口，框选全部模型，此时 Volume 按钮后部会出现一个绿色箭头，单击该绿色箭头后绿色箭头消失，完成选择（也可以框选全部模型后单击中键确认），如图 5-2 所示。

2）单击 Mesh 按钮，开始进行体网格的划分，出现体网格生成进度条，如图 5-3 所示，完成后自动关闭，然后单击 Tetra Mesh 窗口中的 Apply 按钮和 Close 按钮，完成体网格划分并关闭窗口。

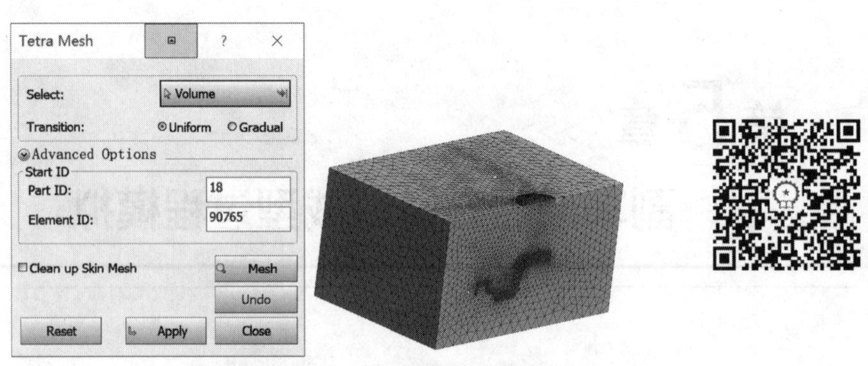

图 5-2　体网格划分窗口和整个模型框选状态

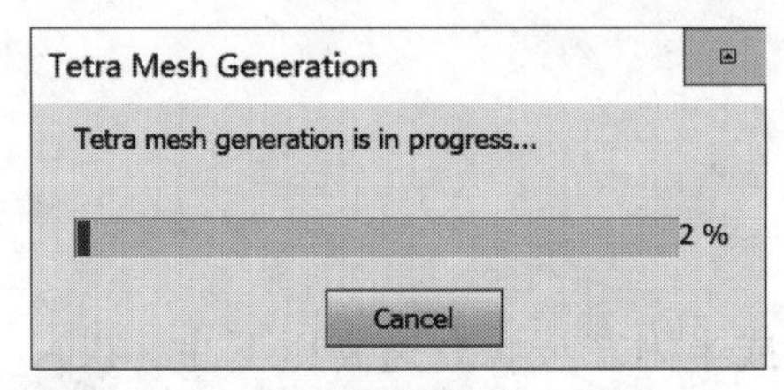

图 5-3　体网格生成进度条

5.2.2　分析步设置

单击菜单 Applications → Cast 进入 Cast 模块进行参数设置。首先在弹出窗口中进行重力方向的设置，在 Direction 后边下拉列表框中选择 –Z Axis 方向，然后单击 Apply 按钮和 Close 按钮，如图 5-4 所示。

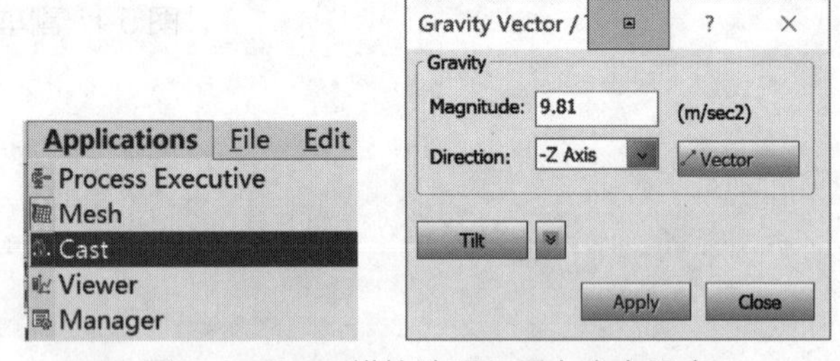

图 5-4　Cast 模块选项和重力方向设定

单击菜单 Workflow → Generic 进入通用工作流程（见图 5-5），也可以单击 Workflow → HPDC 进入压铸专用工作流程。本章介绍通用流程的操作步骤，左侧导航栏出现 Generic 标签页，显示了工作流程步骤，将单击标签页中左边显示的序号 1~8 逐个进行设定。

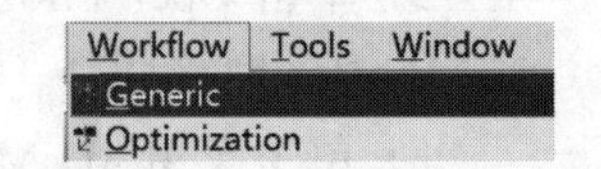

图 5-5　进入通用工作流程

1. 项目描述

默认左侧窗口中进入第 1 步设置界面，可以对项目路径、模型名称和模型文件名进行设置，这一步采用默认设置，不需要进行改动。

2. 任务定义

单击“序号 2”显示第 2 步设置界面，对模拟任务进行定义设置，Process 后边下拉项中选择 High Pressure Die Casting（HPDC），勾选 Solidification（THERMAL）、Shrinkage Porosity 和 Fluid Flow（FLOW）进行充型和凝固收缩计算，其余框取消勾选，如图 5-6 所示。

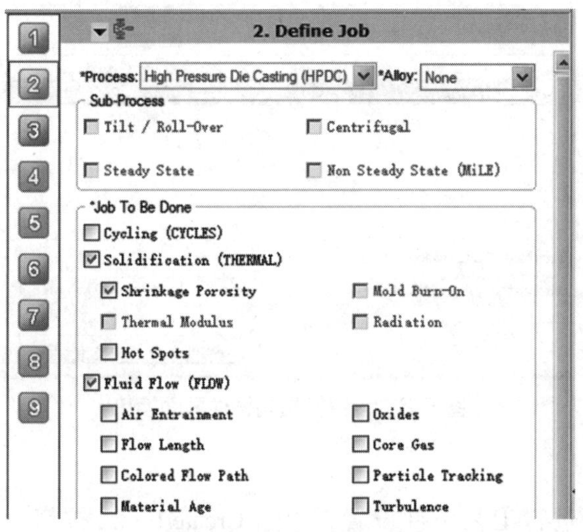

图 5-6　勾选指定选项

3. 重力方向 / 对称 / 周期 / 虚拟模具设置

单击“序号 3”，对模型的重力方向 / 对称 / 周期 / 虚拟模具进行设定，重力方向已在进入工作流程前设置完毕，在此处进行核对，其余项不用设置。

4. 体管理

单击“序号 4”，弹出 Volume Manager 设置窗口。

1）在 PART_15 的 Type 表格处右击选取 Alloy，Material 表格处右击选取 EN AC-42100 AlSi7Mg0.3，Fill% 表格处输入 0.00，Initial Temp 表格处输入 700.00，Stress Type 表格处右键选取 Vacant。

2）在 PART_14 的 Type 表格处右击选取 Mold，Material 表格处右击选取 Steel H13，Fill% 表格处输入 100.00，Initial Temp 表格处输入 200.00，Stress Type 表格处右击选取 Linear-Elastic。

3）设定完成后如图 5-7 所示，单击 Apply 和 Close 按钮。

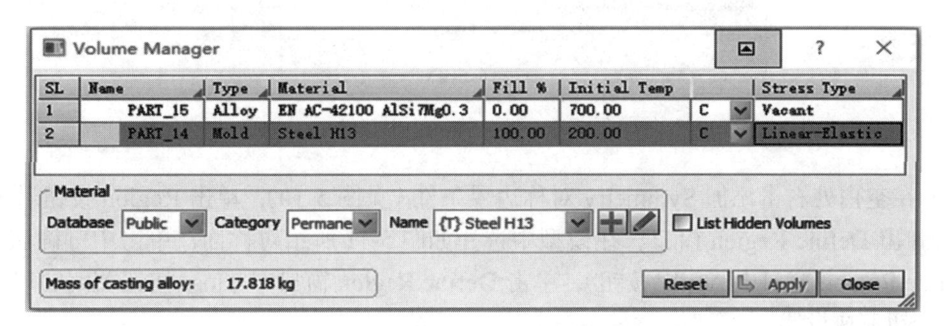

图 5-7　铸件与模具体材料和初始温度设置

5. 界面换热管理

单击“序号 5”，对界面换热进行设置，单击 Create/Edit…按钮，弹出 Interface HTC Manager

窗口，Type 表格处右击选取 COINC，Interface Condition 表格处右击选取 h=1000，如图 5-8 所示，单击 Apply 按钮和 Close 按钮。

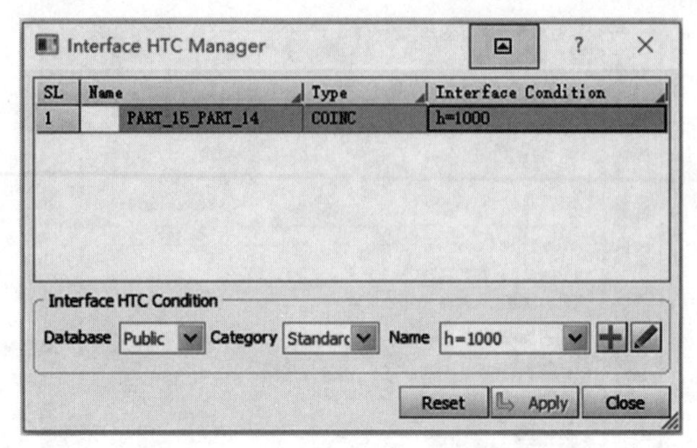

图 5-8　设置模具与铸件界面换热

6. 工艺条件设置

单击“序号 6”，进行工艺条件设置，单击 Create/Edit... 按钮，弹出 Process Condition Manager 窗口。

1）在空白处右击添加 Heat 换热边界条件（见图 5-9），单击 Region 后的列表图标，弹出 Selection List 窗口，选取 EXT_PART_14 和 EXT_PART_15，单击 OK 按钮，单击中键确认选取，Boundary Cond. 表格中右键单击选取 Air Cooling，为模型外表面设置空冷边界条件，单击 Apply 按钮完成设置。

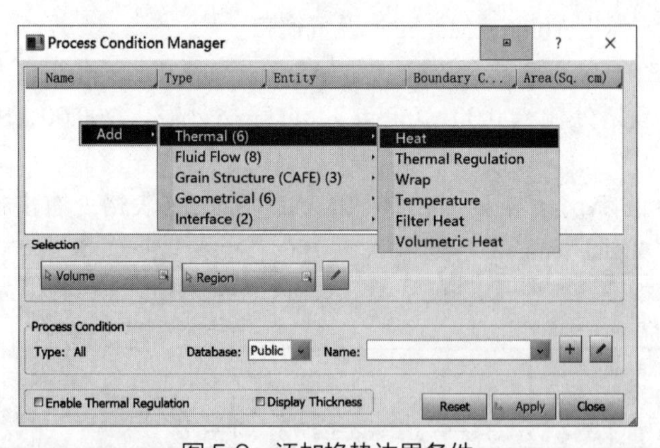

图 5-9　添加换热边界条件

2）在空白处右击添加 Symmetry 对称边界条件（见图 5-10），单击 Region 按钮后边的按钮，弹出 Define Region 窗口，在模型中选择如图 5-11 所示对称面，单击中键确认（或单击 Define Region 窗口中 Apply 按钮），单击 Define Region 窗口中 Close 按钮关闭窗口。单击 Apply 按钮完成设置。

3）在空白处右击添加 Pressure 压力边界条件（见图 5-12），单击 Region 按钮后的“列表”图标，弹出 Selection List 窗口，选取 USER_Pressure_1_1，单击 OK 按钮，单击中键确认，所选取的金属液入口截面如图 5-13 中红色区域，单击 Apply 按钮完成设置。

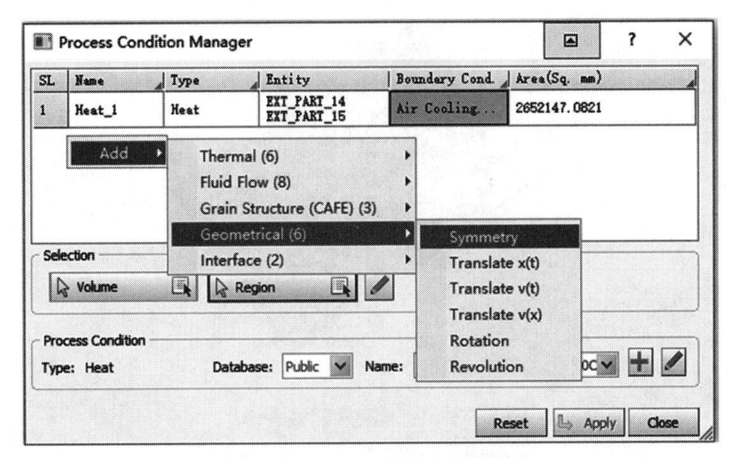

图 5-10　添加对称边界条件

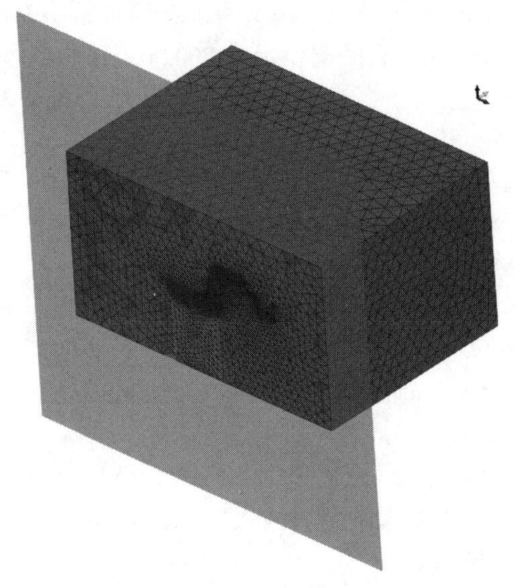

图 5-11　对称面选取

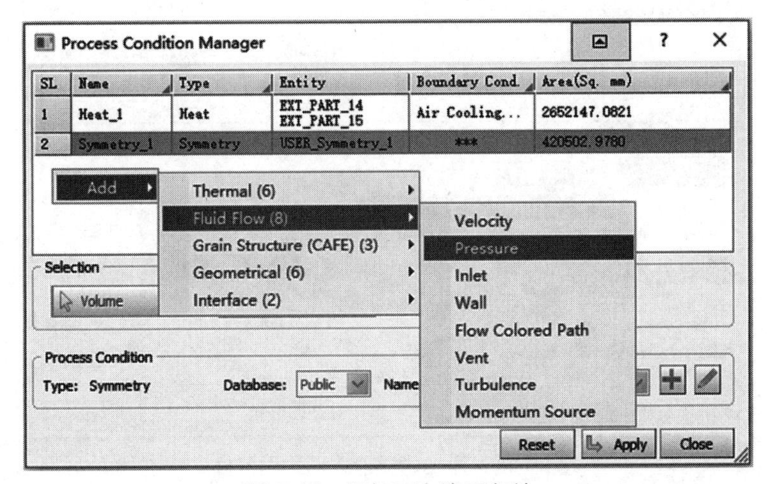

图 5-12　添加压力边界条件

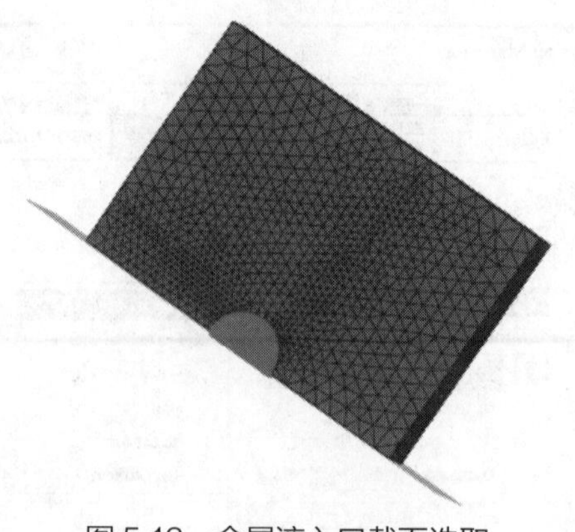

图 5-13　金属液入口截面选取

4）在 Process Condition Manager 窗口底部将 Database 后的 Public 选成 User，此时后边“+”变为绿色，单击“+”，弹出 Process Condition Database 窗口，将 Pressure 后的单位 N/m^2 改为 MPa，值设定为 50.00，Temperature 后的值设定为 700.00（见图 5-14）。单击 Save 按钮和 Close 按钮，在弹出窗口中单击 Yes 按钮，将新建的压力、温度数据赋予 3）中的压力边界条件。

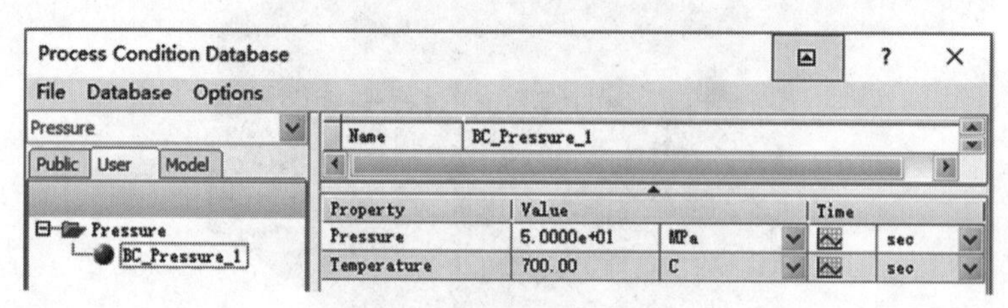

图 5-14　压力、温度参数设置

5）在空白处右击添加 Inlet 入口边界条件（见图 5-15），单击 Region 后的列表图标，弹出 Selection List 窗口，选取之前设置的金属液入口截面 USER_Pressure_1_1，单击 OK 按钮，单击中键选取，单击 Apply 按钮。

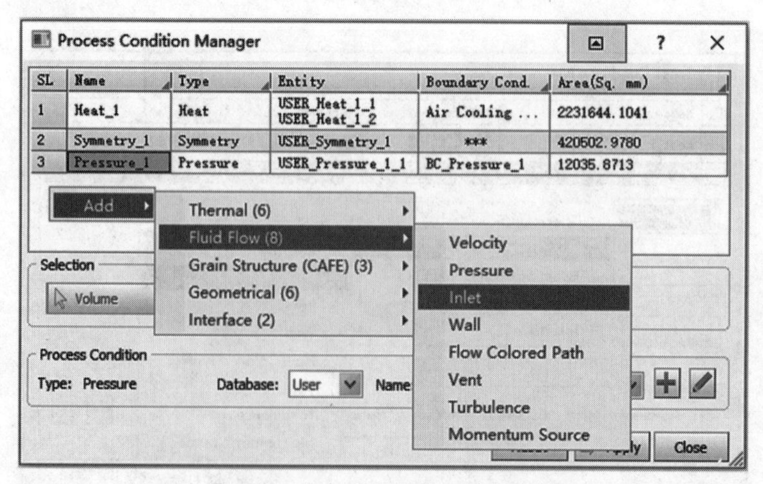

图 5-15　添加金属液入口边界条件

6）在表格 Type 列 Inlet 上右键单击 Mass Flow Rate Calculator，弹出 Mass Flow Rate Calculator 窗口，在 Fill Time 后输入充型时间 0.05sec，在 Temperature 后输入 700℃，见图 5-16，依次单击 Computer 按钮、Create BC 按钮和 Close 按钮，在弹出的窗口中单击 Yes 按钮，回到 Process Condition Manager 窗口，单击 Apply 按钮和 Close 按钮。

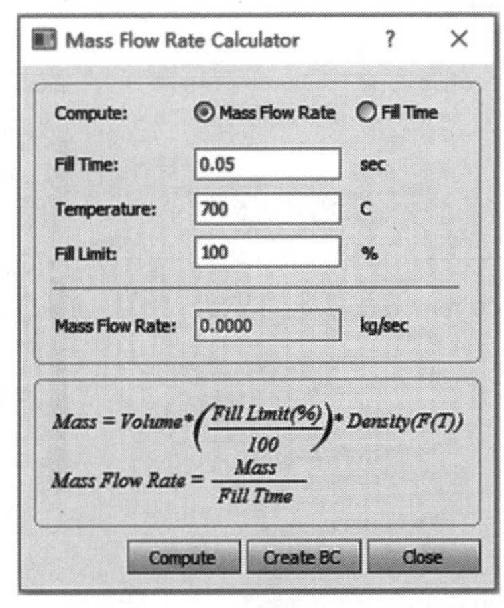

图 5-16　流量计算器设置

7. 任务终止标准设置

单击“序号 7”，进行任务终止标准设置，单击 Simulation Parameters... 按钮，弹出 Simulation Parameters 窗口，在 Pre-defined Parameters 后选择 HPDC Filling，在弹出窗口中单击 OK 按钮确认，单击 Flow 标签，在 PINLET 后将 Value 值由 OFF 改为 ON，更改完成后单击 Apply 按钮和 Close 按钮。

8. 开始模拟

单击“序号 8”，进行模拟计算提交设置，根据计算机硬件情况修改 Number of Cores 后的计算核心数，单击菜单 File → Save 保存文件，单击 Run 按钮提交计算，单击 Monitor... 按钮，在弹出的 Calculation Monitoring 中可以查看计算进度。

5.3　后处理

计算完成后，单击菜单 Applications → Viewer，进入 Viewer 后处理界面，查看模拟结果。单击 Parts 前的“+”，取消勾选模具 PART_14 将其隐藏，以便更加清晰地观察铸件结果，单击结果分类和名称可以查看分析结果。

5.3.1　温度场

1）在 Results 中选择 Temperature 可以观察不同时刻温度分布云图。图 5-17 所示为充型结束、凝固结束时铸件的温度分布云图。

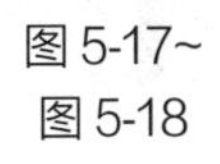

图 5-17~
图 5-18

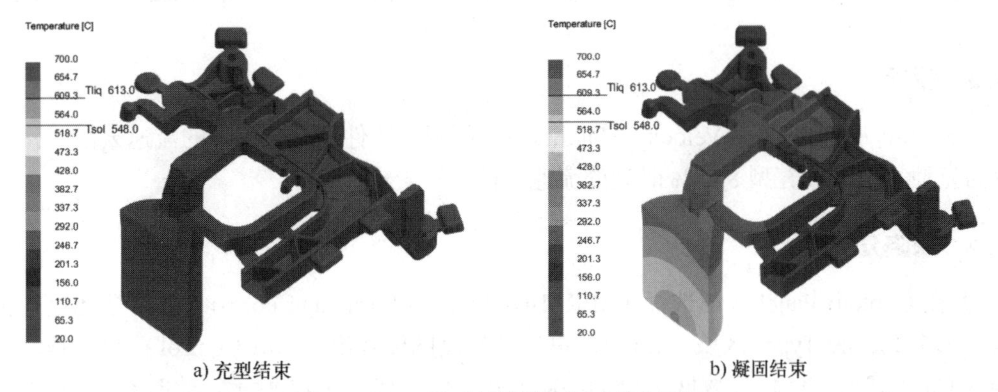

a) 充型结束　　b) 凝固结束

图 5-17　不同时刻铸件的温度分布云图

2）在 Results 中选择 Temperature at Fill Time 可以观察不同位置金属液在充型时的温度，如图 5-18 所示。

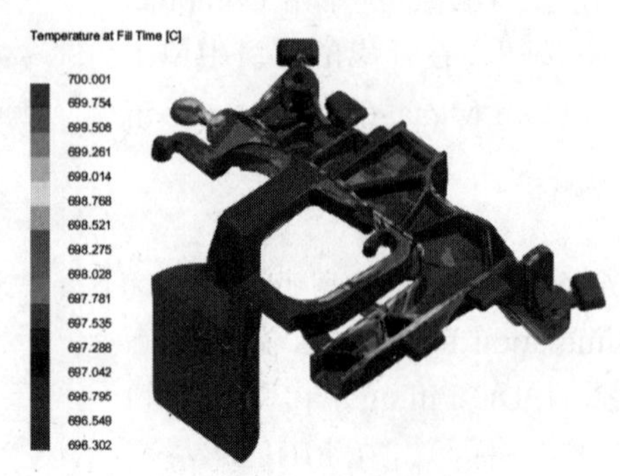

图 5-18　充型时的温度

5.3.2　凝固时间和固相率

图 5-19~图 5-20

1）在 Results 中选择 Solidification Time 可观察铸件不同部位的凝固时间，如图 5-19 所示。

2）在 Results 中选择 Fraction Solid 可以观察不同时刻固相率分布云图。图 5-20 所示为凝固 84.6% 时铸件的固相率分布云图。

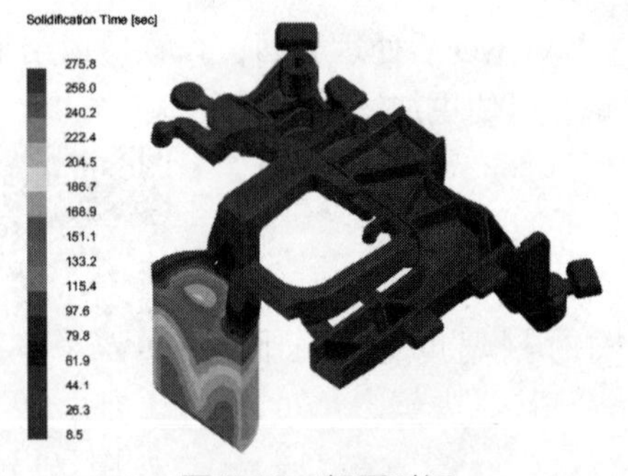

图 5-19　凝固时间

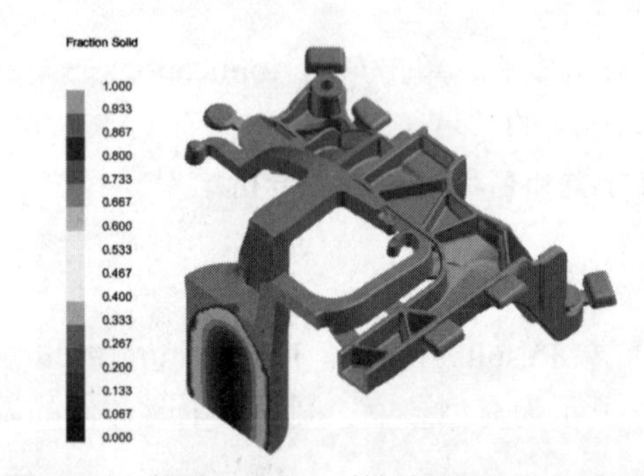

图 5-20　凝固 84.6% 时铸件的固相率分布云图

5.3.3　流场

在 Results 中选择 Fluid Velocity-Magnitude，可观察铸件充型过程中的流速云图。图 5-21 所示为充型 55.5% 和充型 85.5% 时刻的流速云图。

5.3.4　缺陷分析

1）在 Contour Panel 区域选择 THERMAL 和 Total Shrinkage Porosity 观察缩孔缩松模拟结果，选中 Picture Types 区域 Cut Off，单击其右侧图标弹出 Cutoff Control 窗口，拖动滑块或输入 Cut Off 值，体积分数低于 5% 的缩孔缩松分布如图 5-22 所示。此时 Cut Off 值设置为 0 和 5，单击 Close 按钮关闭 Cutoff Control 窗口。

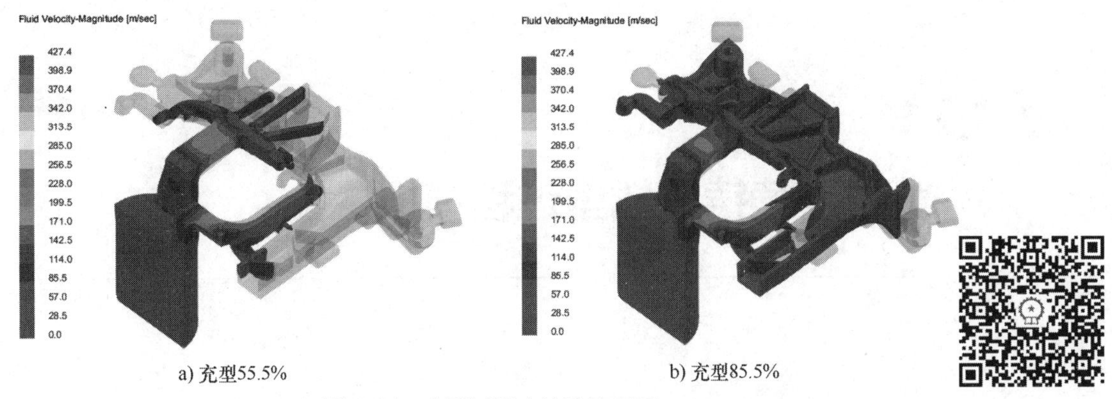

a) 充型55.5%　　b) 充型85.5%

图 5-21　充型过程中的流速云图

2）选择 THERMAL 和 Niyama Criterion 观察缩孔缩松模拟结果，参考 1）中方法在 Cutoff Control 窗口中设置，Niyama Criterion 在 0~30$K^{0.5}$ · $Sec^{0.5}$/cm 之间时缩孔缩松分布如图 5-23 所示。

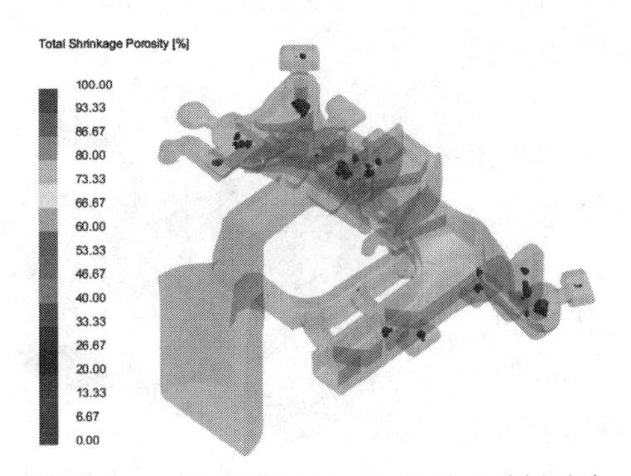

图 5-22　体积分数低于 5% 的缩孔缩松分布

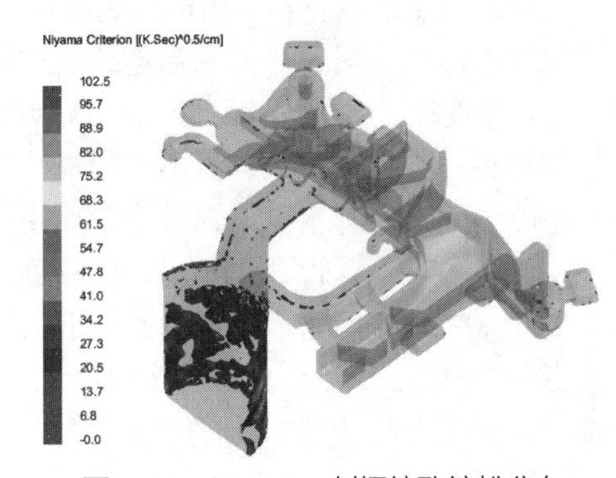

图 5-23　Niyama 判据缩孔缩松分布

图 5-22~
图 5-23

第6章 >>> 管材连续铸造成型过程模拟

6.1 概述

连续铸造工艺是将精炼后的金属液连续铸造成坯料的铸造生产工艺，利用结晶器在一端连续地浇入液态金属，从另一端连续地拔出成型材料的铸造方法（简称连铸工艺）。结晶器一般用导热性较好，具有一定强度的材料，如铜、铸铁、石墨等制成。结晶器壁为中空结构，空隙中间通冷却水以增强其冷却作用。连铸产品截面形状有矩形、圆形、管或其他异形截面。本章介绍应用ProCAST 2022.0进行管截面产品连铸工艺模拟的操作步骤。

管材连铸用三维模型如图6-1所示，为显示内部结构，外部管隐藏了1/4，模型由外管（结晶器）和内部两段相同尺寸管坯组成。

图6-1 管材连铸用三维模型

6.2 前处理

6.2.1 初始设置

1. 模型的导入

1）在Windows开始菜单ESI Group下单击Visual-Cast 18.0启动软件，然后在菜单Applications中选择Mesh，进入Visual-Mesh（Cast）18.0操作界面。

2）单击Open File，选择文件名lianzhu.x_t，导入三维模型。

2. 模型装配

1）需要进行装配以生成正确的面网格，单击菜单Geometry → Assembly（Stitch Volumes），如图6-2所示，弹出装配窗口如图6-3所示。

2）单击Check按钮，显示模型所有需要装配的面，如图6-4所示。

3）单击窗口中后变亮的Assembly All按钮，进行模型的自动装配，单击Close按钮关闭窗口。

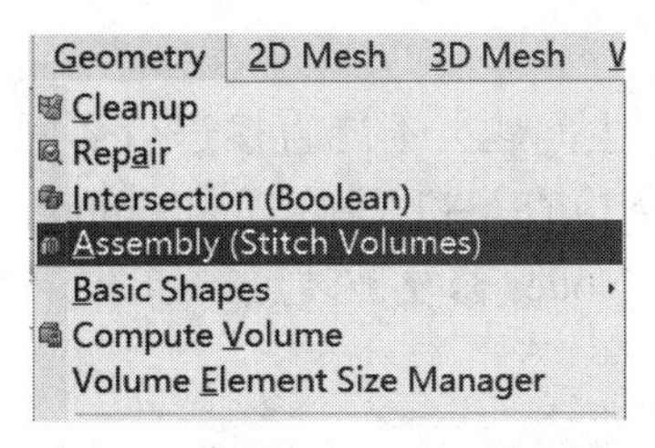

图6-2　选项Assembly（Stitch Volumes）

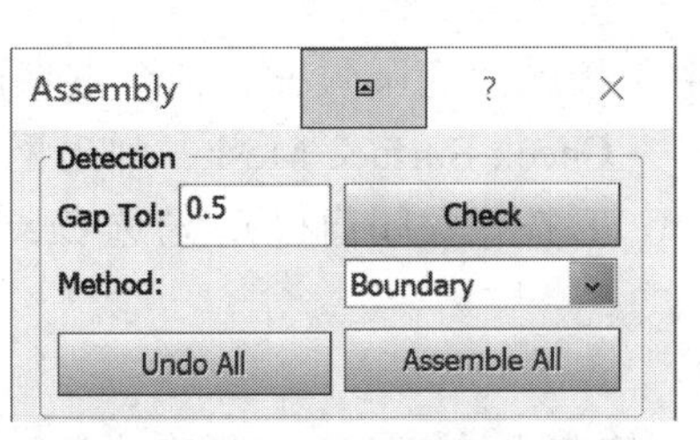

图6-3　装配窗口

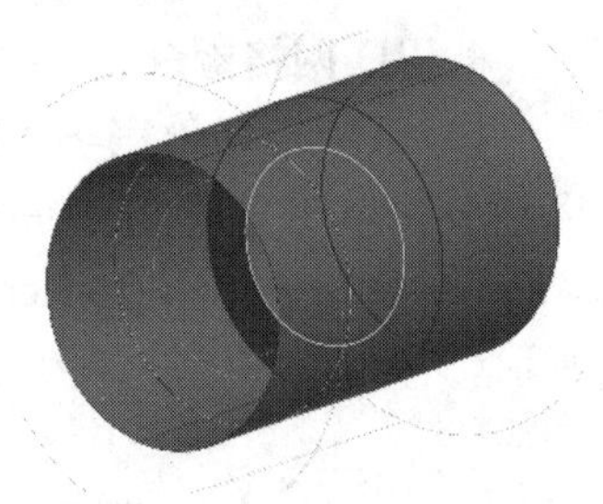

图6-4　所有需要装配的面

3. 2D 网格划分

1）单击菜单 2D Mesh → Surface Mesh，弹出 Surface Mesh 窗口进行面网格的划分（见图 6-5）。

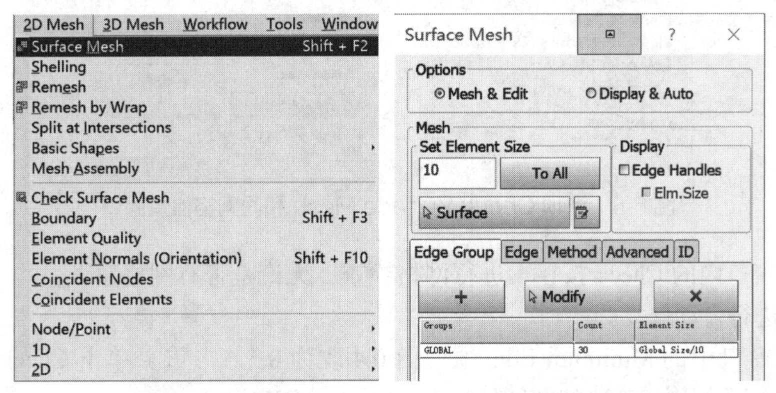

图 6-5　选项 Surface Mesh 和面网格划分窗口

2）可以从窗口中发现全局网格默认尺寸为10，单击 Mesh Surfaces 进行网格划分，单击模型上的面可以查看面网格划分状况。

3）单击"铸型（结晶器）表面"，观察默认尺寸 10 时的划分效果，如图 6-6 所示。发现铸型表面划分较粗糙，须更改网格大小，在 Mesh 区域中 Set Element Size 下的全局网格尺寸由默认 10 改为 0.4，单击 To All 按钮。

4）网格尺寸设定完毕，单击窗口中的 Mesh All Surface 按钮，生成 2D 网格，完成后最终网格如图 6-7 所示。单击 Close 按钮关闭窗口。

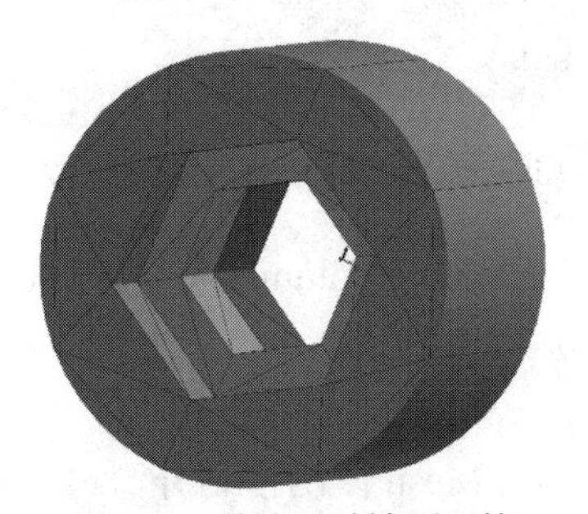

图 6-6　默认尺寸铸型网格

图 6-7　最终网格

4. 2D 网格检查

1）面网格划分完毕，由于接触面为圆弧面，结合点易产生问题，不能直接进行体网格划分。单击菜单 2D Mesh → Check Surface Mesh，弹出网格检查窗口（弹出的 Compute Volumes 窗口中单击 Convert to FE 按钮关闭窗口），勾选 Crack Nodes 修复破裂点，如图 6-8 所示。

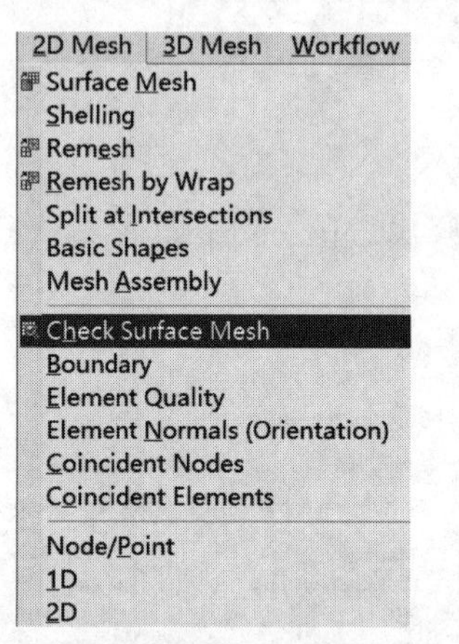

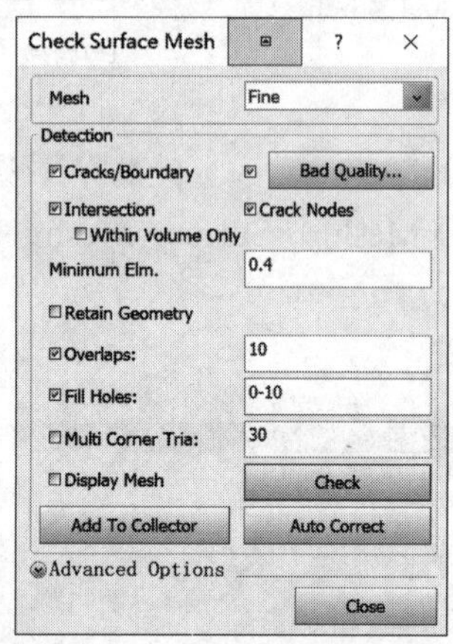

图 6-8　选项 Check Surface Mesh 和面网格检查窗口

2）单击窗口内的 Check 按钮，进行网格检查。无论是否有网格错误，均可单击框内的 Auto Correct 进行自动修复。

3）更改窗口中的 Minimum Elm. 值，由 0.4 改为 0.1，再重复单击 Check 按钮和 Auto Correct 按钮，直到下方信息窗口出现 Surface Mesh is OK。

4）单击检查面网格窗口中的 Bad Quality... 按钮，弹出 Show Element Quality 窗口，将窗口内最小边界长度一栏（Min Side Length）的值（Value）改为 0.2，如图 6-9 所示。单击窗口中的 Check 按钮和 Close 按钮。再次单击检查面网格窗口中的 Check 按钮和 Auto Correct 按钮，直到下方信息窗口出现 Surface Mesh is OK。

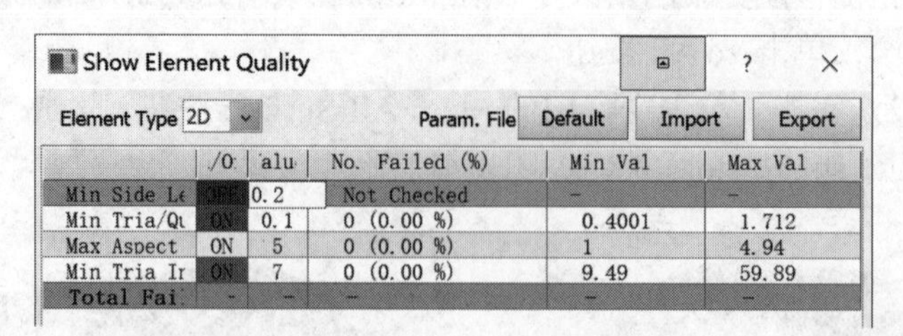

	/O	alu	No. Failed (%)	Min Val	Max Val
Min Side Le	OFF	0.2	Not Checked	-	-
Min Tria/Qu	ON	0.1	0 (0.00 %)	0.4001	1.712
Max Aspect	ON	5	0 (0.00 %)	1	4.94
Min Tria Ir	ON	7	0 (0.00 %)	9.49	59.89
Total Fai	-	-	-	-	-

图 6-9　Min Side Length 修改

5）单击菜单 Geometry→Compute Volume，弹出 Compute Volumes 窗口，如图 6-10 所示，单击 Continue with FE 按钮，关闭窗口。

5. 3D 网格划分

1）单击菜单 3D Mesh → Volume Mesh，弹出 Tetra Mesh 体网格划分窗口，框选全部模型，单击中键确认，下方信息栏出现如图 6-11 所示信息。

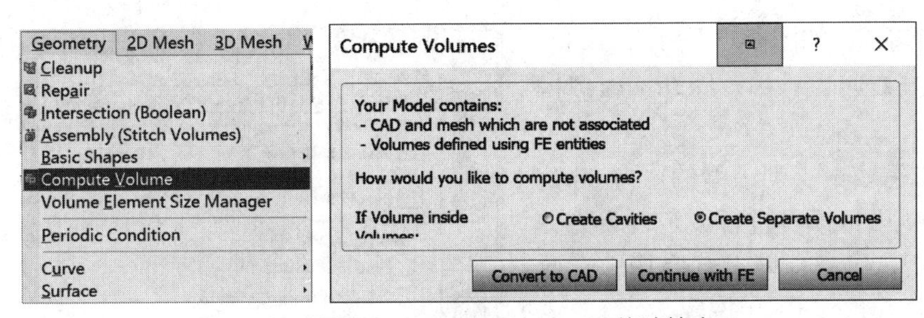

图 6-10　选项 Compute Volume 和体计算窗口

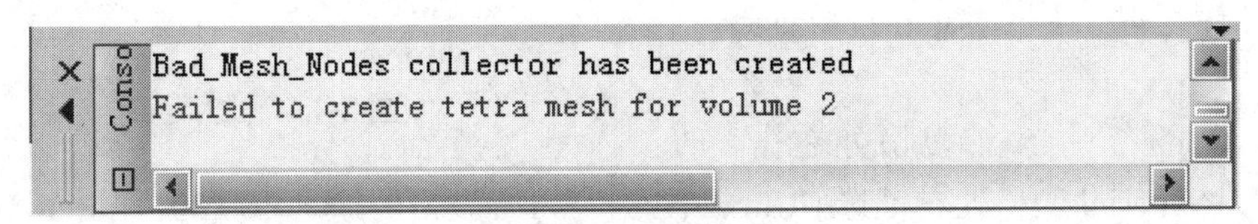

图 6-11　问题报错

2）出现上述状况，应将模型的各个体进行单独的网格划分。将原来划分的网格删除，在界面左边 Exp 标签中，右键单击 Elements 选择 Delete 删除划分的网格（见图 6-12）。

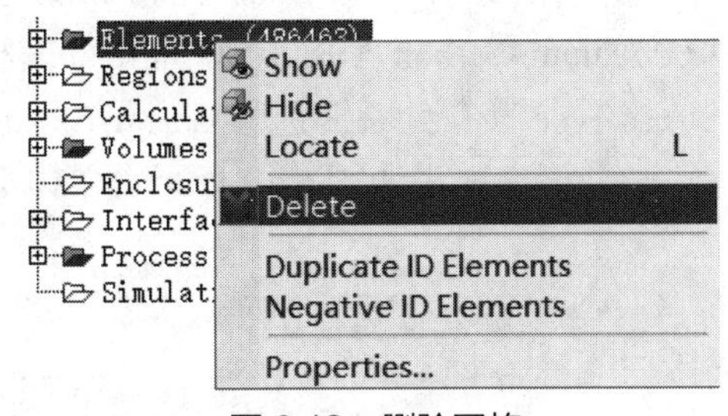

图 6-12　删除网格

3）须对三个体进行单独 2D 网格划分，在界面左边 Exp 标签中勾选 Volumes 中的体单独显示，参考前述步骤打开 Surface Mesh 窗口进行 2D 网格划分，之后打开 Check Surface Mesh 进行 2D 网格检查和自动修改。

4）回到 Tetra Mesh 体网格划分窗口，依次对三个体进行体网格划分，一次显示 1 个体，框选模型，单击中键确认，单击 Mesh 按钮，弹出 Tetra Mesh Generation 窗口，完成体网格划分后窗口自动关闭，然后单击 Tetra Mesh 窗口中的 Apply 按钮。最后单击 Close 按钮关闭窗口。单击菜单 File → Save 保存模型文件。

6.2.2　分析步设置

单击菜单 Applications → Cast 进入 Cast 模块进行参数设置。首先在弹出窗口中进行重力方向的设置，在 Direction 后边下拉列表框中选择 -Z Axis 方向，然后单击 Apply 按钮和 Close 按钮。

单击菜单 Workflow → Generic 进入工作流程，左侧导航栏出现 Generic 标签页，显示工作流程步骤，将单击标签页中左边显示的序号 1~8 逐个进行设定。

1. 项目描述

默认左侧窗口中进入第 1 步设置界面，可以对项目路径、模型名称和模型文件名进行设置，这一步采用默认设置，不需要进行改动。

2. 任务定义

单击“序号 2”显示第 2 步设置界面，对模拟任务进行定义设置，Process 后边下拉项中选择 Straight Continuous Casting，勾选 Non Steady State（MiLE）和 Solidification（THERMAL），

其余框取消勾选，如图 6-13 所示。

3. 重力方向 / 对称 / 周期 / 虚拟模具设置

单击“序号 3”，对模型的重力方向 / 对称 / 周期 / 虚拟模具进行设定，重力方向已在进入工作流程前设置完毕，在此处进行核对，其余项不用设置。

4. 体管理

单击“序号 4”，弹出 Volume Manager 设置窗口。

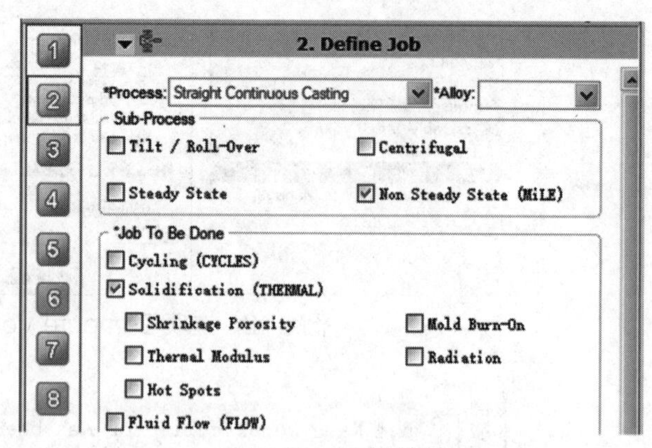

图 6-13　任务定义

1）在 Body_1 的 Type 表格处右击，选择 Mold，Material 表格处右键选取 Steel H13，Fill% 表格处输入 100.00，Initial Temp 表格处输入 100.00，Stress Type 表格处右键选取 Linear-Elastic。

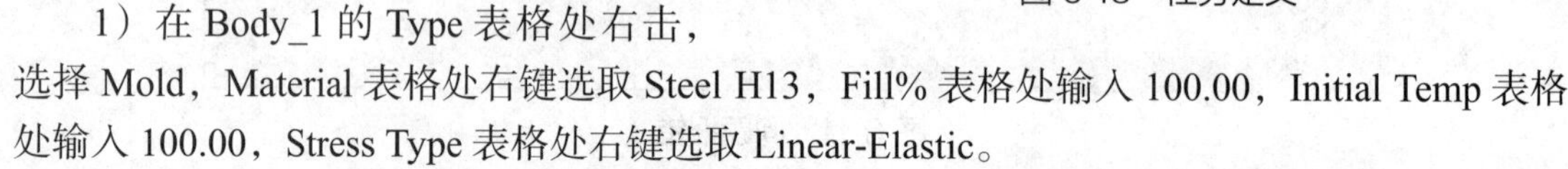

2）在 Body_2 和 Body_3 的 Type 表格处右击，选择 Alloy，Material 表格处右键选取 Medium-Carbon AISI 1040，Fill% 表格处输入 100.00，Initial Temp 表格处输入 1560.00，Stress Type 表格处右键选取 Linear-Elastic。

3）设定结果如图 6-14 所示，单击 Apply 按钮和 Close 按钮。

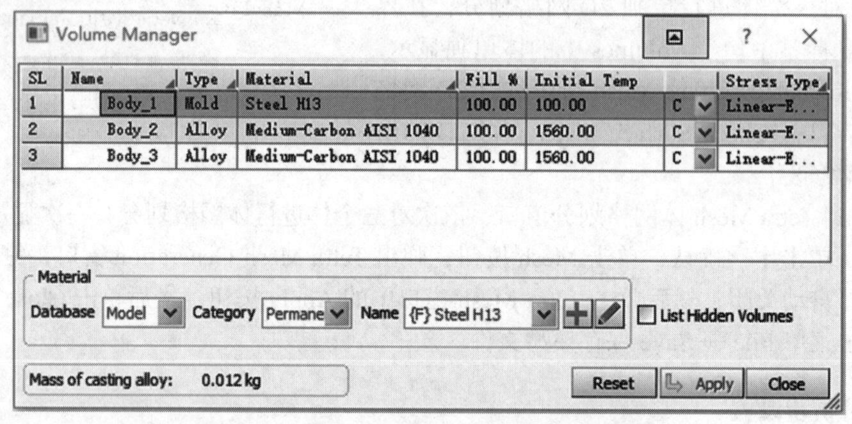

图 6-14　铸件与模具体材料和初始温度设置

5. 界面换热管理

单击“序号 5”，对界面换热进行设置，单击 Create/Edit... 按钮，弹出 Interface HTC Manager 窗口，第一行 Type 表格处右击选取 COINC，Interface Condition 表格处右击选取 h=2000；第二行 Type 表格处右击选取 NCOINC，Interface Condition 表格处右击选取 h=2000；第三行 Type 表格处右击选取 COINC，Interface Condition 表格处不进行设置，设置完成后窗口如图 6-15 所示，单击 Apply 按钮和 Close 按钮。

6. 工艺条件设置

单击“序号 6”，进行工艺条件设置，单击 Create/Edit... 按钮，弹出 Process Condition Manager 窗口。

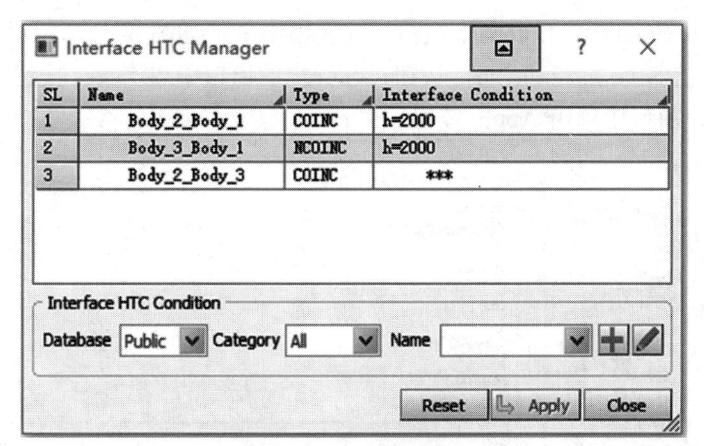

图6-15　界面换热设置

1）在空白处右击添加Heat，将外面模具Body_1隐藏（在左侧Exp导航栏Volumes中选取设置），单击Region按钮后边的“ ”按钮，弹出Define Region窗口，Type改为Surface，模型窗口内右击选Selection → Select All Visible（见图6-16），此时模型窗口中Body_2和Body_3表面显示为黄色，单击中键确认选取，单击Define Region窗口中的Apply按钮和Close按钮。

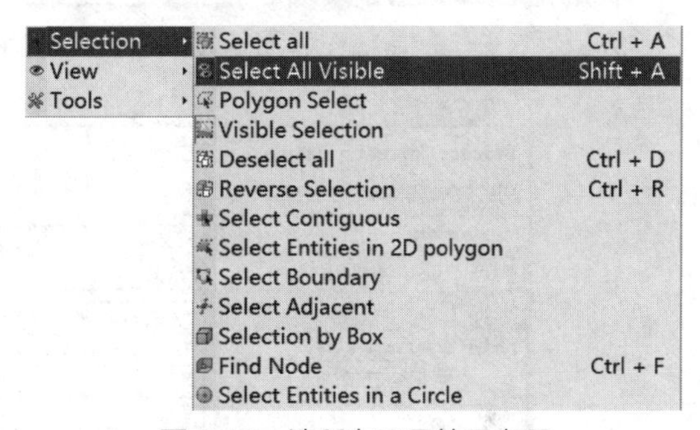

图6-16　选所有可见单元表面

2）回到Process Condition Manager窗口中，将为Boundary Condition添加一组用户自定义参数，Database后Public选成User，此时后边“+”变为绿色，单击“+”，弹出Process Condition Database窗口，在表格中进行如图6-17所示设置，单击Save按钮和Close按钮，在弹出的窗口中单击Yes按钮确认。在Process Condition Manager窗口中单击Apply按钮。

Property	Type	Value		Temp		Time	
Film Coeff	V...		W/m...		C		s.
Emissivity	V...				C		s.
Ambient ...	V...	20	C				s.
Heat Flux	V...		W/m^2				s.
View Factor		OFF					

图6-17　换热边界条件参数设置

3）单击菜单Tools → Function Editor创建函数，弹出Function Editor窗口，在窗口内输入编写好的换热条件程序（见图6-18），单击Apply按钮和Close按钮关闭窗口。

4）在空白处单击右键添加Translate x（t）进行位移设置，单击对应的Entity表格，单击Volume后的列表图标，弹出Selection List窗口，选择Body_3为运动体，单击OK按钮，然后单击中键确认。将Database后的Public选成User，此时后边“+”变为绿色，单击

“+”，弹出 Process Condition Database 窗口，在表格中进行如图 6-19 所示设置，X 方向速度设为 30mm/s，单击 Save 按钮和 Close 按钮，在弹出的窗口中单击 Yes 按钮确认。在 Process Condition Manager 窗口中单击 Apply 按钮。

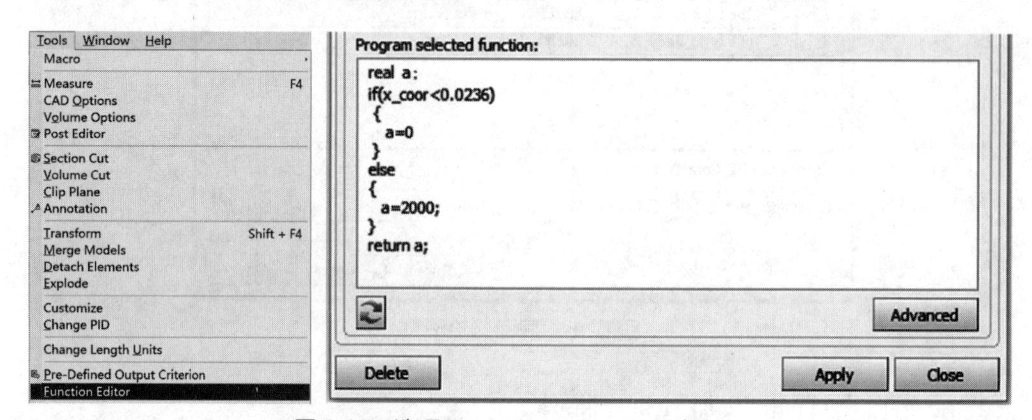

图 6-18　选项 Function Editor 和程序窗口

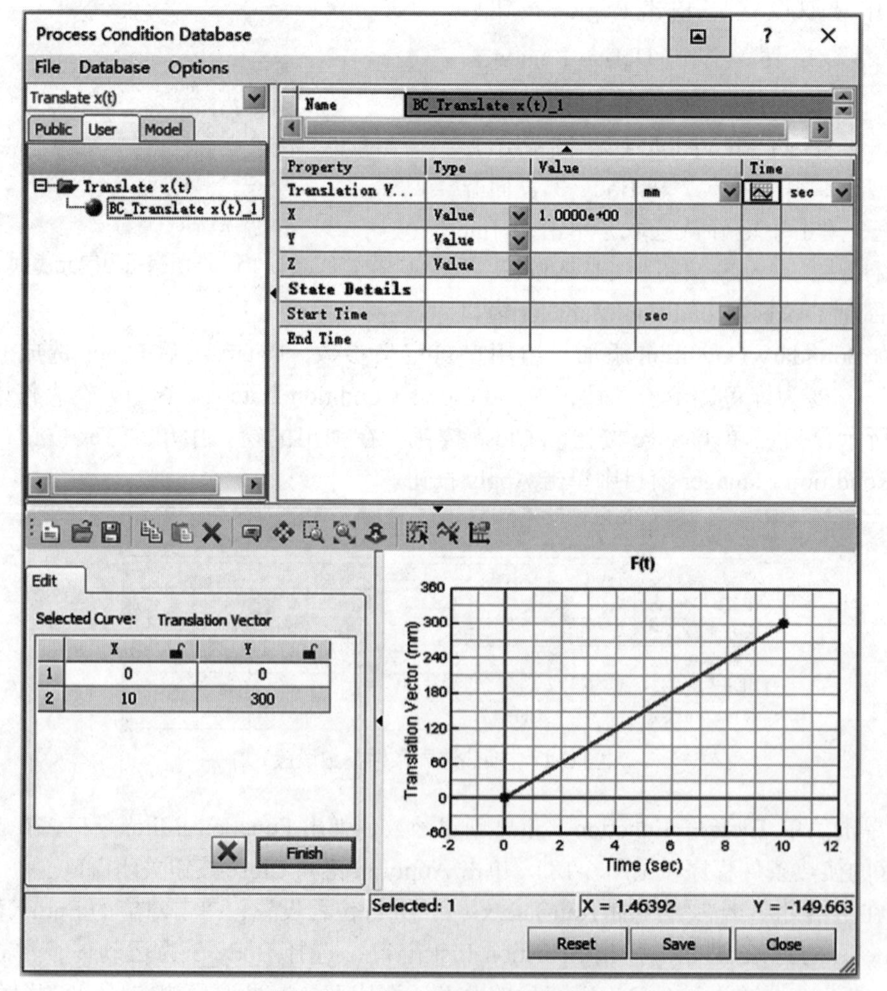

图 6-19　位移边界条件参数设置

5）在空白处右击添加 Accordion 进行增长层设置（见图 6-20），在左侧 Exp 导航栏 Volumes 里选中显示体 Body_2，取消选中隐藏其他体，单击 Region 按钮后边的“铅笔”图标，弹出 Define Region 窗口，此时默认 Type 为 Element face，在模型窗口中右击 Select Contiguous（选取相邻区域，见图 6-21），单击体 Body_2 外法线为 X 正方向的端面上任一位置，选取整个端面，如图 6-22 中黄色面所示，单击中键确认，生成单击名为 USER_Accordion_1 的选区，Close 按钮关闭 Define Region 窗口。在 Process Condition Manager 窗口中单击 Region 后的列表图标，在弹出的 Selection List 窗口中选取 INTF_Body_3_Body_2 和 USER_Accordion_1，单击 OK 按钮，单击中键确认。

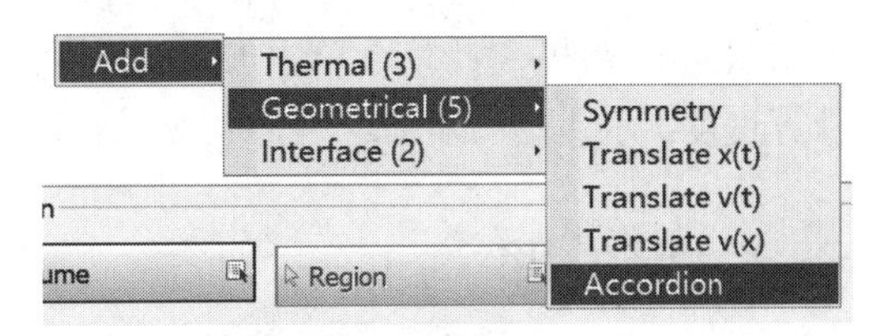

图 6-20　添加 Accordion

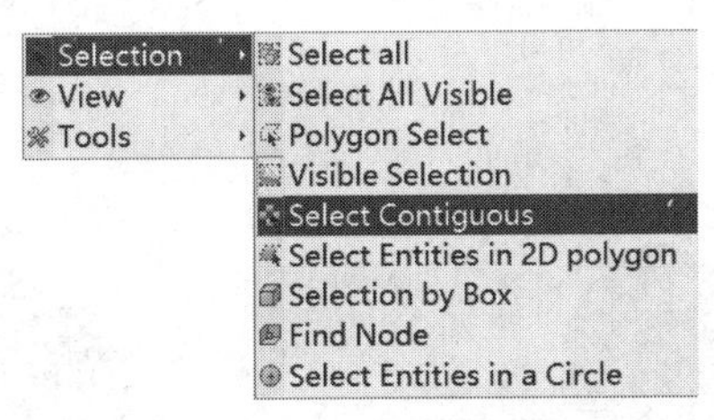

图 6-21　选取相邻区域

图 6-22　体 Body_2 上端面选取

6）在 Process Condition Manager 窗口中，将 Database 后的 Public 选成 User，此时后边“+”变为绿色，单击“+”，弹出 Process Condition Database 窗口，在表格中进行如图 6-23 所示设置，单击 Save 按钮和 Close 按钮，在弹出的窗口中单击 Yes 按钮，再单击 Apply 按钮和 Close 按钮。

Property	Value	
Number of Layers	400	
Element Thickness	0.3	mm
Accordion Reference	Forward	

图 6-23　增长层边界条件参数设置

7）单击 Create/Edit... 按钮，重新打开 Process Condition Manager 窗口，发现相应边界条件 Periodic_1 被自动添加，全部边界条件设置如图 6-24 所示，单击 Close 按钮。

SL	Name	Type	Entity	Boundary Cond.	Area(Sq...
1	Translate x(t)_1	Translate x(t)	Body_3	BC_Translate x(t)_1	
2	Heat_1	Heat	USER_Heat_1	BC_Heat_1	1609.4763
3	Accordion_1	Accordion	INTF_Body_3_Body_2 USER_Accordion_1	BC_Accordion_1	195.7219
4	Periodic_1	Periodic	INTF_Body_3_Body_2 USER_Accordion_1	***	195.7219

图 6-24　全部边界条件设置

8）任务终止标准设置。单击“序号7”，进行任务终止标准设置，单击Simulation Parameters... 按钮，弹出Simulation Parameters窗口，将Pre-defined Parameters后改为Straight Continuous Casting，单击Thermal标签，将缩孔计算（PIPEFS）后Value值改为0，更改完成后单击Apply按钮和Close按钮。

9）开始模拟。单击“序号8”，进行模拟计算提交设置，单击菜单File→Save保存文件，单击Run按钮提交计算，单击Monitor... 按钮，在弹出的Calculation Monitoring中可以查看计算进度。

6.3 后处理

计算完成后，单击菜单Applications→Viewer，进入Viewer后处理界面，单击结果分类和名称可以查看分析结果。

1）在Results中选择Temperature可以观察不同时刻的温度分布云图。图6-25所示为凝固0%、凝固15.4%、凝固100%时铸件的温度分布云图。

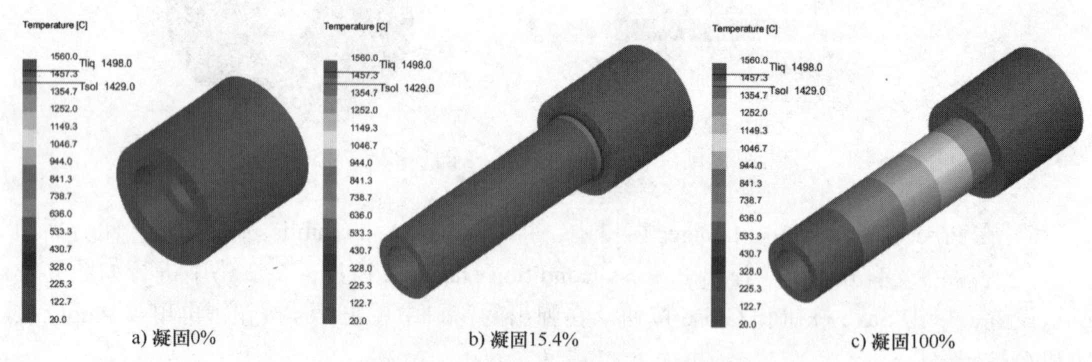

a) 凝固0%　b) 凝固15.4%　c) 凝固100%

图6-25　不同时刻铸件的温度分布云图

图6-25~图6-27

2）在Results中选择Fraction Solid可以观察不同时刻固相率分布云图。图6-26所示为凝固0%、凝固15.4%、凝固100%时铸件的固相率分布云图。

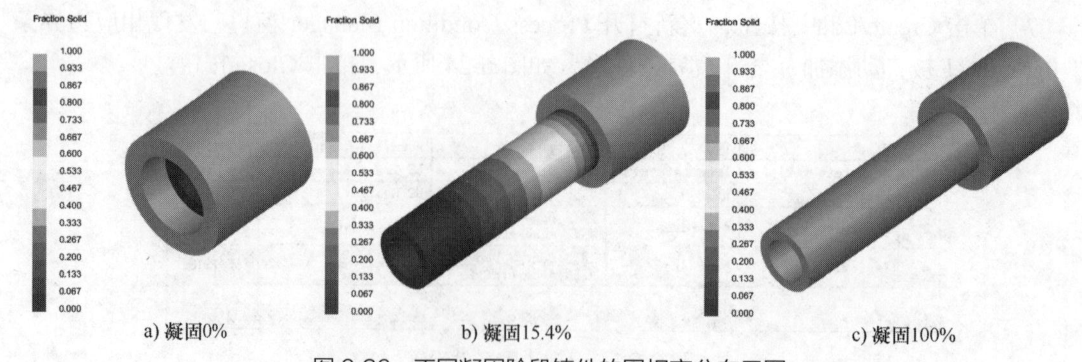

a) 凝固0%　b) 凝固15.4%　c) 凝固100%

图6-26　不同凝固阶段铸件的固相率分布云图

3）在 Results 中选择 Solidification Time，可以观察铸件的凝固时间分布云图，如图 6-27 所示。

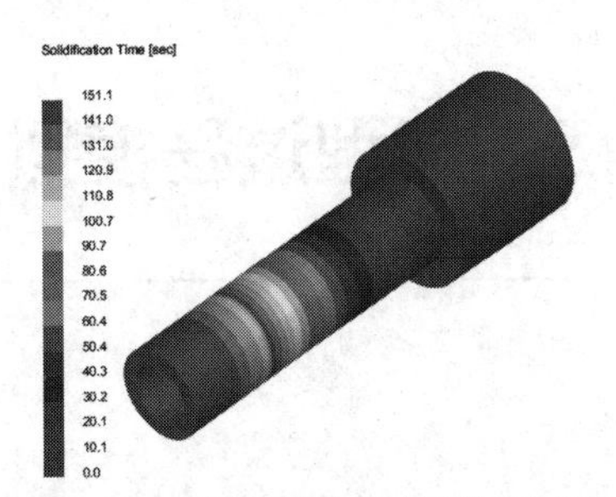

图 6-27　铸件的凝固时间分布云图

第 7 章 >>>

管材离心铸造成型过程模拟

7.1 概述

离心铸造是将金属液注入高速旋转的铸型内，使金属液做离心运动充满铸型形成铸件的方法。由于离心运动使液体金属在径向能很好地充满铸型并形成铸件的自由表面，不用型芯能获得圆柱形的内孔，有助于液体金属中气体和夹杂物的排除，从而改善铸件的力学性能和物理性能。

本章旨在介绍利用 ProCAST 2022.0 软件模拟管材铸造的前后处理操作过程，图 7-1 所示为管材离心铸造模型示意图，外部为铸型（便于观察内部，隐藏了 1/4），内部为成型铸件管材。

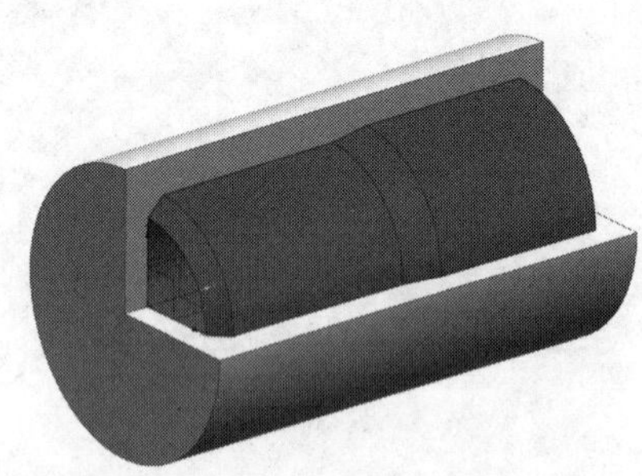

图 7-1　管材离心铸造模型示意图

7.2 前处理

7.2.1 初始设置

1. 模型的导入

1）在 Windows 开始菜单 ESI Group 下单击 Visual-Cast 18.0 启动软件，然后在菜单 Applications 中选择 Mesh，进入 Visual-Mesh（Cast）18.0 操作界面。

2）单击 Open File，选择文件名 lixin.x_t，导入三维模型。

2. 模型装配

需要进行装配以生成正确的面网格，单击菜单 Geometry → Assembly（Stitch Volumes），弹出装配窗口，将 Gap Tol 改为 0.2（见图 7-2），单击 Check 按钮检查，然后单击 Assemble All 按钮进行装配，单击 Close 按钮关闭窗口。

3. 2D 网格划分

单击菜单 2D Mesh → Surface Mesh，弹出 Surface Mesh 窗口进行面网格的划分，在 Set Element Size 下方输入网格尺寸 6，单击 To All 按钮，单击 Mesh All Surface 按钮创建面网格，

Surface Mesh 窗口和网格模型如图 7-3 所示，完成后，单击 Close 按钮关闭窗口。

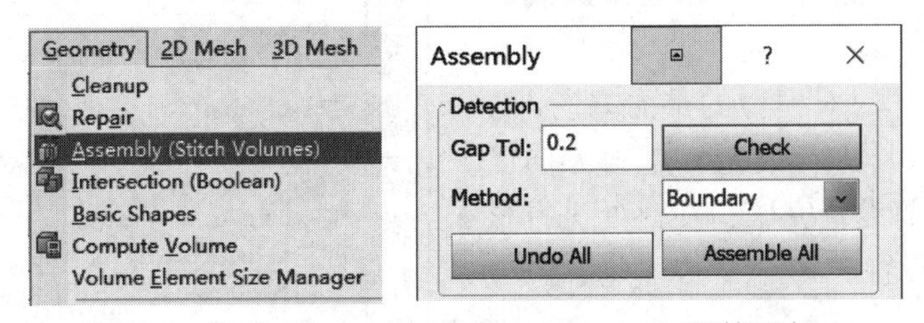

图 7-2 选项 Assembly（Stitch Volumes）和装配窗口

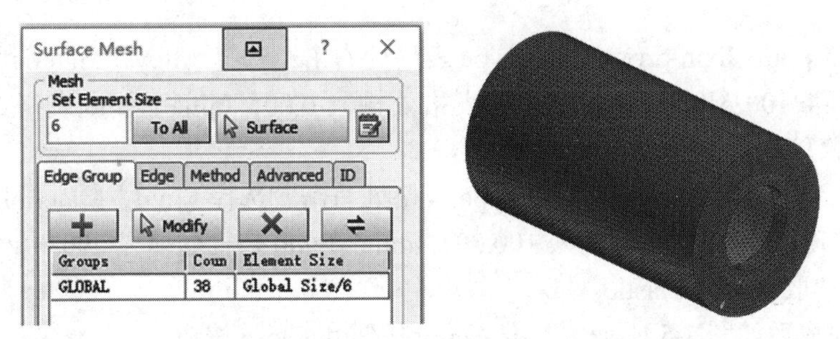

图 7-3 Surface Mesh 窗口和网格模型图

4. 2D 网格检查

单击菜单 2D Mesh → Check Surface Mesh，弹出网格检查窗口（在弹出的 Compute Volumes 窗口中单击 Convert to FE 按钮关闭窗口），单击 Check 按钮和 Auto Correct 按钮，在下方信息窗口中显示 Surface Mesh is OK。

5. 3D 网格划分

1）单击菜单 3D Mesh → Volume Mesh，弹出 Tetra Mesh 体网格划分窗口，框选全部模型，单击中键确认，单击 Mesh 按钮，等待体网格生成完成后，单击 Apply 按钮和 Close 按钮。

2）单击菜单 File → Save 保存模型文件，文件名默认为 lixin.vdb。

7.2.2 分析步设置

单击菜单 Applications → Cast 进入 Cast 模块进行参数设置。首先在弹出窗口进行重力方向的设置，在 Direction 后边下拉列表框中选择 –Y Axis 方向，然后单击 Apply 按钮和 Close 按钮。

单击菜单 Workflow → Generic 进入工作流程，左侧导航栏出现 Generic 标签页，显示工作流程步骤，将单击标签页中左边显示的序号 1~8 逐个进行设定。

1. 项目描述

默认左侧窗口中进入第 1 步设置界面，可以对项目路径、模型名称和模型文件名进行设置，这一步采用默认设置，不需要进行改动。

2. 任务定义

单击“序号 2”显示第 2 步设置界面，对模拟任务进行定义设置，勾选 Centrifugal、Steady State、Solidification（THERMAL）、Shrinkage Porosity 和 Fluid Flow（FLOW），其余

框取消勾选，如图 7-4 所示。

3. 重力方向 / 对称 / 周期 / 虚拟模具设置

单击“序号 3”，对模型的重力方向 / 对称 / 周期 / 虚拟模具进行设定，重力方向已在进入工作流程前设置完毕，在此处进行核对，其余项不用设置。

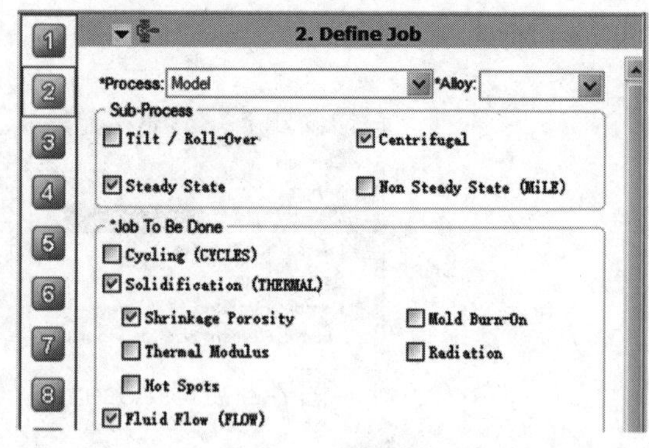

图 7-4　任务定义

4. 体管理

单击“序号 4”，弹出 Volume Manager 设置窗口。

1）在 lixin-prt0（lixin-prt1）_1 的 Type 表格处右击，选择 Alloy，Material 表格处单击右键选取 EN AC-42100 AlSi7Mg0.3，Fill% 表格处输入 0.00，Initial Temp 表格处输入 650.00，Stress Type 表格处右击选取 Vacant。

2）在 lixin-prt1（lixin-prt2）_2 的 Type 表格处右击，选择 Mold，Material 表格处单击右键选取 Steel H13，Fill% 表格处输入 100.00，Initial Temp 表格处输入 200.00，Stress Type 表格处单击右键选取 Linear-Elastic。

3）设定完成后如图 7-5 所示，单击 Apply 按钮和 Close 按钮。

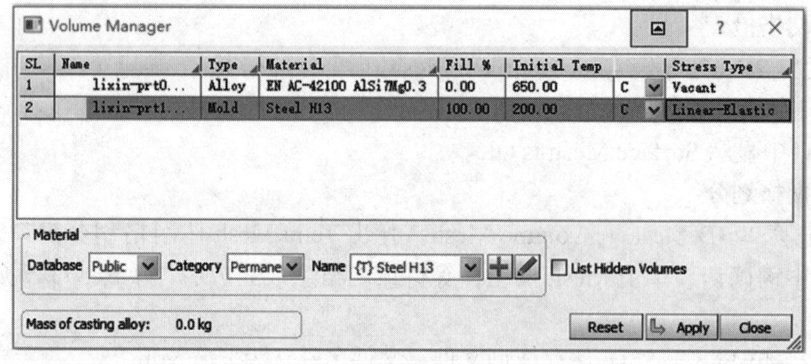

图 7-5　铸件与模具体材料和初始温度设置

5. 界面换热管理

单击“序号 5”，对界面换热进行设置，单击 Create/Edit... 按钮，弹出 Interface HTC Manager 窗口，第一行 Type 表格处右击选取 COINC，Interface Condition 表格处右击选取 h=750，设置完成后窗口如图 7-6 所示，单击 Apply 按钮和 Close 按钮。

6. 工艺条件设置

单击“序号 6”，进行工艺条件设置，单击 Create/Edit... 按钮，弹出 Process Condition Manager 窗口。

1）在窗口空白处右击添加 Heat 换热边界条件，单击 Region 后的列表图标，弹出 Selection List 窗口，选择全部 EXT_ 开头的表面，单击 OK 按钮，再单击中键确认选取，再 Boundary Cond. 列表格右击选取 Air Cooling，单击 Apply 按钮。

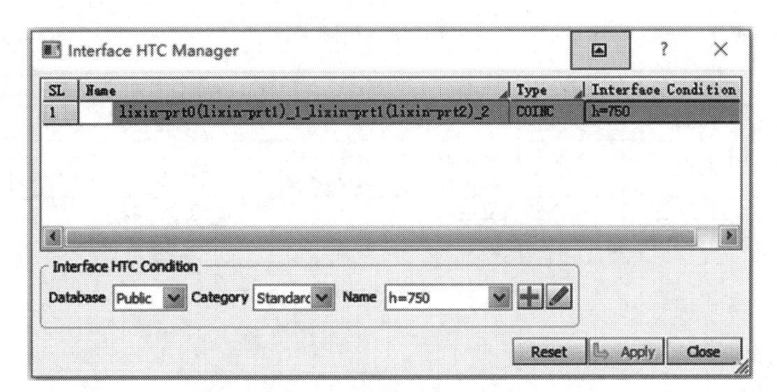

图 7-6　界面换热设置

2）在窗口空白处右击添加 Inlet 入口边界条件，单击 Region 按钮后边的 按钮，弹出 Define Region 窗口（见图 7-7），在 Radius 后边输入 15，单击“模型上铸件管内壁”，单击 Apply 按钮和 Close 按钮。在表格 Type 列 Inlet 上右键单击 Mass Flow Rate Calculator，弹出 Mass Flow Rate Calculator 窗口，在 Fill Time 后输入充型时间 30，在 Temperature 后输入 650（见图 7-8），依次单击 Compute 按钮、Create BC 按钮和 Close 按钮，在弹出窗口中单击 Yes 确认。

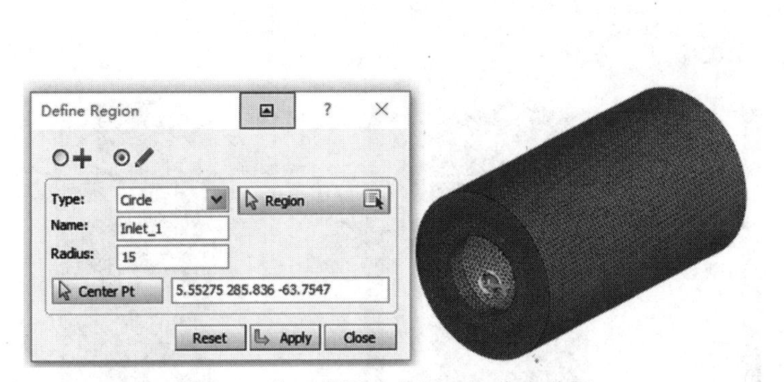

图 7-7　浇口截面半径设置和中心选择

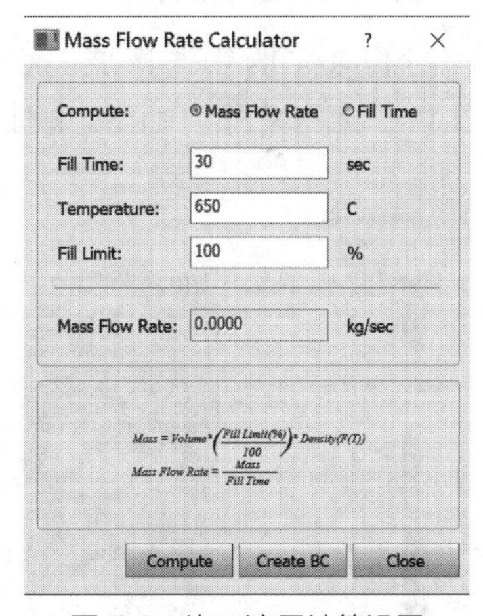

图 7-8　浇口流量计算设置

3）在窗口空白处右击添加 Revolution 边界条件，单击 Volume 后列表图标，在弹出的 Selection List 窗口中选择 lixin-prt1（lixin-prt2）_2，单击 OK 按钮，在模型窗口中单击鼠标中键确认选择，单击绿色“+”按钮，在弹出窗口中设置旋转轴（通过两点坐标）和转速，单击 Save 按钮和 Close 按钮，然后在弹出窗口中单击 Yes 按钮，回到 Process Condition Manager 窗口，单击 Apply 按钮，完成设置后如图 7-9 所示，单击 Close 按钮关闭窗口。

7．任务终止标准设置

单击“序号 7”，进行任务终止标准设置，采用默认参数设置。

Process Condition Manager

SL	Name	Type	Entity	Boundary Cond.	Area(Sq. mm)
1	Heat_1	Heat	EXT_lixin-prt0(lixin-prt1)_1 EXT_lixin-prt1(lixin-prt2)_2	Air Cooling (...	455647.8427
2	Inlet_1	Inlet	USER_Inlet_1	BC_Inlet_1	336.5715
3	Revolution_1	Revolution	lixin-prt1(lixin-prt2)_2	BC_Revolution_1	

图 7-9　工艺边界条件设置

8. 开始模拟

单击“序号 8”，进行模拟计算提交设置，单击菜单 File → Save 保存文件，单击 Run 按钮提交计算，单击 Monitor... 按钮，在弹出的 Calculation Monitoring 中可以查看计算进度。

7.3　后处理

计算完成后，单击菜单 Applications → Viewer，进入 Viewer 后处理界面，查看模拟结果。

单击 Parts 前边的“+”，取消勾选模具 lixin-prt0（lixin-prt1）_1 将其隐藏，以便更加清晰地观察铸件结果，单击结果分类和名称可以查看分析结果。

7.3.1　温度场和流场

1）Results 中选择 Temperature 可以观察不同时刻温度分布云图。图 7-10 所示为充型 2.5%、充型结束、凝固结束时铸件的温度分布云图。

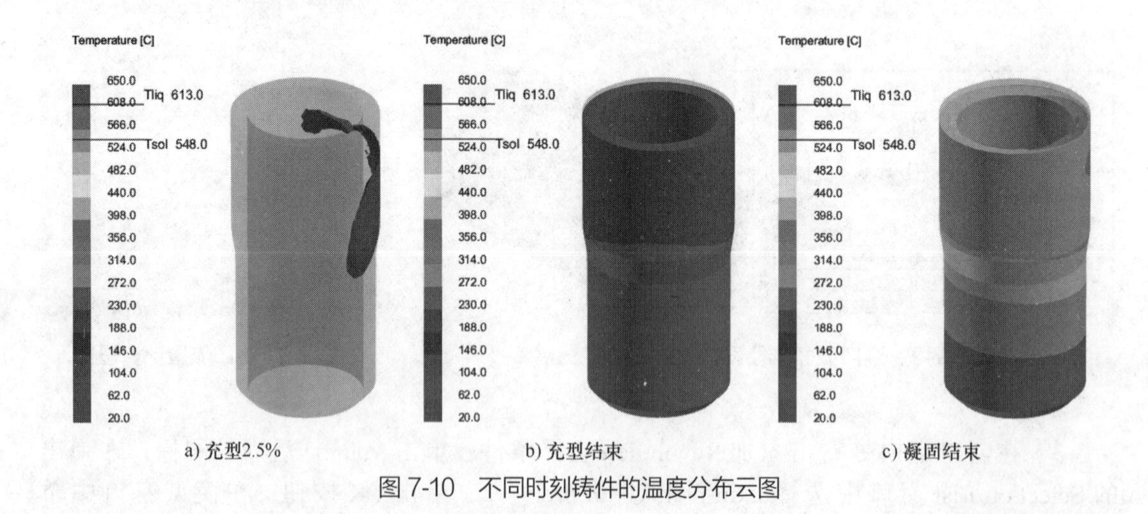

a) 充型2.5%　b) 充型结束　c) 凝固结束

图 7-10　不同时刻铸件的温度分布云图

2）在 Results 中选择 Fraction Solid 可以观察不同时刻固相率分布云图。图 7-11 所示为充型 2.5%、充型结束、凝固结束时铸件的固相率分布云图。

3）在 Results 中选择 Solidification Time 可观察铸件不同部位的凝固时间，如图 7-12 所示。

4）在 Categories 中选择 FLUID，Results 中选择 Fluid Velocity-Magnitude 可

图 7-10~图 7-13

观察铸件充型过程中的流速分布云图。图 7-13 所示为充型 2.5%、充型 52.2% 和充型结束时的流速分布云图。

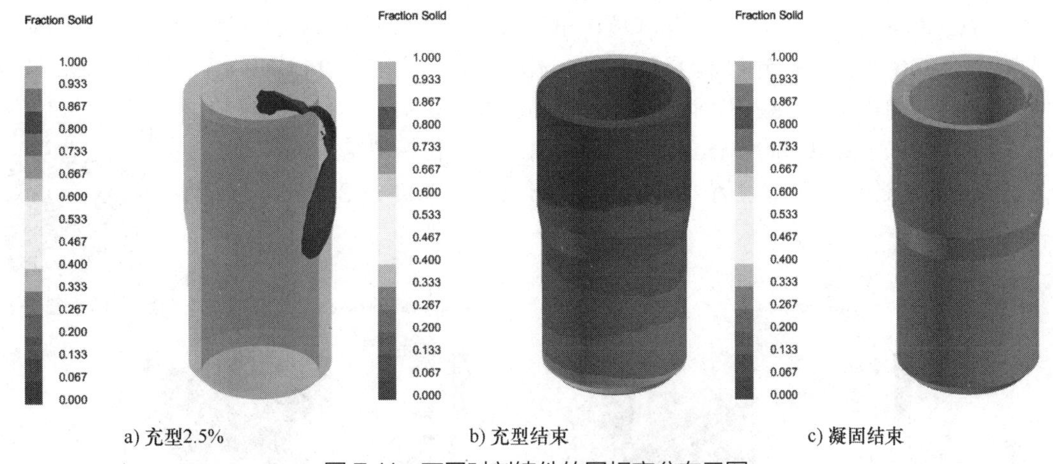

a) 充型2.5%　　b) 充型结束　　c) 凝固结束

图 7-11　不同时刻铸件的固相率分布云图

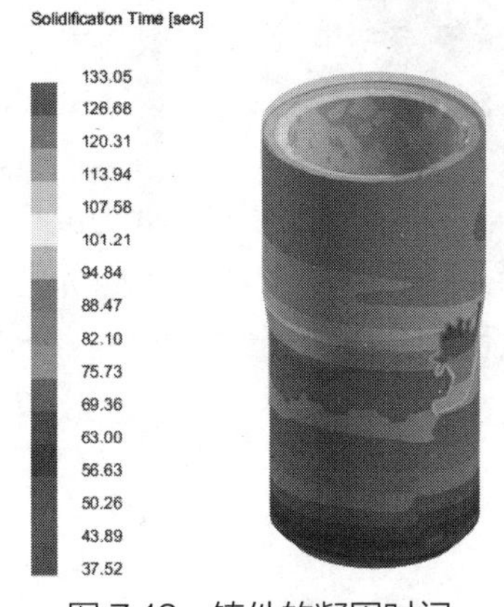

图 7-12　铸件的凝固时间

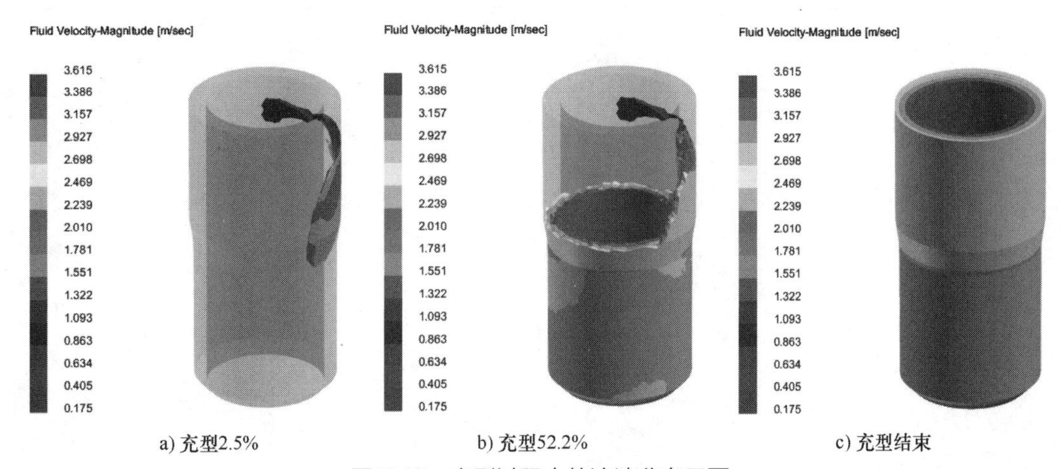

a) 充型2.5%　　b) 充型52.2%　　c) 充型结束

图 7-13　充型过程中的流速分布云图

7.3.2 缺陷分析

1）在 Contour Panel 区域选择 THERMAL 和 Total Shrinkage Porosity 观察缩孔缩松模拟结果，勾选 Picture Types 区域的 Cut Off，单击其右侧图标弹出 Cutoff Control 窗口，拖动滑块或输入 Cutoff 值，体积分数低于 15% 的缩孔缩松分布如图 7-14 中所示。此时 Cutoff 值设置为 0 和 15，单击 Close 按钮关闭 Cutoff Control 窗口。

2）选择 THERMAL 和 Niyama Criterion 观察缩孔缩松模拟结果，参考 1）中方法在 Cutoff Control 窗口设置，Niyama Criterion 在 ≥ $15K^{0.5}\cdot Sec^{0.5}/cm$ 时缩孔缩松分布如图 7-15 所示。

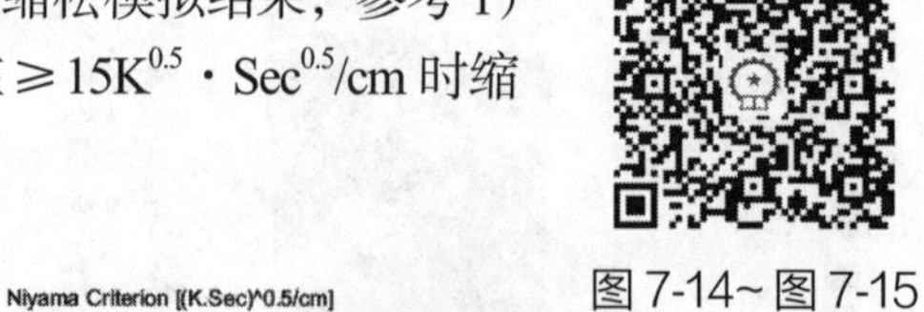

图 7-14~ 图 7-15

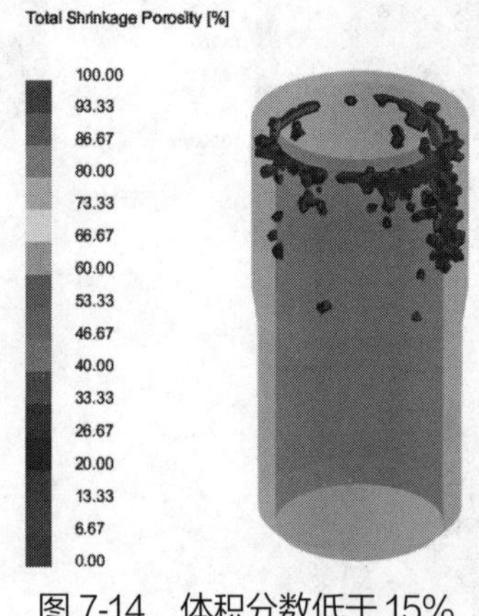

图 7-14　体积分数低于 15% 的缩孔缩松分布

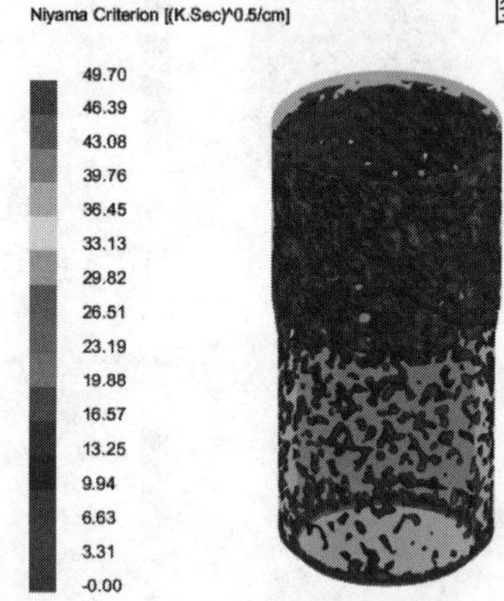

图 7-15　Niyama 判据缩孔缩松分布

第8章 >>>
阀体熔模铸造成型过程模拟

8.1 概述

精密铸造，指的是获得精准尺寸铸件工艺的总称。相对于传统砂型铸造工艺，精密铸造获得铸件尺寸更加精准，表面粗糙度值更小。熔模铸造是一种典型的精密铸造，也称为失蜡铸造，它的产品精密、复杂、接近于零件最后形状，可不加工或很少加工就直接使用，是一种近净形成形的先进工艺。合金钢阀体是铸造领域中比较常见的阀体件，此类铸件一般工作环境恶劣，寿命较短，因此在生产过程中要严格控制其内部质量。

本章旨在介绍利用 ProCAST 2022.0 进行阀体熔模铸造仿真模拟前后处理全过程。图 8-1 所示为阀体熔模铸造铸件模型，一次成型 4 件产品，根据模型的对称性特征，选取其 1/2 进行仿真建模分析。

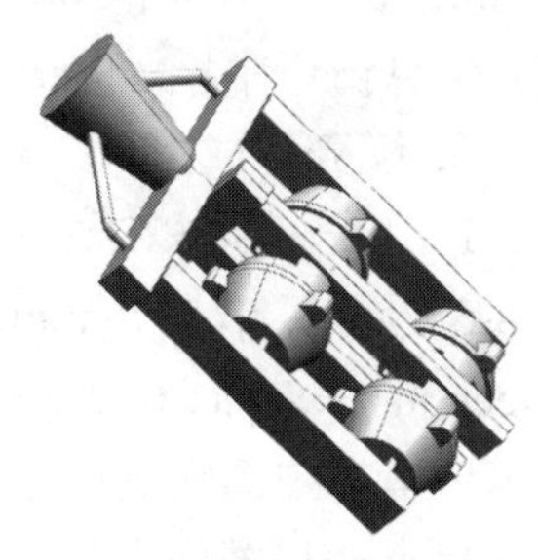

图 8-1　阀体熔模铸造铸件模型

8.2 前处理

8.2.1 初始设置

1. 模型的导入

1）在 Windows 开始菜单 ESI Group 下单击 Visual-Cast 18.0 启动软件，然后在菜单 Applications 中选择 Mesh，进入 Visual-Mesh（Cast）18.0 操作界面。

2）单击 Open File，选择文件名 PrecisionCasting.stp，导入三维模型。

2. 模型装配

由于模型中仅有一个体，不需要进行 Assembly 操作。

3. 2D 网格划分

单击菜单 2D Mesh → Surface Mesh，弹出 Surface Mesh 窗口进行面网格的划分，在 Set Element Size 下方输入网格尺寸 5，单击 To All 按钮，单击 Mesh All Surface，Surface Mesh 窗口和网格模型如图 8-2 所示，单击 Close 按钮关闭窗口。

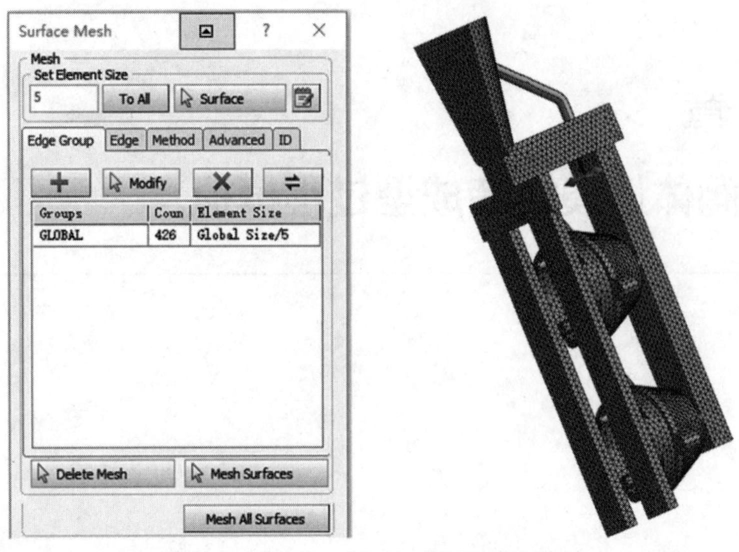

图 8-2　Surface Mesh 窗口和网格模型

4. 2D 网格检查

单击菜单 2D Mesh → Check Surface Mesh，弹出网格检查窗口（在弹出的 Compute Volumes 窗口中单击 Convert to FE 按钮关闭窗口），单击 Check 按钮和 Auto Correct 按钮，在下方信息窗口中显示 Surface Mesh is OK，单击 Close 按钮并关闭窗口。

5. 模壳生成

1）单击菜单 2D Mesh → Shelling，弹出窗口，单击 Yes 按钮，弹出 Shelling 窗口，如图 8-3 所示。单击 Symmetry 1 后再单击 Modify 按钮，模型窗口空白处右键单击后单击 Selection → Select Contiguous，单击对称面上任一点，此时整个对称面显示黄色，如图 8-4a 所示，单击中键确认对称面选择，再单击 Apply 按钮；单击 Symmetry 2 后再单击 Modify 按钮，单击浇口截面上任一点，此时整个截面显示黄色，如图 8-4b 所示，单击中键确认截面选择，再单击 Apply 按钮，在 All Other 后输入 5，单击 Generate 按钮生成模壳（见图 8-5 红色区域），单击 Apply 按钮和 Close 按钮。

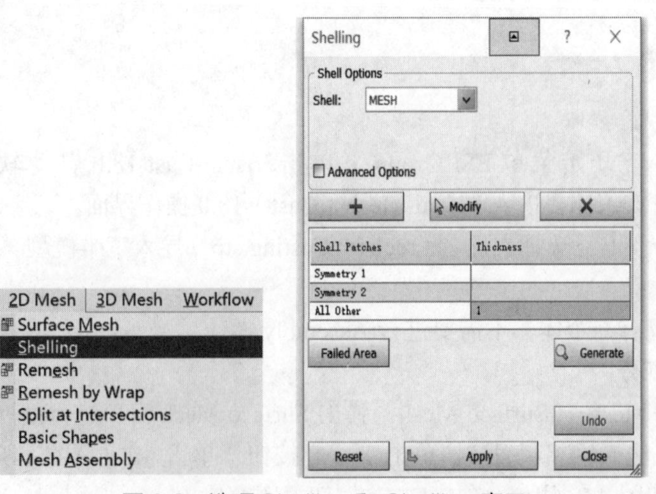

图 8-3　选项 Shelling 和 Shelling 窗口

a) 对称面选取　　b) 浇口界面选取

图 8-4　选中区域

图 8-5　生成模壳后模型图

2）如在生成模壳过程中，存在操作失误导致多次生成模壳，可以在划分 3D 体网格之前先删除多余的体，在左侧导航栏中 Exp 标签里单击 Volumes 左边的“+”，如图 8-6 所示，选中 PART_2_3 和 PART_3_4 后右键单击 Delete 删除。

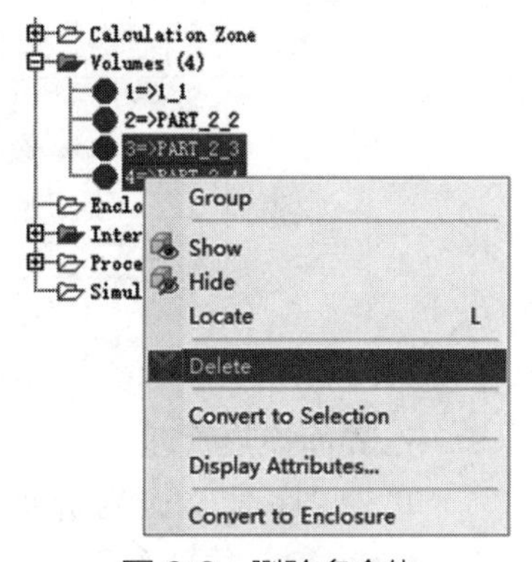

图 8-6　删除多余体

6. 3D 网格划分

1）单击菜单 3D Mesh → Volume Mesh，弹出 Tetra Mesh 体网格划分窗口，选中 Gradual，框选全部模型，单击中键确认，单击 Mesh 按钮，等待体网格生成完成后，单击 Apply 按钮和 Close 按钮。

2）单击菜单 File → Save 保存模型文件，文件名默认为 PrecisionCasting.vdb。

8.2.2　分析步设置

单击菜单 Applications → Cast 进入 Cast 模块进行参数设置。首先在弹出窗口中进行重力方向的设置，在 Direction 后边下拉列表框中选择 –Z Axis 方向，然后单击 Apply 按钮和 Close 按钮。

单击菜单 Workflow → Generic 进入工作流程，左侧导航栏出现 Generic 标签页，显示工作流程步骤，将单击标签页中左边显示的序号 1~8 逐个进行设定。

1. 项目描述

在默认左侧窗口中进入第 1 步设置界面，可以对项目路径、模型名称和模型文件名进行设置，这一步采用默认设置，不需要进行改动。

2. 任务定义

单击“序号 2”，显示第 2 步设置界面，选中 Non Steady State（MiLE）、Solidification（THERMAL）、Shrinkage Porosity 和 Fluid Flow（FLOW），其余框取消选中。

3. 重力方向 / 对称 / 周期 / 虚拟模具设置

单击“序号 3”，对模型的重力方向 / 对称 / 周期 / 虚拟模具进行设定，重力方向已在进入工作流程前设置完毕，在此处进行核对，其余项不用设置。

4. 体管理

单击“序号 4”，弹出 Volume Manager 设置窗口。

1）在 1_1 的 Type 表格处右击，选择 Alloy，Material 表格处右键选取 Wear-Resistant EN 1.3802 GX120Mn13（Fe 类中），Fill% 表格处输入 0.00，Initial Temp 表格处输入 1600.00，Stress Type 表格处右键选取 Vacant。

2）在 PART_2_2 的 Type 表格处右击，选择 Mold，Material 表格处右键选取 Zircon Sand I（Sand 类中），Fill% 表格处输入 100.00，Initial Temp 表格处输入 1050.00，Stress Type 表格处右键选取 Rigid。

3）设定完成后如图 8-7 所示，单击 Apply 按钮和 Close 按钮。

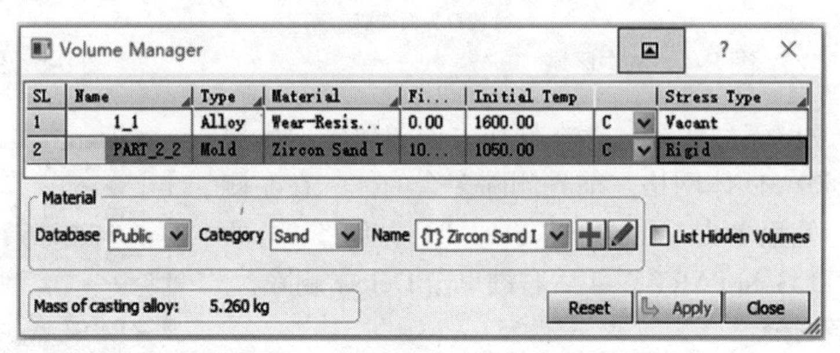

图 8-7　铸件与模壳体材料和初始温度设置

5. 界面换热管理

单击“序号 5”，对界面换热进行设置，单击 Create/Edit... 按钮，弹出 Interface HTC Manager 窗口，第一行 Type 表格处右击选取 COINC，Interface Condition 表格处右击选取 h=500，设置完成后窗口如图 8-8 所示，单击 Apply 按钮和 Close 按钮。

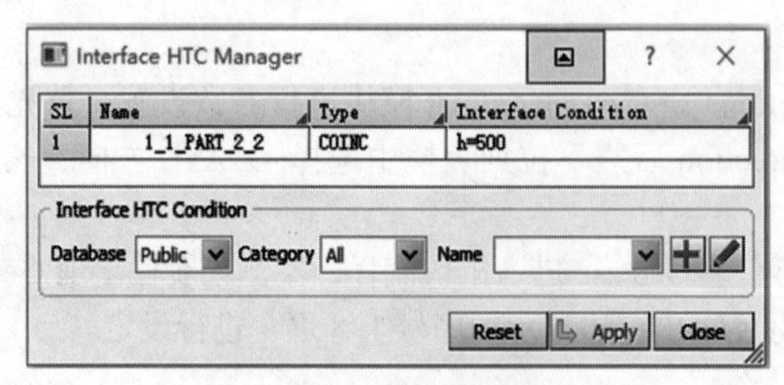

图 8-8　界面换热设置

6. 工艺条件设置

单击“序号 6”，进行工艺条件设置，单击 Create/Edit... 按钮，弹出 Process Condition Manager 窗口。

1）在窗口空白处右击添加 Heat 换热边界条件，单击 Region 后的列表图标，弹出 Selection List 窗口，选择 EXT_PART_2_2，单击 OK 按钮，再单击中键确认选取，在 Boundary Cond. 列表格右击选取 Air Cooling，单击 Apply 按钮。

2）在窗口空白处右击添加 Velocity 浇口速度边界条件（在 Fluid Flow 中），单击 Region 按钮后边的 按钮，弹出 Define Region 窗口，Radius 设为 20，单击模型上浇口截面上一点（见图 8-9），单击 Define Region 窗口中 Apply 按钮和 Close 按钮。回到 Process Condition Manager 窗口中，将 Database 后 Public 选成 User，此时后边“+”变为绿色，单击“+”，弹出 Process Condition Database 窗口，在表格中进行如图 8-10 所示设置，Z 方向速度设为 –1.5，Temperature 设为 1600.00，单击 Save 按钮和 Close 按钮，在弹出窗口中单击 Yes 按钮确认。在 Process Condition Manager 窗口中单击 Apply 按钮和 Close 按钮。

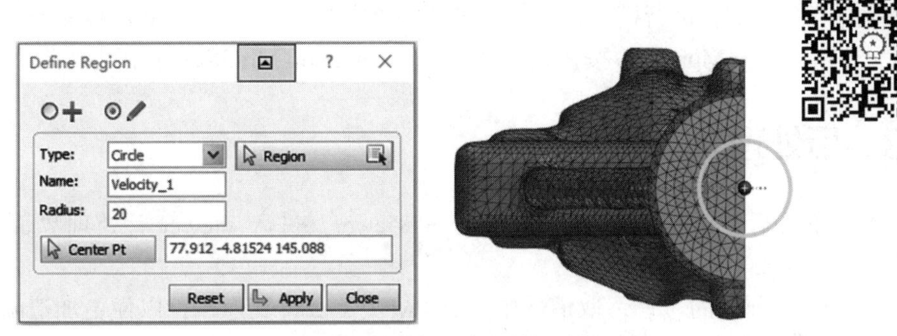

图 8-9　浇注区域半径和中心位置选择

Property	T...	Value		Pressure		Time	
Velocity			m/s		N		sec
X	V						
Y	V						
Z	V	-1.5000e+00					
Fill Limit...		1.0000e+02					
Temperature		1600.00	C				sec

图 8-10　金属液入口速度边界条件参数设置

3）在窗口空白处右击添加 Symmetry 对称边界条件（在 Geometrical 中），单击 Region 按钮后边的按钮，弹出 Define Region 窗口，选择模型对称面，单击中键确认，在 Define Region 窗口中单击 Close 按钮关闭窗口。

4）Process Condition Manager 窗口如图 8-11 所示，单击 Apply 按钮和 Close 按钮。

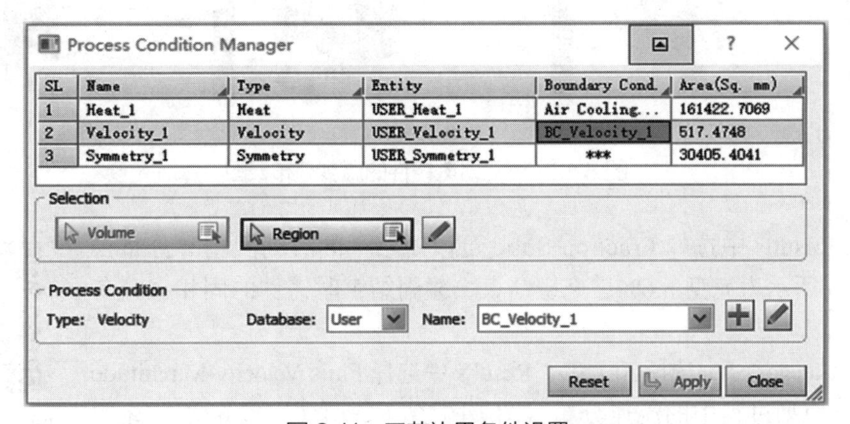

图 8-11　工艺边界条件设置

7. 任务终止标准设置

单击“序号 7”，进行任务终止标准设置，单击 Simulation Parameters... 按钮，弹出 Simulation Parameters 窗口，将 Pre-defined Parameters 改为 Gravity Filling，然后将 TSTOP 后 Value 值改为 700，更改完成后单击 Apply 按钮和 Close 按钮。

8. 开始模拟

单击“序号 8”，进行模拟计算提交设置，单击菜单 File → Save 保存文件，单击 Run 按钮提交计算，单击 Monitor... 按钮，在弹出的 Calculation Monitoring 中可以查看计算进度。

8.3 后处理

计算完成后，单击菜单 Applications → Viewer，进入 Viewer 后处理界面，查看模拟结果。

单击 Parts 前边的“+”，取消选中模壳 PART_2_2 将其隐藏，以便更加清晰地观察铸件结果，单击结果分类和名称可以查看分析结果。

8.3.1 温度场和流场

1）在 Results 中选择 Temperature 可以观察不同时刻的温度分布云图。图 8-12 所示为充型 6.6%、充型结束、凝固结束时铸件的温度分布云图。

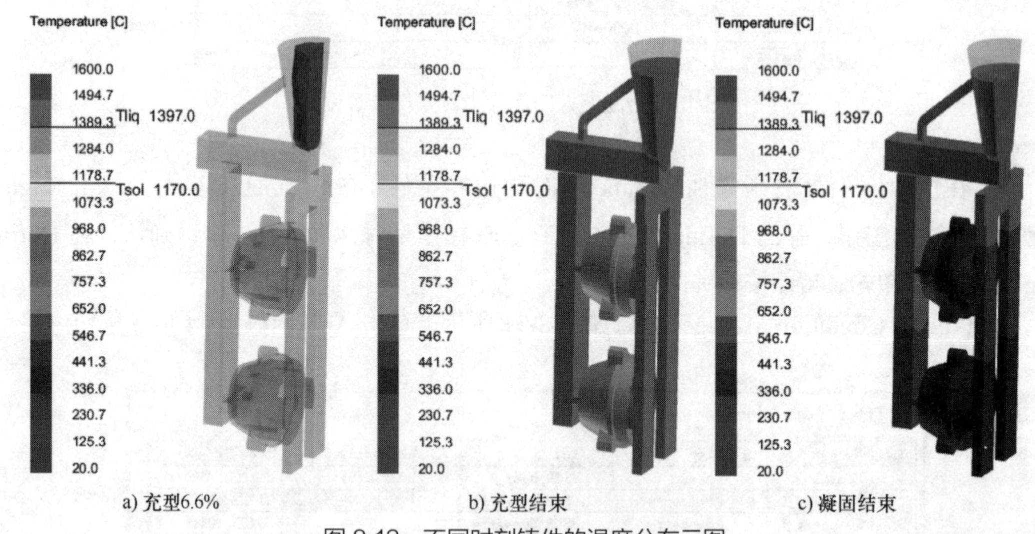

图 8-12　不同时刻铸件的温度分布云图

2）在 Results 中选择 Fraction Solid 可以观察不同时刻固相率分布云图。图 8-13 所示为充型 6.6%、充型结束、凝固结束时铸件的固相率分布云图。

图 8-12~图 8-14

3）在 Categories 中选择 FLUID，Results 中选择 Fluid Velocity-Magnitude 可观察铸件充型过程中的流速分布云图。图 8-14 所示为充型 6.6%、充型 50.5% 和充型结束时的流速分布云图。

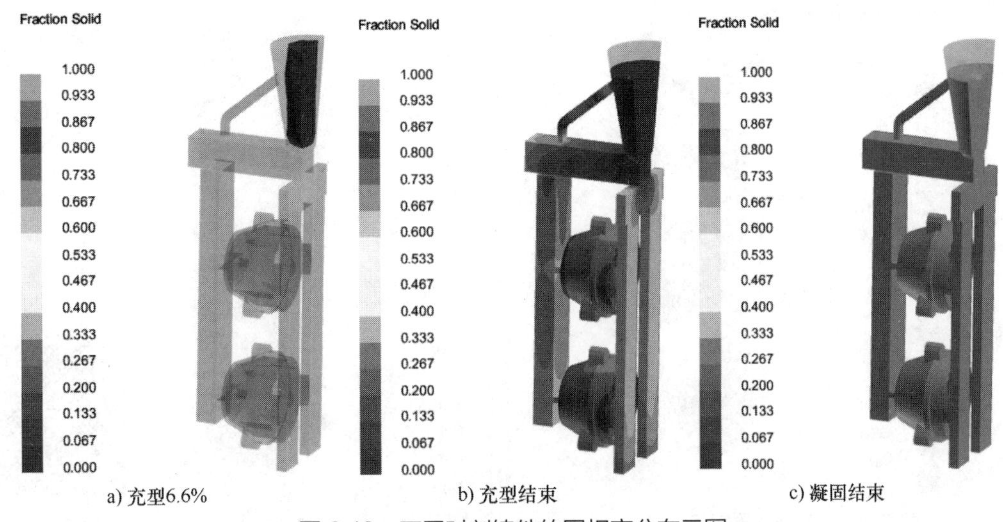

图 8-13 不同时刻铸件的固相率分布云图

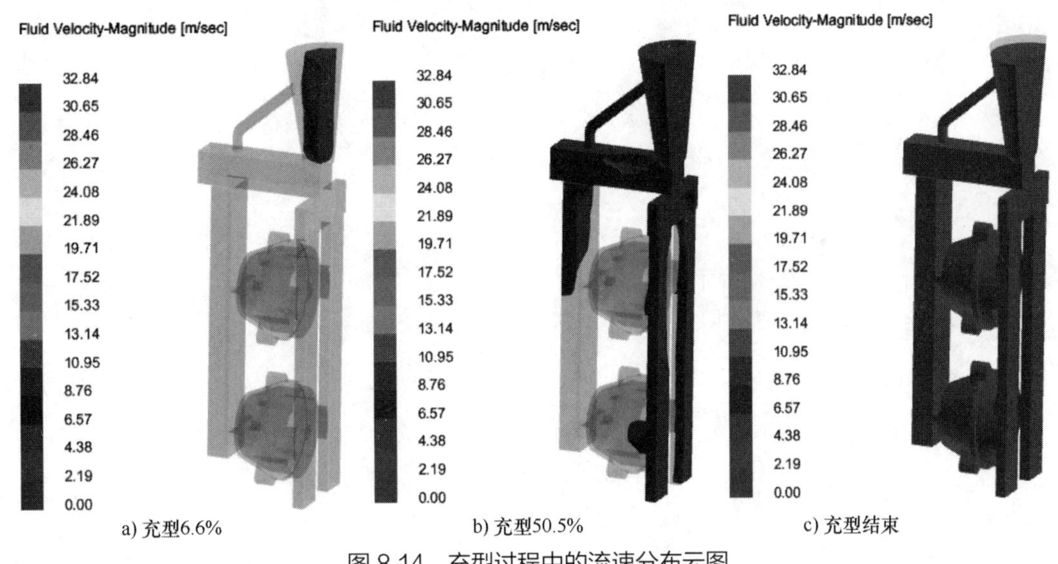

图 8-14 充型过程中的流速分布云图

8.3.2 缺陷分析

1）在 Contour Panel 区域选择 THERMAL 和 Total Shrinkage Porosity 观察缩孔缩松模拟结果，选中 Picture Types 区域的 Cut Off，单击其右侧图标弹出 Cutoff Control 窗口，拖动滑块或输入 Cut Off 值，体积分数低于 15% 的缩孔缩松分布如图 8-15 所示。此时 Cut Off 值设置为 0 和 15，单击 Close 按钮关闭 Cutoff Control 窗口。

2）选择 THERMAL 和 Niyama Criterion 观察缩孔缩松模拟结果，参考 1）中方法在 Cutoff Control 窗口设置，Niyama Criterion 在 0~50$K^{0.5}$ · $Sec^{0.5}$/cm 之间时缩孔缩松分布如图 8-16 所示。

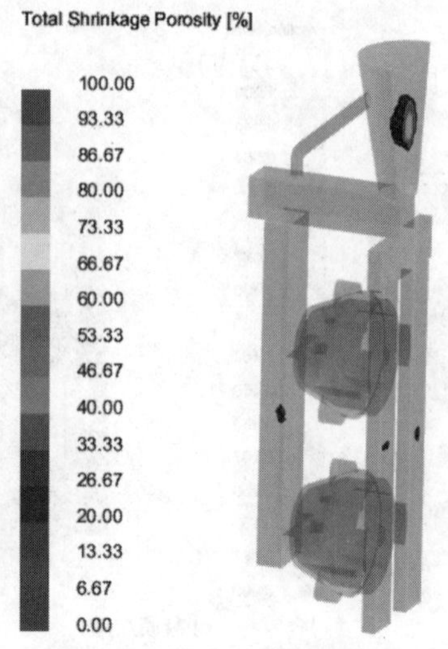

图 8-15　体积分数低于 15%的缩孔缩松分布

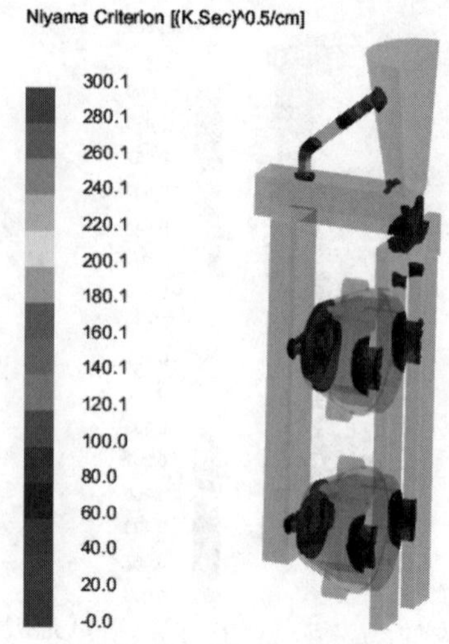

图 8-16　Niyama 判据缩孔缩松分布

图 8-15~ 图 8-16

第9章 >>>
曲轴壳型铸造成型过程模拟

9.1 概述

壳型铸造采用一种遇热硬化的型砂（酚醛树脂覆膜砂）覆盖在加热到180~280℃的金属模板上，使其硬化为薄壳（薄壳厚度一般为6~12mm），再加温固化薄壳，使其达到足够的强度和刚度，将上下两片型壳用夹具卡紧或用树脂粘牢后，不用砂箱即可构成铸型，然后进行金属液浇注的铸造方法。特别适用于生产批量较大、尺寸精度要求高、壁薄且形状复杂的各种合金的铸件。

本章旨在介绍应用ProCAST 2022.0进行曲轴壳型铸造模拟的前后处理操作步骤。图9-1所示为壳型铸造曲轴模型图，一次成型4件产品，根据模型的对称性特征，选取其1/2进行仿真建模分析。

图9-1 壳型铸造曲轴模型

9.2 前处理

9.2.1 初始设置

1. 模型的导入

1）在Windows开始菜单ESI Group下单击Visual-Cast 18.0启动软件，然后在菜单Applications中选择Mesh，进入Visual-Mesh（Cast）18.0操作界面。

2）单击Open File，选择文件名quzhou_Casting.x_t，导入三维模型，由于模型线框全部为绿色，不需要进行修复。

2. 模型装配

由于模型中仅由一个体，不需要进行Assembly操作。

3. 2D网格划分

1）划分面网格前，先改变模型显示模式为面与线框模式（Flat Wireframe）。单击菜单2D Mesh → Surface Mesh，弹出Surface Mesh窗口进行面网格的划分，在Set Element Size下方输入网格尺寸 8（见图 9-2），单击 To All 按钮。

2）另外有些细小的网格需要额外细化，这时需要改变显示模式，改为线框模式（Wireframe）显示，可以方便进行线框的选择。单击 Surface Mesh 窗口中绿色“+”按钮，选取内浇口部分，多选取的部分按 shift+ 左键取消选择，如图 9-3 所示，单击中键确认，并将网格尺寸改为 3，见图 9-4。单击 Mesh All Surfaces 生成面网格，等待进度条完毕，面网格划分后模型如图 9-5 所示。

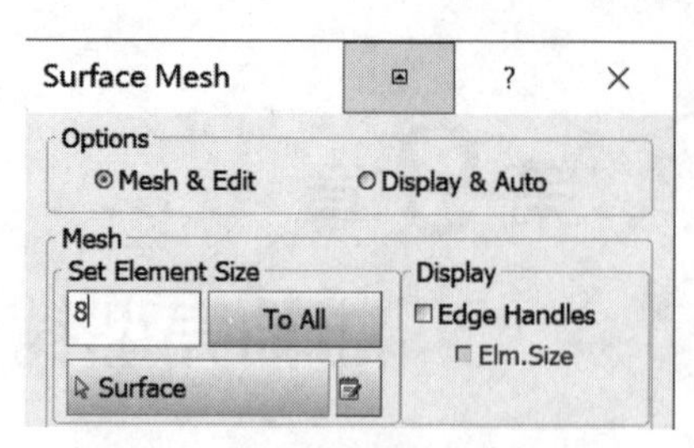

图 9-2　设置全局网格尺寸为 8

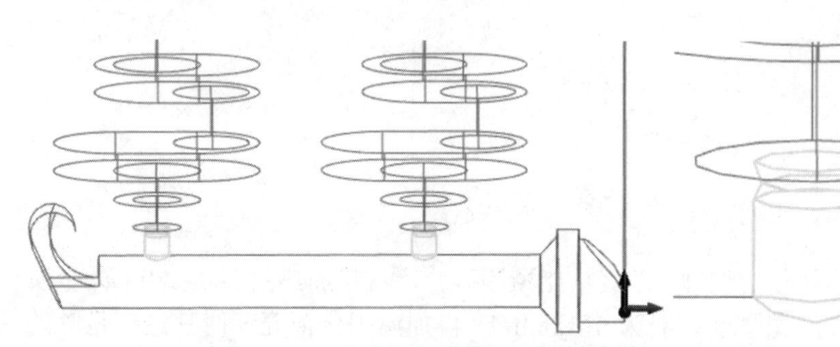

图 9-3　选择浇口部分

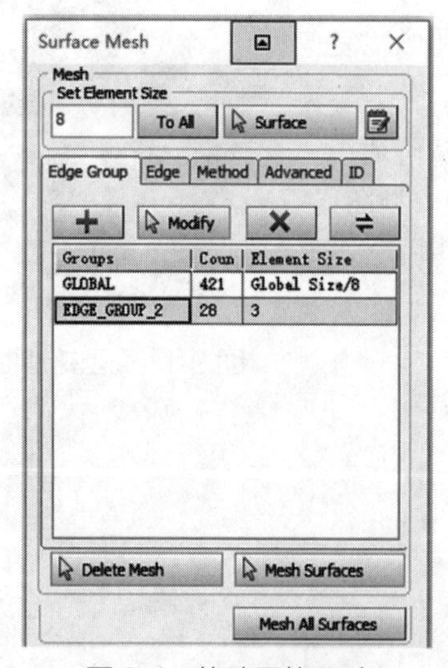

图 9-4　修改网格尺寸

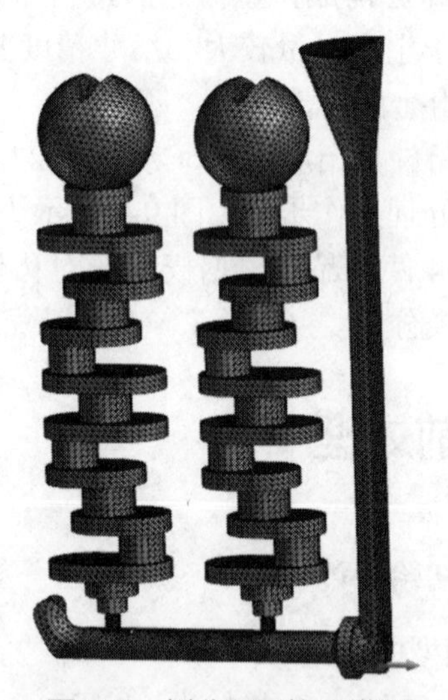

图 9-5　划分面网格后模型

4. 2D 网格检查

单击菜单 2D Mesh → Check Surface Mesh，弹出网格检查窗口（弹出的 Compute Volumes 窗口中单击 Convert to FE 按钮关闭窗口），单击 Check 按钮和 Auto Correct 按钮，在下方信息窗口中显示 Surface Mesh is OK。

5. 模壳生成

单击菜单 2D Mesh → Shelling，弹出 Shelling 窗口，单击 Symmetry 1 后再单击 Modify 按钮，模型窗口空白处右键单击 Selection → Select Contiguous，单击对称面上任一点，此时

整个对称面显示黄色，如图 9-6a 所示，单击中键确认对称面选择，再单击 Apply 按钮；单击 Symmetry 2 后再单击 Modify 按钮，单击浇口截面上任一点，此时整个截面显示黄色，如图 9-6b 所示，单击中键确认截面选择，再单击 Apply 按钮，在 All Other 后输入 10，此时 Shelling 窗口如图 9-7 所示，单击 Generate 按钮生成模壳（见图 9-8 红色区域），单击 Apply 按钮和 Close 按钮。

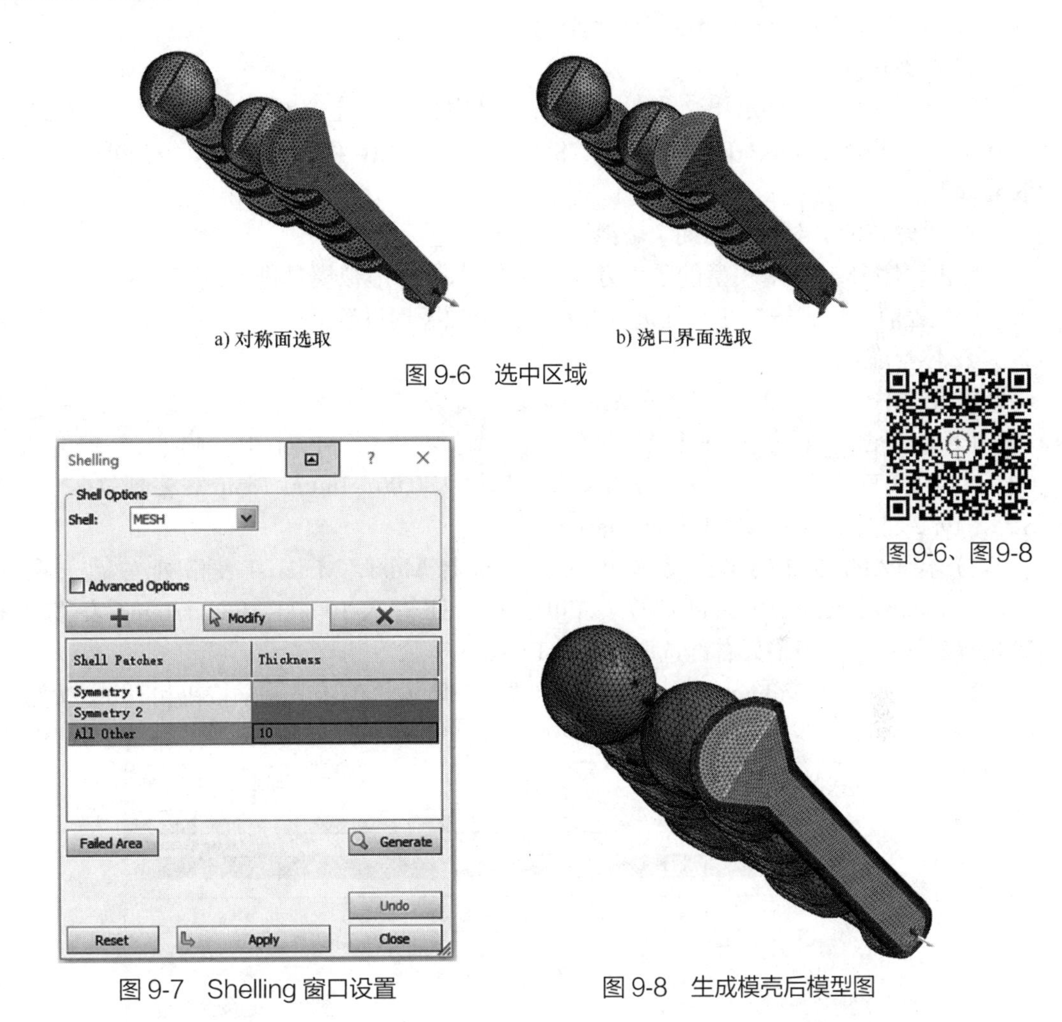

a) 对称面选取　　b) 浇口界面选取

图 9-6　选中区域

图9-6、图9-8

图 9-7　Shelling 窗口设置

图 9-8　生成模壳后模型图

6. 3D 网格划分

1）单击菜单 3D Mesh → Volume Mesh，弹出 Tetra Mesh 体网格划分窗口，选中 Gradual，框选全部模型，单击中键确认，单击 Mesh 按钮，等待体网格生成完成后，单击 Apply 按钮和 Close 按钮。

2）单击菜单 File → Save 保存模型文件，文件名默认为 quzhou_casting.vdb。

9.2.2　分析步设置

单击菜单 Applications → Cast 进入 Cast 模块进行参数设置。首先在弹出窗口中进行重力方向的设置，在Direction后边下拉列表框中选择–Z Axis方向，然后单击Apply按钮和Close按钮。

单击菜单Workflow→Generic进入工作流程，左侧导航栏出现Generic标签页，显示了工作流程步骤，将单击标签页中左边显示的序号1~8逐个进行设定。

1. 项目描述

默认左侧窗口中进入第1步设置界面，可以对项目路径、模型名称和模型文件名进行设置，这一步采用默认设置，不需要进行改动。

2. 任务定义

单击“序号2”显示第2步设置界面，对模拟任务定义设置，选中Non Steady State（MiLE）、Solidification（THERMAL）、Shrinkage Porosity和Fluid Flow（FLOW），其余框取消选中。

3. 重力方向 / 对称 / 周期 / 虚拟模具设置

单击“序号3”，对模型的重力方向 / 对称 / 周期 / 虚拟模具进行设定，重力方向已在进入工作流程前设置完毕，在此处进行核对，其余项不用设置。

4. 体管理

单击“序号4”，弹出Volume Manager设置窗口。

1）在Part_1_1的Type表格处右击，选择Alloy，Material表格处右键选取EN-GJS-400-18（Fe-Cast Iron类中），Fill%表格处输入0.00，Initial Temp表格处输入1360.00，Stress Type表格处右键选取Linear-Elastic。

2）在PART_2_2的Type表格处右击，选择Mold，Material表格处右键选取Resin Bonded Sand-Permeable（Sand类中），Fill%表格处输入100.00，Initial Temp表格处输入20.00，Stress Type表格处右键选取Linear-Elastic。

3）设定完成后Volume Manager窗口如图9-9所示，单击Apply按钮和Close按钮。

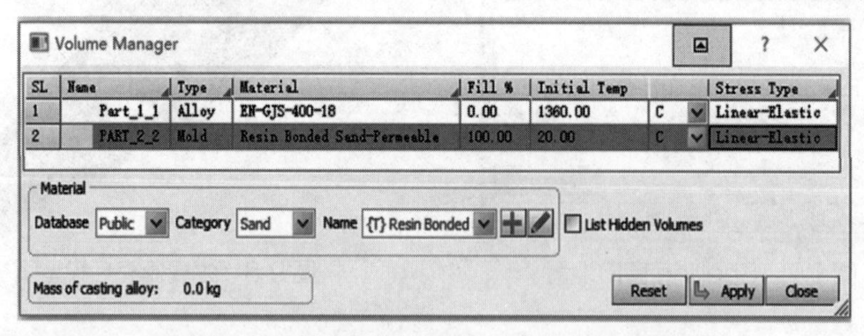

图9-9　铸件与模壳体材料和初始温度设置

5. 界面换热管理

单击“序号5”，对界面换热进行设置，单击Create/Edit...按钮，弹出Interface HTC Manager窗口，第一行Type表格处右击选取COINC，Interface Condition表格处右击选取h=500，设置完成后窗口如图9-10所示，单击Apply按钮和Close按钮。

6. 工艺条件设置

单击“序号6”，进行工艺条件设置，单击Create/Edit...按钮，弹出Process Condition Manager窗口。

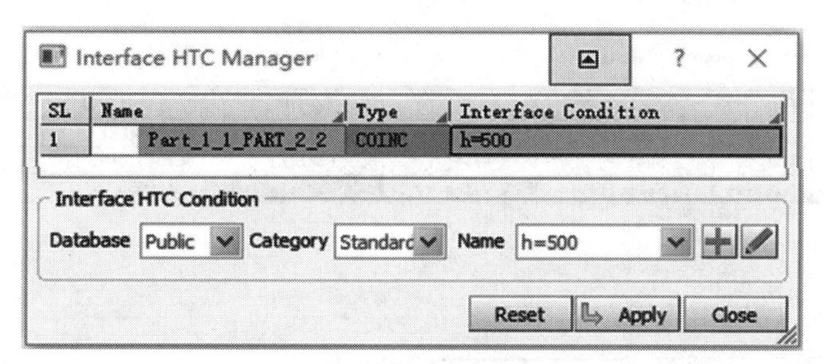

图 9-10　界面换热设置

1）在窗口空白处右击添加 Symmetry，单击 Region 按钮后边的按钮，在模型窗口中选择对称面，选中后模型如图 9-11 所示，右击确认，单击 Close 按钮关闭 Define Region 窗口。在 Process Condition Manager 窗口中单击 Apply 按钮。

图 9-11　对称面选取

2）在窗口空白处右击添加 Heat，单击 Region 后的列表图标，弹出 Selection List 窗口，选择 EXT_PART_2_2，单击 OK 按钮，再单击中键确认选取，在 Boundary Cond. 列表格右击选取 Air Cooling，单击 Apply 按钮。

3）在窗口空白处右击添加 Velocity（Fluid Flow 中），单击 Region 按钮后边的按钮，弹出 Define Region 窗口，Radius 设为 25，单击模型上浇口截面上一点（见图 9-12），单击 Define Region 窗口中的 Apply 按钮和 Close 按钮。回到 Process Condition Manager 窗口中，在 Velocity 上右击，选择 Velocity Calculator，弹出 Velocity Calculator 窗口，在 Fill Time 后输入 10，如图 9-13 所示。依次单击 Compute 按钮、Create BC 按钮和 Close 按钮。

4）Process Condition Manager 窗口如图 9-14 所示，单击 Apply 按钮和 Close 按钮。

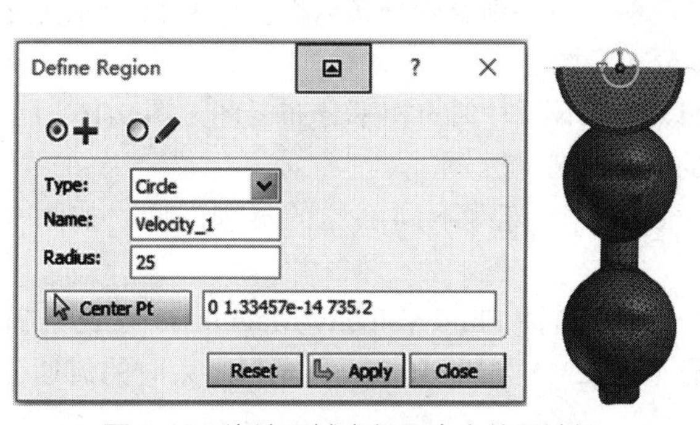

图 9-12　浇注区域半径和中心位置选择

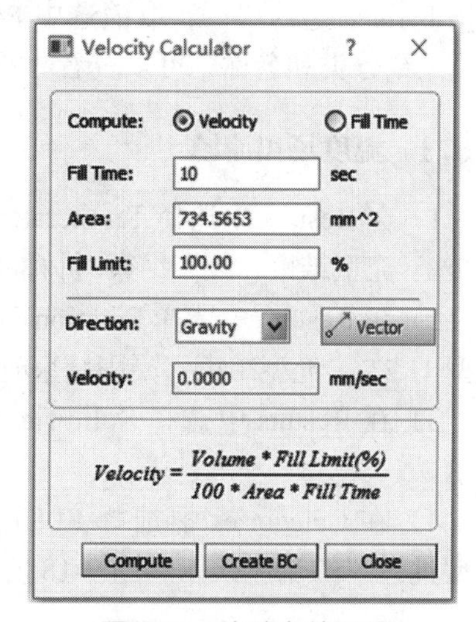

图 9-13　浇注参数设置

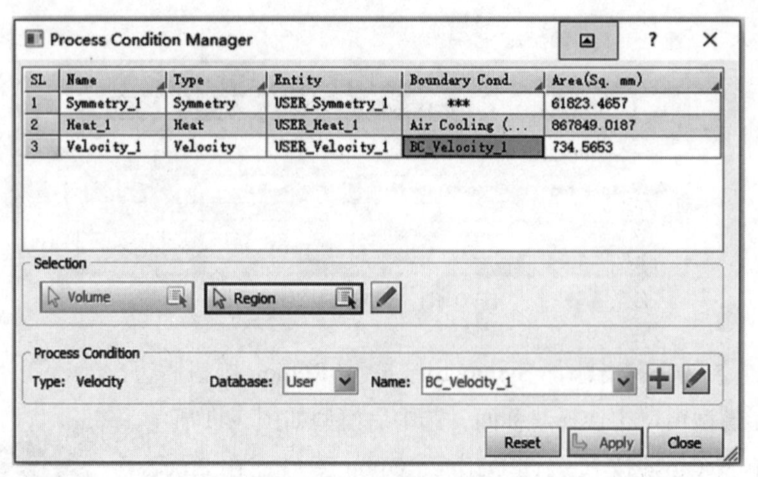

图 9-14　工艺边界条件设置

7. 任务终止标准设置

单击“序号 7”，进行任务终止标准设置，单击 Simulation Parameters... 按钮，弹出 Simulation Parameters 窗口，将 DTMAX 后的 Value 值由 1 改为 10，更改完成后单击 Apply 按钮和 Close 按钮。

8. 开始模拟

单击“序号 8”，进行模拟计算提交设置，根据计算机硬件情况修改 Number of Cores 后的计算核心数，单击菜单 File → Save 保存文件，单击 Run 按钮提交计算，单击 Monitor... 按钮，在弹出的 Calculation Monitoring 中可以查看计算进度。

9.3　后处理

计算完成后，单击菜单 Applications→Viewer，进入 Viewer 后处理界面，查看模拟结果。单击 Parts 前边的“+”，取消选中 PART_2_2 将其隐藏，以便更加清晰地观察铸件结果，单击“结果分类和名称”可以查看分析结果。

9.3.1　温度场和流场

1）在 Results 中选择 Temperature 可以观察不同时刻温度分布云图。图 9-15 所示为充型 11.2%、充型结束、凝固结束时铸件的温度分布云图。

2）在 Results 中选择 Fraction Solid 可以观察不同时刻固相率分布云图。图 9-16 所示为充型 11.2%、充型结束、凝固结束时铸件的固相率分布云图。

3）在 Results 中选择 Solidification Time 可观察铸件不同部位的凝固时间，如图 9-17 所示。

4）在 Categories 中选择 FLUID，Results 中选择 Fluid Velocity-Magnitude 可观察铸件充型过程中的流速云图。图 9-18 所示为充型 11.2%、充型 50.2% 和充型结束时的流速分布云图。

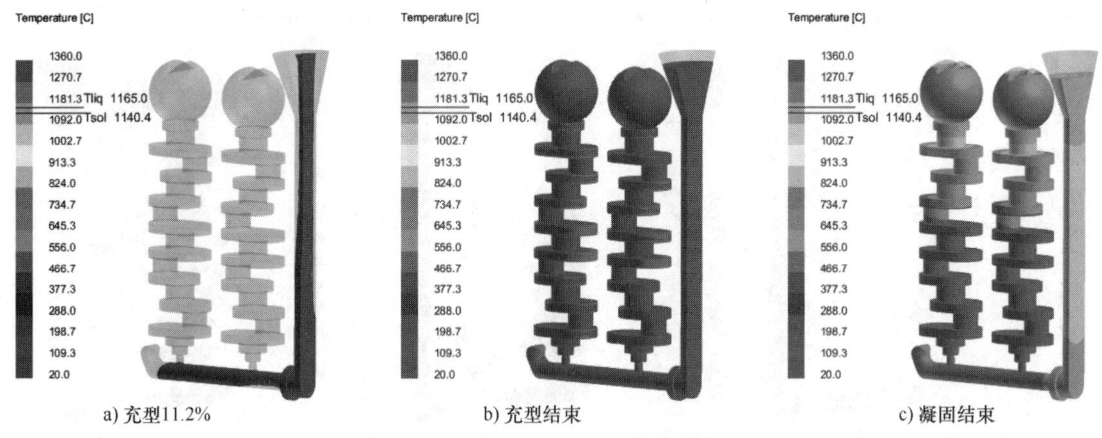

a) 充型11.2%　b) 充型结束　c) 凝固结束

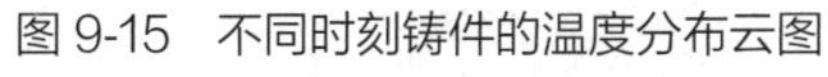

图 9-15 不同时刻铸件的温度分布云图

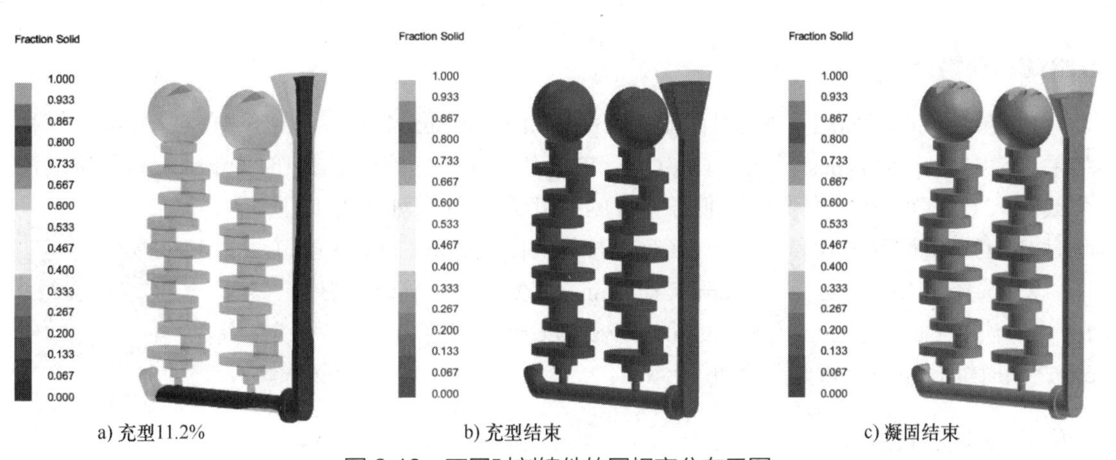

a) 充型11.2%　b) 充型结束　c) 凝固结束

图 9-16 不同时刻铸件的固相率分布云图

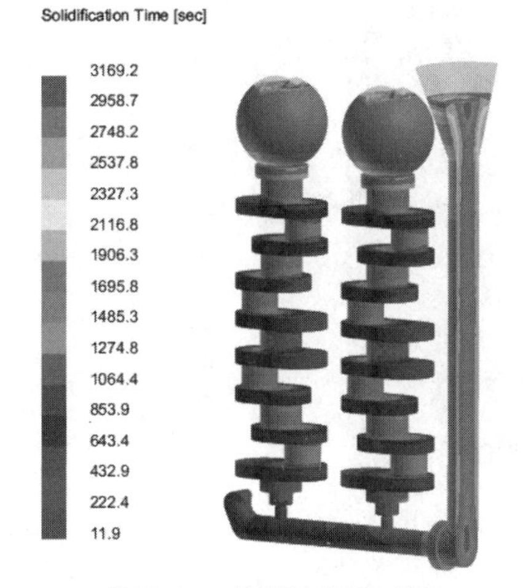

图 9-17 铸件的凝固时间

图9-15~图9-18

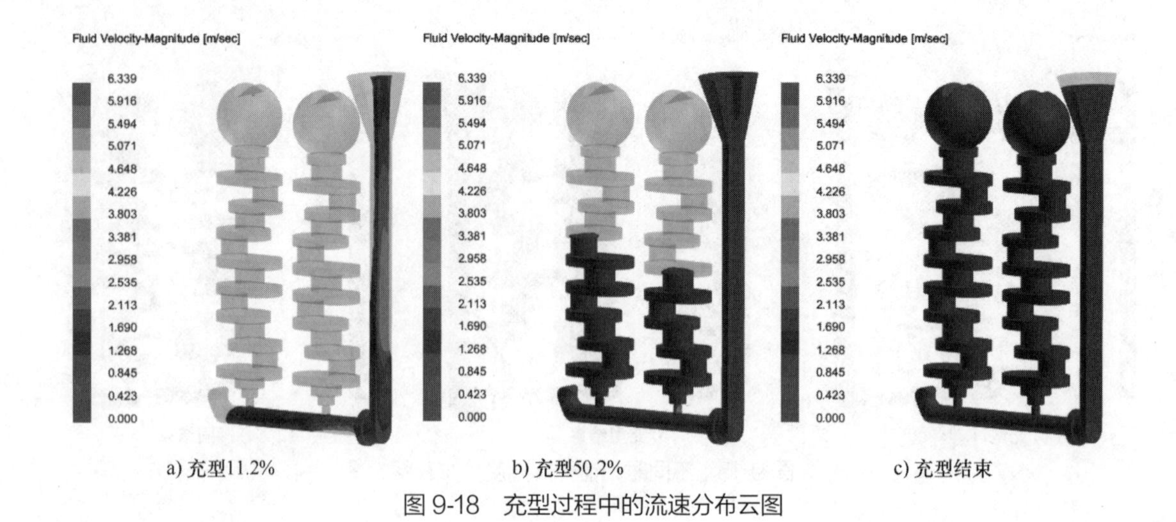

a) 充型11.2%　　b) 充型50.2%　　c) 充型结束

图 9-18　充型过程中的流速分布云图

9.3.2　缺陷分析

1）在 Contour Panel 区域选择 THERMAL 和 Total Shrinkage Porosity 观察缩孔缩松模拟结果，选中 Picture Types 区域的 Cut Off，单击其右侧图标弹出 Cutoff Control 窗口，拖动滑块或输入 Cut Off 值，体积分数低于 5% 的缩孔缩松分布如图 9-19 所示。此时 Cut Off 值设置为 0 和 5，单击 Close 按钮关闭 Cutoff Control 窗口。

2）选择 THERMAL 和 Niyama Criterion 观察缩孔缩松模拟结果，参考 1）中方法在 Cutoff Control 窗口设置，Niyama Criterion 在 0~90$K^{0.5}$·$Sec^{0.5}$/cm 之间时缩孔缩松分布如图 9-20 所示。

图9-19~图9-20

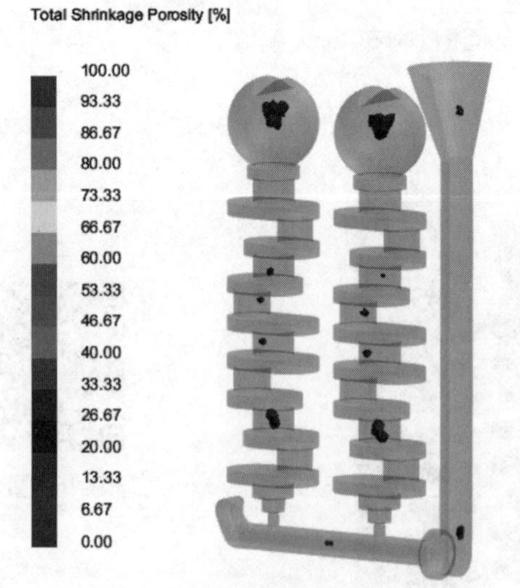

图 9-19　体积分数低于 5% 的缩孔缩松分布

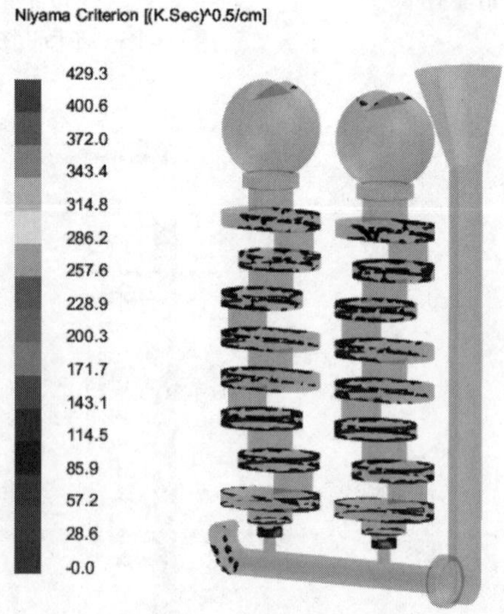

图 9-20　Niyama 判据缩孔缩松分布

第 2 篇

基于 DEFORM 软件金属塑性成形及切削加工 CAE 分析

第10章 >>>
涡轮盘模锻成形过程模拟

10.1 概述

锻造是一种典型的金属塑性成形加工方法，它通过施加压力使金属材料产生塑性变形，一般可分为模锻和自由锻。由于锻造工艺可以提供均匀的组织结构和良好的力学性能，通常用于航空航天、汽车交通和工程机械等领域承受复杂载荷工况的关键零部件的成形。

本章以 GH4169 镍基高温合金航空发动机涡轮盘模锻为例（见图 10-1），介绍了应用 DEFORM v11.0 软件进行工艺仿真分析从建模到结果分析的全过程软件操作方法，包括从预处理时锻模和坯料的导入、装配、材料参数的设置、工件的网格划分、部件相互作用、载荷的施加和分析步的设置，到数据库生成和计算提交，再到后处理结果分析。

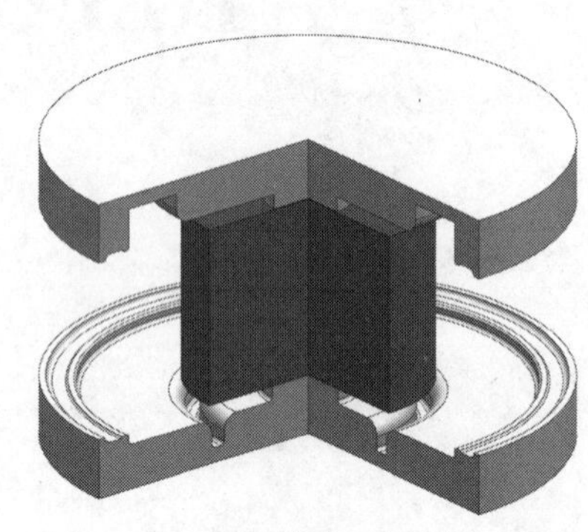
图 10-1 锻造模具及坯料示意图

10.2 前处理

10.2.1 创建新项目

打开 DEFORM 软件，软件初始界面如图 10-2 所示。

单击初始界面菜单 File → New Problem，在弹出的 Problem Setup（问题设置）窗口中选中 Deform-2D/3D preprocessor 和国际单位制 SI（见图 10-3），然后单击 Next 按钮。在弹出窗口中选择项目文件保存的文件夹位置（见图 10-4），用户可按需求选择存储路径，如须更改路径可选中 Other location 后单击 Browser... 按钮自定义位置。选择好路径后单击 Next 按钮，给文件命名后单击 Finish 按钮，自动跳转到前处理界面（见图 10-5）。

前处理界面包含以下几部分：

1）标题栏，显示 DEFORM 软件的版本信息和正在运行的模型文件名。

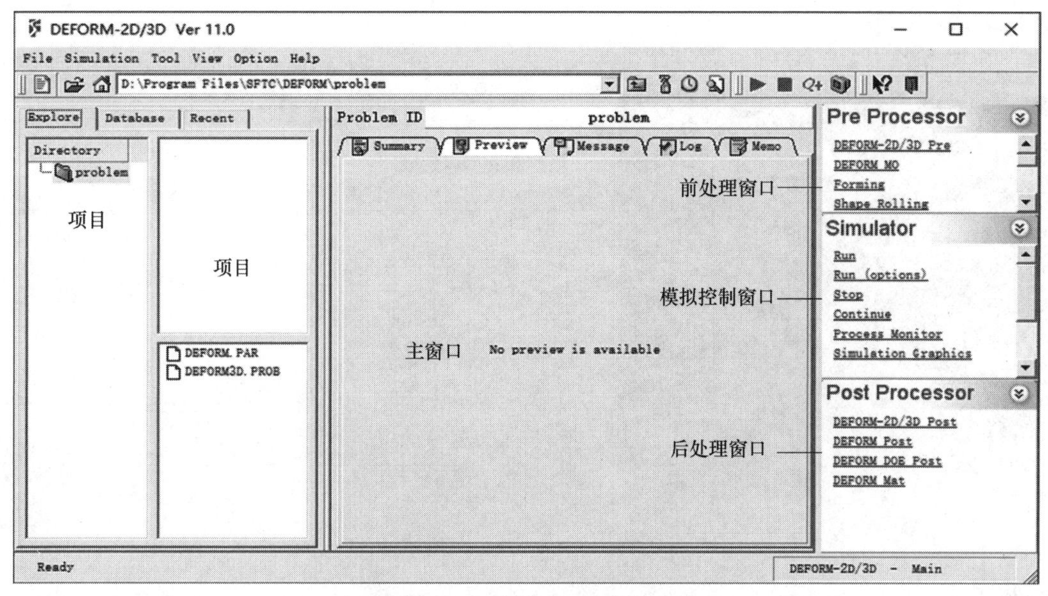

图10-2　DEFORM初始界面

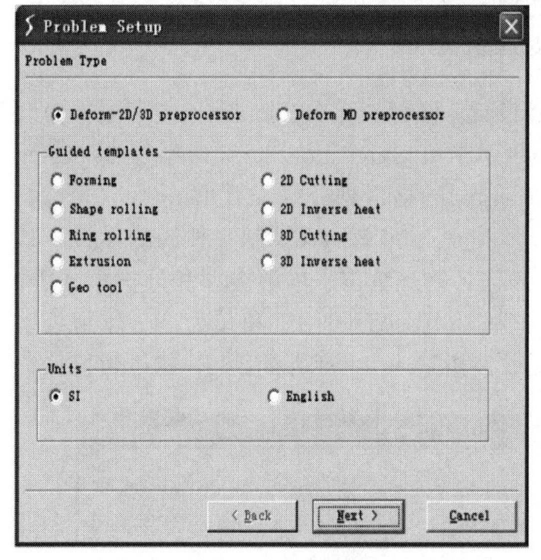

图10-3　项目类型窗口

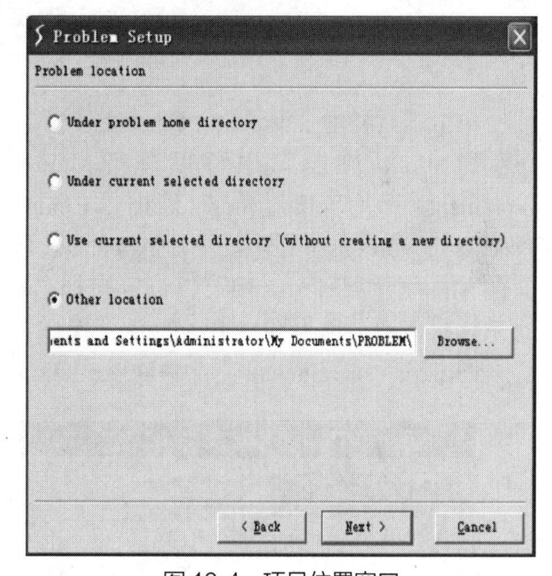

图10-4　项目位置窗口

2）菜单栏，包含所有菜单，通过菜单可以应用软件的所有功能。

3）工具栏，前处理的主要工具图标，依次为：Simulation Controls（模拟控制设置）、Material（材料定义）、Object Positioning（模型装配）、Inter-object（对象间关系定义）和Database Generation（生成数据文件）。

4）视窗，显示模型窗口。

5）模型树，提供模型全部内容的概览。

6）信息设置栏，包含对象各概要信息的设置。包含对象类型、对象温度及属性、对象模型、对象网格划分、对象运动、边界条件、体积补偿等信息的设定。

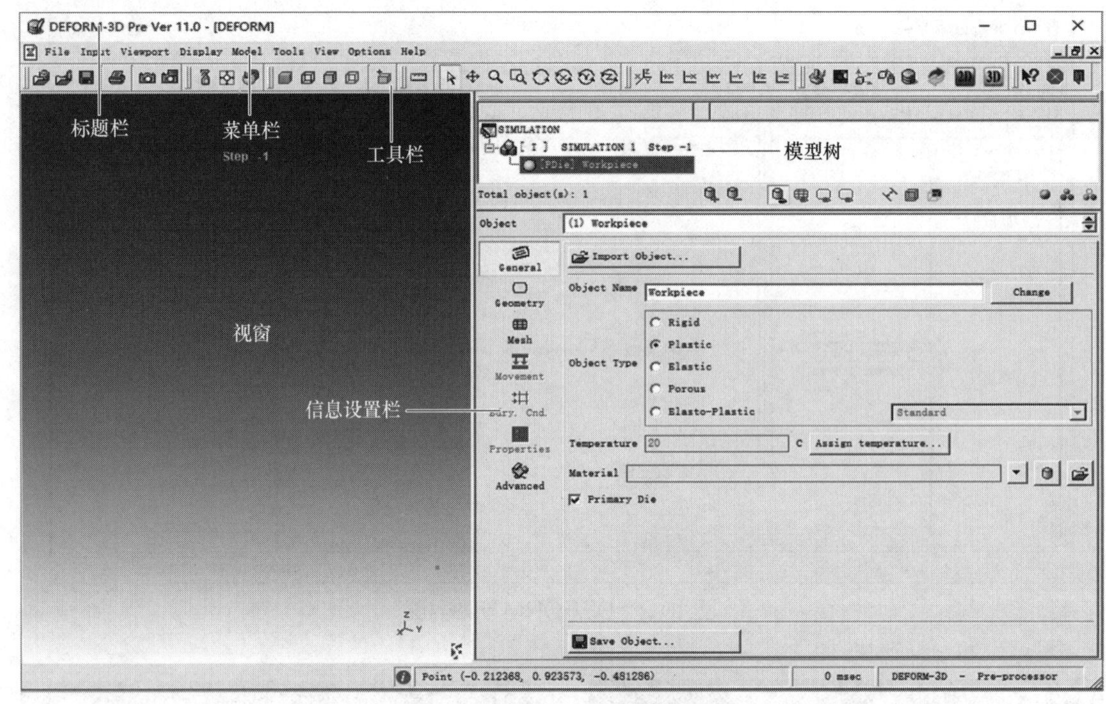

图 10-5　DEFORM 前处理界面

单击工具栏中 Simulation Controls（模拟控制设置）图标，弹出 Simulation Controls 窗口（见图 10-6），在窗口中可以进行 Main（主要部分）、Simulation Steps（模拟步）、Step Increment（增量步长）、Stop（停止）、Remesh Criteria（网格重划分标准）、Iteration（迭代）、Process Conditions（工艺条件）、Advanced（高级）和 Control Files（控制文件）的设置。默认的 Main（主要部分）中可以设置模拟名称、操作名称、单位、求解类型和分析模式等，这里默认模拟名称为 SIMULATION，操作步名称为 SIMULATION 1，单位为 SI，求解类型为 Lagrangian incremental。选中 Deformation（变形）和 Heat transfer（传热），将进行传热和

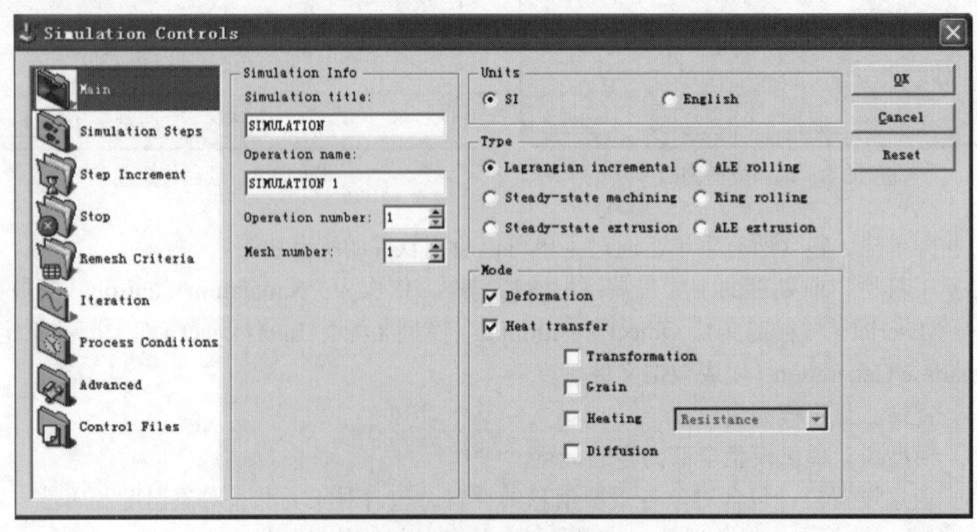

图 10-6　模拟控制设置窗口

变形耦合计算分析。选中 Heat transfer 选项后才可以对刚体模具进行网格划分。单击 OK 按钮关闭模拟控制设置窗口。

10.2.2　工件设置

在前处理界面信息设定栏，可以对工件 / 模具对象进行设置，默认包含一个 Workpiece 对象，单击左边的 General（通用）、Geometry（几何模型）、Mesh（网格）、Movement（移动）、Properties（属性）和 Advanced（高级）图标可以进行对象相应部分的设置。

1. 定义材料的属性和温度

默认显示 Workpiece 对象 General 部分的设置界面（见图 10-7），用户可以修改对象 Workpiece（工件）的名称，默认的 Object Type（对象类型）为 Plastic（塑性体）。

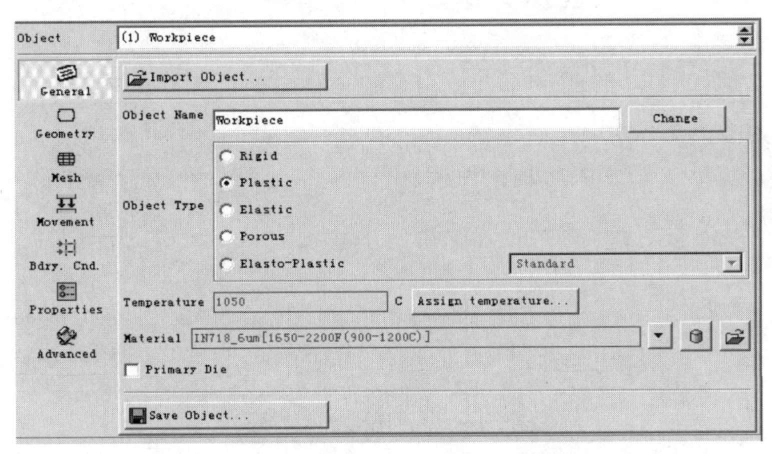

图 10-7　对象 General 部分的设置界面

单击 Assign temperature... 按钮将温度设置为 1050℃，单击从弹出的 Material Library（材料库）窗口中导入所需材料，此案例中坯料材料选择材料库中自带的 IN718_6um［1650-2200F（900-1200C）］（见图 10-8）。

图 10-8　材料库

2. 导入几何模型

单击信息设定栏左边的Geometry（几何模型）图标，再单击Import Geometry按钮，弹出输入几何模型的窗口，选择导入格式为STL的坯料文件（DEFORM-3D软件不具备复杂的三维几何模型建模能力，所以通常预先在其他三维建模软件中创建所需的模具和坯料几何模型，并保存为STL格式）。几何模型设置界面如图10-9所示。

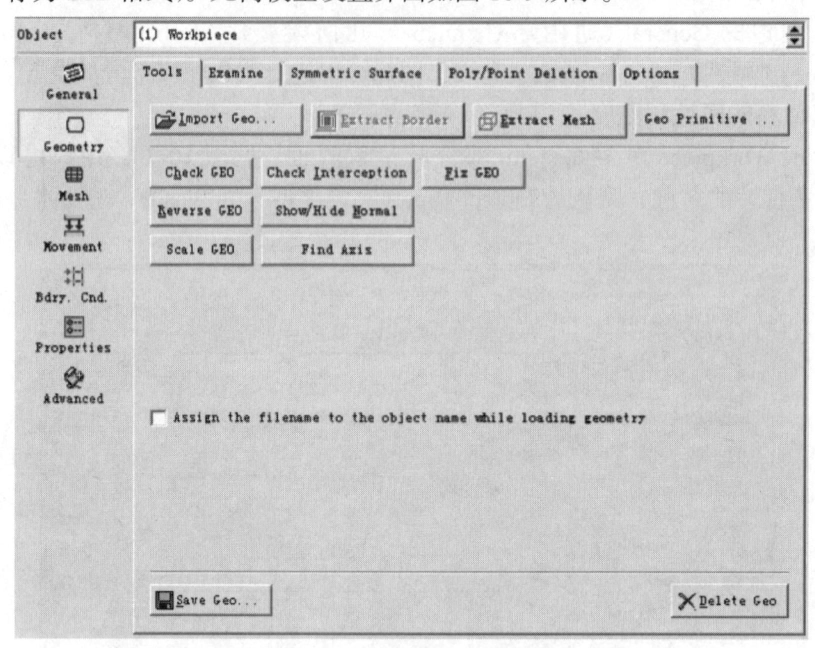

图10-9　几何模型设置界面

3. 网格划分

接下来对工件进行网格划分，单击信息设定栏左边的Mesh（网格）图标（见图10-10），在Number of Elements区域输入网格数100000，然后单击Generate Mesh按钮，生成网格，划分好网格后的工件如图10-11所示。

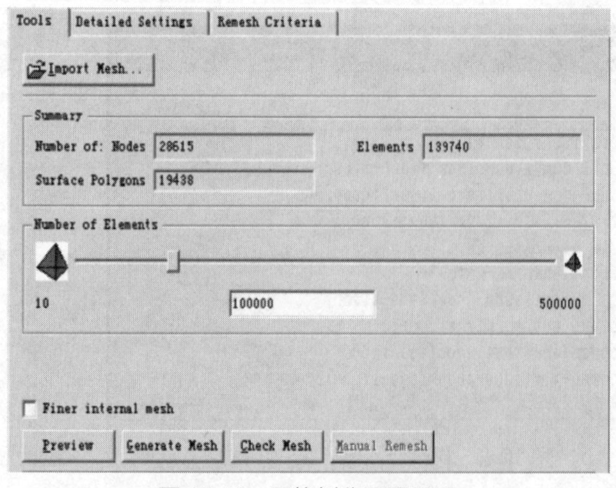

图10-10　网格划分设置界面

图10-11　网格模型图

单击 Generate Mesh 按钮时会弹出默认边界条件设置窗口（见图 10-12），询问是否设置默认边界条件，默认与环境的交换作用将分配给工件所有表面，用于传热计算和扩散计算，单击 Yes 即可。

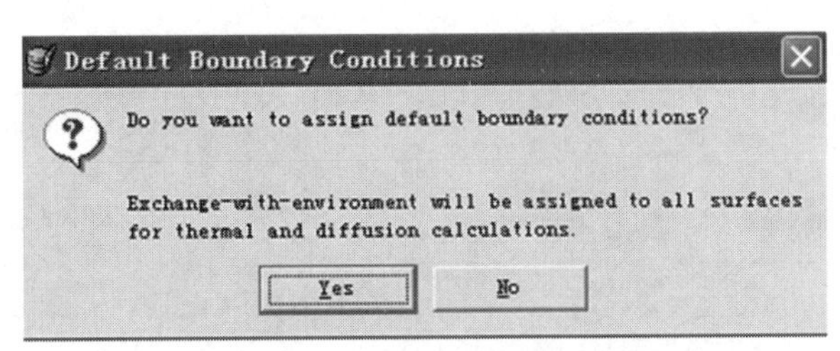

图 10-12　默认边界条件设置窗口

4. 边界条件设置

单击信息设定栏左边的 Bdry.Cnd.（边界条件）图标，找到边界条件树中 Thermal 下的 Heat exchange with environment（见图 10-13），在视窗中选中与空气接触的工件侧面（选中后绿色高亮显示），如图 10-14 所示，单击图 10-13 中带“+”的按钮，添加成功后，在 Heat Exchange with Environment 下方会出现 Defined（已定义）。单击 Environment 按钮，弹出热交换设置界面（见图 10-15），将环境温度设置为 20℃，传热系数设置为 0.02N/sec/mm/℃。

5. 体积补偿

单击信息设定栏左边的 Properties（属性）图标，选中 Active in FEM+meshing 后再单击图标计算，如图 10-16 所示。在模拟中变形体体积保持不变有助于改善结果的准确性。在某些情况下，即使较好的网格及小的步长也无法确保在模拟中体积不变。体积补偿选项如下：Not active（不激活体积补偿）、Active in FEM（在有限元方法中激活）、Active in FEM + meshing（在二者中皆激活）、Active in meshing（在网格重划分中激活）、Enable thermal expansion（激活热膨胀）。

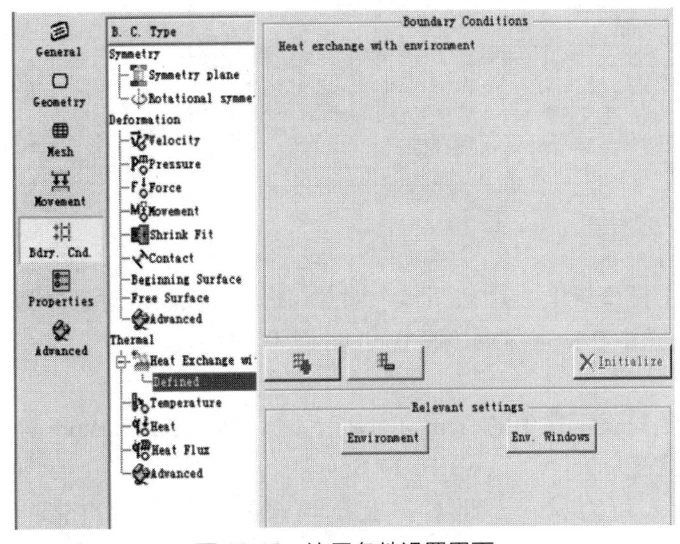

图 10-13　边界条件设置界面

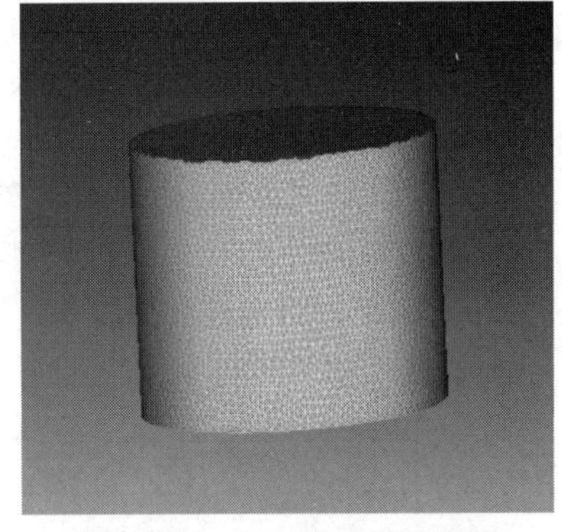

图 10-14　坯料选中后示意图

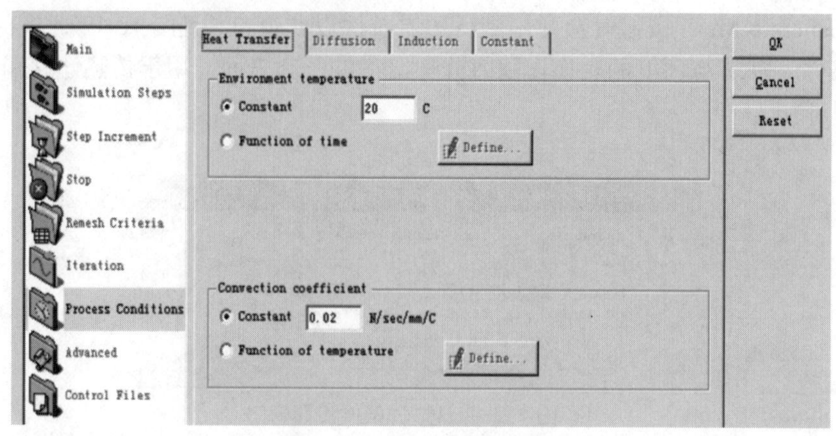

图10-15　热交换设置界面

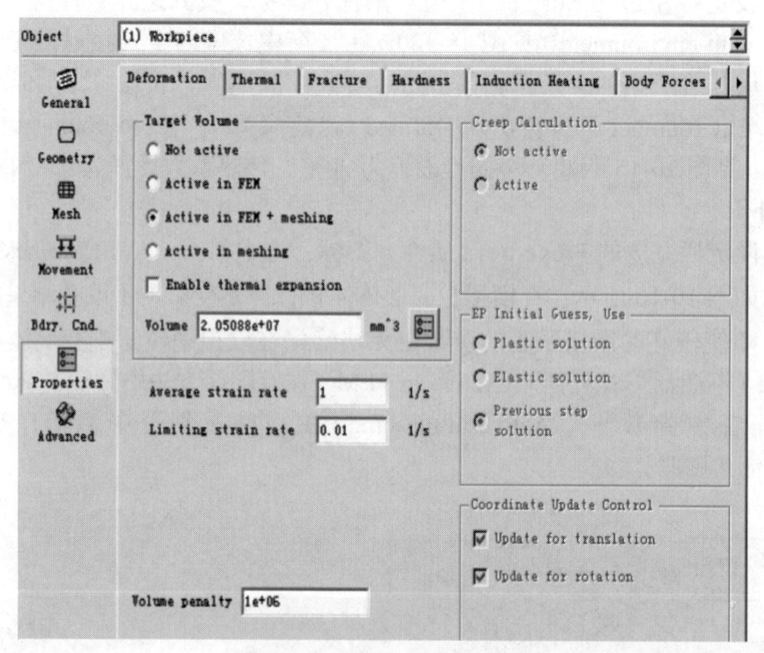

图10-16　体积补偿设置界面

10.2.3　上模设置

在前处理界面信息设定栏，单击模型树下的按钮加入对象（2），系统默认对象名为Top Die，对象类型为Rigid（刚体），选中Primary Die（把Top Die作为主模具）。

1. 定义材料属性和温度

单击“物体树对象（2）”，单击信息设定栏中的General图标，之后单击Temperature旁的Assign temperature按钮，将温度设置为350℃，如图10-17所示。

单击按钮，从材料库中导入所需材料，此案例上模具选择材料库中自带的AISI-H-13，如图10-18所示。

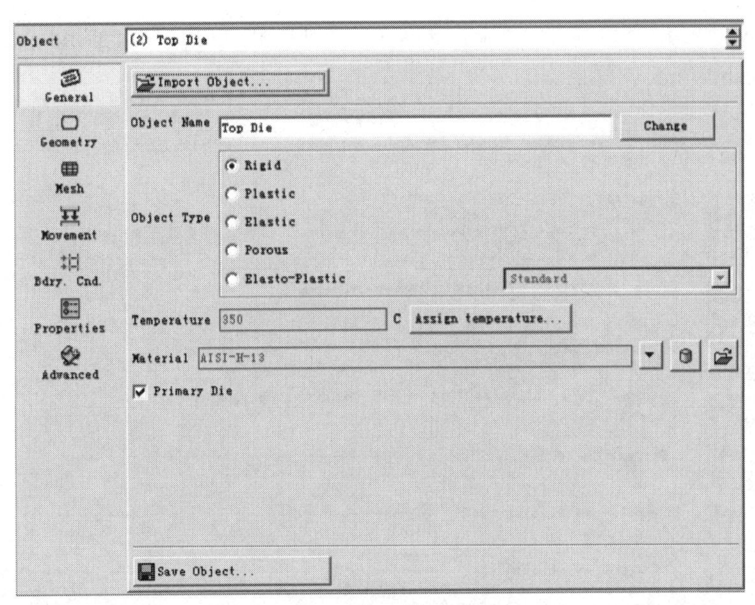

图 10-17 温度、材料设置窗口

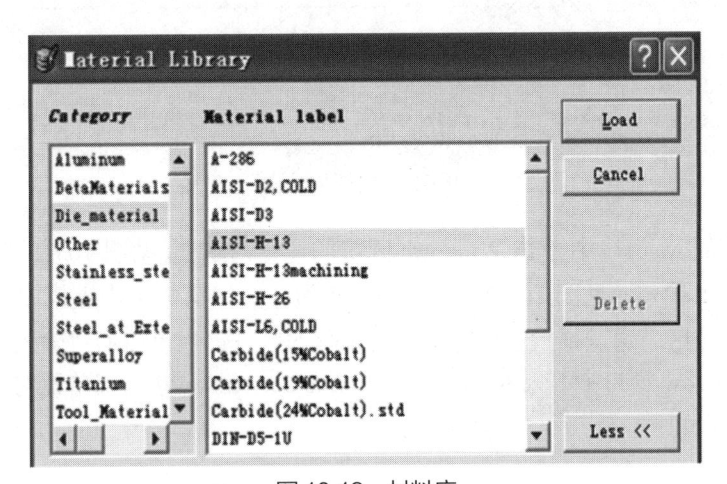

图 10-18 材料库

2. 导入几何模型

参考导入工件几何模型的操作步骤，单击信息设定栏中的 Geometry（几何模型）图标，再单击 Import Geometry 按钮，弹出输入几何模型的窗口，选择导入格式为 STL 的上模文件，确认后在视窗中显示上模模型（见图 10-19）。

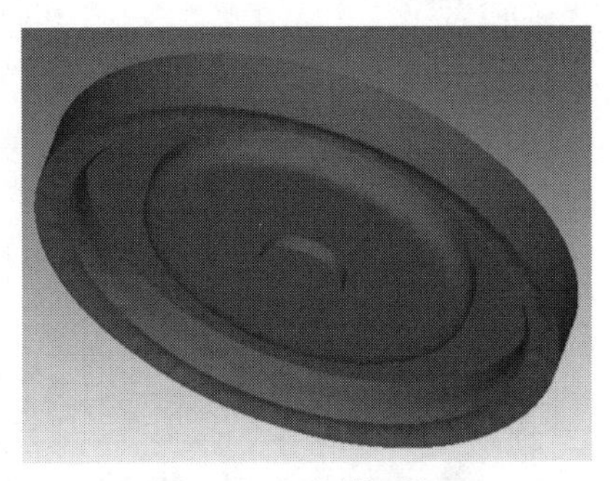

图 10-19 上模示意图

3. 网格划分

选中对象（2），单击信息设定栏左边的 Mesh（网格）图标（见图 10-20），输入网格数 50000，依次单击 Detailed Settings、Weighting Factors 标签，将 Mesh

Density Windows（网格密度窗口）因子设为 1（否则解锁不了 Mesh Window）。完成上述步骤后，单击 Mesh Window 标签。

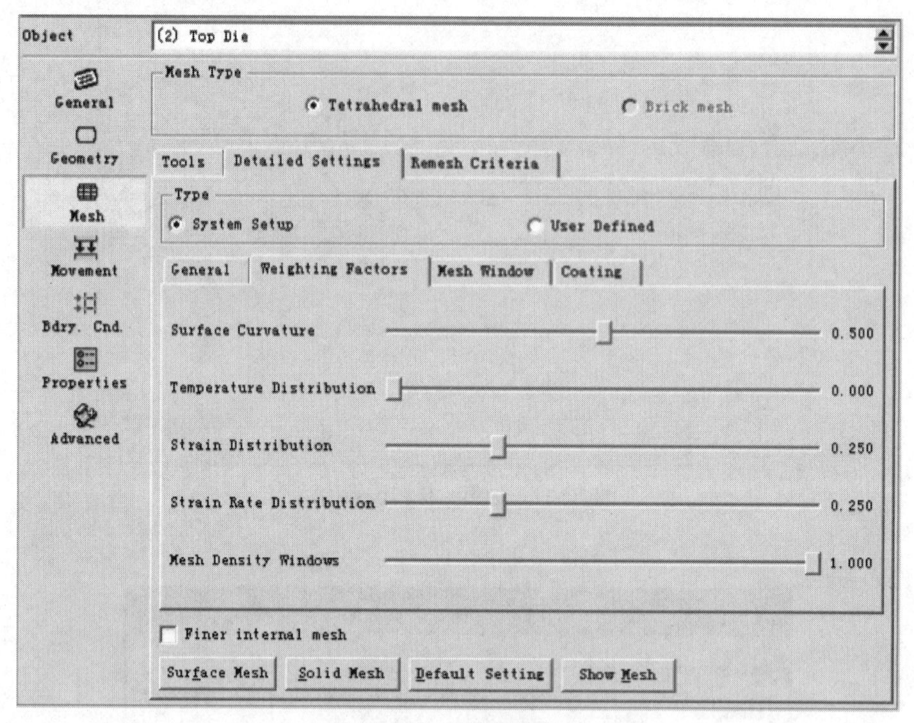

图 10-20　网格划分窗口

在 Mesh Window 窗口中单击 Windows 区域的“+”按钮（见图 10-21），在视窗中弹出 Window Definition 窗口（见图 10-22），单击按钮，在视窗中单击上模中要细化网格的部位，弹出圆柱体选区，通过拖拽选区包裹住要细化的区域，也可以通过输入坐标进行精确设置。将 Mesh Window 窗口中 Size Ratio to Elem Outside Window（内部单元与外部单元网格尺寸比率）设为 0.05。

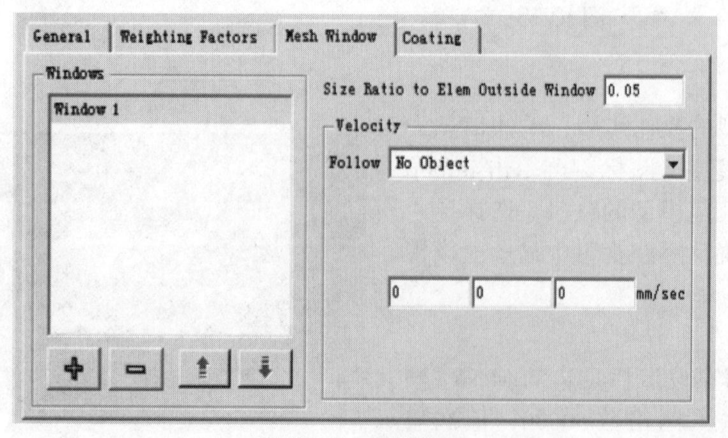

图 10-21　网格窗口

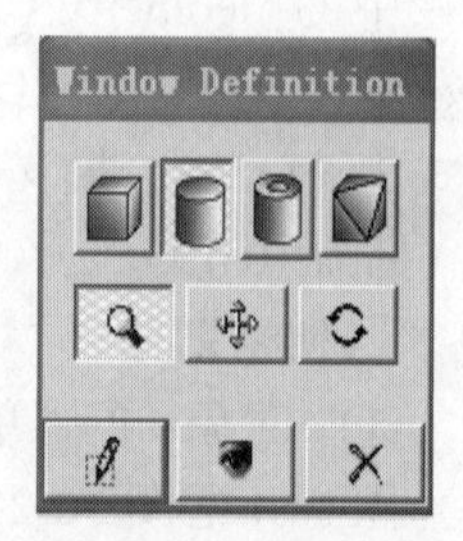

图 10-22　窗口定义

在 Velocity（速度）设置区域，可以设置网格局部细化的窗口以设定速度沿着设定方向运动，保证计算过程中模具 / 工件位置发生改变时，局部网格细化的窗口一直包裹住希望细化的模具 / 工件区域，mm/sec 前三个文本输入框中的数据依次对应坐标系的 X 轴、Y 轴和 Z 轴方向。此处不涉及上模网格变化，设置为 0。单击 Tools 标签回到网格划分设置界面，再单击 Generate Mesh 按钮生成网格，网格细化选区及上模网格图如图 10-23 所示。

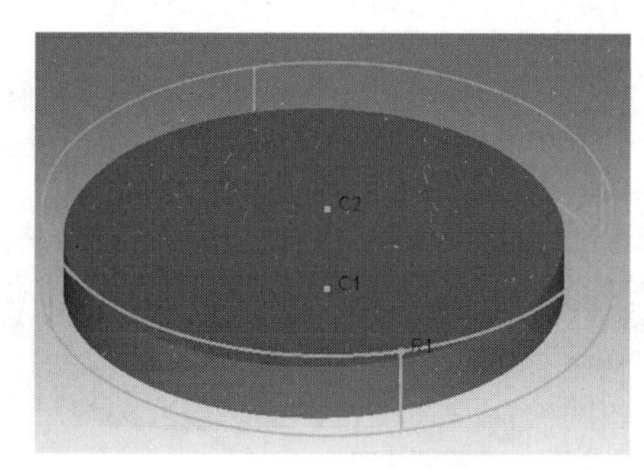

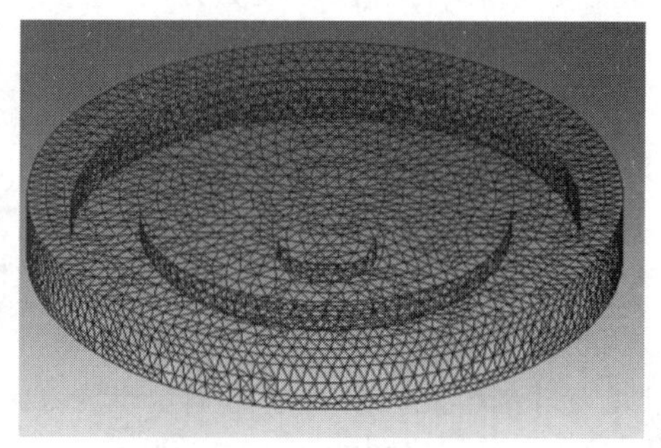

图 10-23　网格细化选区及上模网格图

4. 定义运动

只有上模运动（工件被动运动所以不需要设置），单击信息设定栏左边的 Movement（移动）图标，将移动设置窗口里面的 Constant value 设置为 5mm/s，在 Direction 处勾选 –Z（见图 10-24），设置上模沿着 Z 轴负方向运动。

图 10-24　上模运动设置窗口

10.2.4 下模设置

在前处理界面信息设定栏，单击模型树下的按钮加入对象（3），系统默认对象名为Bottom Die，对象类型为Rigid（刚体）。下模设置步骤基本与上模相同。

1. 定义材料属性和温度

参考上模材料属性和温度设置方法，将下模温度设置为350℃，材料选择AISI-H-13。

2. 导入几何模型

参考上模几何模型导入方式，导入格式为STL的下模文件（见图10-25）。

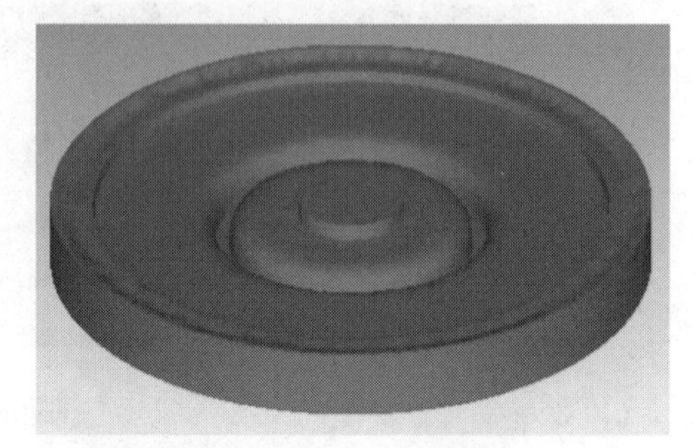

图10-25 下模模型图

3. 网格划分

参考上模网格划分方式对下模进行同样的操作，网格数为50000，Size Ratio to Elem Outside Window（内部单元与外部单元网格尺寸比率）设为0.05。网格细化选区和下模网格图如图10-26所示。

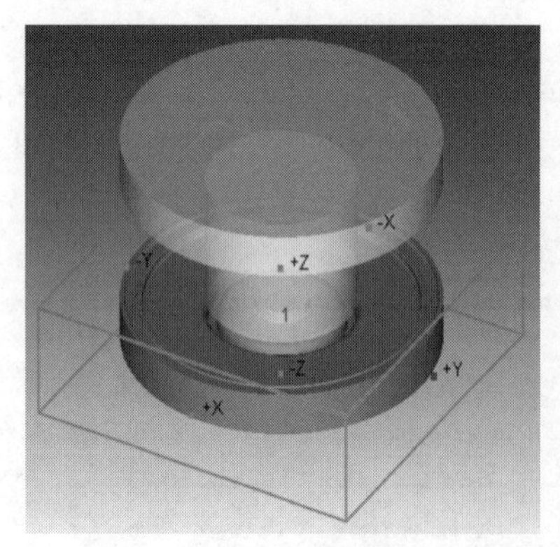

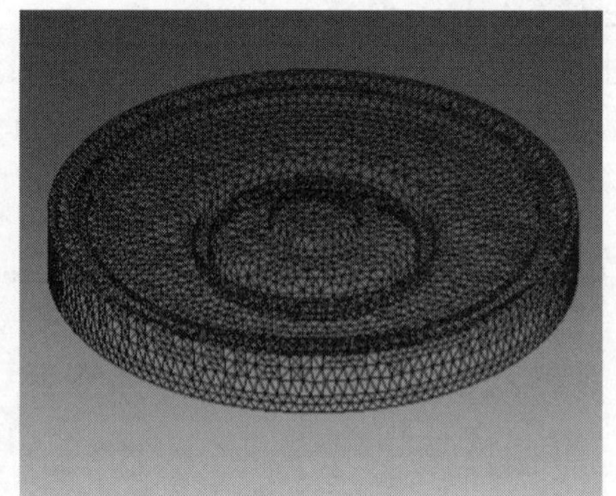

图10-26 网格细化选区和下模网格图

10.2.5 分析步设置

单击上方工具栏中的Simulation Controls（模拟控制设置）图标，弹出窗口中左侧单击Simulation Steps图标，然后设置模拟步数为500，每10步保存一次数据，如图10-27所示；单击左侧Step Increment图标，然后输入增量步长为0.6mm/step，如图10-28所示；单击左侧Stop图标，设置停止位移（设置停止位移后，主模具移动设定位移后停止计算），本案例中上模沿Z轴负方向移动241mm后停止计算，设置如图10-29所示。

针对增量步长的设置，DEFORM软件规定了两种计算步长方式，根据时间或模具行程来确定。对于普通的变形问题，采用行程方式较好；对于几何形状简单，边角无流变或其他局部严重变形的问题，步长一般设置为模型中较小的单元边长的1/3；对于复杂变形或有飞边情况，步长则应选择网格最小边长的1/10，步长太大可能会引起网格的迅速畸变，而太小则会极大增加计算时间。

步数的选择则可以在确定步长后，根据设定的模具移动距离计算出总步数。

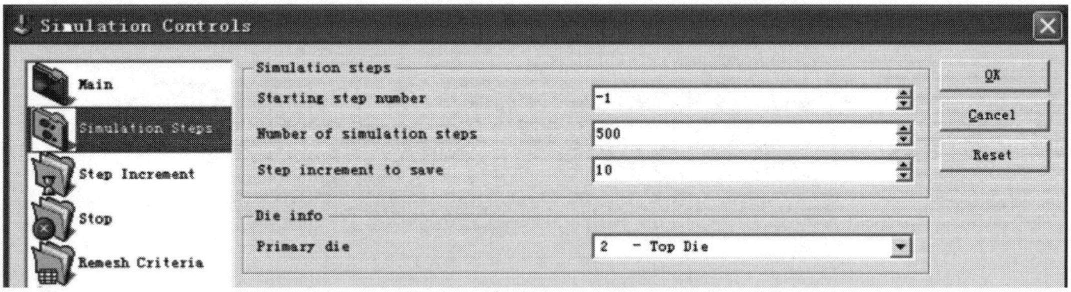

图 10-27　模拟步设置窗口

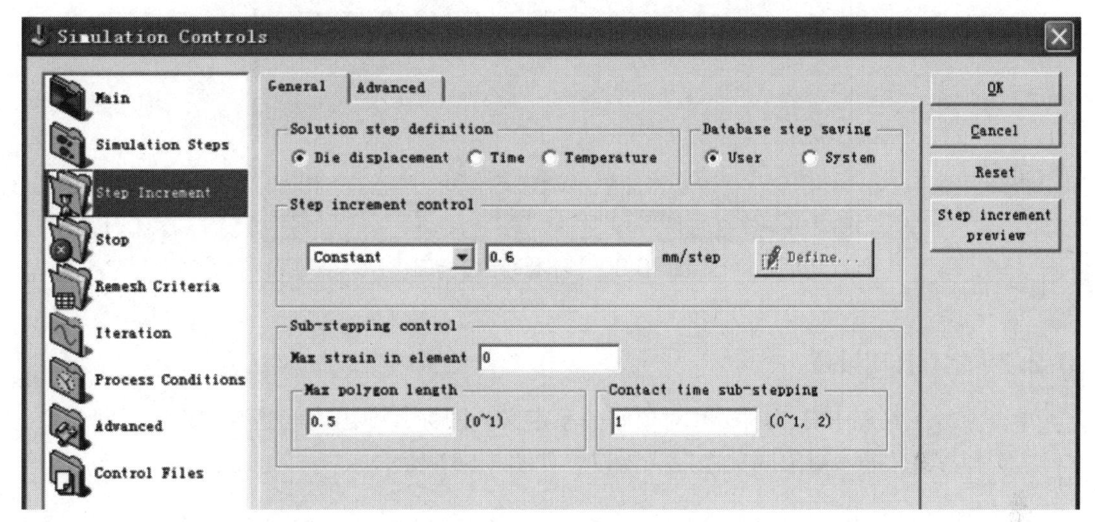

图 10-28　模拟步长设置窗口

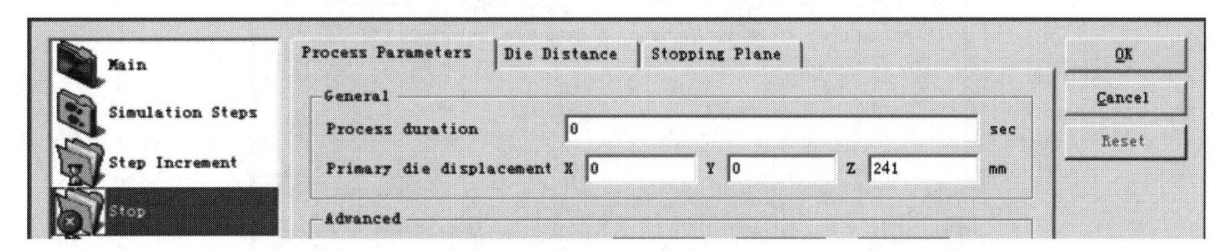

图 10-29　模拟停止设置窗口

10.2.6　模型定位

在通常情况下，采用其他三维建模软件建模时就确定好各对象之间的位置关系，这样在DEFORM 软件中就能省去对象定位这一步骤。如仍需进行定位设置，可以单击上方工具栏中 Object Positioning（模型装配）图标，弹出如图 10-30 所示的对象定位窗口，此窗口中提供了五种定位物体的方式，分别为 Drag（拖拉）、Drop（下落）、Offset（平移）、Interference（接触）、Rotational（旋转）。可以选择不同方式，调整对象位置。

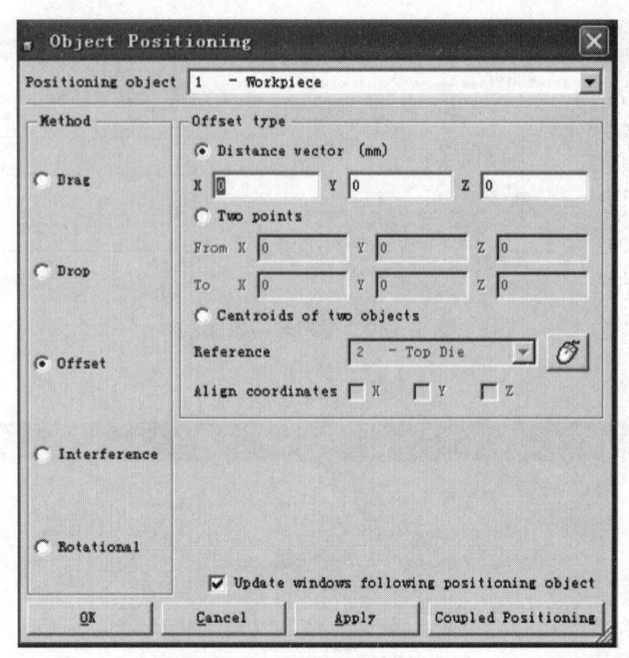

图10-30 物体间定位窗口

10.2.7 相互作用设置

单击上方工具栏 Inter-Object（对象间关系定义）图标，弹出询问是否创建对象间关系的窗口，选择 Yes，进入对象间关系定义窗口，如图 10-31 所示。

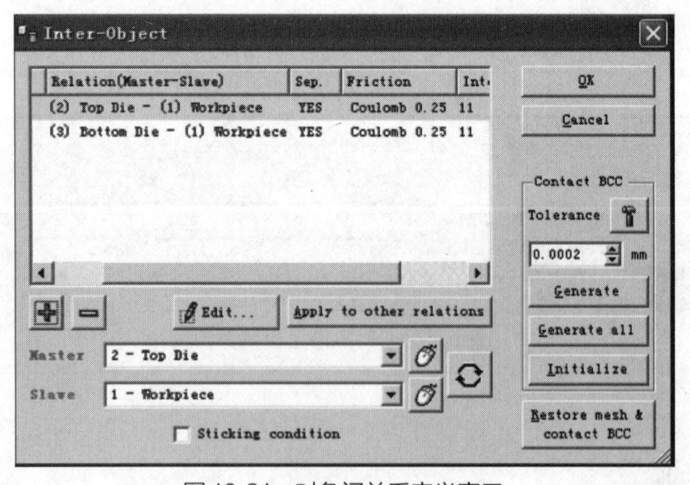

图10-31 对象间关系定义窗口

双击第一栏（Top Die-Workpiece），或者选中第一栏后再单击 Edit 按钮，弹出变形设置窗口（见图 10-32），在默认的 Deformation 区域中，摩擦类型选择 Coulomb（库仑摩擦），摩擦系数设定为 0.25，然后单击 Thermal 标签，将传热系数设定为 11N/sec/mm/℃（见图 10-33）。

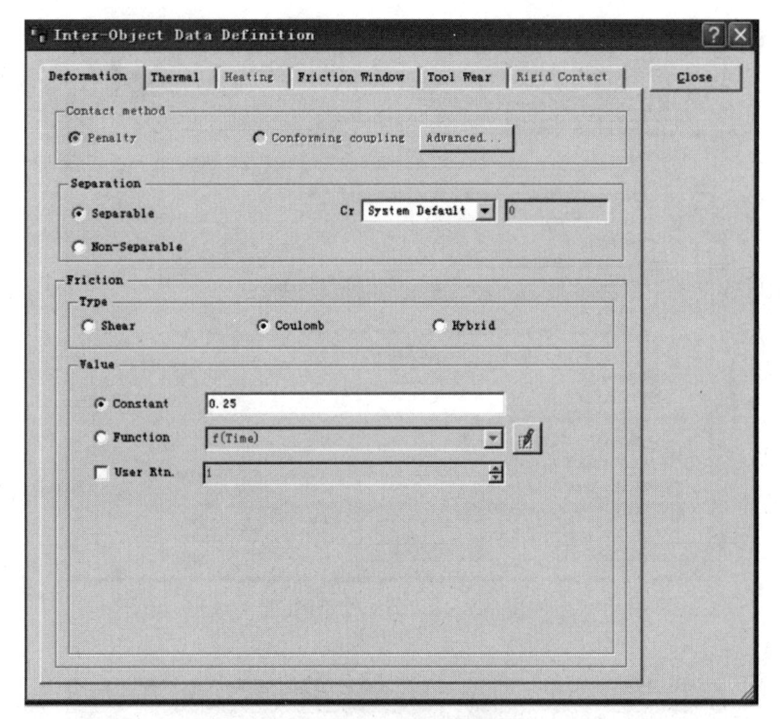

图10-32　变形设置窗口

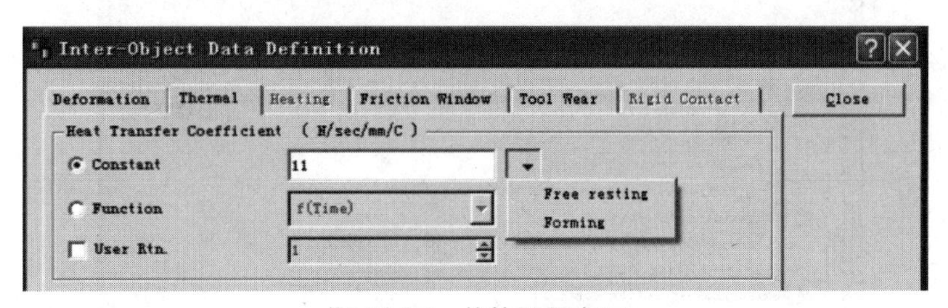

图10-33　传热设置窗口

双击第二栏（Bottom Die-Workpiece），设置下模和工件之间的作用关系，摩擦类型选择 Coulomb（库仑摩擦），摩擦系数设定为 0.25，传热系数设定为 11N/sec/mm/℃，设置完成后单击 Close 按钮，回到对象间关系定义窗口，单击 Generate all 按钮，完成对象间关系设置，关闭窗口。

10.2.8　生成数据文件

单击上方工具栏 Database Generation（生成数据文件）图标，默认数据文件保存在前文创建新项目时设置的文件夹中，勾选 New 后可以设置新的保存位置，单击 Check 按钮，提示数据可被生成（Database can be generated），如图 10-34 所示。之后单击 Generate 按钮，生成数据库，如图 10-35 所示。数据库生成后即可关闭 DEFORM 软件的前处理窗口，回到初始界面。

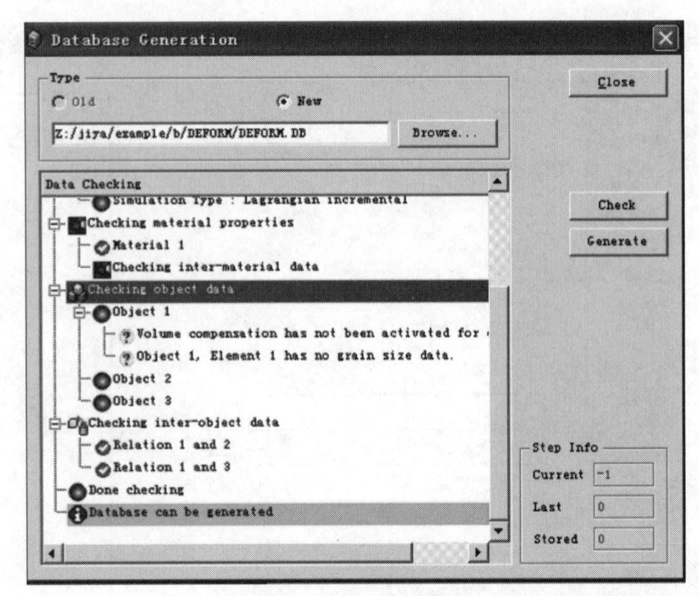

图10-34　数据检查窗口

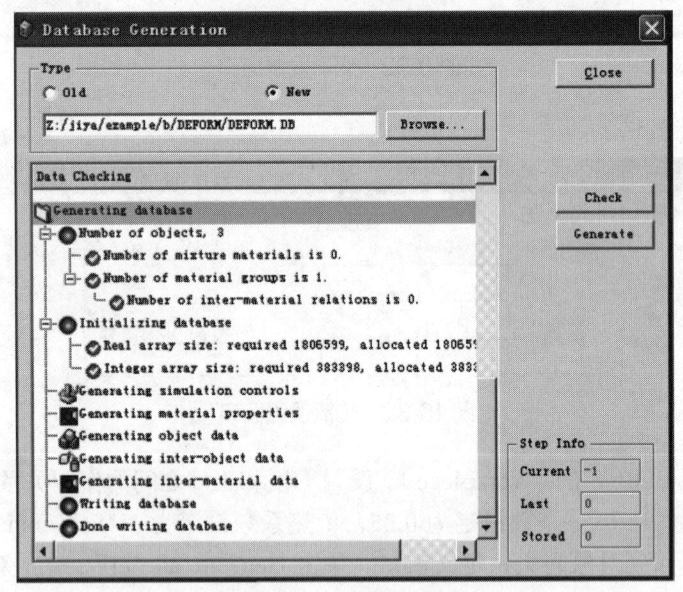

图10-35　数据生成窗口

10.2.9　提交求解器计算

在初始界面中，项目栏中多了DEFORM.DB和DEFORM.KEY两个文件名，其中DB文件为提交运算的数据库文件，单击选取DEFORM.DB文件，再单击模拟控制窗口中的Run按钮运行求解器进行计算。

在主窗口中可以单击Message标签，查看计算到哪一步，当计算完成后会出现如图10-36所示内容。

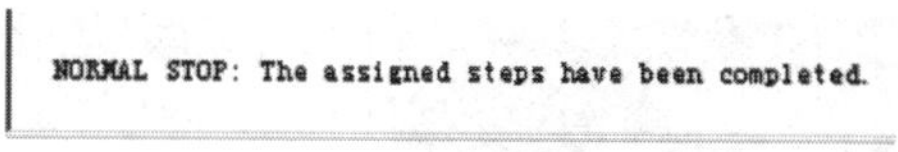

NORMAL STOP: The assigned steps have been completed.

图 10-36　模拟实时信息窗口

10.3　后处理

计算完成后，全部模拟信息将存储在 DB 文件中。在 DEFORM 软件初始界面的项目文件栏中单击后缀为 DB 的文件，使其高亮显示，接着单击 DEFORM-3D Post 按钮进入后处理界面，如图 10-37 所示。

步数选择和动画播放选项
状态变量显示和选择选项
Step -1
模型树
视窗
图形显示控制窗口

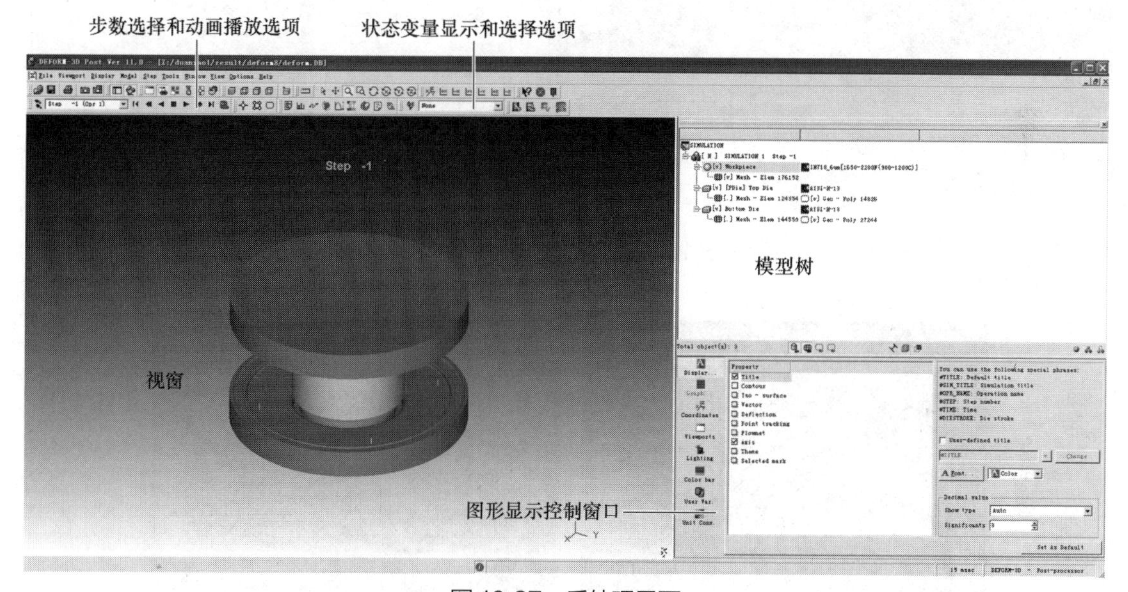

图 10-37　后处理界面

1）视窗：显示模型。

2）步数选择和动画播放选项：提供播放方式和模拟过程中指定的某一步的瞬时状态。

3）模型树：提供模型全部内容的概览。

4）图形显示控制窗口：包含显示、坐标、视窗、布光、色带等。

5）状态变量显示和选择选项：可以在视窗中显示温度、应力、应变等变量。

步数选择后在物体树中选择 Workpiece 工件，接着单击 可选择不同的状态变量作为分析对象。以温度场为例，进行如图 10-38 所示设置。选中 Temperature，选取 Scaling 中的 local 作为缩放比例。其中 local 为局部显示，Global 为整体显示（指整个模拟过程中温度的最大值与最小值作为显示的极限）。图 10-39 所示为不同增量步数时工件的温度分布云图。

Display 栏中各选项则是选择显示的方式，如 Line（线性）、Shaded（阴影）、Solid（固体）等显示方式。图 10-40 和图 10-41 所示为线性显示和固体显示所形成的图像。

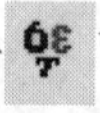

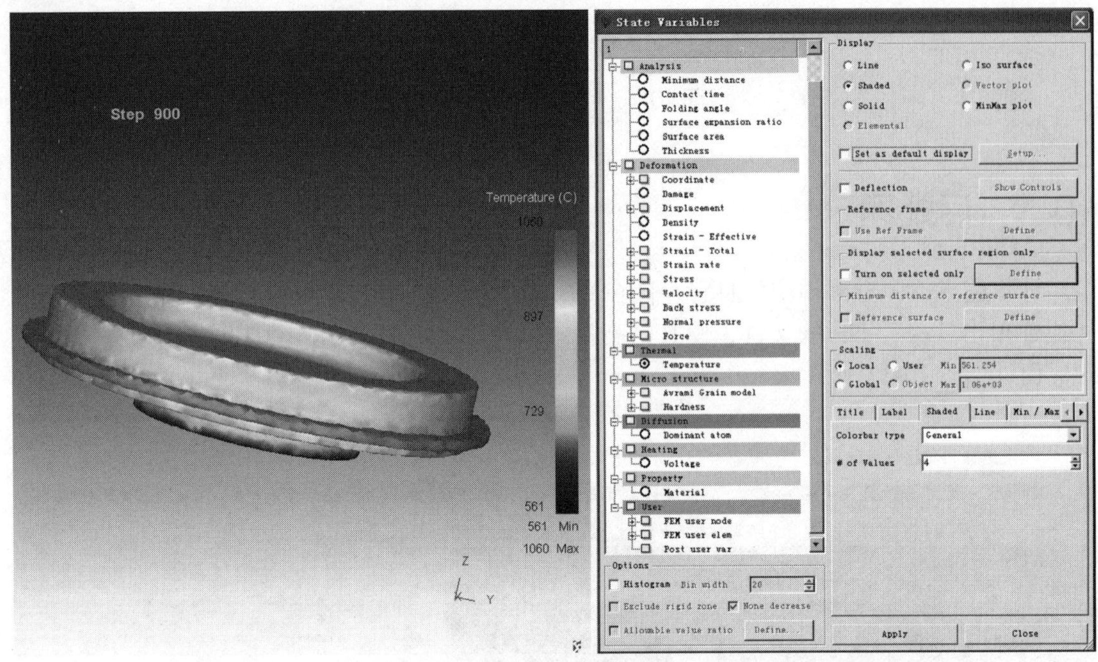

图10-38 状态变量选择窗口

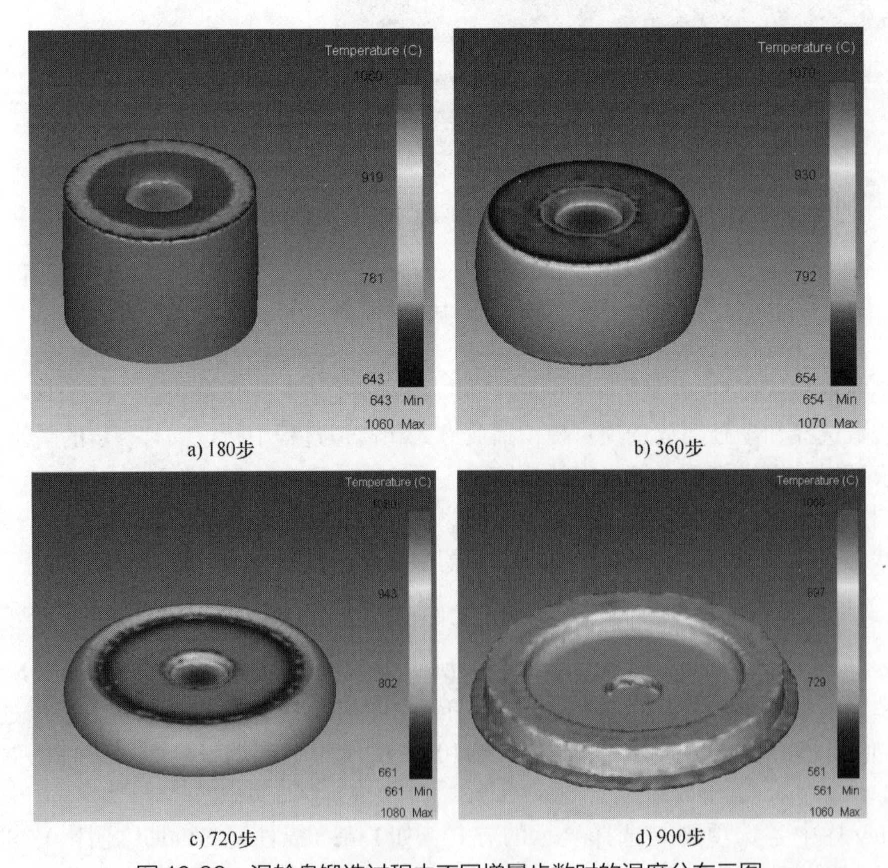

a) 180步　b) 360步

c) 720步　d) 900步

图10-39 涡轮盘锻造过程中不同增量步数时的温度分布云图

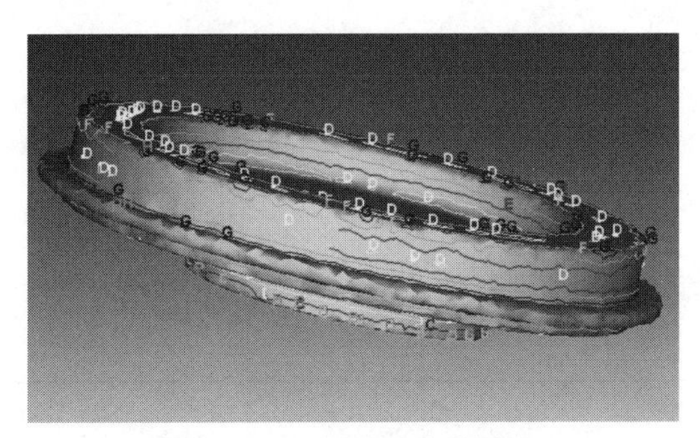

图10-40　涡轮盘温度线性显示

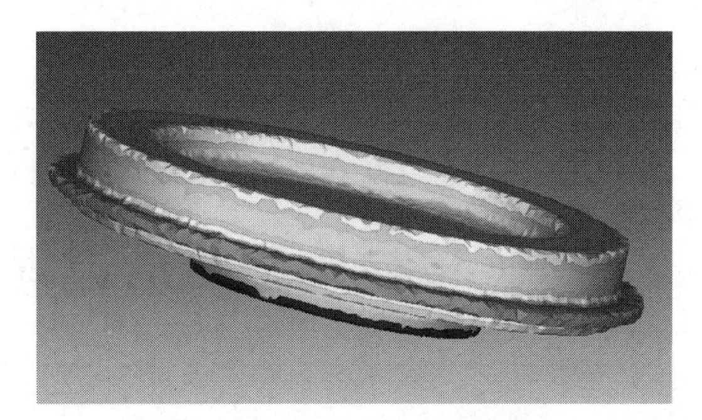

图10-41　涡轮盘温度固体显示

图10-38~图10-41

第11章 >>>
管材挤压成形过程模拟

11.1 概述

挤压工艺是一种典型的金属塑性成形加工方法，广泛应用于建筑、交通、电子电器、航空航天和能源等各种工业领域。它通过施加压力使金属材料通过具有特定截面的模具成形棒材、板材、管材等各种型材和部件。挤压工艺能够生产具有精确尺寸和形状的部件，并具有较好的力学性能。

图 11-1 挤压模具及坯料示意图

本章以 7075Al 合金管材挤压（见图 11-1）为例，介绍应用 DEFORM v11.0 软件进行工艺仿真分析从建模到结果分析的全过程软件操作方法。包括从预处理时挤压模具和坯料的导入、装配、材料参数的设定、工件的网格划分、部件相互作用、载荷的施加和分析步设置到数据库生成和计算提交，再到最终在后处理进行结果分析。重点介绍对象间关系设置中，如遇到模具各位置间需要设置不同种类摩擦类型时，如何在指定部位设置好相应的摩擦类型和参数。

11.2 前处理

11.2.1 创建新项目

打开 DEFORM-3D 软件，在 DEFORM 软件初始界面单击菜单 File → New Problem，在弹出的 Problem Setup（问题设置）窗口选中 DEFORM-2D/3D preprocessor 和国际单位制 SI，单击 Next 按钮，在弹出的窗口中选择项目文件保存的文件夹位置，用户可按需求选择存储路径，如需更改路径可选中 Other location 后单击 Browser... 按钮自定义位置。选择好路径后单击 Next 按钮，给文件命名后单击 Finish 按钮，自动跳转到前处理界面。

单击前处理界面工具栏的 Simulation Controls 图标，进入 Simulation Controls（模拟控制）设定窗口，可设置模拟名称、操作步的名称、单位、求解类型和分析模式等。这里默认模拟名称为 SIMULATION，操作步名称为 SIMULATION 1，单位为 SI，求解类型为 Lagrangian incremental。选中 Deformation（变形）和 Heat transfer（传热），将进行传热和变形耦合计算分析。选中 Heat transfer 选项后才可以对刚体模具进行网格划分。单击 OK 按钮后关闭模拟控制设置窗口。

11.2.2　工件设置

在前处理界面信息设定栏中，默认进行 General 部分的设置，此时默认的对象名称为 Workpiece（工件），用户可以修改名称，默认的 Object Type（对象类型）为 Plastic（塑性体）。

1. 定义材料属性和温度

单击 General 信息设定栏中的 Assign temperature 将温度设定为 400℃，如图 11-2 所示。

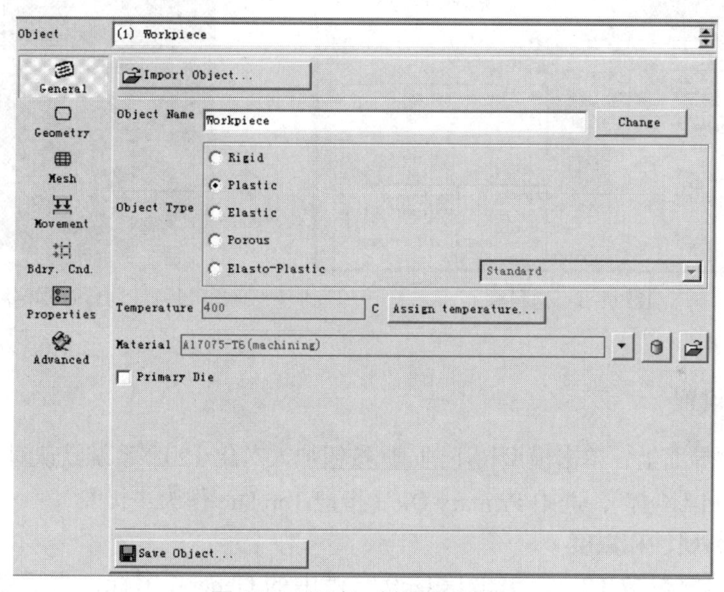

图 11-2　温度、材料设定窗口

单击 从材料库中导入所需材料，此案例工件材料选择 DEFORM-3D 材料库中自带的 Al7075-T6，如图 11-3 所示。

2. 导入几何模型

单击信息设定栏左边的 Geometry（几何模型）图标，再单击 Import Geometry 按钮，选择 STL 格式的工件模型文件并导入。

3. 网格划分

单击信息设定栏左边的 Mesh（网格）图标，在 Number of Elements 区域输入网格数 50000，然后单击 Generate Mesh 按钮，生成网格划分三维图，划分好网格后的坯料如图 11-4 所示。单击 Generate Mesh 按钮时会弹出默认边界条件窗口，单击 Yes 即可。

4. 体积补偿

单击信息设定栏左边的 Properties（属性）图标，选中 Active in FEM + meshing 后再单

击 图标计算完成体积补偿设置。

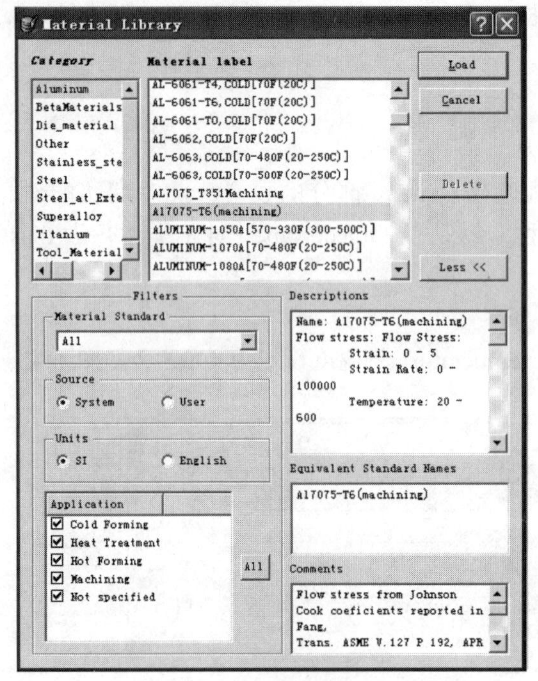

图 11-3　材料库

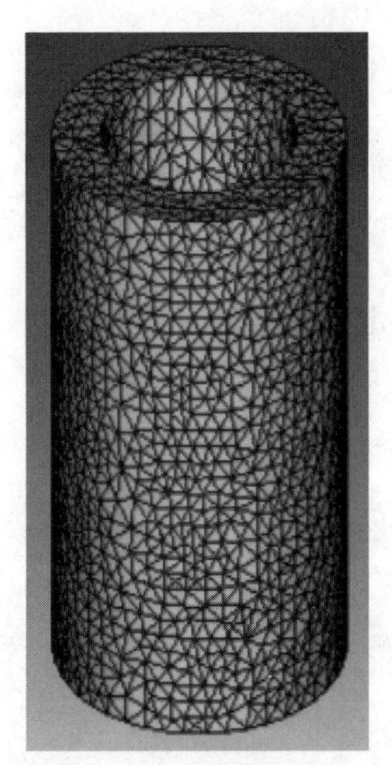

图 11-4　划分好网格后的坯料

11.2.3　上模设置

在前处理主界面上，单击模型树下的 按钮加入对象（2），系统默认对象名为 Top Die，对象类型为 Rigid（刚体），选中 Primary Die（指把 Top Die 作为主模具）。

1. 定义材料属性和温度

单击“物体树对象（2）”，单击信息设定栏中的 General 图标，之后单击 Temperature 旁的 Assign temperature 按钮，将温度设置为 350℃，此案例中上模选择材料库中自带的 AISI-H-13。

2. 导入几何模型

同导入工件几何模型一样，单击信息设定栏中的 Geometry（几何模型）图标，再单击 Import Geometry 按钮，弹出输入几何模型的窗口，选择导入格式为 STL 的上模文件，确认后在视窗中显示上模模型（见图 11-5）。

3. 网格划分

选中对象（2），单击信息设定栏左边的 Mesh（网格）图标，输入网格数 50000，单击 Generate Mesh 按钮，生成网格划分三维图，划分好网格后的上模如图 11-6 所示。

4. 定义运动

只有上模进行运动（工件被动运动所以不需要设定），单击信息设定栏左边的 Movement（移动）图标，将移动设置窗口里面的 Constant value 设置为 5mm/s，在 Direction 中选择 –Z 方向，设置上模沿着 Z 轴负方向运动。

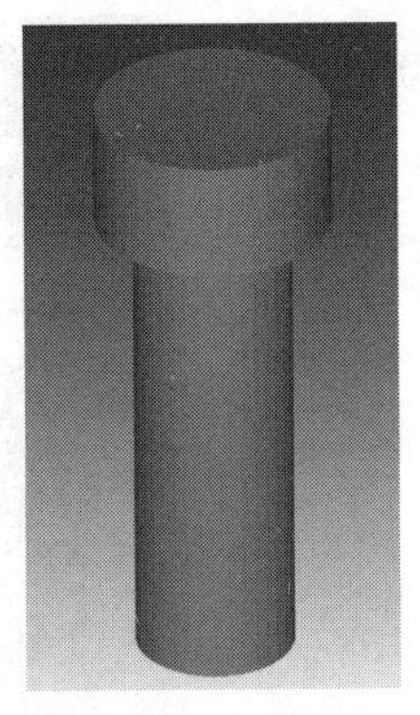

图 11-5　上模模型

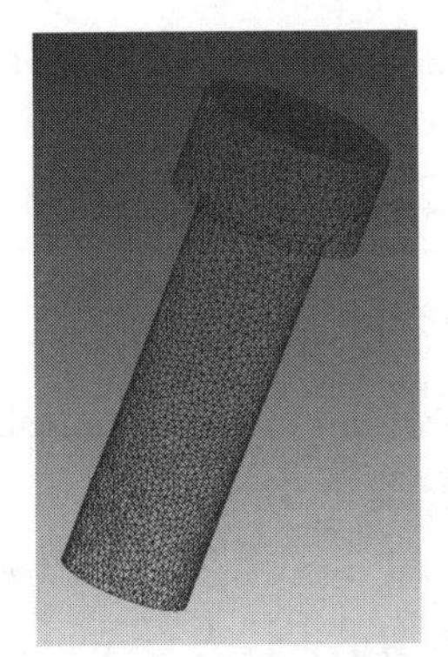

图 11-6　划分好网格后的上模

11.2.4　下模设置

在前处理主界面上，单击物体树下的 按钮加入对象（3），系统默认名为 Bottom Die，对象类型为 Rigid（刚体）。

1. 定义材料属性和温度

参考上模材料属性和温度的设定方法，将温度设定为 20℃，材料选择 AISI-H-13。

2. 导入几何模型

参考上模几何模型导入方式，导入格式为 STL 的下模文件（见图 11-7）。

3. 网格划分

选中对象（3），单击信息设定栏左边的 Mesh（网格）图标，输入网格数 50000，依次单击 Detailed Setting、Weighting Factors 标签，将 Mesh Density Windows（网格密度窗口）因子设为 1，再单击 Mesh Window 标签。

单击 Windows 区域“+”，在视窗中弹出 Window Definition 窗口，Size Ratio to Elem Outside Window 设为 0.05，单击要细化网格的部位，弹出六面体选区，更改尺寸包裹住要细化的区域（见图 11-8）。

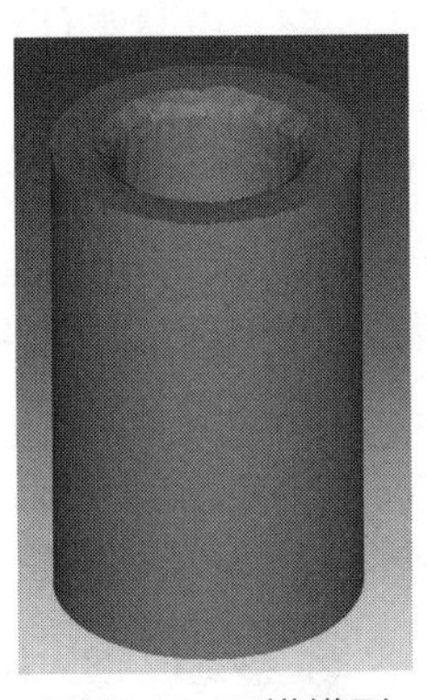

图 11-7　下模模型

图 11-8　下模网格细化区域

单击 Tools 标签，再单击 Generate Mesh 按钮，完成网格划分，划分好网格后的下模模型如图 11-9 所示。

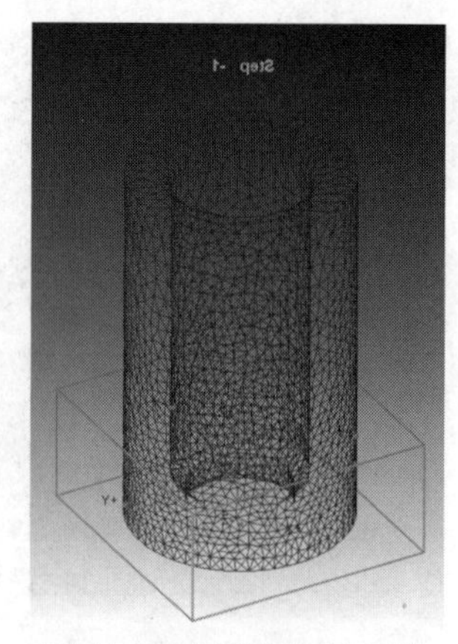

图 11-9　划分好网格后的下模模型

11.2.5　分析步设置

单击上方工具栏中 Simulation Controls（模拟控制设置）图标，在弹出窗口中左侧单击 Simulation steps 图标，然后设置模拟步数为 500，每 20 步一保存，如图 11-10 所示。单击 Step Increment 图标，输入增量步长为 0.6mm/step。

11.2.6　模型定位

参考第 10 章中的相应步骤，选择相应定位方式进行定位。

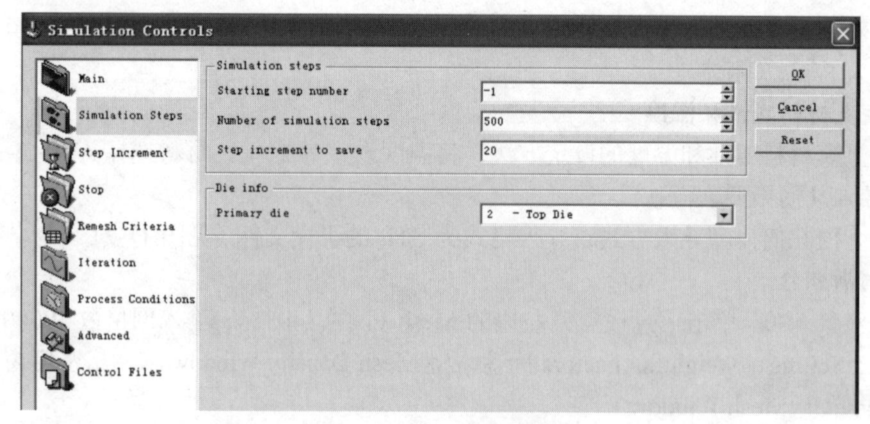

图 11-10　模拟步设置窗口

11.2.7　相互作用设置

单击上方工具栏 Inter-Object（对象间关系定义）图标，弹出询问是否创建对象间关系的窗口，选择 Yes，进入对象间关系定义窗口。

参考第 10 章中相应步骤，对于第一栏（Top Die-Workpiece）上模与工件作用关系，选择剪切摩擦类型，摩擦系数设定为 0.3，传热系数设置默认值 11N/sec/mm/℃。对于第二栏（Bottom Die-Workpiece）下模与工件作用关系，选择剪切摩擦类型，摩擦系数设定为 0.3，传热系数设置默认值 11N/sec/mm/℃。将下模工作带与坯料的摩擦设置为库仑摩擦类型，需要对模具工作带部分进行额外的摩擦设置，单击 Friction Window 标签，单击“+”（类似细化网格时的操作），使六面体选区完全覆盖工作带部分，Follow 处选择 3-Bottom Die，库仑摩擦系数设置为 0.25，如图 11-11 所示。设置完成后单击 Close 按钮，回到对象间关系定义窗口，单击 Generate all 按钮，关闭窗口完成对象间关系设置。

为了直观观察视窗中的模型，可以在工具栏中单击选择线框视图。

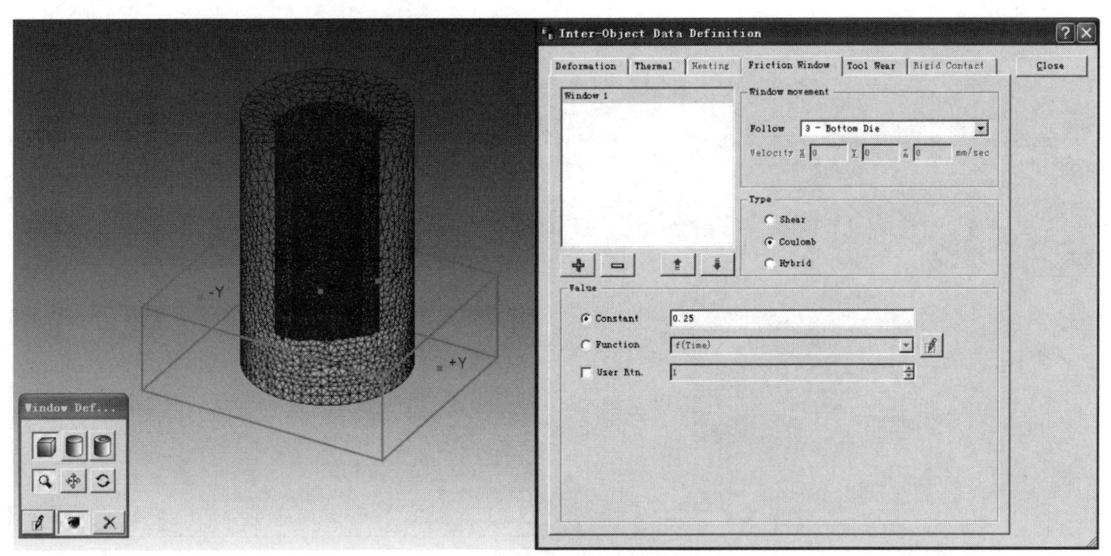

图 11-11　工作带区域选取及库仑摩擦参数设置

11.2.8　生成数据文件

单击上方工具栏 Database Generation（生成数据文件）图标，默认数据文件保存在前文创建新项目时设置的文件夹中，选中 New 后可以设置新的保存位置，单击 Check 按钮，提示数据可被生成（Database can be generated）。之后单击 Generate 按钮，生成数据库。数据库生成后即可关闭 DEFORM 软件的前处理窗口，回到初始界面。

11.2.9　提交求解器计算

在主窗口中，项目栏中多了 DEFORM.DB 和 DEFORM.KEY 两个文件名，其中 DB 文件为提交运算的数据库文件，单击选取 DEFORM.DB 文件，再单击 Simulator 栏中的 Run 按钮运行求解器。

11.3　后处理

计算完成后，全部模拟信息将存储在 DB 文件中。在 DEFORM 软件主窗口的项目文件栏中单击后缀为 DB 的文件，使其高亮显示，接着单击 DEFORM-3D Post 按钮进入后处理界面，如图 11-12 所示，后处理界面包括：图形显示窗口、部署选择和动画播放选项、图形显示选择窗口、图形显示控制窗口、状态变量的显示和选择选项等。

步数选择后在物体树中选择 Workpiece 工件，接着单击 可选择不同的状态变量作为分析对象。选中 Temperature，选取 Scaling 中的 local 作为缩放比例。其中 local 为局部显示，Global 为整体显示（指整个模拟过程中温度的最大值与最小值作为显示的极限）。

在 Display 栏中各选项则是选择显示的方式，如 Line（线性）、Shaded（阴影）、Solid（固体）等显示方式。图 11-13 和图 11-14 所示为线性显示和固体显示所形成的图像。

挤压过程中不同时刻温度分布云图如图 11-15 所示。

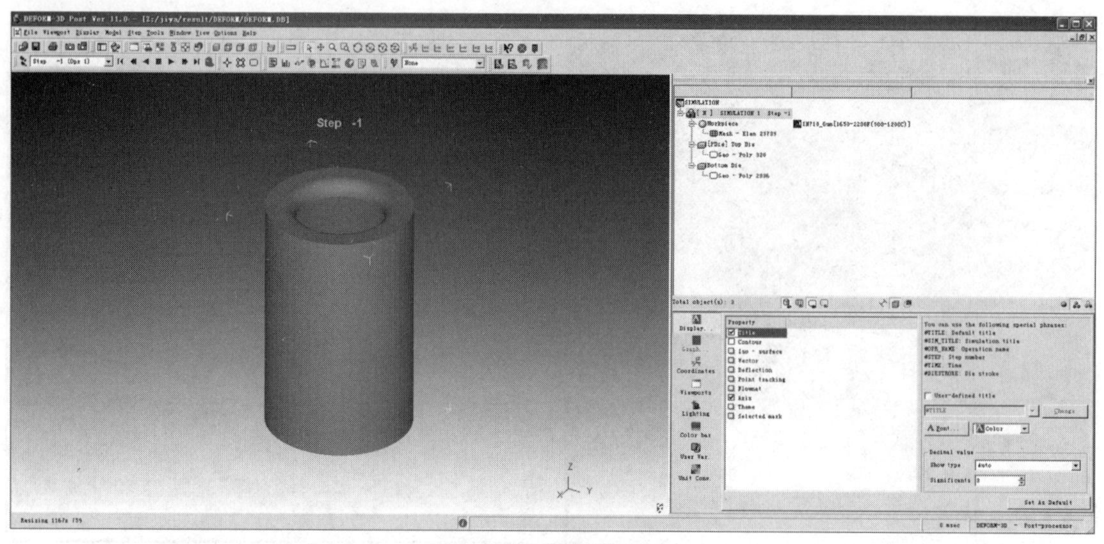

图 11-12　后处理界面

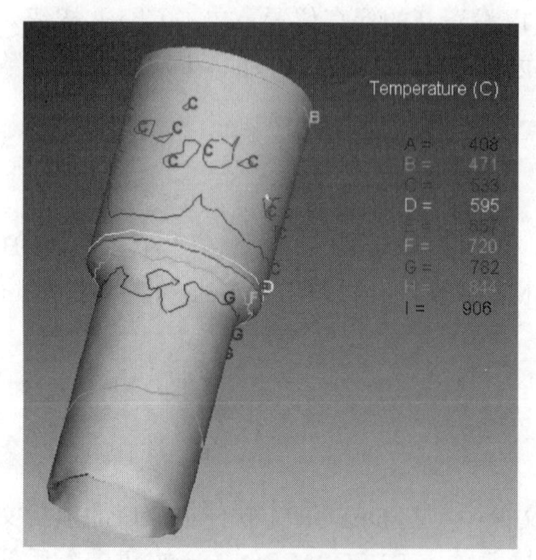

图 11-13　坯料温度线性显示

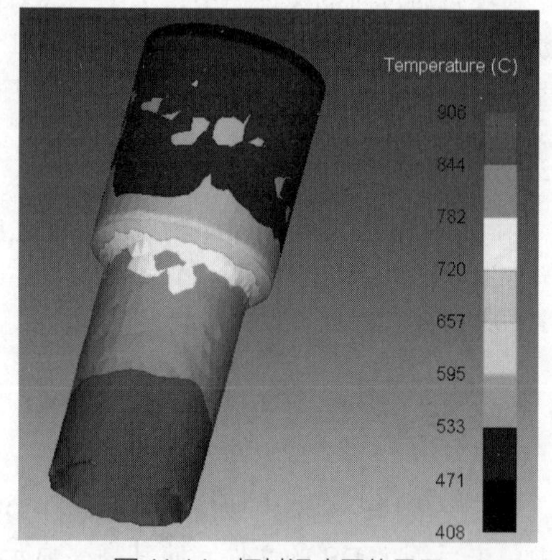

图 11-14　坯料温度固体显示

图 11-13~ 图 11-15

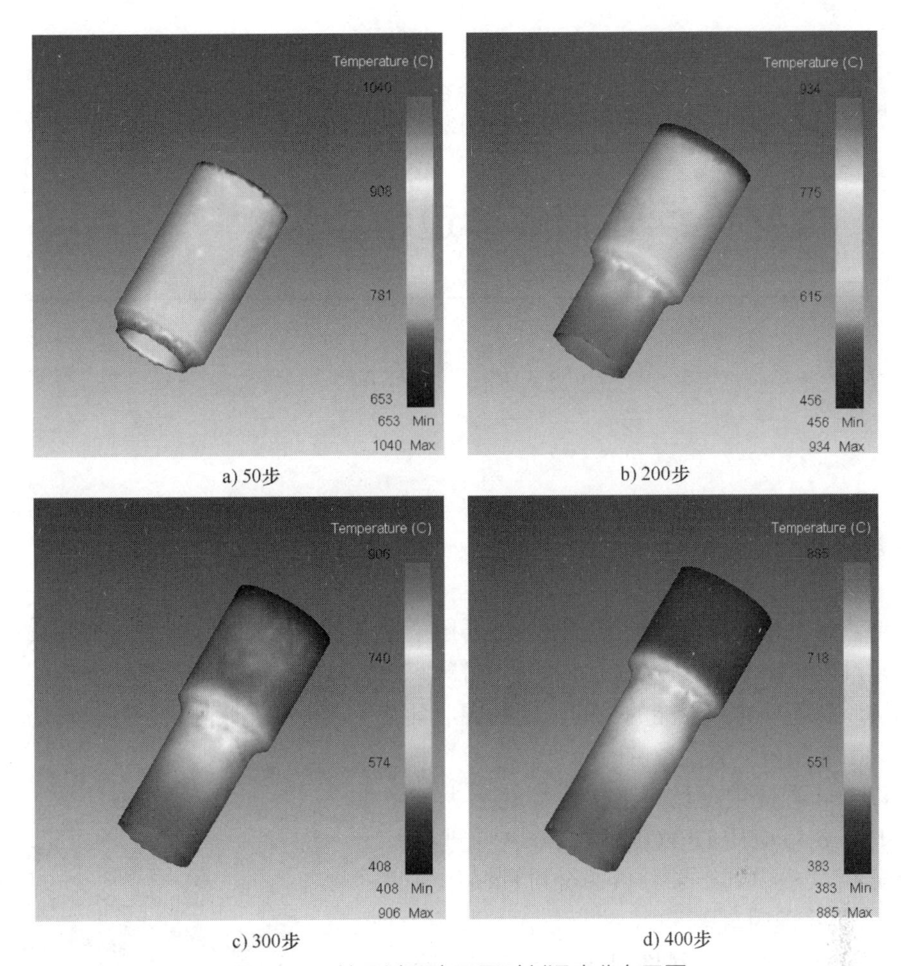

a) 50步　b) 200步　c) 300步　d) 400步

图 11-15　挤压过程中不同时刻温度分布云图

第12章 >>>
板材连续轧制成形过程模拟

12.1 概述

轧制工艺是一种金属压力加工方法，主要用于生产各种型材、板材、管材及线材等金属材料。它通过轧机将金属材料（如钢、铜、铝等）在高温或室温下进行塑性变形，以达到改变材料截面形状、尺寸和性能的目的。轧制成形具有生产率高、产品质量好、自动化程度高等优点，在工业领域具有广泛的应用。

本章以 304 不锈钢板材多道次连续轧制为例（见图 12-1），介绍应用 DEFORM v11.0 软件进行工艺仿真分析从建模到结果分析的全过程操作方法，包括从预处理时轧辊和坯料的导入、装配、材料参数的设定、工件的网格划分、部件相互作用、载荷的施加和分析步设置到数据库生成和计算提交，再到最终后处理结果分析。通过轧制过程的模拟，重点介绍使用 DEFORM 软件如何定义回转体模具的运动和参数设定。

图 12-1 板材多道次连续轧制示意图

12.2 前处理

12.2.1 创建新项目

打开 DEFORM-3D 软件，单击初始界面菜单 File → New Problem，在弹出的 Problem Setup（问题设置）窗口中选中 DEFORM-2D/3D preprocessor 和国际单位制 SI，然后单击 Next 按钮。在弹出窗口中选择项目文件保存的文件夹位置，用户可按需求选择存储路径，如须更改路径，可在选中 Other location 后单击 Browser... 按钮自定义位置。选择好路径后单击 Next 按钮，给文件命名后单击 Finish 按钮，自动跳转到前处理界面。

单击 Simulation Controls 图标，进入 Simulation Controls（模拟控制）设定窗口，可设置模拟名称、操作步的名称、单位、求解类型和分析模式等。这里默认模拟名称为 SIMULATION，操作步名称为 SIMULATION 1，单位为 SI，求解类型为 Lagrangian incremental。选中 Deformation（变形）和 Heat transfer（传热），将进行传热和变形耦合计算分析。选中 Heat transfer 选项后才可以对刚体模具进行网格划分。单击 OK 按钮后关闭模拟控制设置窗口。

12.2.2　工件设置

在前处理界面信息设定栏中，默认进行 General 部分的设置，此时默认的对象名称为 Workpiece（工件），用户可修改名称，默认的 Object Type（对象类型）为 Plastic（塑性体）。

1. 定义材料属性和温度

单击 General 信息设定栏中的 Assign temperature... 将温度设定为 950℃，如图 12-2 所示。

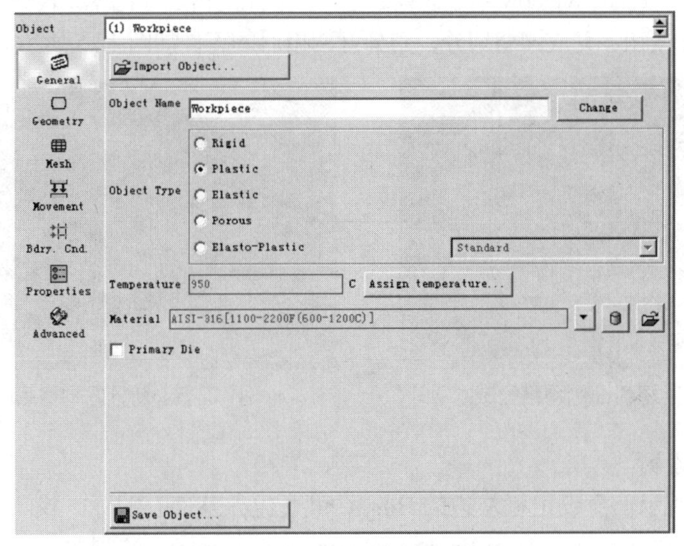

图 12-2　材料属性、温度设定窗口

单击 从材料库中导入所需材料，坯料选择 DEFORM-3D 材料库中自带的 AISI-316［1100-2200F］（600-1200C），如图 12-3 所示。

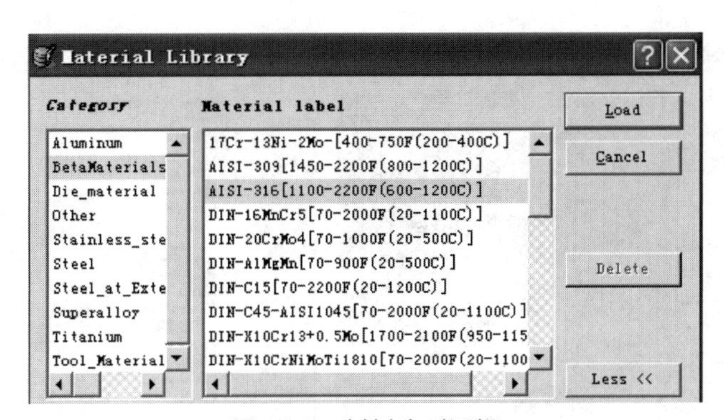

图 12-3　材料库对话框

2. 导入工件模型

单击图 12-2 所示信息设定栏左边的 Geometry（几何模型）图标，再单击 Import Geometry 按钮，弹出输入几何模型的窗口，选择导入格式为 STL 的坯料文件。

3. 网格划分

单击图 12-2 所示信息设定栏左边的 Mesh（网格）图标，在弹出的窗口中输入网格数 100000，依次单击其中 Detailed Settings、Weighting Factors 标签，将 Mesh Density Windows（网格密度窗口）因子设为 1，再单击 Mesh Window 标签。

在 Mesh Window 窗口中单击 Windows 区域的“+”，在视窗中弹出 Window Definition 窗口，单击 按钮，在视窗中单击上模中要细化网格的部位，弹出立方体选区，通过拖拽选区包裹住要细化的区域（见图 12-4），也可以通过输入坐标进行精确设置。将 Mesh Window 窗口中 Size Ratio to Elem Outside Window（内部单元与外部单元网格尺寸比率）设为 0.05。单击 Tools，单击 Generate Mesh 按钮，完成网格划分，划分好网格后的工件如图 12-5 所示。

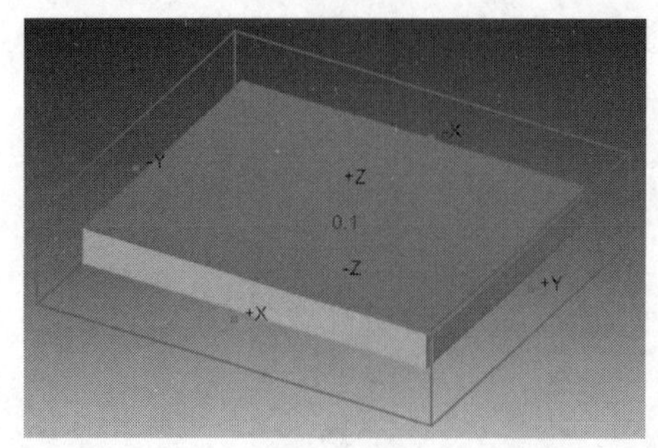

图 12-4　坯料细化网格区域

图 12-5　划分好网格后的工件

4. 边界条件设置

单击图 12-2 所示信息设定栏左边的 Bdry.Cnd.（边界条件）图标。找到边界条件树中 Thermal 下的 Heat Exchange with environment，在视窗中选中与空气接触的工件侧面（选中后绿色高亮显示），单击“+”，添加成功后，在 Heat Exchange with environment 下方会出现 Defined（已定义），如图 12-6 所示。单击 Environment 按钮，弹出热交换设置界面，将环境温度设定为 20℃，传热系数设置为 0.2N/sec/mm/℃。

图 12-6~ 图 12-8

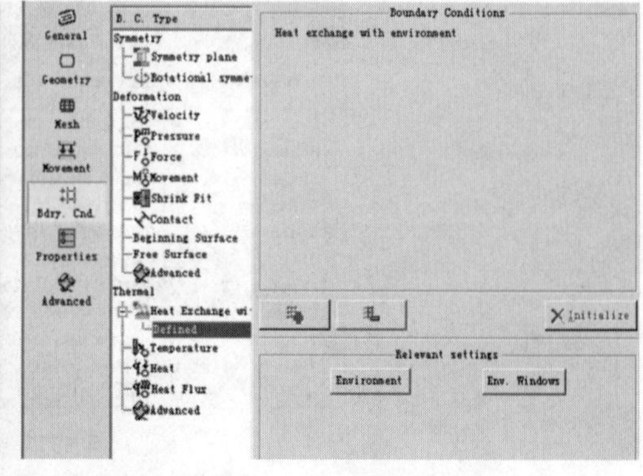

图 12-6　选中交换面后示意图及热交换设定窗口

接下来对坯料侧面进行速度为0的约束，在边界条件树中找到Deformation下的Velocity，在视窗中选中坯料上垂直X轴的平面（选中后平面会以红色点状形式高亮显示），在Direction区域中选中X，速度设置为0mm/sec，单击“+”，在Velocity下出现如图12-7所示的X，Fixed，说明已成功约束。

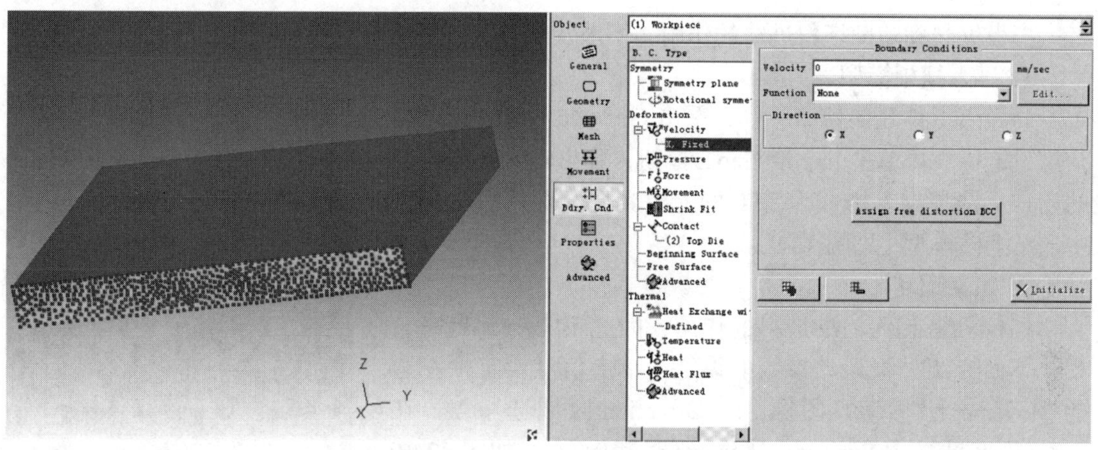

图12-7　选中X面后示意图和速度设定窗口

最后在坯料运动方向上施加一组大小相等方向相反的力，来保证坯料工作时沿既定方向运动而不发生弯曲，在边界条件树中找到Deformation下的Force，同定义速度类似，在视窗上选中要施加力的面，方向选择Y，力的大小设置为20N，单击“+”。注意分两次添加，其中一个面的力的值设定为20N，另一个设定为–20N，设置好的坯料示意图和力设定窗口如图12-8所示。

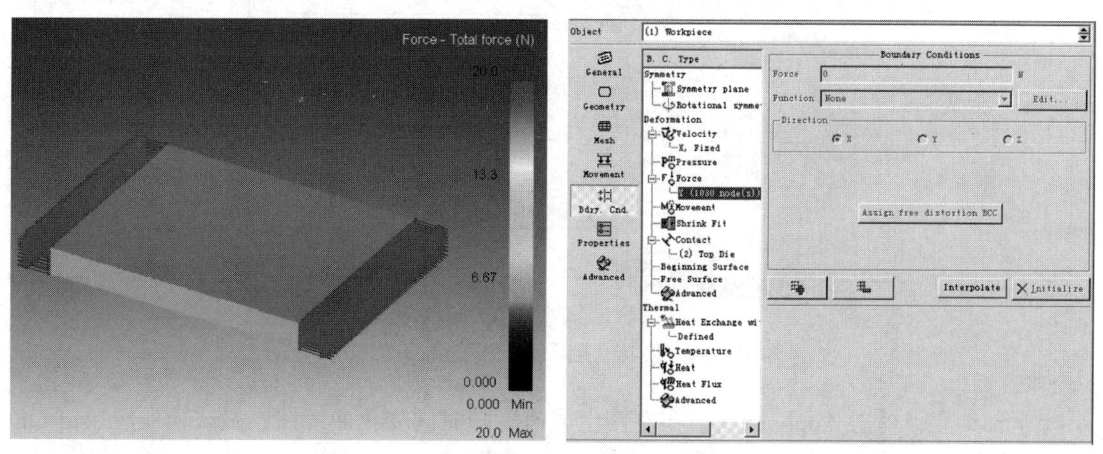

图12-8　设置好的坯料示意图和力设定窗口

5. 体积补偿

单击信息设定栏左边的Properties（属性）图标，选中Active in FEM+ meshing后再单击图标计算。

12.2.3 挡板设置

在前处理主界面上，单击模型树下的 按钮加入对象（2），系统默认对象名为 Top Die，将其改为 Baffles（挡板），对象类型为 Rigid（刚体），将 Primary Die 选中（指把 Top Die 作为主模具）。

挡板仅起到辅助坯料进给的作用，不涉及传热，故不需要定义材料属性和温度。

1. 导入挡板模型

同导入工件几何模型一样，单击 Geometry（几何形状）信息设定栏，再单击 Import Geo... 按钮，弹出输入几何模型的窗口，选择导入格式为 STL 的上模文件，确认后在视窗中显示上模模型（见图 12-9）。

图 12-9 挡板模型

2. 定义运动

挡板只是起到辅助进料的作用，因此不需要其走完全程，下面介绍挡板运动参数的设定。单击信息设定栏左边的 Movement（移动）图标，在 Direction 区域选中 Y，在 Defined 区域选中 Function of time（时间函数），如图 12-10 所示，之后单击 Define function（定义函数）按钮。

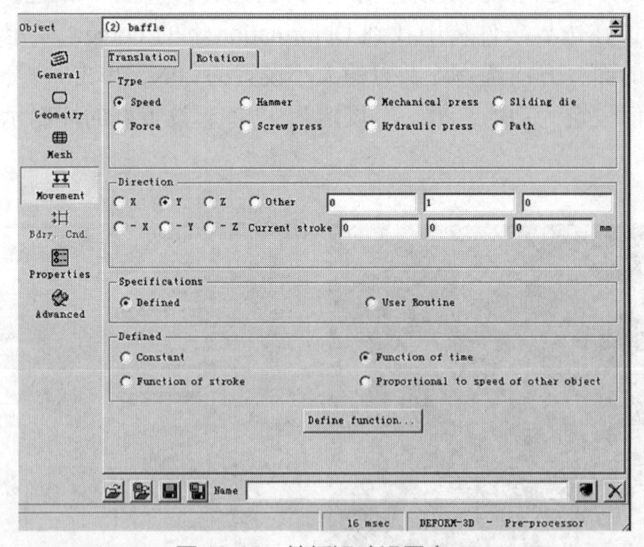

图 12-10 挡板运动设置窗口

输入参数，单击 Apply 按钮，在左侧生成速度随时间变化曲线图，确认无误后单击 OK 按钮，具体参数设定如图 12-11 所示。

12.2.4 轧辊设置

在前处理主界面上，单击物体树下的 按钮加入对象（3），系统默认名为 Bottom Die，更改为 roller1，对象类型为 Rigid（刚体）。

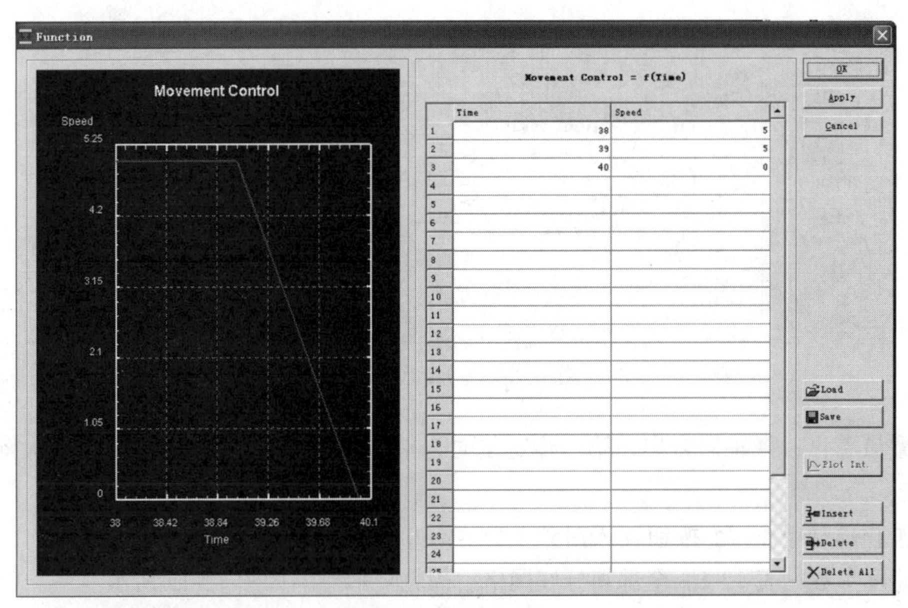

图12-11　函数定义窗口

1．定义轧辊材料属性和温度

参考上模材料属性和温度设定方法，将温度设定为350℃，材料选择AISI-H-13。

2．导入轧辊模型

参考上模几何模型导入方式，导入格式为STL的轧辊文件（见图12-12）。

3．轧辊网格划分

选中对象（3），单击信息设定栏左边的Mesh（网格）图标，输入网格数50000，单击Generate Mesh按钮，生成网格划分三维图，划分好网格后的轧辊，如图12-13所示。

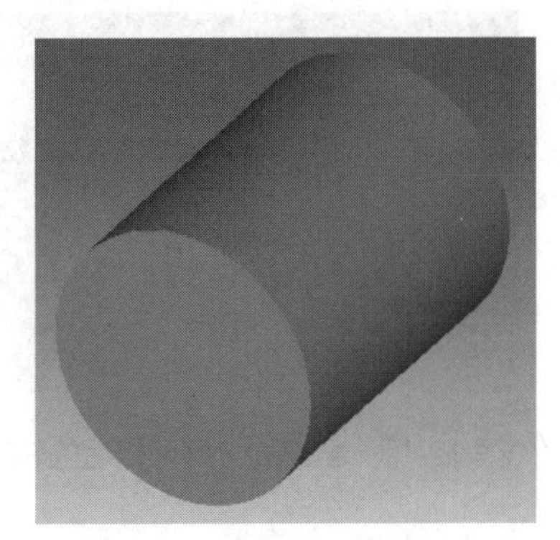

图12-12　轧辊模型

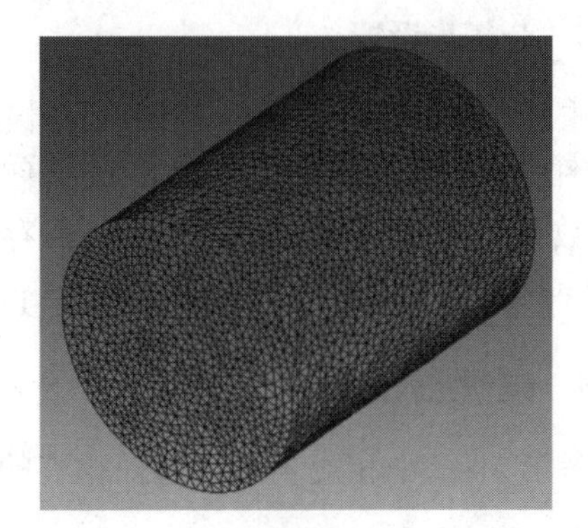

图12-13　划分好网格后的轧辊

4．定义运动

单击信息设定栏左边的Movement（移动）图标，单击Rotation（回转）标签来定义轧辊的回转运动。勾选Angular velocity，然后输入角速度0.45rad/sec，接下来单击Axis中的 弹出窗口选择Yes，最后根据右手定则确定轴线方向（本案例对象（3）模型为第一道次下方轧辊，方向为 –X）。后两步操作是将工件定义为绕工件中心旋转，如图12-14所示。

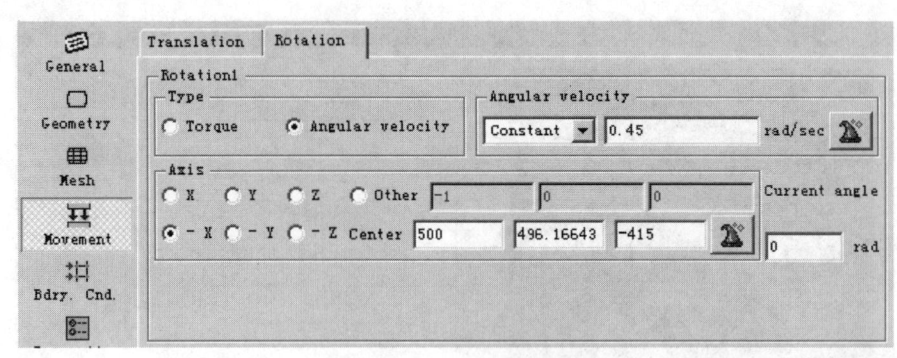

图12-14　回转运动设置

注意最后再选择轴向方向，第二步定位时，单击Axis中的 定位后会默认将轴线确定为+X。

单击物体树下的 按钮加入对象（4）~（10），重复对象（3）的一系列设定，各道次轧辊的速度参数见表12-1。全部划分好网格后的轧辊示意图如图12-15所示。

表12-1　各道次轧辊的速度参数

道　次	Angular velocity（角速度）/（rad/s）
第一道次轧辊	0.45
第二道次轧辊	0.85
第三道次轧辊	1.75
第四道次轧辊	3.3

12.2.5　分析步设置

单击工具栏的Simulation Controls（模拟控制设置）图标，然后单击Simulation Steps图标，将模拟步数设置为1000步，每10步一保存。单击Step Increment按钮，输入步长为2mm/step。

图12-15　全部划分好网格后的轧辊示意图

12.2.6　模型定位

参考第10章中相应步骤，选择相应的定位方式进行定位。

12.2.7　相互作用设置

单击工具栏的Inter-Object（对象间关系定义）图标，弹出询问是否创建对象间关系的窗口，选择Yes，进入对象间关系定义窗口。

参考第10章中相应步骤，对于第一栏（Top Die-Workpiece）挡板与工件作用关系，选择剪切摩擦类型，摩擦系数设为0.3，传热系数设置默认值5N/sec/mm/℃。后面的轧辊与工件的作用关系，摩擦类型仍为剪切，摩擦系数设为0.3，传热系数设置默认值5N/sec/mm/℃，如图12-16所示。

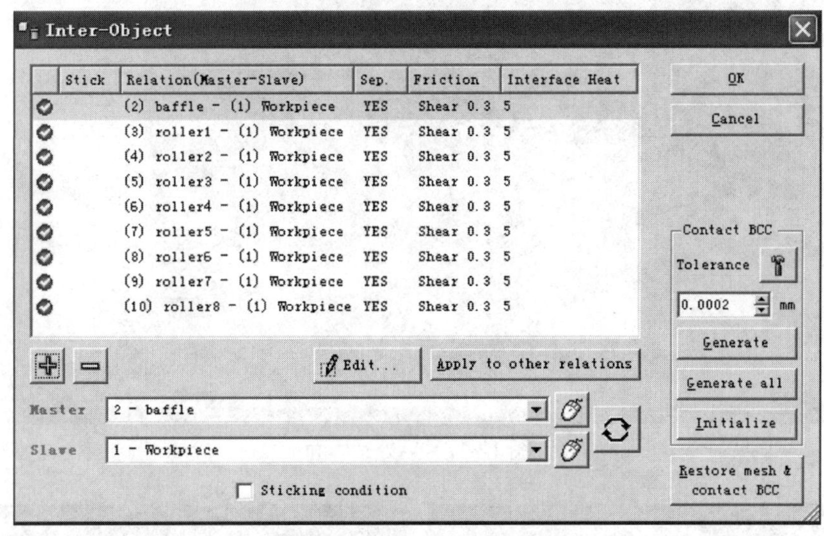

图12-16　对象间关系定义窗口

12.2.8　生成数据文件

单击工具栏的Database Generation（生成数据文件）图标，默认数据文件保存在前文创建新项目时设置的文件夹中，选中New后可以设置新的保存位置，单击Check按钮，提示Database can be generated（数据可被生成）。之后单击Generate按钮，生成数据库。数据库生成后即可关闭DEFORM软件的前处理窗口，回到初始界面。

12.2.9　提交求解器计算

在主窗口中，项目栏中多了DEFORM.DB和DEFORM.KEY两个文件名，其中DB文件为提交运算的数据库文件，单击选取DEFORM.DB文件，再单击模拟控制窗口中的Run按钮运行求解器进行计算。

12.3　后处理

计算完成后，全部模拟信息将存储在DB文件中。在DEFORM软件主窗口的项目文件栏中单击后缀为DB的文件，使其高亮显示，接着单击DEFORM-3D Post按钮进入后处理界面，如图12-17所示。

板材轧制过程中不同时刻的温度分布云图如图12-18所示。

Display栏中各选项则是选择显示的方式，如Line（线性）、Shaded（阴影）、Solid（固体）等显示方式。图12-19和图12-20所示为线性显示和固体显示所形成的图像。

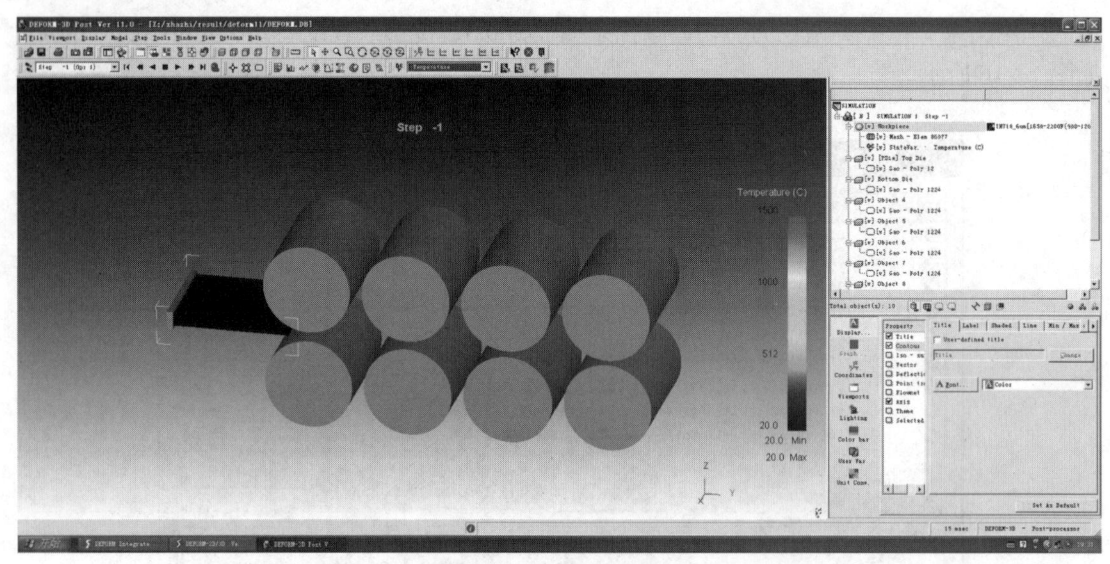

图 12-17　后处理界面

a) 100步　　b) 500步

c) 700步　　d) 900步

图 12-18　板材轧制过程中不同时刻的温度分布云图

图 12-18~ 图 12-20

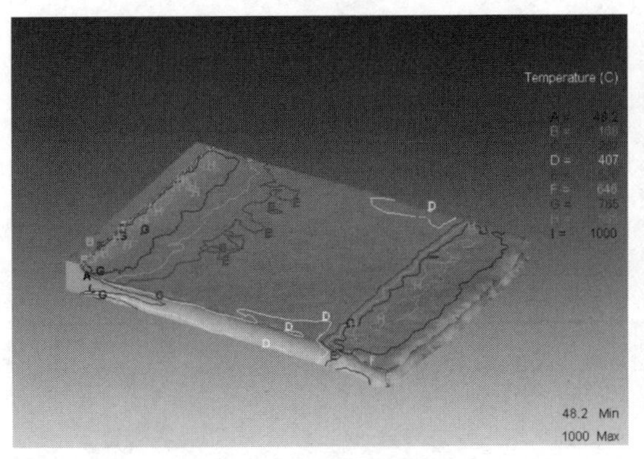

图12-19　坯料温度线性显示

图12-20　坯料温度固体显示

第13章 >>>
切削加工过程模拟

13.1 概述

切削加工属于典型的机械加工，包括车削、铣削、磨削和钻孔等减材加工方法，使用各种机床（如车床、铣床、磨床、钻床等）和工具（如刀具、量具、夹具等）来加工原材料或半成品，可获得精确的结构尺寸和良好的表面质量，在制造行业应用十分广泛。

将数值模拟技术应用于切削过程中，可以帮助预测和优化加工过程，提高产品质量和生产率。本章介绍运用 DEFORM v11.0 三维仿真软件对 Ti-6Al-4V 进行切削模拟的建模和结果分析全过程，包括如何设定刀具运动状态、细化坯料网格、定义坯料运动边界条件等步骤，所用模型如图 13-1 所示。

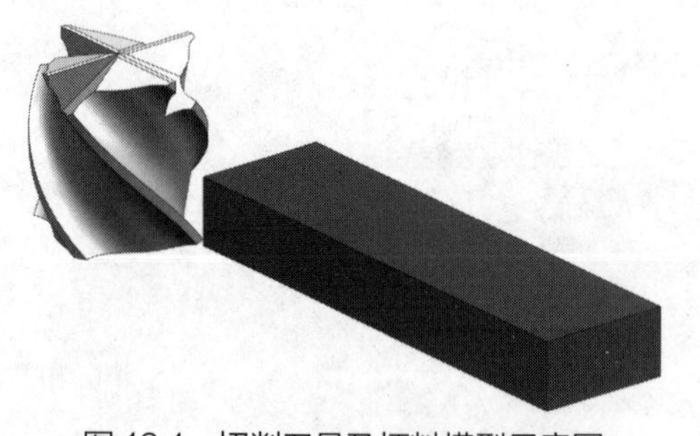

图 13-1　切削刀具及坯料模型示意图

13.2 前处理

13.2.1 创建新项目

DEFORM-3D 软件不具备复杂的三维造型能力，所以通常预先在其他三维造型软件中建立所需的模具和坯料几何模型，并保存为 STL 格式。

打开 DEFORM-3D 软件，在 DEFORM 软件初始界面中单击菜单 File → New Problem，

在弹出的 Problem Setup 窗口选中 Deform-2D/3D preprocessor 和国际单位制 SI，单击 Next 按钮，在弹出窗口选择项目文件保存位置，然后单击 Next 按钮，给文件命名后单击 Finish 按钮，自动跳转到前处理界面。

单击前处理界面工具栏的 Simulation Controls 图标，进入 Simulation Controls（模拟控制）设定窗口，可设置模拟名称、操作步的名称、单位、求解类型和分析模式等。这里默认模拟名称为 SIMULATION，操作步名称为 SIMULATION 1，单位为 SI，求解类型为 Lagrangian incremental。选中 Deformation（变形）和 Heat transfer（传热），将进行变形耦合和传热计算分析。选中 Heat transfer 选项后才可以对刚体模具进行网格划分。单击 OK 按钮后关闭窗口回到前处理界面。

13.2.2　工件设置

在前处理界面信息设定栏中，默认显示 Workpiece 对象 General 部分的设置界面，用户可以修改对象 Workpiece（工件）的名称，默认的 Object Type（对象类型）为 Plastic（塑性体）。

1. 定义材料温度和属性

单击 General 信息设定栏中的 Assign temperature 按钮将温度设定为 900℃，如图 13-2 所示。

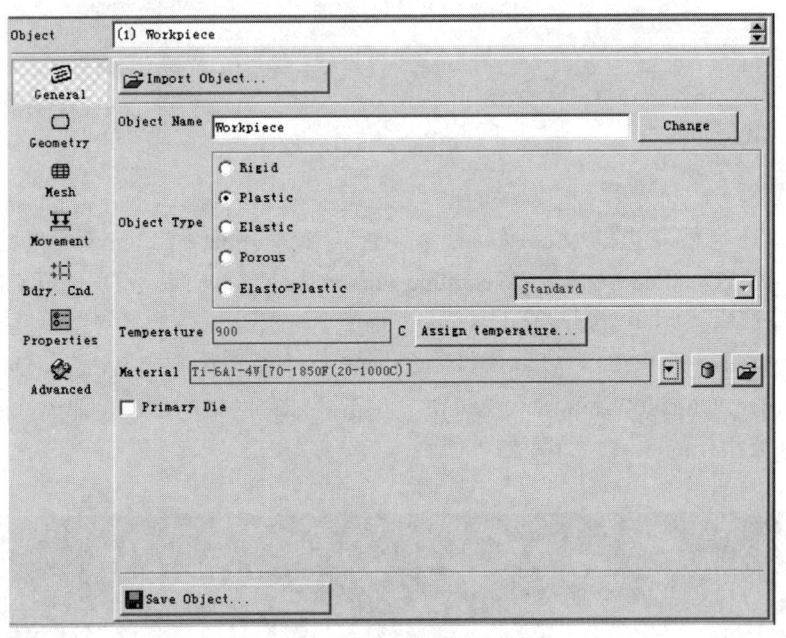

图 13-2　温度、材料设定窗口

单击从材料库中导入所需材料，此案例工件材料选择材料库中自带的 Ti-6Al-4V［70-1850F（20-1000C）］，如图 13-3 所示。

2. 导入几何模型

单击信息设定栏左边的 Geometry（几何模型）图标，再单击 Import Geometry 按钮，选择 STL 格式的工件模型文件并导入，如图 13-4 所示。

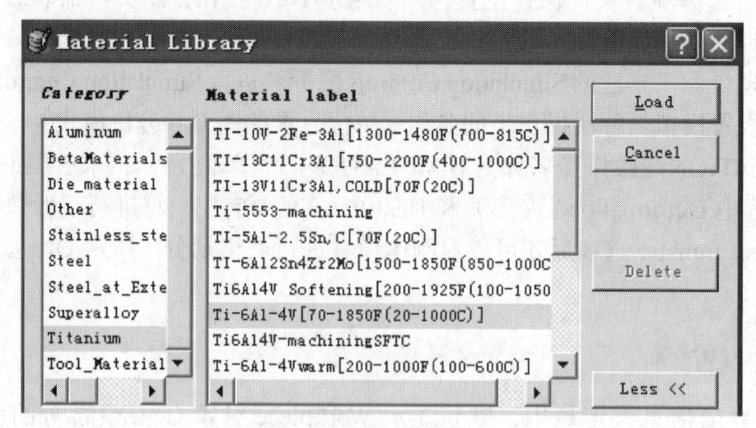

图 13-3　材料库对话框

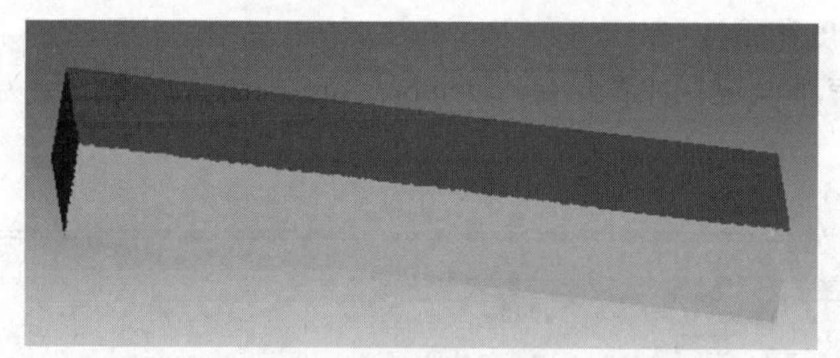

图 13-4　坯料模型图

3. 网格划分

单击信息设定栏左边的 Mesh（网格）图标，在 Number of Elements 区域输入网格数 50000，依次单击 Detailed Setting、Weighting Factors 标签，将 Mesh Density Windows（网格密度窗口）因子设为 1，再单击 Mesh Window 标签。

在 Mesh Window 窗口单击 Windows 区域的“+”，在视窗中弹出 Window Definition 窗口，Size Ratio to Elem Outside Window 设为 0.05，单击要细化网格的部位，弹出六面体选区，更改尺寸包裹住要细化的区域，如图 13-5 所示。

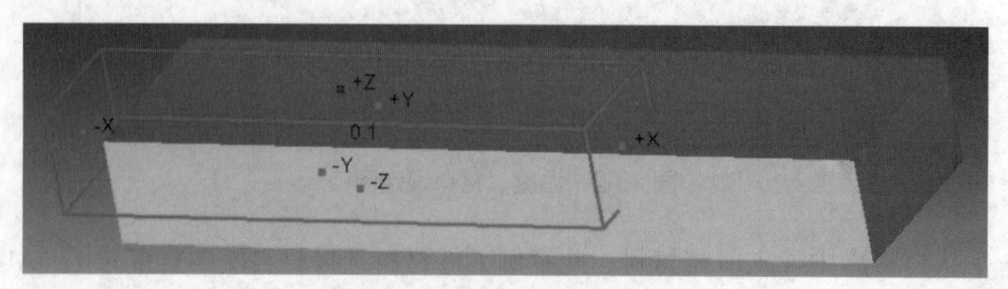

图 13-5　选择细化网格的区域

单击 Tools 回到网格划分设置界面，再单击 Generate Mesh 按钮生成网格，划分好网格后的工件如图 13-6 所示。

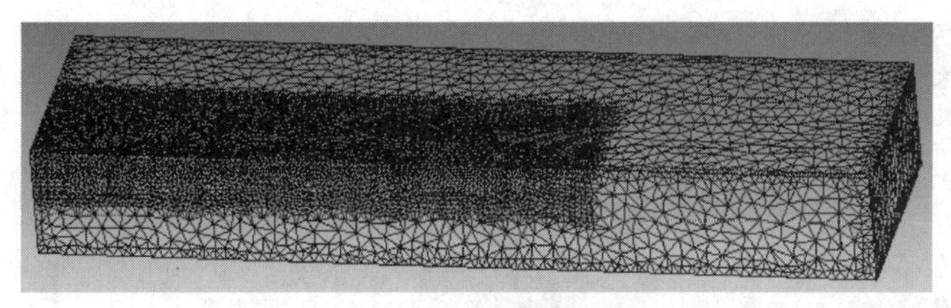

图 13-6　经过细化后的网格

4. 边界条件设定

单击信息设定栏左边的 Bdry.Cnd.（边界条件）图标。找到边界条件树中 Thermal 下的 Heat Exchange with environment，在视窗中选中与空气接触的工件侧面（选中后绿色高亮显示），单击“+”，添加成功后如图 13-7 所示，在 Heat Exchange with environment 下方会出现 Defined（已定义）。单击 Environment 按钮，弹出热交换设置界面，将环境温度设为 20℃，传热系数设置为 0.2N/sec/mm/℃。

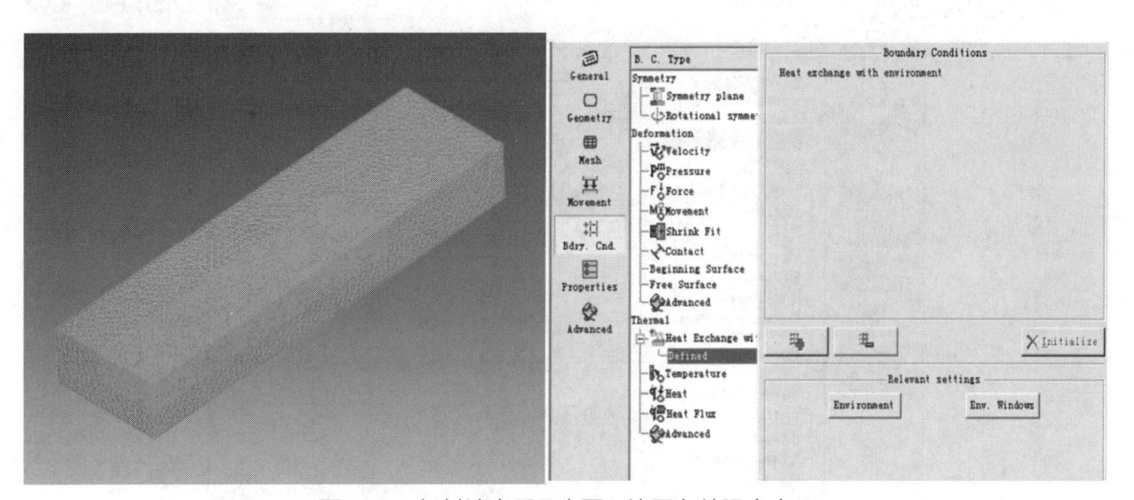

图 13-7　坯料选中后示意图和边界条件设定窗口

切削过程中坯料是固定的，因此须在坯料各面添加速度为 0 的约束，找到边界条件树中 Deformation 下的 Velocity，单击坯料上垂直 X 轴的平面（选中后平面会红色点状高亮显示），方向选择 X，选中后单击“+”，如图 13-8 所示。

依次添加 Y 方向、Z 方向约束，添加好后如图 13-9 所示。

5. 体积补偿

单击信息设定栏左边的 Properties（属性）图标，选中 Active in FEM+ meshing 后再单击图标计算。

13.2.3　刀具设置

在前处理界面信息设定栏，单击模型树下的按钮加入对象（2），系统默认对象名为 Top Die，将名字改为 Cutter，对象类型为 Rigid（刚体），选中 Primary Die（指把 Top Die 作为主模具）。

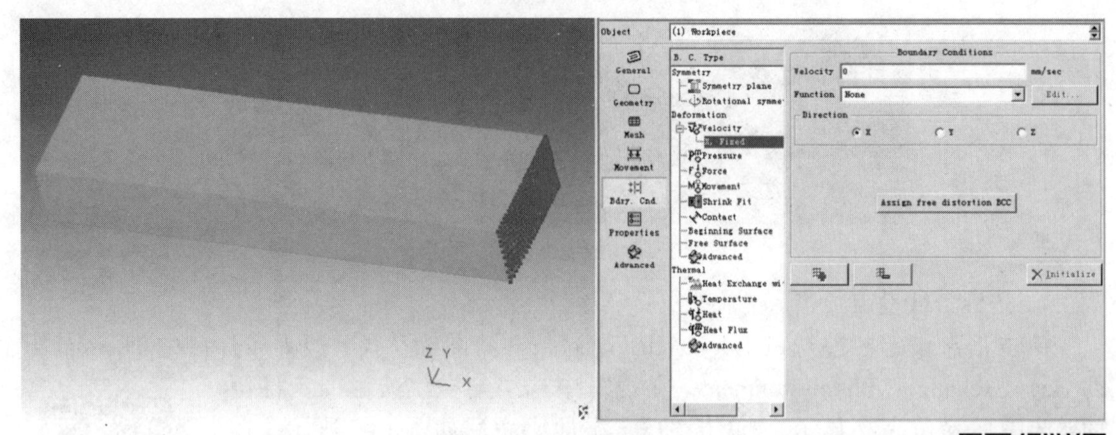

图 13-8　添加约束窗口

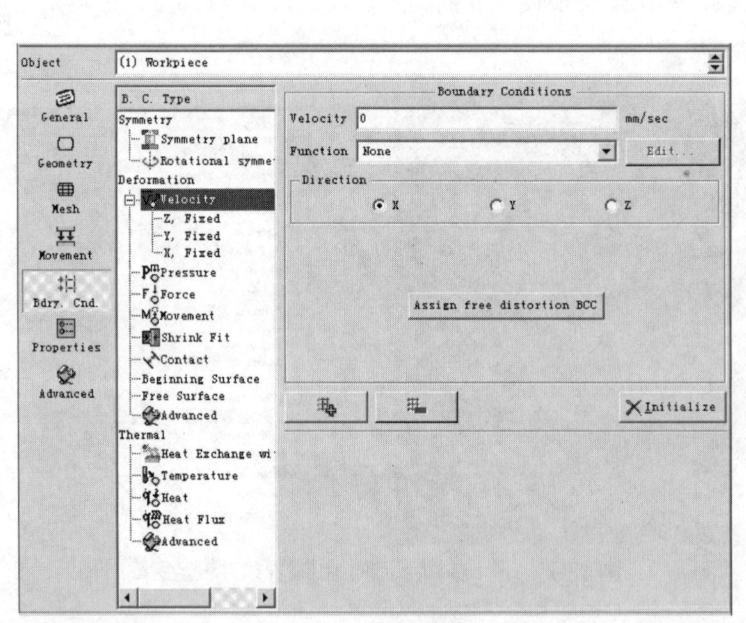

图 13-9　X、Y、Z 约束后的速度窗口

1. 定义材料温度和属性

单击“物体树对象（2）”，单击信息设定栏中的 General 图标，之后单击 Temperature 旁的 Assign temperature 按钮，将温度设定为 20℃，单击 从材料库中导入所需材料，此案例中刀具选择 DEFORM-3D 材料库中自带的 Coating-TiAlN（在 Tool_Material 类型中）。

2. 导入几何模型

同导入工件几何模型一样，单击 Geometry（几何形状）信息设定栏，再单击 Import Geometry 按钮，弹出输入几何模型的窗口，选择导入格式为 STL 的刀具文件，确认后在视窗中显示刀具模型（见图 13-10）。

3. 网格划分

选中对象（2），单击信息设定栏左边的 Mesh（网格）图标，输入网格数 50000，单击

Generate Mesh 按钮，生成网格划分三维图，划分好网格后的刀具如图 13-11 所示。

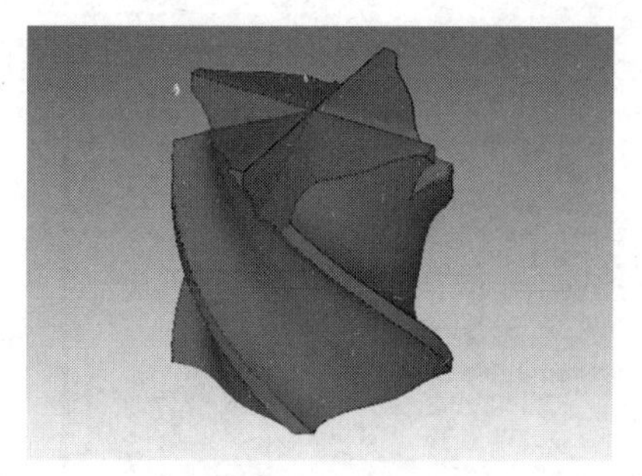

图 13-10　铣刀模型

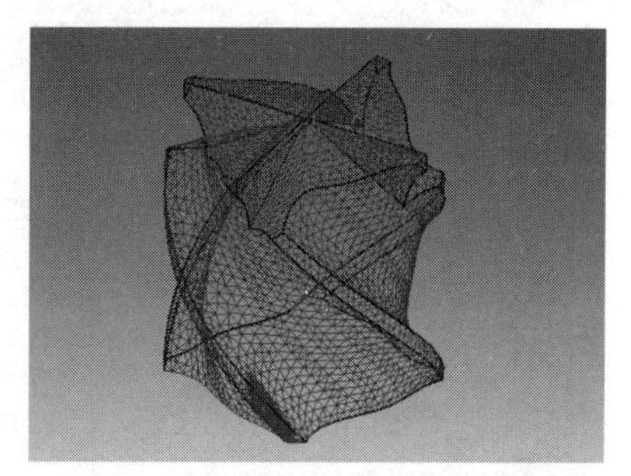

图 13-11　划分好网格后的模型

4. 定义运动

这里只有刀具进行运动（工件被动运动所以不需要设定），选中对象（2），单击信息设定栏左边的 Movement（移动）图标，将移动设置窗口里面的 Constant value 设置为 1mm/s，在 Direction 中勾选 X，确定好铣刀的横向运动；接下来定义铣刀的回转运动，单击 Rotation（回转）标签，在 Angular velocity 中输入角速度值为 156.032rad/sec。单击 rad/sec 后边的按钮输入转速后自动转化为角速度，设置好后如图 13-12 所示。

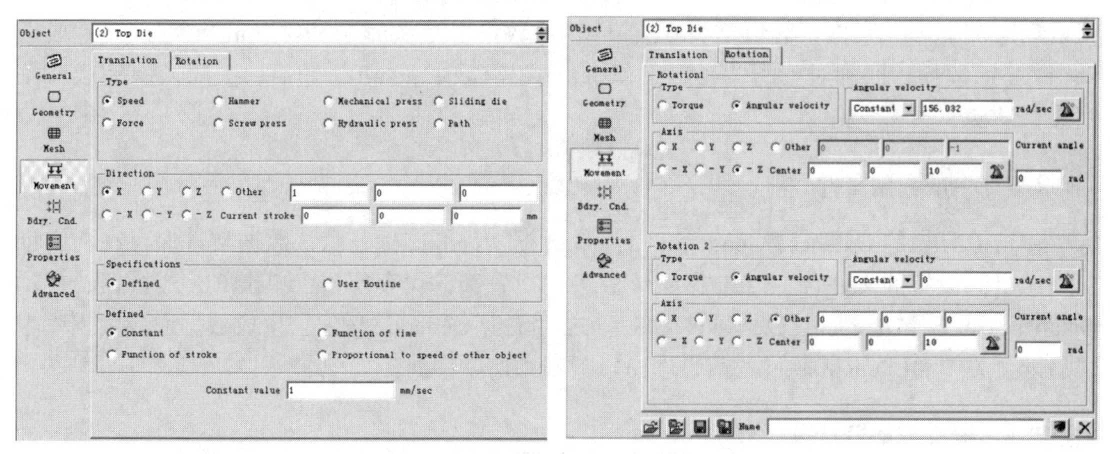

图 13-12　刀具横向和回转运动定义窗口

13.2.4　分析步设置

单击工具栏中的 Simulation Controls（模拟控制设置）图标，在弹出的窗口中左侧单击 Simulation Steps 图标，然后设置模拟步数为 500，每 20 步一保存。单击 Step Increment 图标，在 Solution step definition 中选择 Time（随时间而变化），输入步长为 0.2mm/s，如图 13-13 所示。

13.2.5　模型装配

参考第 10 章中相应步骤，选择相应的定位方式进行定位。

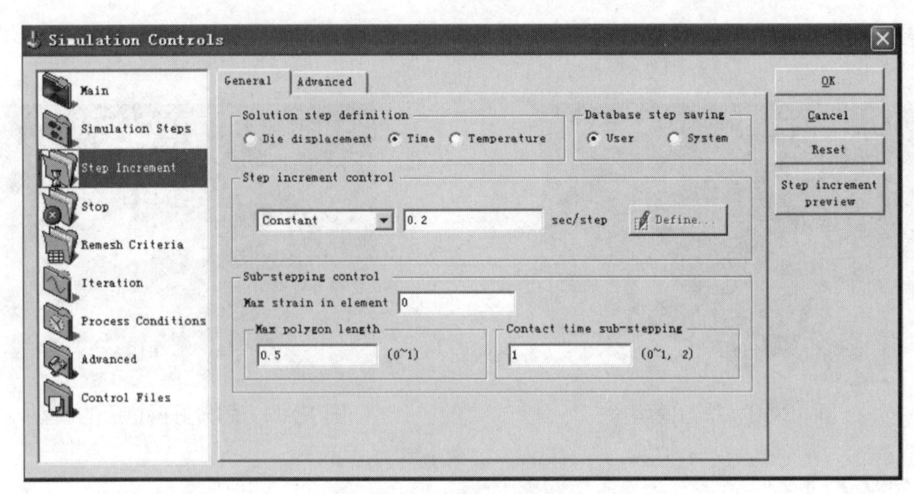

图 13-13　步长定义窗口

13.2.6　相互作用设置

单击工具栏的 Inter-Object（对象间关系定义）图标，弹出询问是否创建对象间关系的窗口，选择 Yes，进入对象间关系定义窗口。

参考第 10 章中相应步骤，对于第一栏（Cutter-Workpiece）刀具与工件的作用关系，选择剪切摩擦类型，摩擦系数设定为 0.3，传热系数设置默认值 11N/sec/mm/℃。设置完成后单击 Close 按钮，回到对象间关系定义窗口，单击 Generate all 按钮后，关闭窗口完成对象间关系设置。

13.2.7　生成数据文件

单击工具栏的 Database Generation（生成数据文件）图标，默认数据文件保存在前文创建新项目时设置的文件夹中，选中 New 后可以设置新的保存位置，单击 Check 按钮，提示 Database can be generated（数据可被生成）。之后单击 Generate 按钮，生成数据库。数据库生成后即可关闭 DEFORM 软件的前处理窗口，回到初始界面。

13.2.8　提交求解器计算

在主窗口中，项目栏中多了 DEFORM.DB 和 DEFORM.KEY 两个文件名，其中 DB 文件为提交运算的数据库文件，单击选取 DEFORM.DB 文件，单击 Simulator 栏中的 Run 按钮运行求解器。

13.3　后处理

计算完成后，全部模拟信息将存储在 DB 文件中。在 DEFORM 软件主窗口的项目文件栏中单击后缀为 DB 的文件，使其高亮显示，接着单击 DEFORM-3D Post 按钮进入后处理界面，如图 13-14 所示，后处理界面包括：图形显示窗口、部署选择和动画播放选项、图形显示选择窗口、图形显示控制窗口、状态变量的显示和选择选项等。

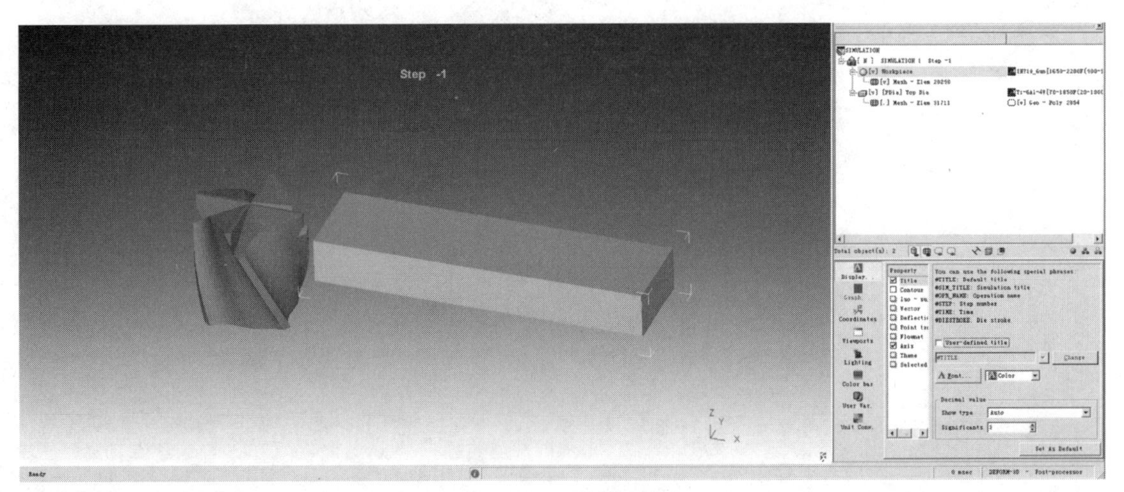

图 13-14　后处理界面

步数选择后，在物体树中选择 Workpiece 工件，接着单击图标可选择不同的状态变量作为分析对象，以温度场为例，进行如图 13-15 所示设置。选中 Temperature，选取 Scaling 中的 Local 作为缩放比例。其中 Local 为局部显示，Global 为整体显示（指整个模拟过程中温度的最大值与最小值作为显示的极限）。

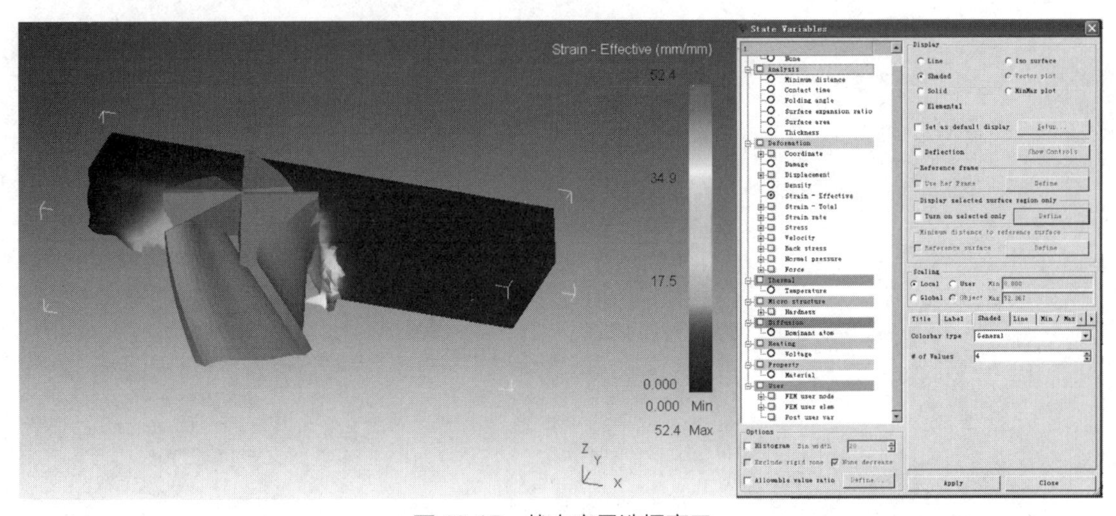

图 13-15　状态变量选择窗口

Display 栏中各选项则是选择显示的方式，如 Line（线性）、Shaded（阴影）、Solid（固体）等显示方式。

第3篇

基于 Abaqus 软件金属焊接 CAE 分析

第14章 >>>
双层板电阻点焊过程模拟

14.1 概述

电阻点焊在交通领域车身上获得广泛应用，电阻点焊连接过程中焊接时间短，金属熔化过程不易观测，焊接工艺涉及电场、热场和力场多物理场耦合，熔化核心的形成过程及焊接效果受各参数的影响。数值模拟方法通常用来分析各影响因素对焊接过程中电场、温度场和应力变形场的影响规律，为工艺方案的优化提供指导。

本章旨在介绍应用通用仿真分析软件 Abaqus 2022 进行双层板电阻点焊的热电力三场耦合数值模拟从建模前处理、提交计算到结果分析的全部操作过程。仿真分析涉及电极和板材几何模型尺寸及装配位置如图 14-1 所示，模型尺寸单位默认为 mm。仿真模型包含上电极、上板、下板和下电极，其中电极材料为铜，上下板材料为钢，上下电极中间通水冷却，电极和板外表面与空气自然对流换热，下电极固定，上电极施加向下的压力，上电极上表面和下电极下表面之间具有一定的电压差。由于模型的轴对称特征，为提高计算效率，取整个模型的 1/36 进行建模。

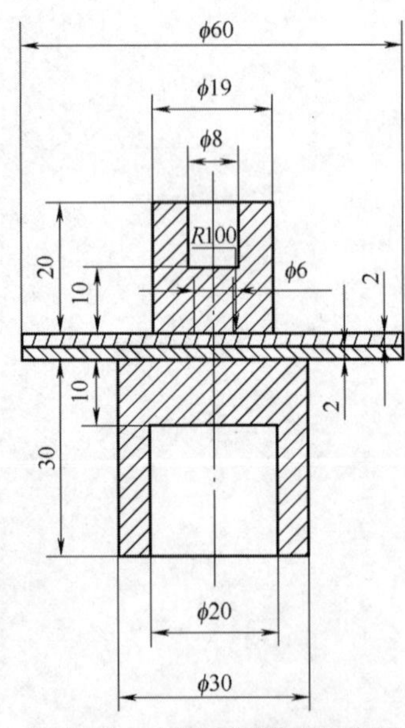

图 14-1 电阻点焊模型示意图

Abaqus 软件中没有单位，应用人员自行定义单位组合，通常采用表 14-1 中的两种单位组合，即米制国际单位和毫米制国际单位。本章采用毫米制国际单位组合，电极材料铜的物理性能参数和力学性能参数见表 14-2 和表 14-3，板材料钢的物理性能参数和力学性能参数见表 14-4 和表 14-5。未考虑熔化潜热等的影响。

表 14-1 本篇 Abaqus 中使用的单位组合

物理量	米制国际单位	毫米制国际单位
长度	m（米）	mm（毫米）
力	N（牛顿）	N（牛顿）

（续）

物理量	米制国际单位	毫米制国际单位
质量	kg（千克）	t（吨）
时间	s（秒）	s（秒）
温度	K（℃）（开，摄氏度）	K（℃）（开，摄氏度）
应力	Pa（Pa=N/m²）（帕）	MPa（MPa=N/mm²）（兆帕）
能量	J（J=N·m）（焦）	mJ（mJ=N·mm）（毫焦）
功率	W（W=J/s）（瓦）	mW（mW=mJ/s）（毫瓦）
密度	kg/m³（千克 / 立方米）	t/mm³（吨 / 立方毫米）
加速度	m/s²（米 / 秒²）	mm/s²（毫米 / 秒²）
电荷	C（C=A·s）（库仑）	C（C=A·s）（库仑）
电流	A（安）	A（安）
电压	V（W=V·A）（伏）	mV（mW=mV·A）（毫伏）
电阻	Ω（Ω=V/A）（欧）	mΩ（mΩ=mV/A）（毫欧）
电导	S（S=1/Ω）（西）	kS（kS=1/mΩ）（千西）
电阻率	Ω·m（欧·米）	mΩ·mm（毫欧·毫米）
电导率	S/m（西 / 米）	kS/mm（千西 / 毫米）
比热容	J/(kg·K)［焦 /（千克 / 开）］	mJ/(t·K)［毫焦 /（吨 / 开）］
导热系数	W/(m·K)［瓦 /（米 / 开）］	mW/(mm·K)［毫瓦 /（毫米 / 开）］
潜热	J/kg（焦 / 千克）	mJ/t（毫焦 / 吨）
线胀系数	1/K（1/ 开）	1/K（1/ 开）

表 14-2　铜的物理性能参数

温度 /℃	密度 /（t/mm³）	电导率 /（kS/mm）	导热系数 /［mW/(mm·K)］	比热容 /［mJ/(t·K)］
21	7.8e-9	37.88	390.3	3.978e+08
93	—	33.33	380.6	4.019e+08
204	—	25.00	370.1	4.187e+08
316	—	19.80	355.1	4.312e+08
427	—	17.76	345.4	4.396e+08
538	—	16.50	334.9	4.522e+08
649	—	12.03	320	4.647e+08
760	—	5.22	315.5	4.715e+08
871	—	4.53	310.3	4.773e+08
982	—	3.84	305	4.854e+08
1093	—	3.16	300.1	4.978e+08

表 14-3　铜的力学性能参数

温度 / ℃	弹性模量 / MPa	屈服强度 / MPa	线胀系数 / K^{-1}	泊松比
20	115000	235	1.69e-05	0.35
100	110000	205	1.72e-05	0.35
150	106000	—	—	0.35
250	102000	—	—	0.36
300	101000	145	1.86e-05	0.37
400	97000	—	—	0.37
500	90000	101	2.01e-05	0.38
600	81000	—	—	0.39
700	75000	50	2.13e-05	0.39
900	—	20	2.31e-05	—

表 14-4　钢的物理性能参数

温度 / ℃	密度 / (t/mm^3)	电导率 / (kS/mm)	导热系数 / [mW/(mm·K)]	比热容 / [mJ/(t·K)]
20	8.9e-9	1.39	15.9	4.6e+08
100	—	1.30	16.3	5.11e+08
200	—	1.18	18	5.28e+08
300	—	1.08	18.8	5.44e+08
400	—	0.99	20.1	5.65e+08
500	—	0.93	21.4	5.9e+08
600	—	0.88	23.9	6.36e+08
700	—	0.84	25.5	6.28e+08
800	—	0.81	26.8	6.41e+08
900	—	0.74	28.1	6.45e+08
1000	—	0.67	—	6.59e+08
1204	—	0.61	34.17	—
1397	—	—	38.19	1.082e+09
1455	—	0.51	98.17	6.63e+08
2000	—	—	120	—

表 14-5 钢的力学性能参数

温度/℃	弹性模量/MPa	屈服强度/MPa	线胀系数/(1/K)	泊松比
20	195000	290	1.40e-05	0.3
100	189000	251	1.65e-05	0.3
300	176000	190	1.77e-05	0.3
500	161000	—	1.84e-05	0.3
700	141000	105	1.86e-05	0.3
900	100000	—	—	0.3
1200	50000	—	—	0.3
1398	30000	10	1.90e-05	0.3
1500	15000	5	1.93e-05	0.3
2000	15000	—	—	0.3

14.2 前处理

14.2.1 初始设置

1. Abaqus 有限元建模前准备

1）创建一个文件夹，将用于保存所有即将进行的有限元分析文件，由于 Abaqus 对中文支持有限，文件夹名字和路径均不包含中文。对于本章的有限元分析，在 D 盘创建 Temp_Aba 文件夹，在其中创建文件夹 1-Spotwelding。

2）左键单击（后续单击均默认为鼠标左键单击）左下角 Windows 开始菜单，找到 Dassault Systemes SIMULIA Established Products 2022 后单击，在 Abaqus CAE 图标上右键单击，然后单击“更多”→“打开文件位置”，弹出窗口（见图 14-2），在 Abaqus CAE 快捷方式图标上右键单击（也可以将 Abaqus CAE 快捷方式复制到桌面后操作），下拉菜单中单击“属性”，弹出窗口（见图 14-3）。修改起始位置中的文件夹路径为 D：\Temp_Aba\1-Spotwelding。

3）左键单击 Windows 开始菜单中的 Abaqus CAE 图标，或者双击文件夹中的 Abaqus CAE 快捷方式图标启动 Abaqus/CAE 界面，如图 14-4 所示。

4）单击 Start Session 窗口右上角 × 关闭窗口（窗口中按钮 Open Database、Run Script 和 Start Tutorial 分别用于打开模型文件、运行脚本文件和开始教程）。

5）单击左上角“文件保存”图标（或者单击左上角菜单 File，下拉菜单中单击 Save），在弹出窗口中输入文件名 Model-1.cae，单击 OK 按钮保存文件（在建模过程建议多执行文件保存操作）。

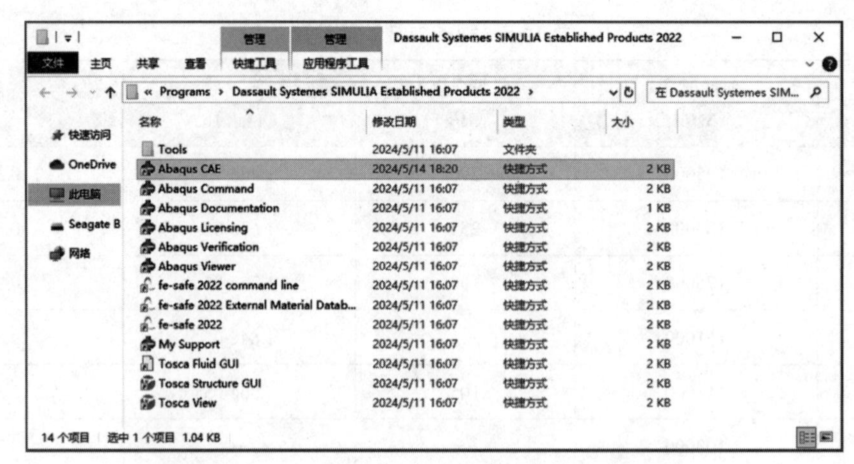

图 14-2　Abaqus CAE 启动文件快捷方式文件夹

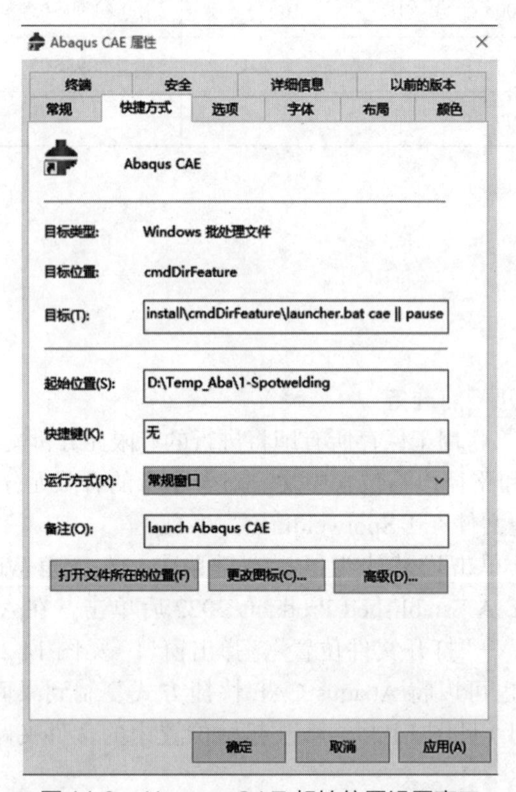

图 14-3　Abaqus CAE 起始位置设置窗口

2. Abaqus/CAE 界面介绍

Abaqus/CAE 界面功能区如图 14-5 所示，界面包含以下几部分：

1）标题栏，显示 Abaqus 软件版本信息和正在运行的模型文件名。

2）菜单栏，包含所有菜单，通过菜单可以应用软件所有功能，菜单栏会随着环境栏中模块的变化而变化。

3）工具栏，显示部分菜单功能的快捷图标。

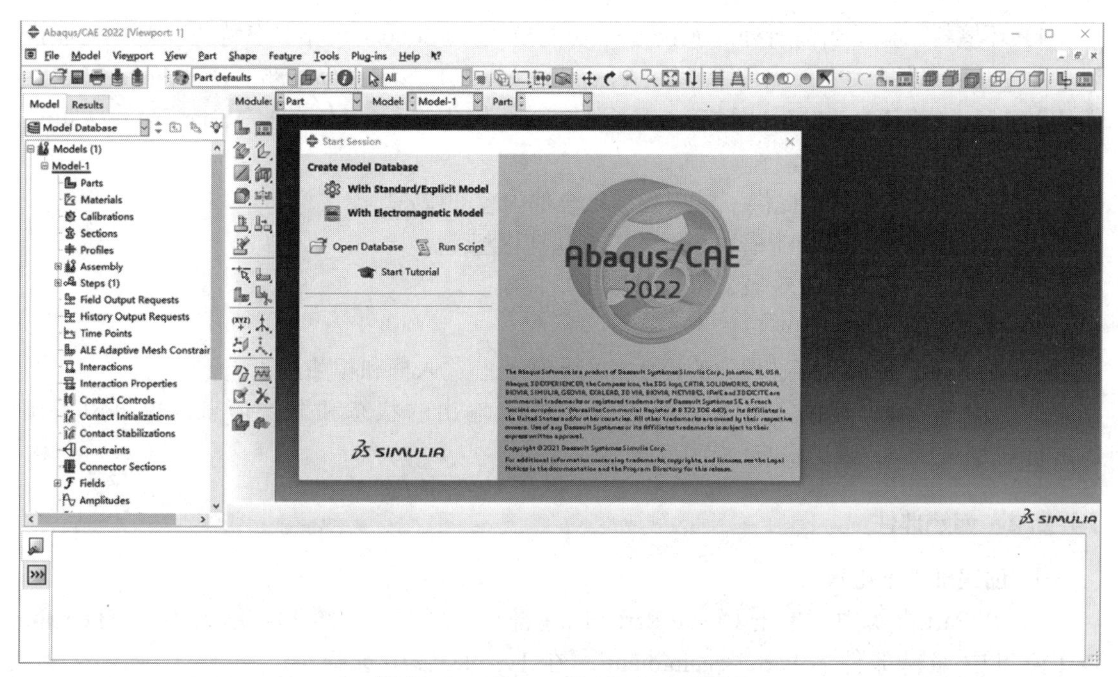

图 14-4　Abaqus/CAE 启动后界面

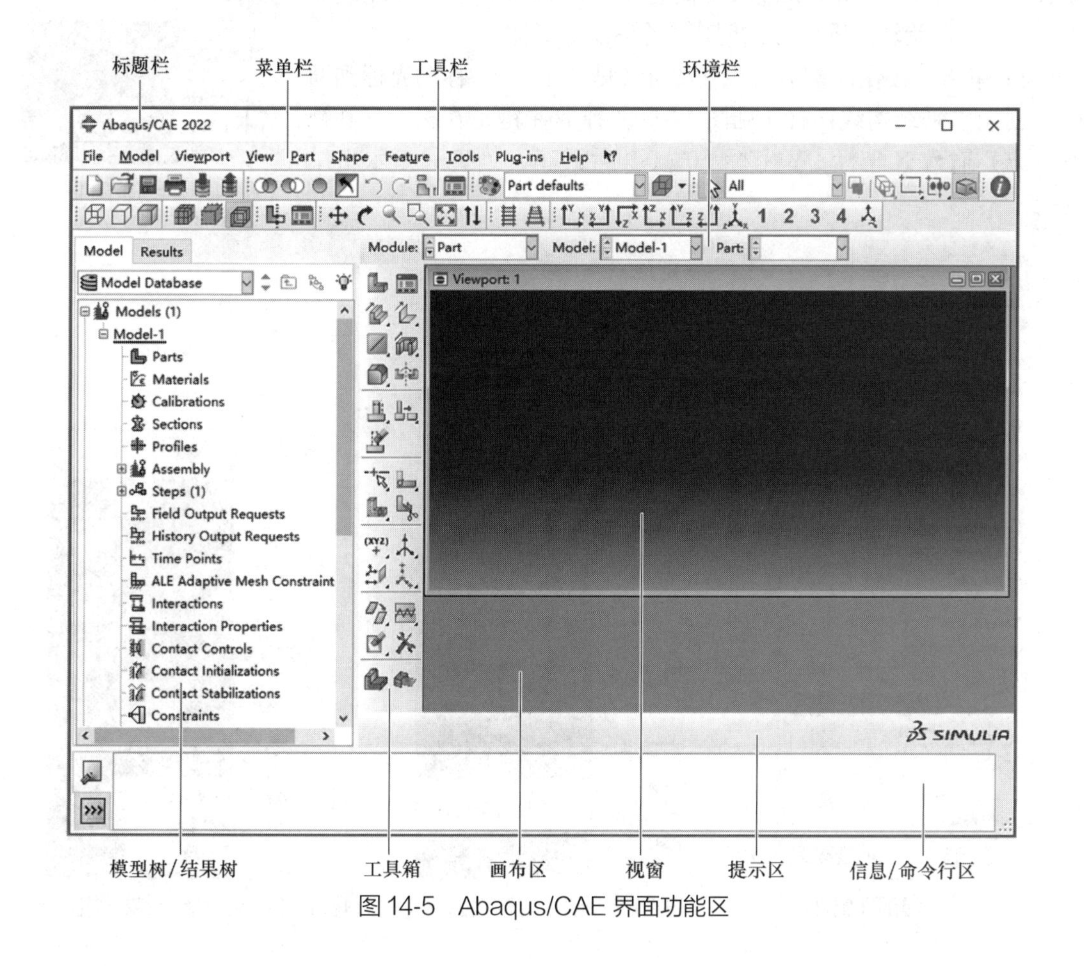

图 14-5　Abaqus/CAE 界面功能区

4）环境栏，显示当前所处的 Module（功能模块）、Model（模型）名称等。其中功能模块包括 Part（部件）、Property（属性）、Assembly（装配）、Step（分析步）、Interaction（相互作用）、Load（载荷）、Mesh（网格）、Optimization（优化）、Job（任务）、Visualization（可视化结果）和 Sketch（草图）。

5）模型树 / 结果树，提供了模型和结果全部内容的概览。

6）工具箱，显示与功能模块相关的工具快捷图标。

7）画布区，视窗放置区域，可以放置多个视窗。

8）视窗，显示模型的窗口。

9）提示区，显示操作过程中的提示和引导信息、输入框和相关按钮。

10）信息 / 命令行区，可以显示 Abaqus/CAE 输出的状态和警告信息，也可以采用 Python 命令对 Abaqus/CAE 进行操作。

14.2.2 创建部件

1. 创建部件上电极

1）在 Part 模块中，单击 Create Part（创建部件）图标（见图 14-6），在弹出的 Create Part 窗口中编辑部件名 Part-1-shangdianji，在 Type 区域中选择 Revolution，然后单击 Continue... 按钮（见图 14-7），进入草图绘制模式（将通过旋转草图的方式创建一个 3D 变形体）。

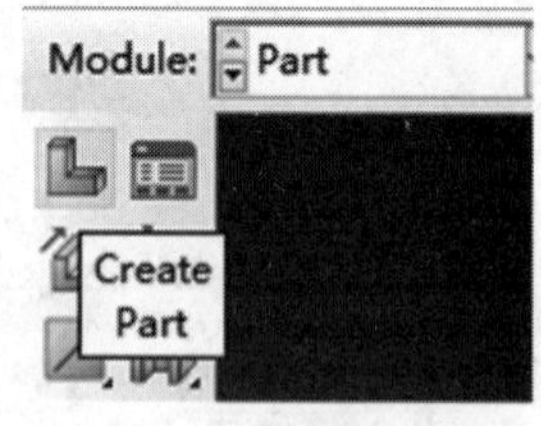

图 14-6 创建部件图标

2）单击"按住创建结构线"图标（见图 14-8），移动光标到通过点创建水平结构线图标（见图 14-9），释放左键，在提示区（视窗下方）输入 X 坐标，Y 坐标（0，0）后回车，创建一条水平结构线。

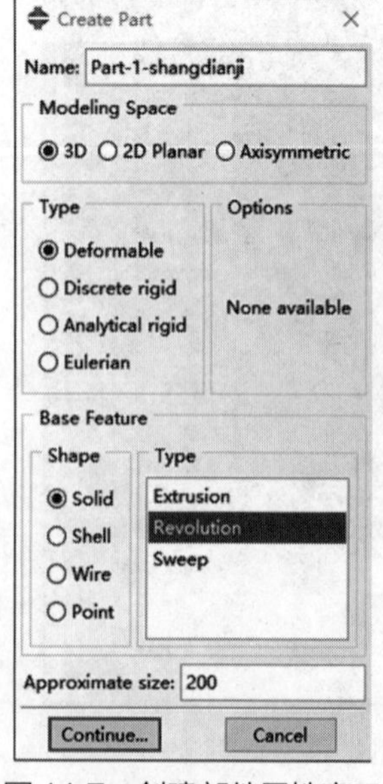

图 14-7 创建部件属性窗口

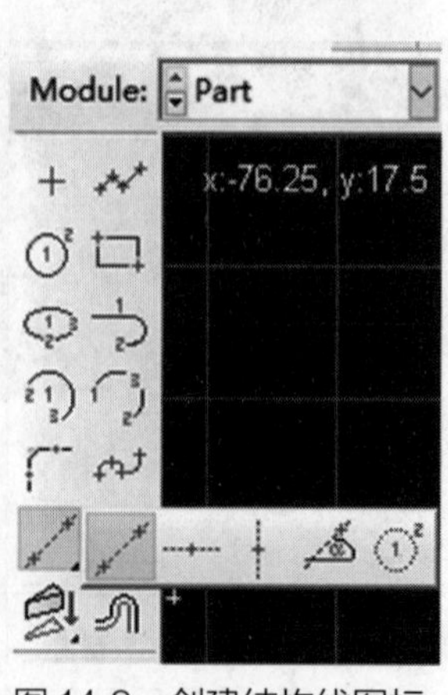

图 14-8 创建结构线图标

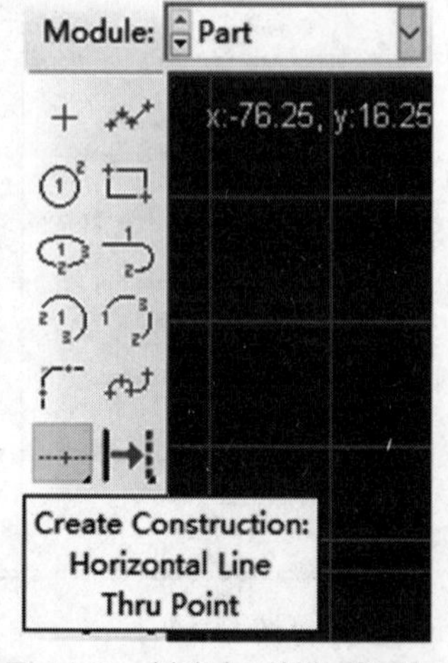

图 14-9 创建水平结构线图标

3）单击 Add Constraint（增加约束）图标（见图 14-10），在弹出的 Add Constraint 窗口中选取 Fixed（见图 14-11），然后移动光标到视窗中的水平结构线（黄色虚线）处（见图 14-12），当其高亮显示时，单击“选取”，此时水平结构线由黄色变为红色，单击提示区的 Done 按钮，此时视窗中有一条水平和一条竖直的绿色虚线，分别对应 Global Coordinate 的 X 轴和 Y 轴，向右、向上为正方向，交点对应全局坐标系原点。

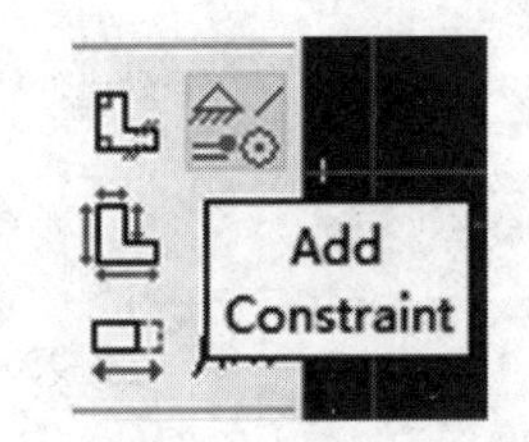

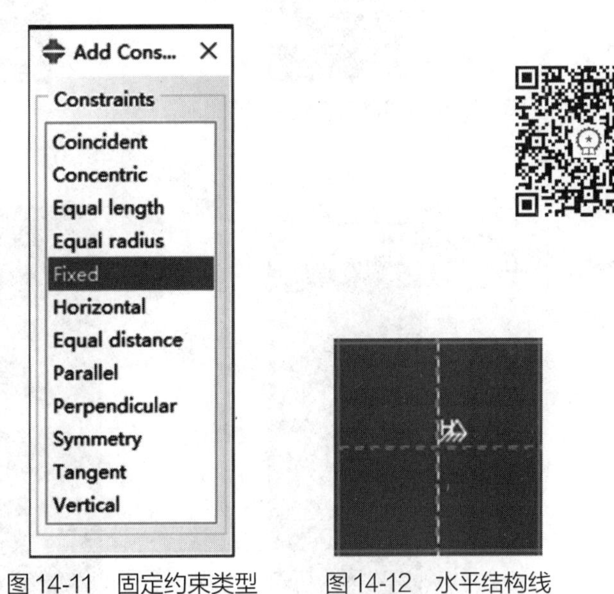

图 14-10　增加约束图标　　图 14-11　固定约束类型　　图 14-12　水平结构线

4）单击 Create Lines（创建连接线）图标（见图 14-13），在视窗中依次单击图 14-14 中的点 1 到点 7 绘制出连接的线段，然后单击 Create Arc：Tangent to Adjacent Curve（创建与连接线相切圆弧）图标（见图 14-15），然后依次单击图 14-16 中的点 1 和 2。

5）单击 Auto-Trim（自动修剪）图标（见图 14-17），左键单击图 14-18 中的线段。

6）单击 Add Constraint（增加约束）图标，在弹出的 Add Constraint 窗口中选取 Vertical（见图 14-19），然后选中图 14-20 中线段，创建竖直约束。

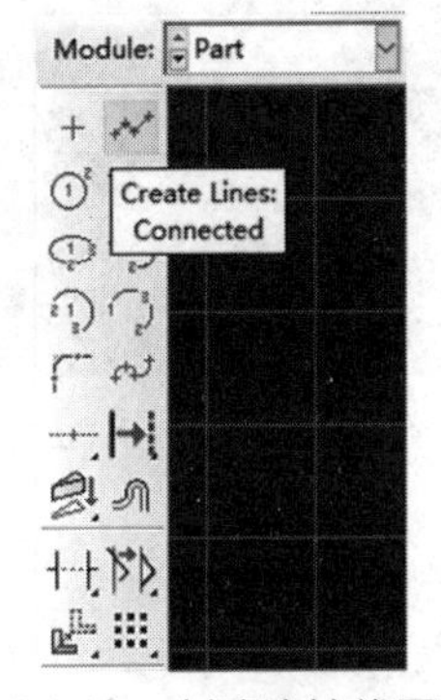

图 14-13　创建连接线图标

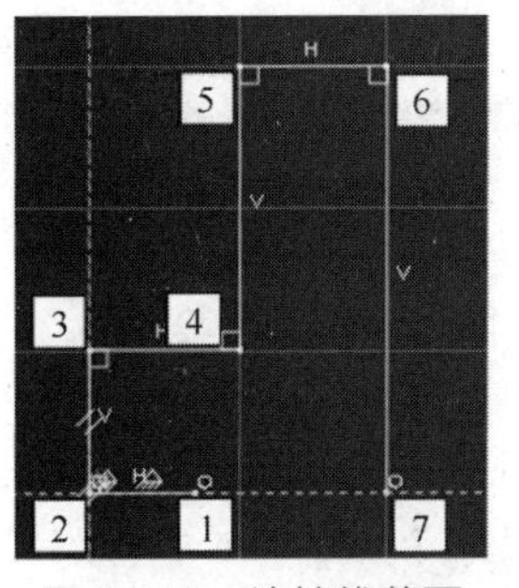

图 14-14　连接线草图

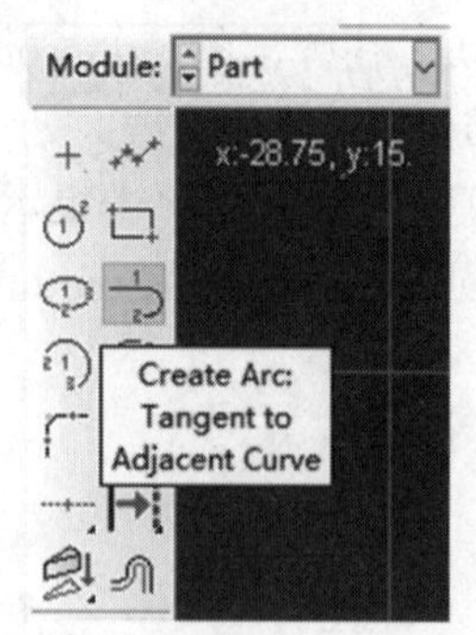

图 14-15　创建切线圆弧图标

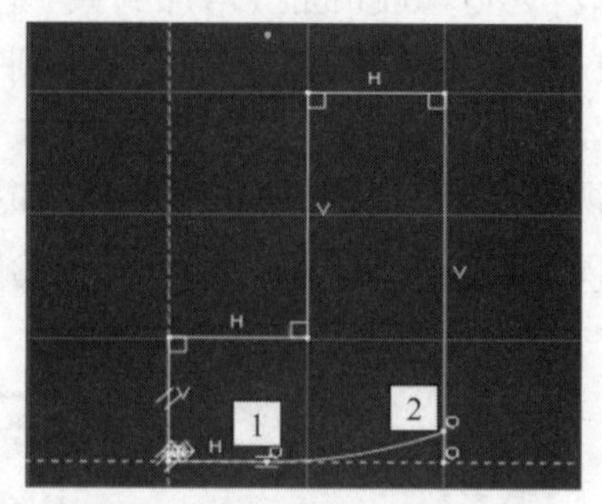

图 14-16　切线圆弧草图

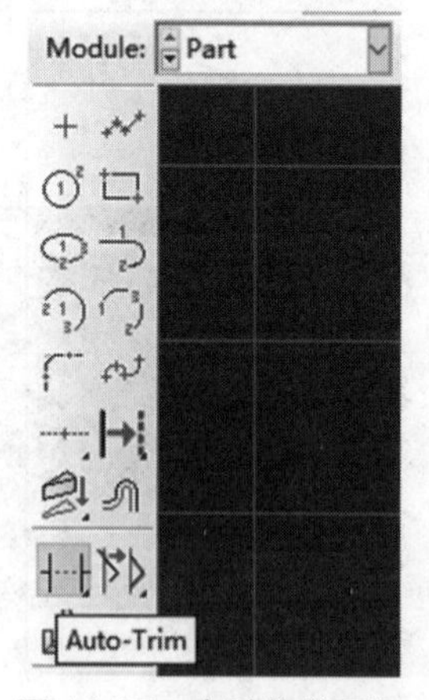

图 14-17　自动修剪图标

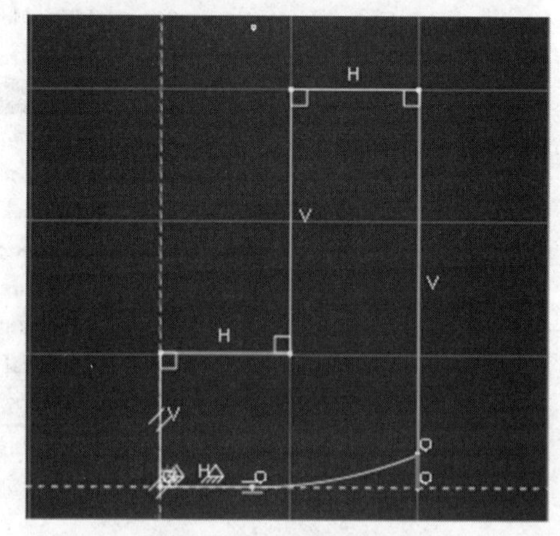

图 14-18　须修剪的线段

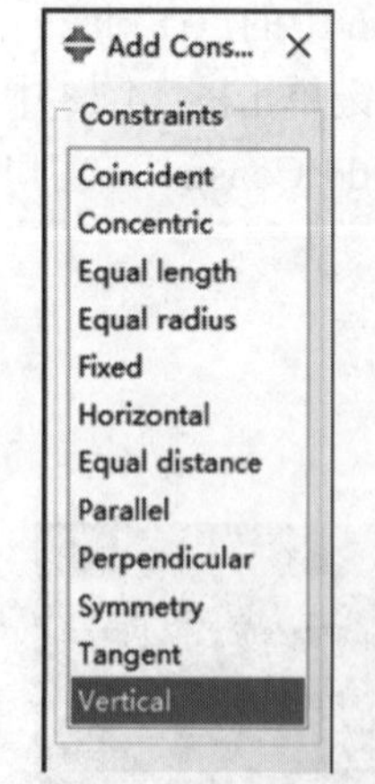

图 14-19　竖直约束类型

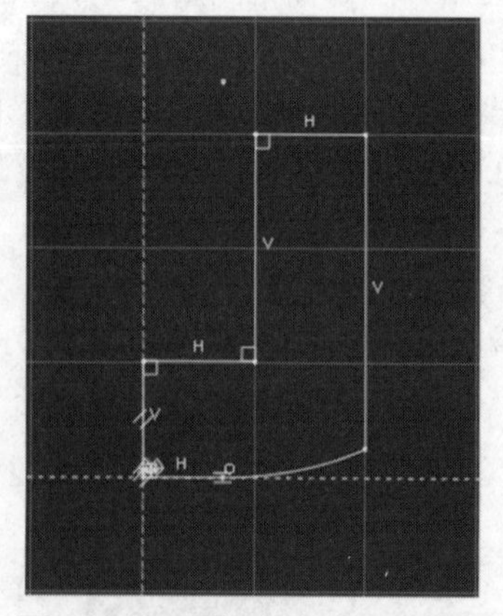

图 14-20　增加竖直约束后草图

7）单击 Add Dimension（增加尺寸）图标（见图 14-21），依次左键单击两个点（两条线）或者圆弧创建尺寸（在提示区可修改尺寸数值），所有黄色线条均变为绿色（见图 14-22），说明图形尺寸完全约束，单击图形窗口下边的“×”图标，退出尺寸标注状态。

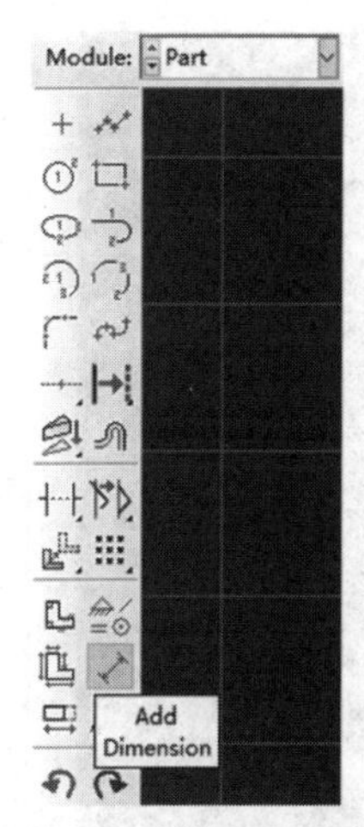

图 14-21　增加尺寸图标

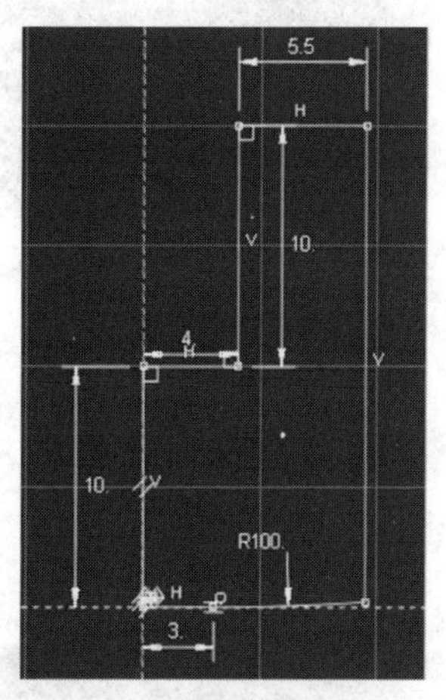

图 14-22　完全约束后的草图

8）单击提示区 Done 按钮或者鼠标中键完成截面草图，然后单击选取竖直结构线作为旋转中心线，在弹出的 Edit Revolution 窗口中输入角度 10（见图 14-23），单击提示区中的 OK 按钮，完成上电极部件建立（见图 14-24）。

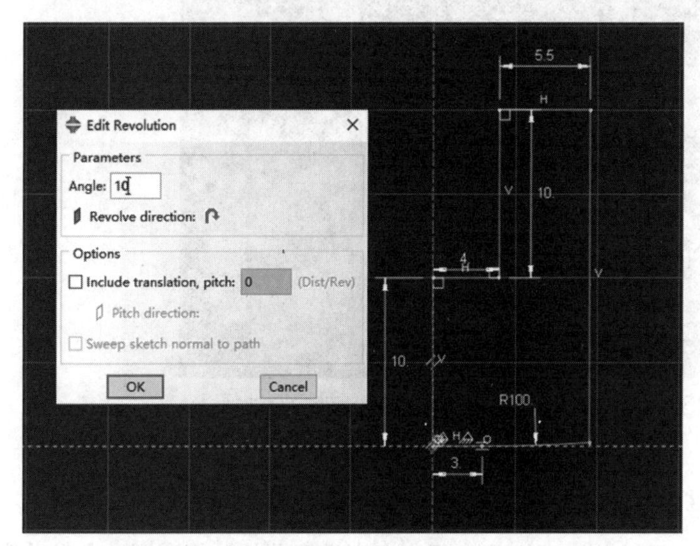

图 14-23　上电极草图、旋转角度和旋转中心轴

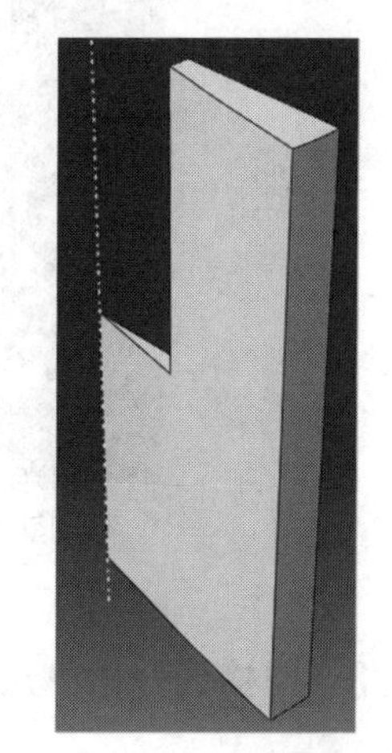

图 14-24　上电极部件图

2. 创建下电极、上板和下板

采用与创建部件上电极相似的操作创建下电极、上板和下板。

1）下电极部件名 Part-2-xiadianji，回转截面草图如图 14-25 所示。

2）上板部件名 Part-3-shangban，回转截面草图如图 14-26 所示。

3）下板部件名 Part-4-xiaban，回转截面草图如图 14-26 所示（也可以复制上板部件后修改部件名）。

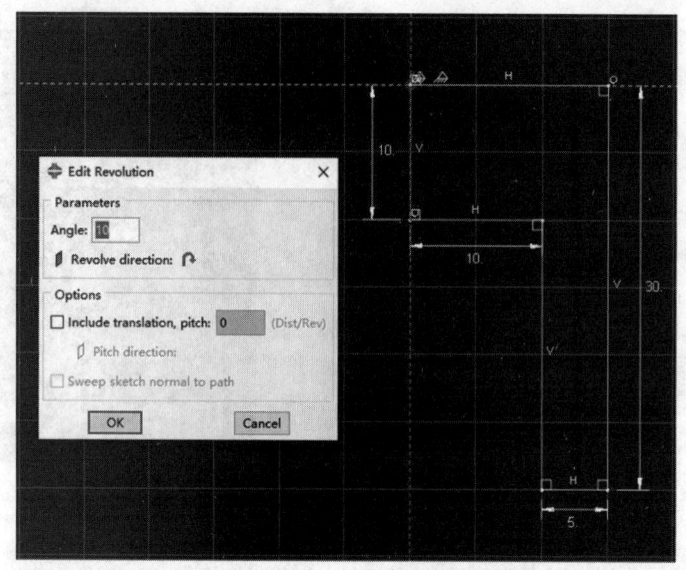

图 14-25　下电极草图、旋转角度和旋转中心轴

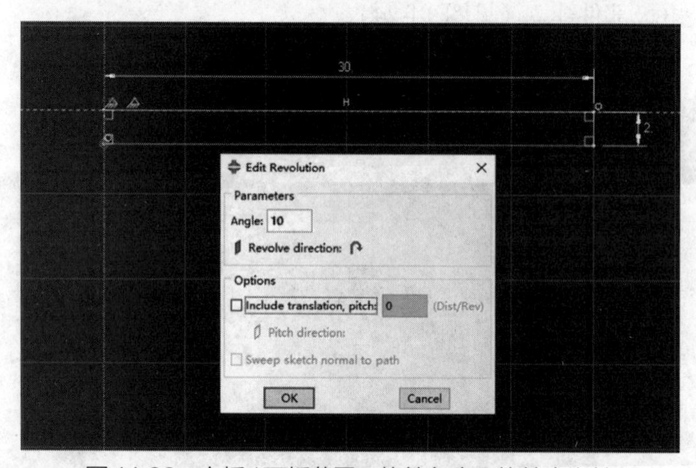

图 14-26　上板 / 下板草图、旋转角度和旋转中心轴

14.2.3　网格划分和单元属性设置

为尽可能画出六面体网格，更好的对网格疏密程度合理设置节约计算资源，在划分网格前通常将模型切分成多个块。

1. 切分上电极 Part-1-shangdianji

1）在 Part 模块中，对 Part-1-shangdianji 进行切分。（在环境栏中，Module 后选取 Part，Part 后选取 Part-1-shangdianji）。

2）左键按住切块图标，移动光标到 Partition Cell：Extend Face 通过延伸面切块图标，见图 14-27，释放左键，在视窗中框选部件（左上角按下左键移动到右下角释放，此时框选部件棱边变成红色），单击提示栏中的 Done 按钮（或者单击鼠标中键）。

3）单击选取部件上平面（见图 14-28），单击提示栏中的 Create Partition 按钮。

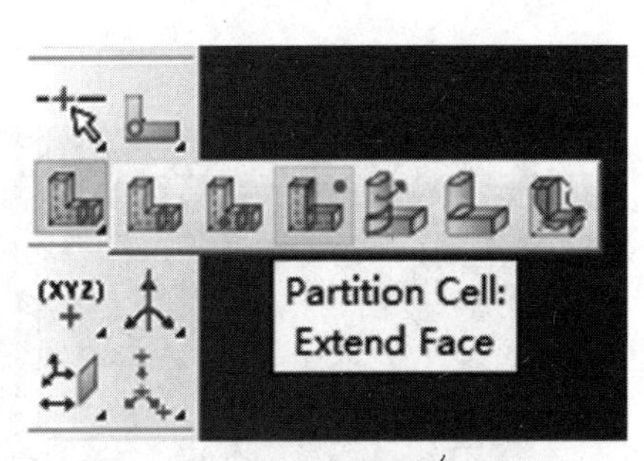

图 14-27　通过延伸面切块图标

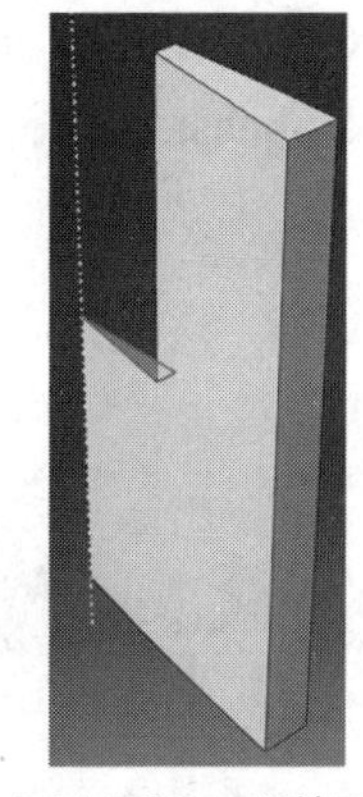
图 14-28　延伸面

4）左键按住“通过延伸面切块”图标，移动光标到 Partition Cell：Extrude/Sweep Edges 通过延伸面切块图标（见图 14-29），释放左键，在视窗中框选部件，单击提示栏中的 Done 按钮。

5）单击“选取电极底部小圆弧段”（见图 14-30），单击提示栏中的 Done 按钮，再单击 Extrude Along Direction 按钮，单击“选取视窗中的中心轴”（见图 14-30），单击 OK 按钮（不需要修改方向），再单击 Create Partition 按钮，完成切分，切分后部件如图 14-31 所示。

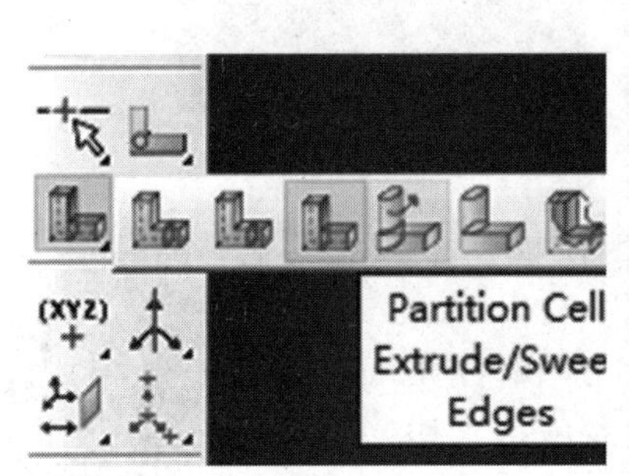

图 14-29　通过拉伸或扫掠切块

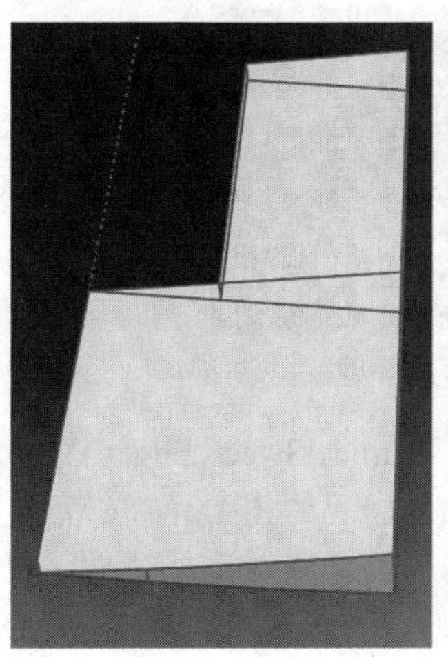
图 14-30　拉伸方向选择

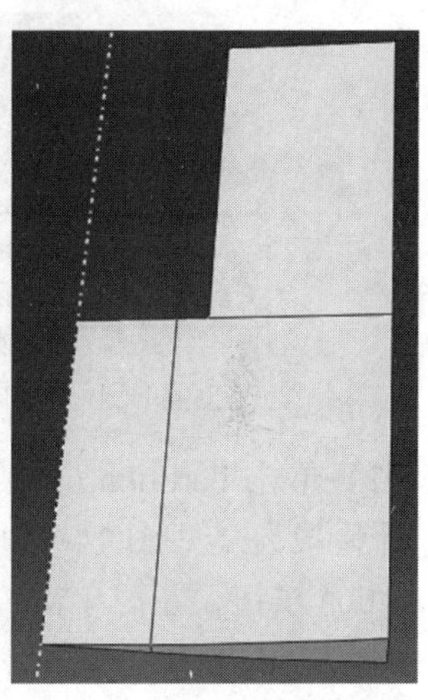
图 14-31　上电极切分结果

2. 切分下电极 Part-2-xiadianji

在 Part 模块中，选择 Part-2-xiadianji，通过延伸面切块图标，分别通过图 14-32 中两个面进行切分。

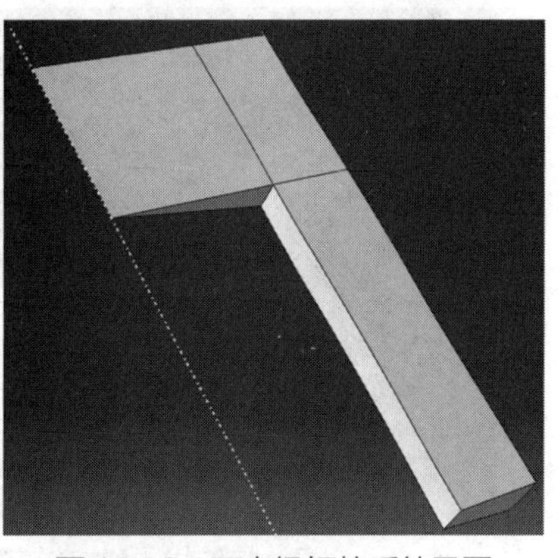
图 14-32　下电极切块后结果图

3. 切分上板 Part-3-shangban

1）在 Part 模块中，选择 Part-3-shangban，单击 Partition Face：Sketch 图标（见图 14-33），在提示栏中 Sketch origin 后边选择 Specify，然后选择部件上表面（见图 14-34 中红色面），单击 Done 按钮，在窗口下边 X，Y，Z 后边输入（0，0，0），回车，然后选择上边（见图 14-34 中粉色边）。在新的草图编辑窗口中，单击

Create Circle：Center and Perimeter 图标（见图 14-35），画如图 14-36 所示的圆，单击 Add Dimension 图标，设置半径 15 后回车，单击中键，然后单击 Done 按钮。

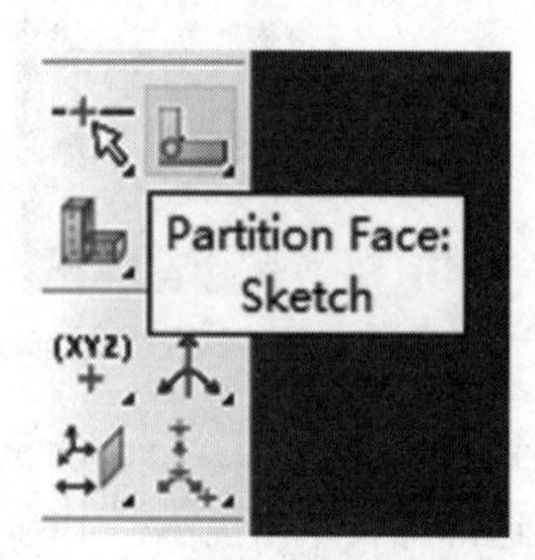

图 14-33　通过草图切分面图标

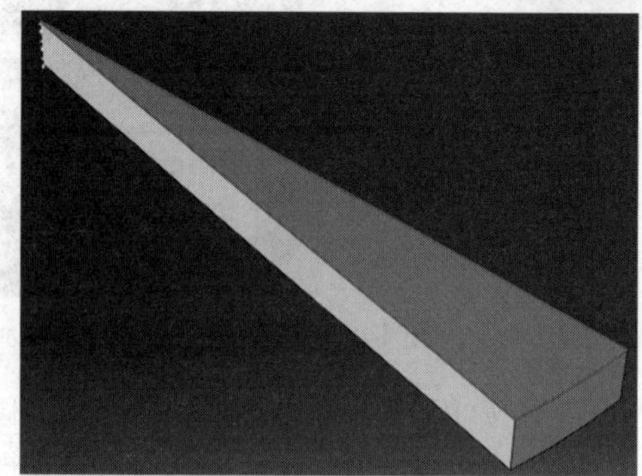

图 14-34　草图绘制平面和方位参考线

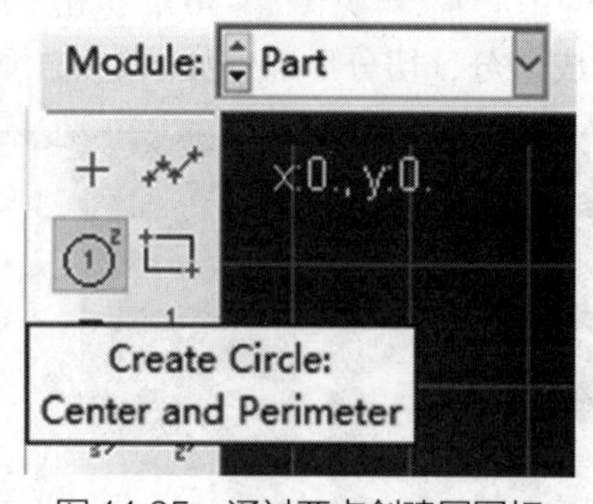

图 14-35　通过两点创建圆图标

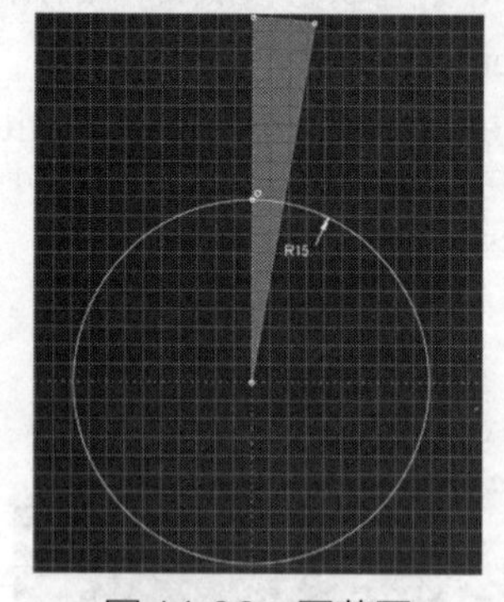

图 14-36　圆草图

2）单击 Partition Cell：Extrude/Sweep Edges 图标，在视窗中单击“选取圆弧段”（见图 14-37 中线），单击 Done 按钮，再单击 Extrude Along Direction 按钮，左键单击“选取视窗中的中心轴”（见图 14-37 中的虚线），直接单击 OK 按钮（不需要修改方向），再单击 Create Partition 按钮，完成切分。切分后模型如图 14-38 所示。

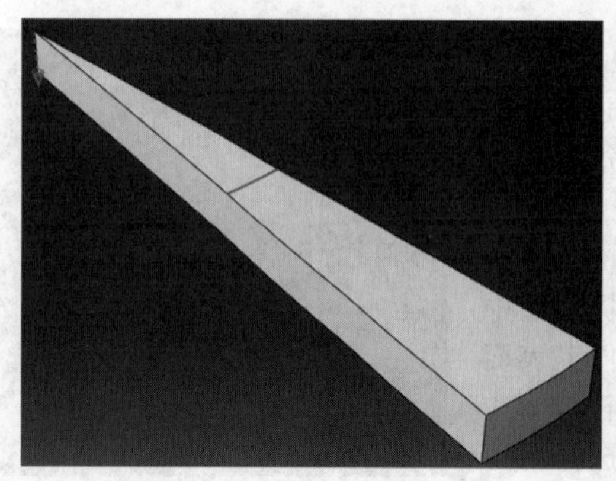

图 14-37　拉伸线段和拉伸方向选择

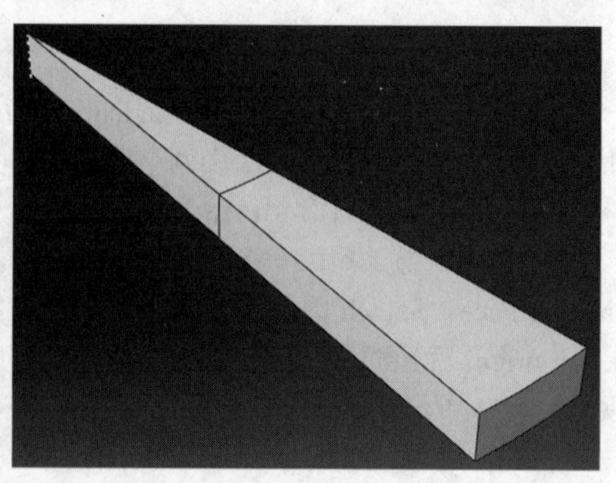

图 14-38　上板切分结果图

4. 切分下板 Part-4-xiaban

参考切分上板的步骤切分下板。

5. 上电极 Part-1-shangdianji 网格划分并赋予单元属性

1）在 Mesh 模块中，选中 Part 前边的圆圈图标，选择 Part-1-shangdianji。

2）单击 Seed Edges 图标（见图 14-39），框选整个部件（所有边都变成红色），单击 Done 按钮或者中键，在弹出的 Local Seeds 窗口中 Sizing Controls 区域输入 0.4（见图 14-40），单击 OK 按钮。

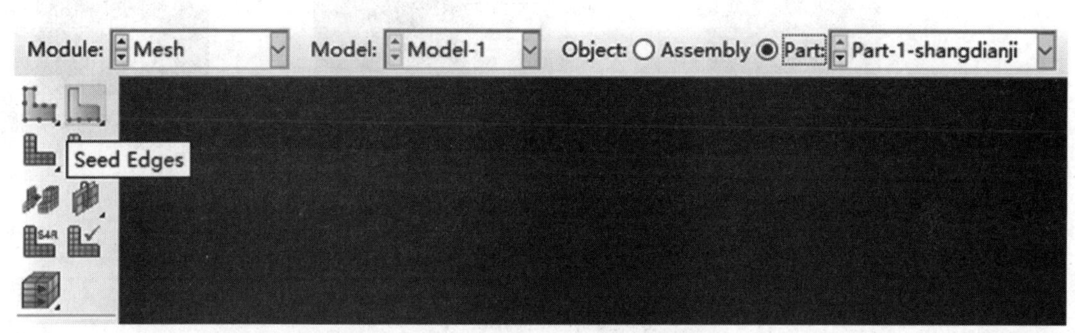

图 14-39　网格划分设置种子点图标

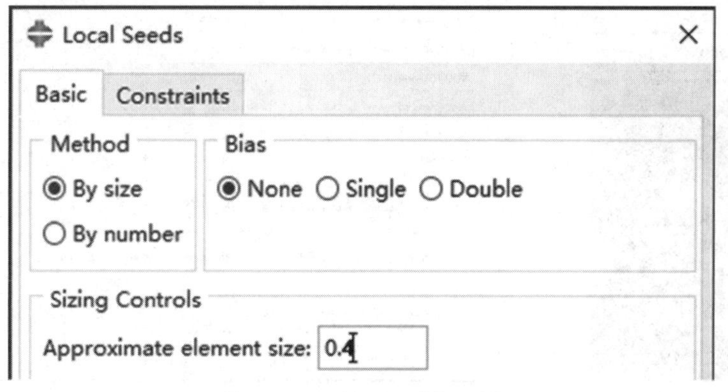

图 14-40　单元尺寸设置图

3）选取图 14-41 中红色边（可以按住 shift 键左键点选，或采用框选，与左键拉出的框交叉的边都会被默认选中，此时边变成红色），单击 Done 按钮或者中键，在弹出的 Local Seeds 窗口中 Sizing Controls 区域输入 1.2，单击 OK 按钮。

4）单击 Mesh Part 图标（见图 14-42），单击 Yes 按钮，即完成网格划分，划分后网格如图 14-43 所示。

5）单击 Assign Element Type 图标（见图 14-44），框选整个部件，单击 Done 按钮，在弹出的 Element Type 窗口中，Family 区域选择 Thermal Electrical Structural（见图 14-45），单击 OK 按钮，完成单元类型设置。

图14-41　种子点设置棱边选取

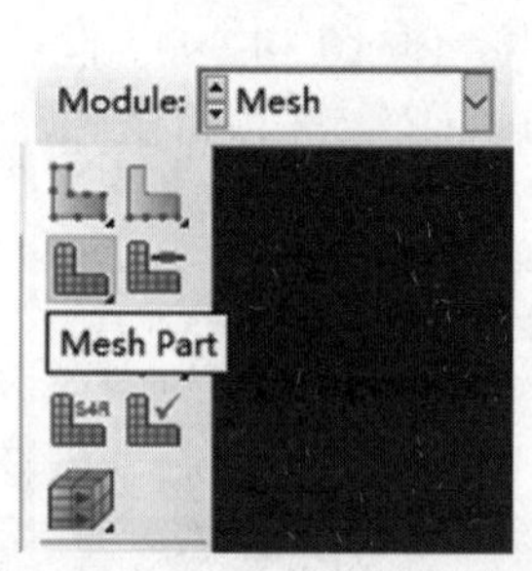

图14-42　网格划分图标

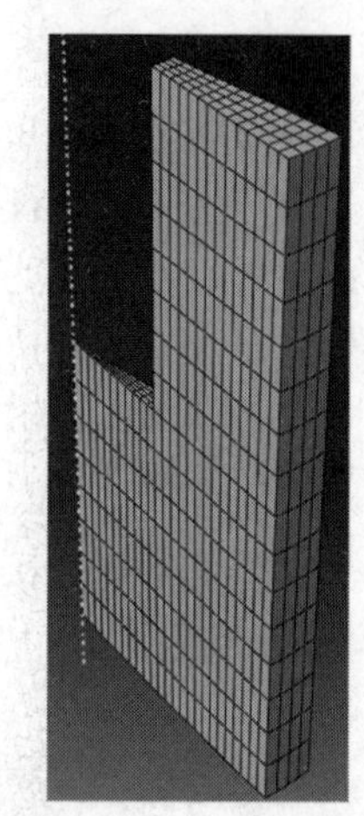

图14-43　上电极网格图

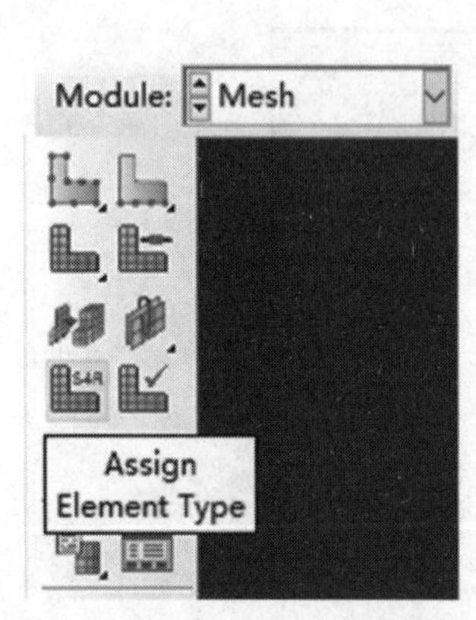

图14-44　单元类型赋予图标

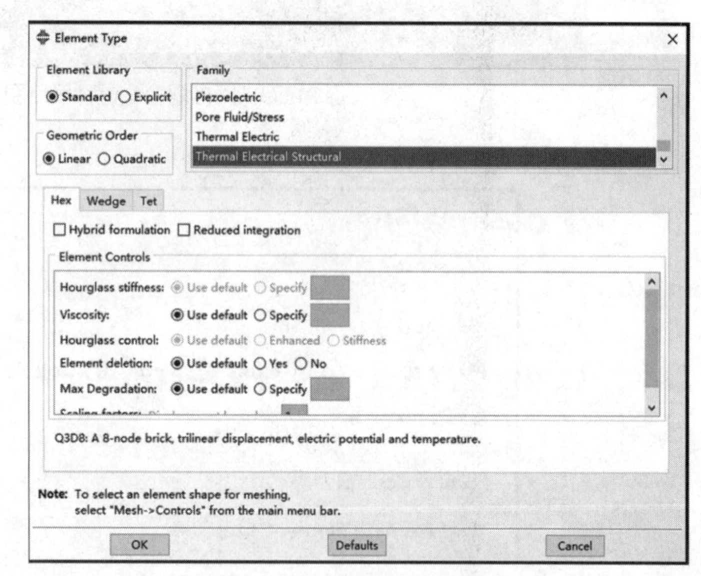

图14-45　单元类型设置图

6. 下电极 Part-2-xiadianji 网格划分并赋予单元属性

参考5.5）中步骤进行网格划分和单元属性设置。先将全部边种子点尺寸设置为0.4，然后选择图14-46中红色边，设置种子点尺寸为1.2，划分后网格如图14-47所示。

7. 上板 Part-3-shangban 网格划分并赋予单元属性

参考5.5）中步骤进行网格划分和单元设置。先将全部边种子点尺寸设置为0.3，然后选择图14-48中红色边，设置种子点尺寸为0.9，划分后网格如图14-49所示。

8. 下板 Part-4-xiaban 网格划分并赋予单元属性

采用与上板相同的步骤。

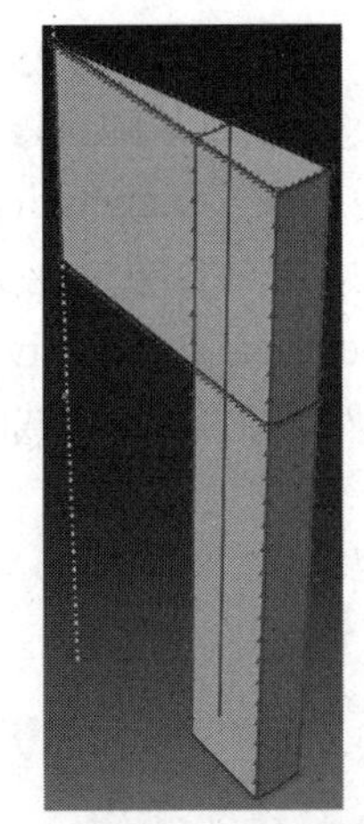

图14-46　种子点设置棱边选取

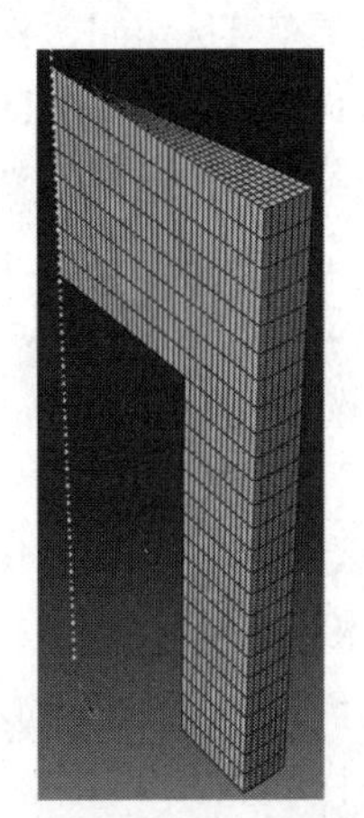

图14-47　下电极网格图

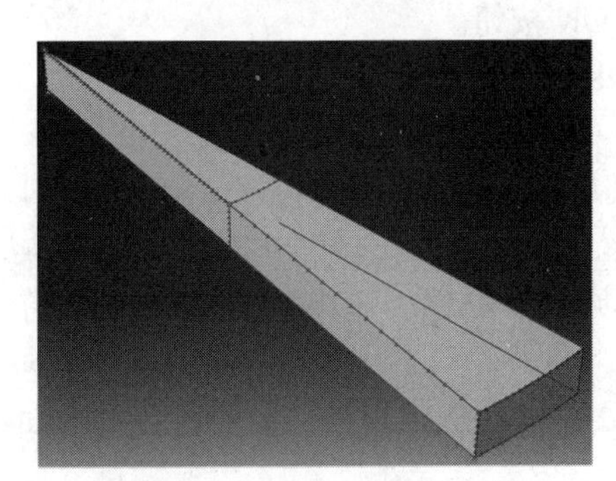

图14-48　种子点设置棱边选取

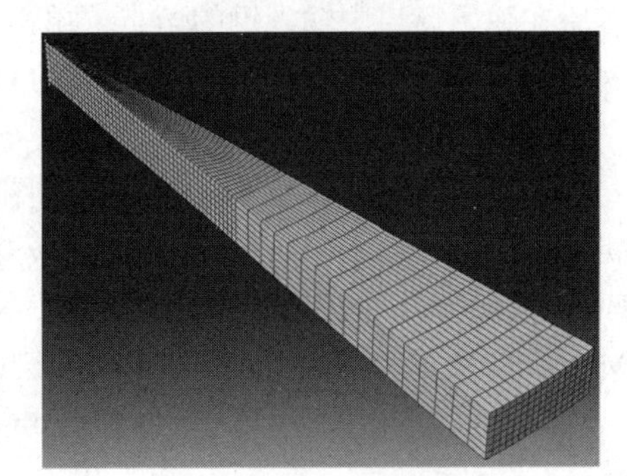

图14-49　上板网格图

14.2.4　创建材料并赋予部件

1. 创建电极材料

1）进入Property模块，单击Create Material图标（见图14-50），弹出Edit Material窗口，设置材料名为Material-1-Cu，单击窗口中菜单General，然后单击Density，在Data区域的表格中输入密度数据。

图14-50　创建材料图标

2）单击菜单Mechanical，然后单击Elasticity和Elastic，在Elastic区域中选中Use temperature-dependent data，然后在Data区域的表格中输入弹性模量和泊松比和温度变化的数据。

3）单击菜单Mechanical，然后单击Plasticity和Plastic，在Plastic区域中选中Use temperature-dependent data，然后在Data区域的表格中输入屈服应力和塑性应变随温度变化的数据。

4）单击菜单Mechanical，然后单击Expansion，在Expansion区域中选中Use temperature-dependent data，然后在Data区域的表格中输入线胀系数随温度变化的数据。

5）单击菜单 Thermal，然后单击 Conductivity，在 Conductivity 区域中选中 Use temperature-dependent data，然后在 Data 区域的表格中输入导热系数随温度变化的数据。

6）单击菜单 Thermal，然后单击 Specific Heat，在 Conductivity 区域中选中 Use temperature-dependent data，然后在 Data 区域的表格中输入比热容随温度变化的数据。

7）单击菜单 Electrical/Magnetic，然后单击 Electrical Conductivity，在 Electrical Conductivity 区域中选中 Use temperature-dependent data，然后在 Data 区域的表格中输入电导率随温度变化的数据。

8）单击 OK 按钮完成 Material-1-Cu 的材料编辑。

2. 创建板材材料

1）参考创建电极材料的步骤，设置材料名称为 Material-2-Steel，在 Data 区域的表格中输入钢的材料参数。

2）在输入 Plastic 参数时，可以单击 Plastic 区域中的 Suboption 和 Annealing Temperature，然后在弹出窗口中输入钢的熔点，单击 OK 按钮。

3）单击 Edit Material 窗口底部的 OK 按钮，完成板材材料的创建。

3. 生成截面属性

1）单击 Create Section 图标（见图 14-51），在弹出的 Create Section 窗口中，设置截面属性名为 Section-1-dianji，Category 区域中默认选中 Solid，Type 区域中默认选中 Homogeneous，单击 Continue... 按钮（见图 14-52），弹出的 Edit Section 窗口中选择材料 Material-1-Cu（见图 14-53），单击 OK 按钮。

2）同样的步骤，创建名为 Section-2-ban 的截面属性，选择材料 Material-2-Steel。

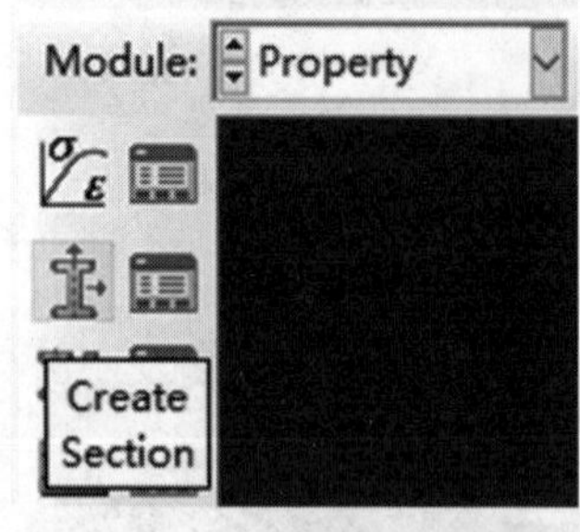

图 14-51　创建截面属性图标

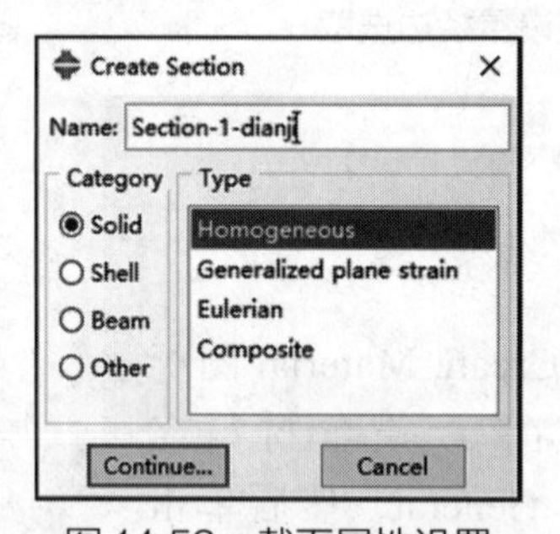

图 14-52　截面属性设置

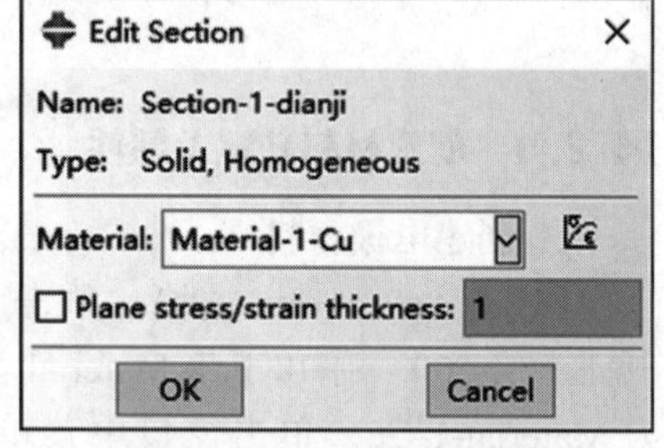

图 14-53　截面材料选取

4. 赋予材料

1）在 Property 模块中，确定环境栏中 Part 后边为 Part-1-shangdianji，单击 Assign Section 图标（见图 14-54），框选整个部件，单击 Done 按钮（此时在提示栏中 Done 按钮前边可以对选取的内容设置 Set 集名称，便于后续选择）。弹出 Edit Section Assignment 窗口，在 Section 区域的 Section 后边选择 Section-1-dianji，然后单击 OK 按钮，将界面属性 Section-1-dianji 中材料 Material-1-Cu 赋予上电极 Part-1-shangdianji。

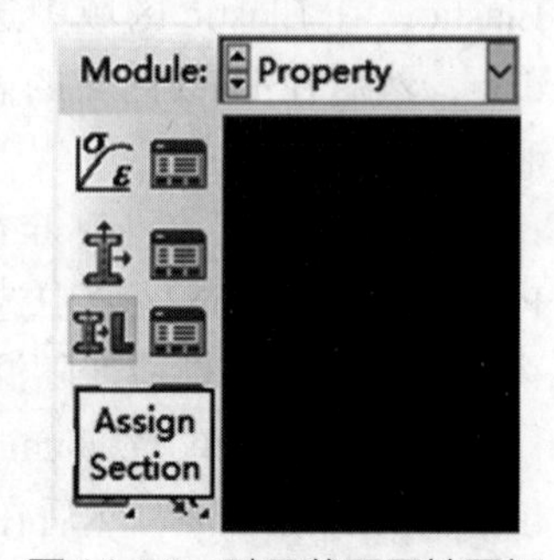

图 14-54　赋予截面属性图标

2）参考上述步骤，对于部件 Part-2-xiadianji，选择 Section-1-

dianji，对于 Part-3-shangban 和 Part-4-xiaban，选择 Section-2-ban，完成材料赋予。

14.2.5　创建装配

1. 创建部件实例

在 Assembly 模块中，单击 Create Instance 图标（见图 14-55），在弹出的 Create Instance 窗口中单击 Part-1-shangdianji，然后按住 Shift 键单击 Part-4-xiaban，选取全部四个部件（见图 14-56），单击 OK 按钮完成，此时在装配环境中对四个部件分别创建一个实例（见图 14-57）。

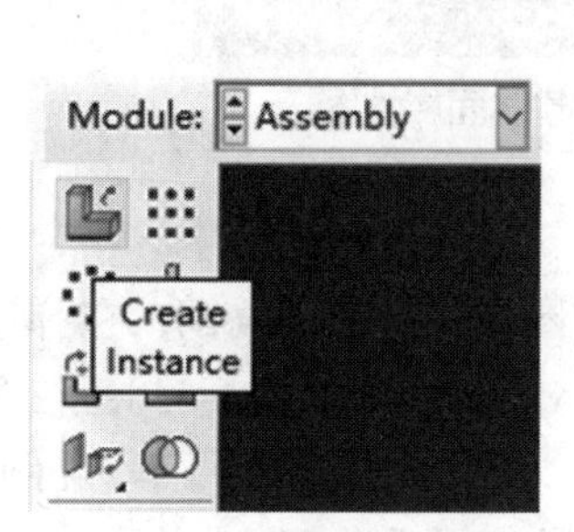

图 14-55　创建实例图标

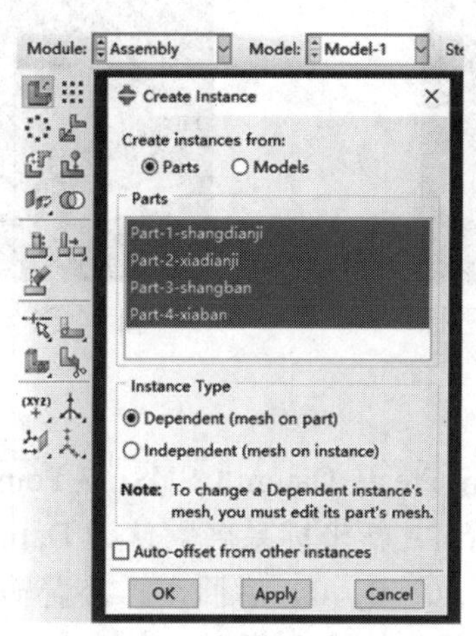

图 14-56　部件选取

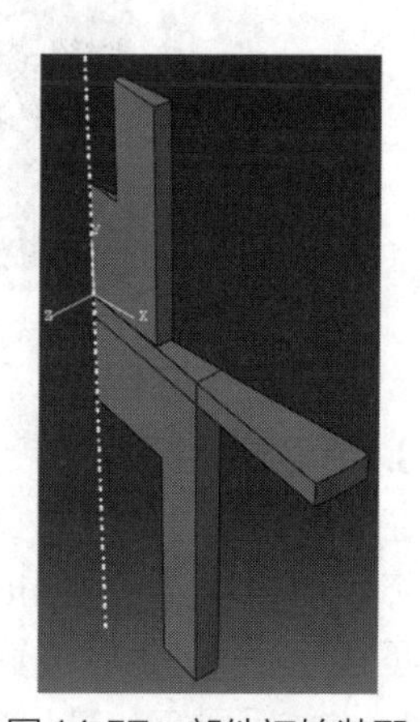

图 14-57　部件初始装配

2. 设置部件实例位置

1）在 Assembly 模块中，单击 Translate Instance 图标（见图 14-58），然后单击提示栏 Instance... 图标，在弹出的 Instance Selection 窗口中单击 Part-1-shangdianji-1，按住 ctrl 键单击 Part-3-shangban-1（见图 14-59），单击 OK 按钮，完成两个部件实例选择。在提示栏 X，Y，Z 后边输入（0，0，0）后回车，然后再输入（0，2，0）后回车，最后单击 OK 按钮，将上电极和上板沿着 Y 轴正向移动 2mm。

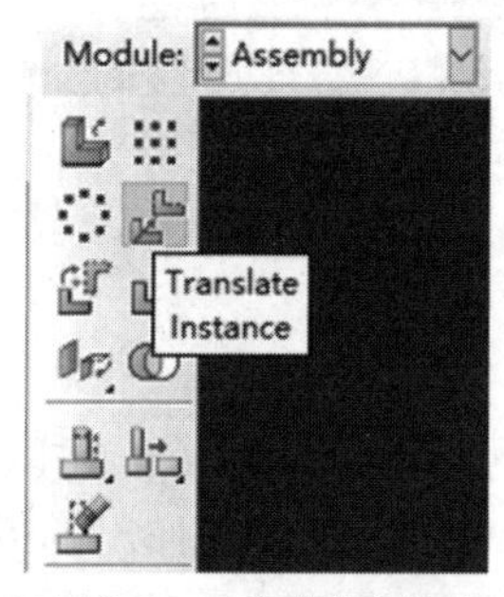

图 14-58　移动实例图标

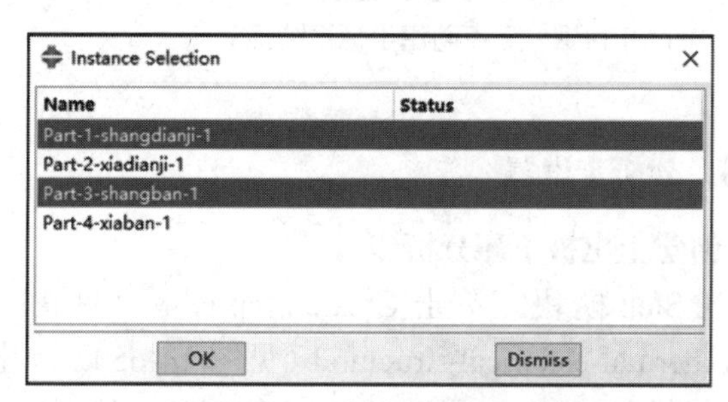

图 14-59　创建截面属性图标

2）采用1）中步骤将Part-2-xiadianji-1，Y轴正向移动–2mm，X，Y，Z后边先输入（0，0，0）后回车，然后再输入（0，–2，0）后回车即可。

3）单击Rotate Instance图标（见图14-60），然后单击Instance... 按钮，选择全部四个部件实例。在提示栏X，Y，Z后边输入（0，0，0）后回车，接着输入（1，0，0）后回车，然后输入90后回车，最后单击OK按钮，将四个部件实例绕着X轴正向旋转90°。调整位置后四个实例部件如图14-61所示。

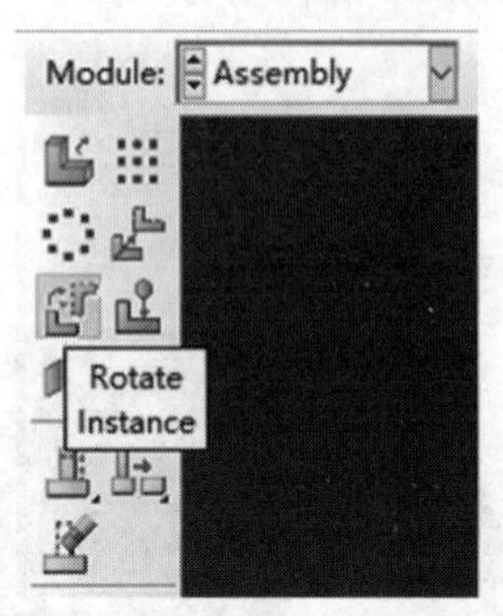

图14-60　旋转实例图标

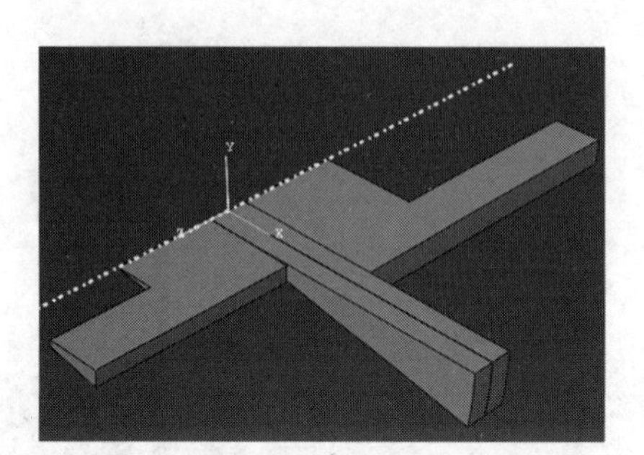
图14-61　创建截面属性图标

3. 创建柱坐标系

在Assembly模块中，单击Create Datum CSYS：3 Points图标（见图14-62），在弹出创建坐标系窗口中选中Cylindrical，新坐标系名默认为Datum csys-2（见图14-63），在图形窗口下边X，Y，Z后边输入（0，0，0）后回车，接着输入（1，0，0）后回车，再输入（0，1，0）后回车，最后单击OK按钮，建立一个轴向与全局坐标系（Global Coordinate）Z方向一致的柱坐标系。根据分析对象的轴对称特征，创建该柱坐标系，用于后续的载荷和边界条件设置。

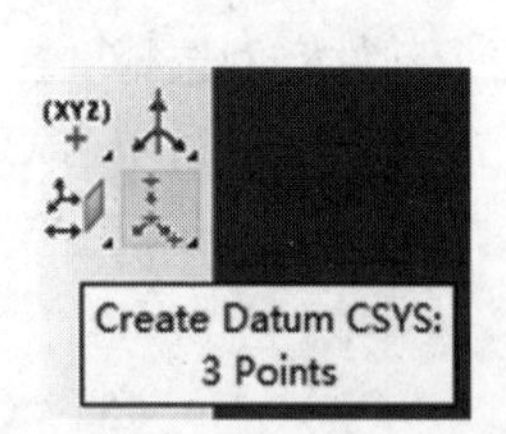

图14-62　三点创建坐标系图标

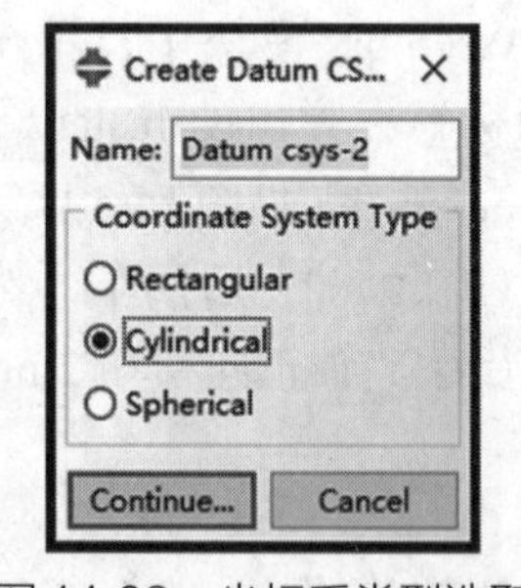

图14-63　坐标系类型选取

14.2.6　分析步设置

1. 创建上电极下压分析步

进入Step模块，单击Create Step图标（见图14-64），弹出Create Step窗口，选择Coupled thermal-electrical-structural（见图14-65），单击Continue... 按钮。在弹出的Edit Step窗口中，设置Time period为0.01，选中on，然后单击菜单Incrementation，设置Maximum number of increments 为 10000，Initial 为 0.001，Minimum 为 1e-10，Maximum 为 0.01，Max. allowable temperature change per increment 为 1000，单击 OK 按钮，完成第一个分析步设置。

2. 创建电极加热分析步

参考 1. 中步骤创建第二个分析步，设置 Time period 为 0.2，Maximum number of increments 为 10000，Initial 为 0.0001，Minimum 为 1e-10，Maximum 为 0.01，Max.allowable temperature change per increment 为 1000，单击 OK 按钮。

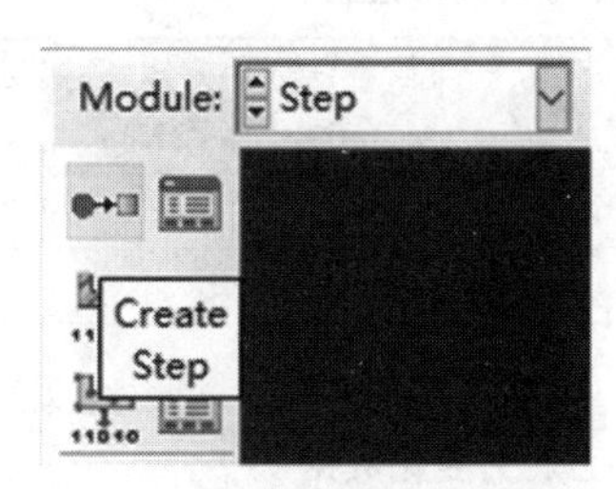

图 14-64　创建分析步图标

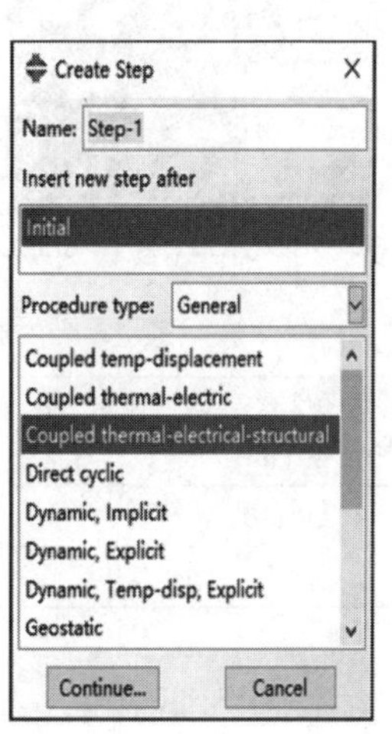

图 14-65　分析步类型选择

14.2.7　相互作用设置

1. 创建相互作用属性

1）进入 Interaction 模块，单击 Create Interaction Property（创建相互作用属性）图标（见图 14-66），弹出 Create Interaction Property 窗口，输入属性名 IntProp-1-dianji-ban，选取 Contact（见图 14-67），单击 Continue... 按钮，弹出 Edit Contact Property 窗口。单击 Mechanical 菜单，选择 Tangential Behavior，选择 Penalty，输入 Friction Coeff（摩擦系数）为 0.3；单击 Mechanical 菜单，选择 Normal Behavior；单击 Thermal 菜单，选择 Thermal Conductance，输入电极与板接触换热系数随间隙变化数据（见表 14-6）；单击 Electrical 菜单，选择 Electrical Conductance，选中 Use only pressure-dependency data，输入电极与板接触导电系数随正压力变化数据（见表 14-7），单击 OK 按钮完成属性设置。

2）参考步骤 1），创建属性 IntProp-2-ban-ban，Friction Coeff 为 0.3，板与板接触换热系数随间隙变化数据和接触导电系数随压强变化数据参考表 14-6 和表 14-7。

3）在 Interaction 模块中，单击 Create Interaction Property 图标，弹出 Create Interaction Property 窗口，输入属性名 IntProp-3-dianji-duiliu，选取 File condition，单击 Continue... 按钮，弹出 Edit Interaction Property 窗口，选中 Use temperature-dependent data，输入电极与空气对流换热系数随温度变化数据（见表 14-8）。

4）参考步骤 3），创建属性 IntProp-4-ban-duiliu，板与空气对流换热系数随温度变化数据见表 14-8。

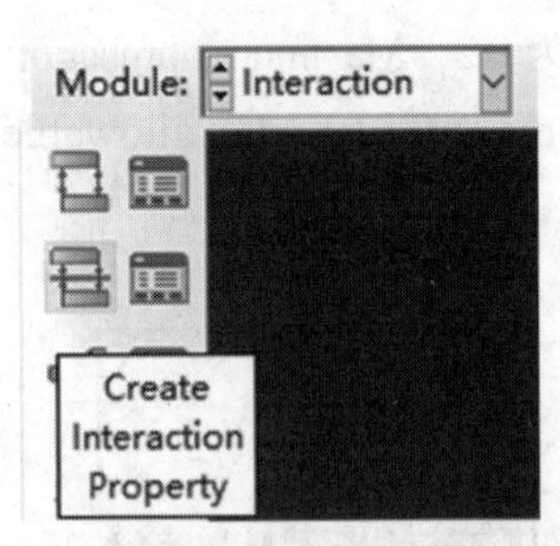

图 14-66　创建相互作用属性图标

图 14-67　相互作用属性类型选择

表 14-6　接触换热系数随接触间隙变化数据

	接触换热系数 / [mW/(mm²·K)]	间隙 / mm		接触换热系数 / [mW/(mm²·K)]	间隙 / mm
电极与板	110	0	板与板	80	0
	0	0.1		0	0.1

表 14-7　接触导电系数随接触正压力变化数据

	接触导电系数 / [A/(mm²·mV)]	正压力 / MPa		接触导电系数 / [A/(mm²·mV)]	正压力 / MPa
电极与板	0	0	板与板	0	0
	1	10		0.8	10
	1.2	500		1	500

表 14-8　对流换热系数随温度变化数据

	对流换热系数 / [mW/(mm²·K)]	温度 / ℃		对流换热系数 / [mW/(mm²·K)]	温度 / ℃
电极与空气	0	20	板与空气	0	20
	0.0113	100		0.01353	100
	0.01359	200		0.01892	200
	0.02047	300		0.02524	300
	0.02642	400		0.03306	400
	0.03379	500		0.04282	500
	0.04283	600		0.05482	600
	0.05378	700		0.06939	700
	0.06677	800		0.08672	800
	0.08214	900		0.1072	900
	0.1001	1000		0.1312	1000

2. 创建相互作用

1）进入 Interaction 模块，单击 Create Interaction 图标（见图 14-68），弹出 Create Interaction 窗口（见图 14-69），输入相互作用名 Int-1-shangdianji-shangban，Step 后边默认 Initial（相互作用在初始步生效），选取 Surface-to-surface contact（Standard），单击 Continue... 按钮。单击提示栏下边的 individually，选取 by angle（一次选取不超过给定角度的多个面），视窗中单击选取 Main Surface（上电极下表面），单击 Done 按钮（默认所选面名称为 m_surface-1，可以自行修改），然后单击 Surface 按钮，视窗中单击选取 Secondary surface（上板上表面），单击 Done 按钮（默认所选面名称为 s_surface-1，可以自行修改），弹出 Edit Interaction 窗口，设置相互作用属性为 IntProp-1-dianji-ban，单击 OK 按钮（见图 14-70），完成上电极与上板的相互作用设置。

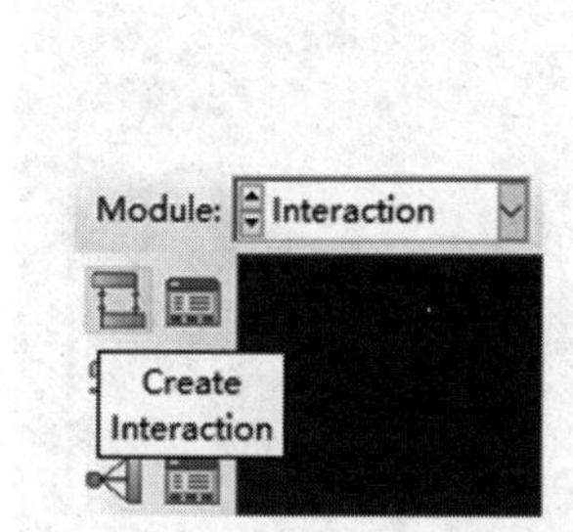

图 14-68　创建相互作用图标

图 14-69　相互作用类型选取

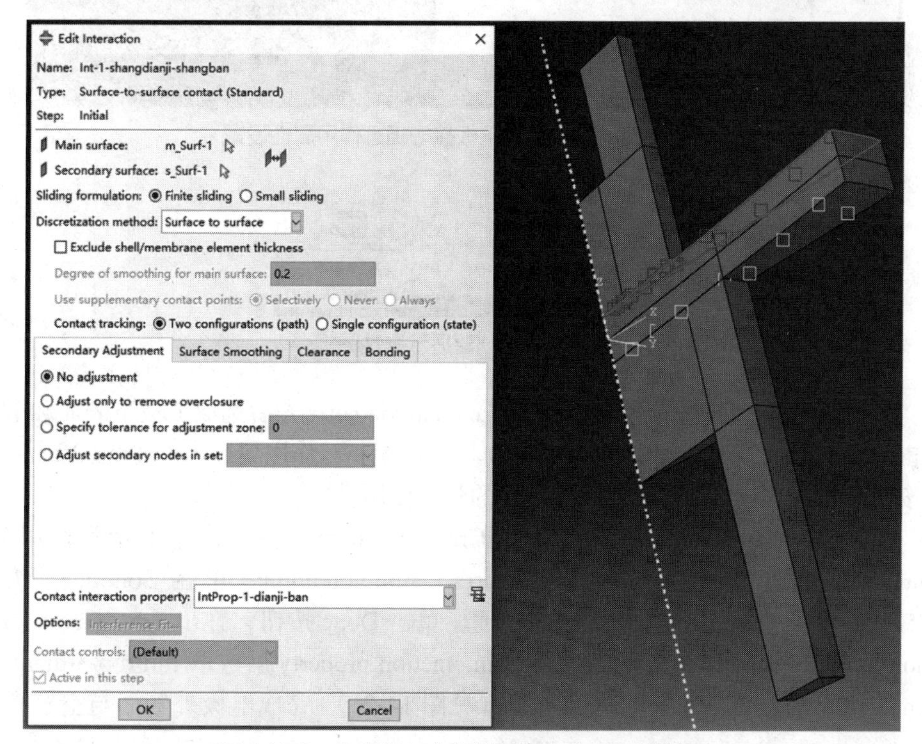

图 14-70　上电极与上板接触相互作用属性设置

2）参考步骤 1)，创建相互作用 Int-2-xiadianji-ban，先后选取下电极上表面和下板下表面，单击 Done 按钮，弹出 Edit Interaction 窗口，设置相互作用属性为 IntProp-1-dianji-ban，单击 OK 按钮（见图 14-71)，完成上电极与上板的相互作用设置。由于下电极上边面被下板覆盖，可以单击工具栏中 Create Display Group（创建显示组）图标（见图 14-72)，利用弹出窗口（见图 14-73）中 Replace 等功能按钮单独显示下电极后选取。

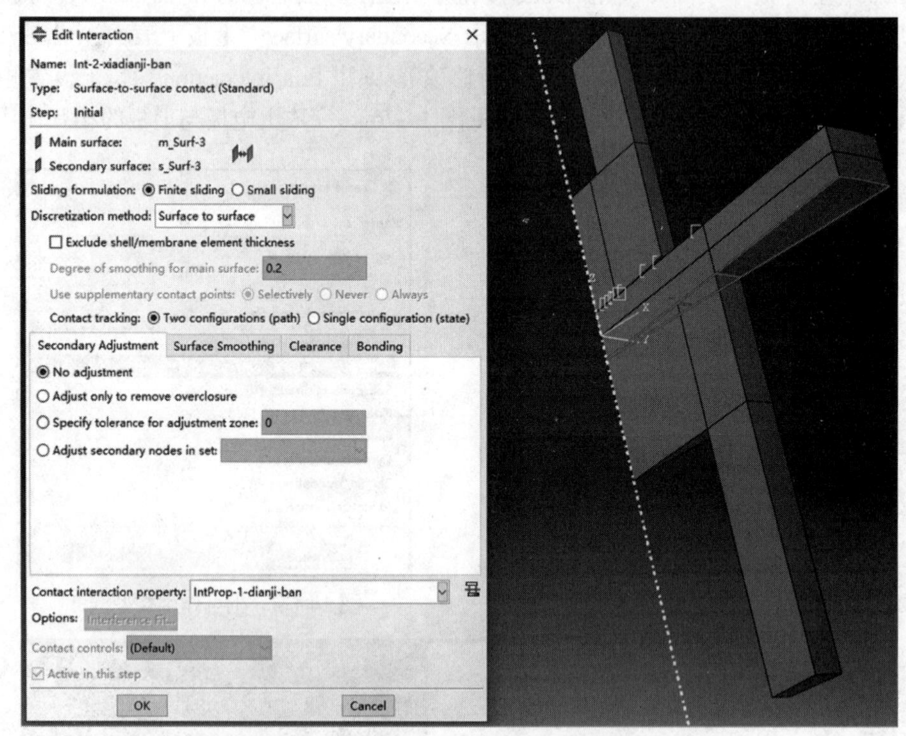

图 14-71　下电极与下板接触相互作用属性设置

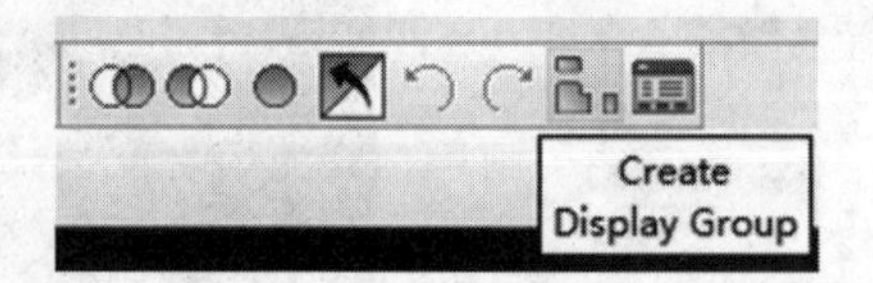

图 14-72　创建显示属性图标

3）参考步骤 2)，创建相互作用 Int-3-shangban-xiaban，先后选取上板下表面和下板上表面，单击 Done 按钮，弹出 Edit Interaction 窗口，设置相互作用属性为 IntProp-2-ban-ban，单击 OK 按钮（见图 14-74)，完成上板与下板的相互作用设置。

4）单击 Create Interaction 图标，弹出 Create Interaction 窗口，输入相互作用名 Int-4-dianji-air，Step 后边选取 Step-2，选取 Surface film condition，单击 Continue... 按钮（见图 14-75)，视窗中选取上下电极外侧圆柱面，单击 Done 按钮，弹出 Edit interaction 窗口，Definition 后选取 Property Reference，Film interaction property 后选取 IntProp-3-dianji-duiliu，Sink temperature 后输入 25，单击 OK 按钮（见图 14-76)，完成电极外侧面与空气表面传热设置。

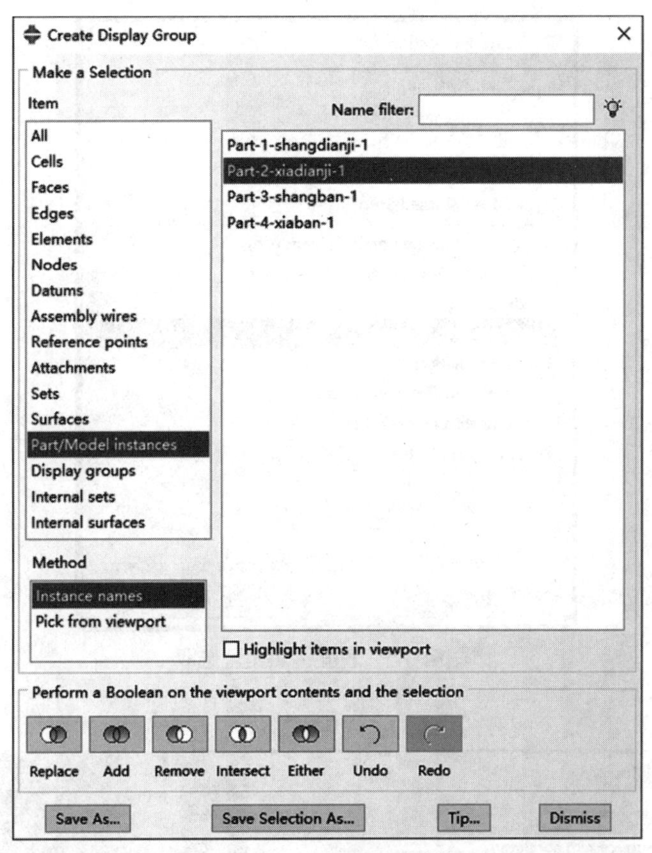

图 14-73　创建显示组设置

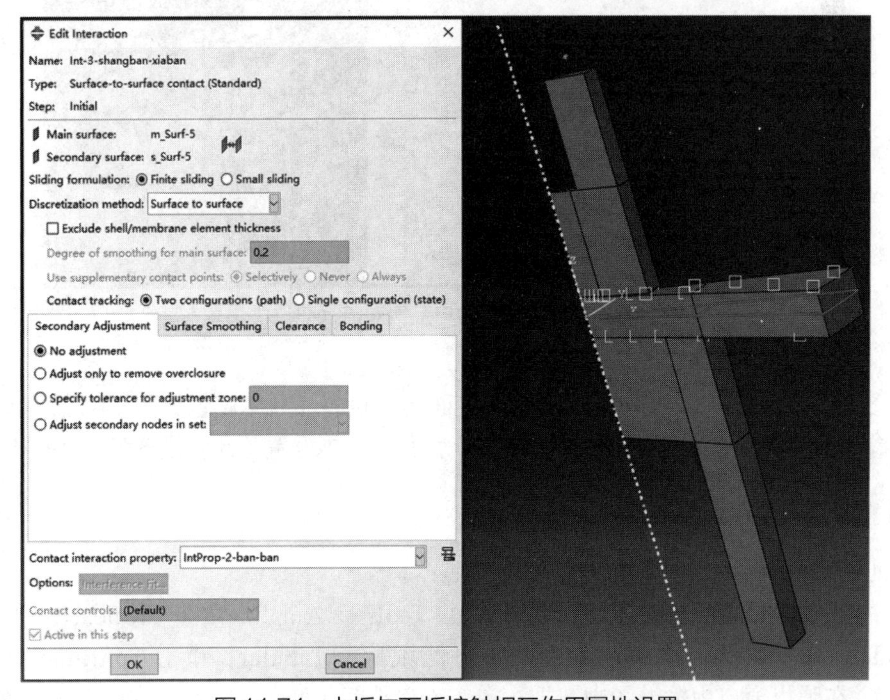

图 14-74　上板与下板接触相互作用属性设置

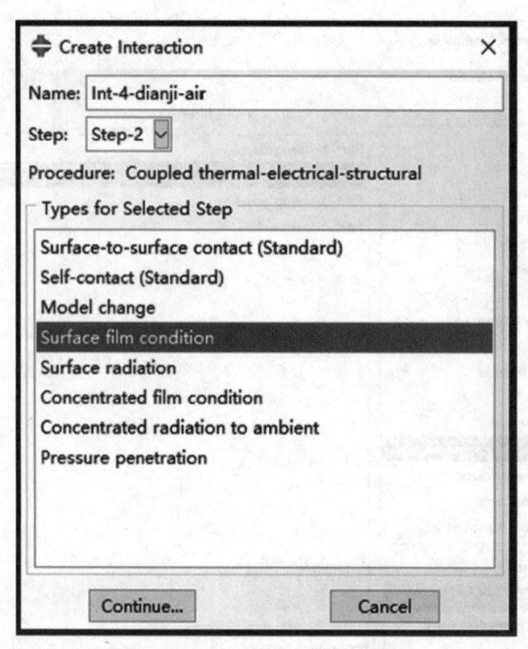

图14-75　表面传热类型选取

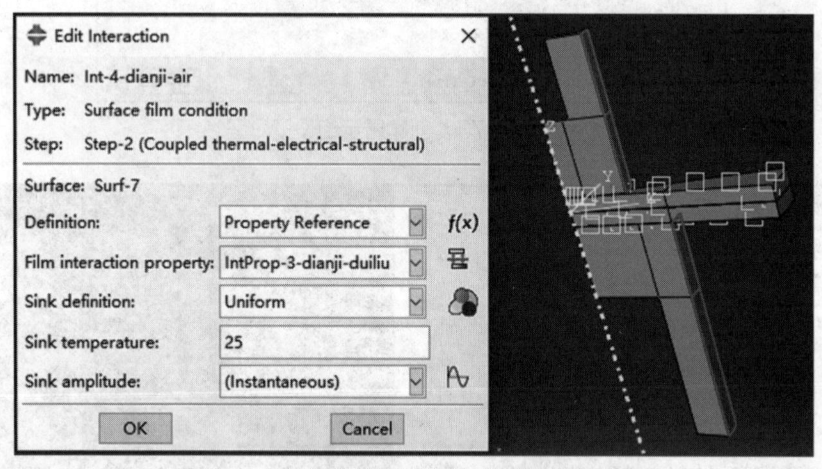

图14-76　电极外侧面与空气对流换热属性设置

5）参考步骤4)，完成板外侧面与空气表面传热设置（具体设置见图14-77)。

6）参考步骤4)，完成电极内侧面与冷却水表面传热设置（具体设置见图14-78)。

14.2.8　创建载荷和边界条件

1. 创建载荷

1）进入Load模块，单击菜单栏中的Tools → Amplitude → Create...，弹出Create Amplitude窗口，默认名称为Amp-1，Type区域默认Tabular，单击Continue...按钮（见图14-79)，在弹出窗口中输入图中数据，单击OK按钮（见图14-80)，完成幅值曲线创建。

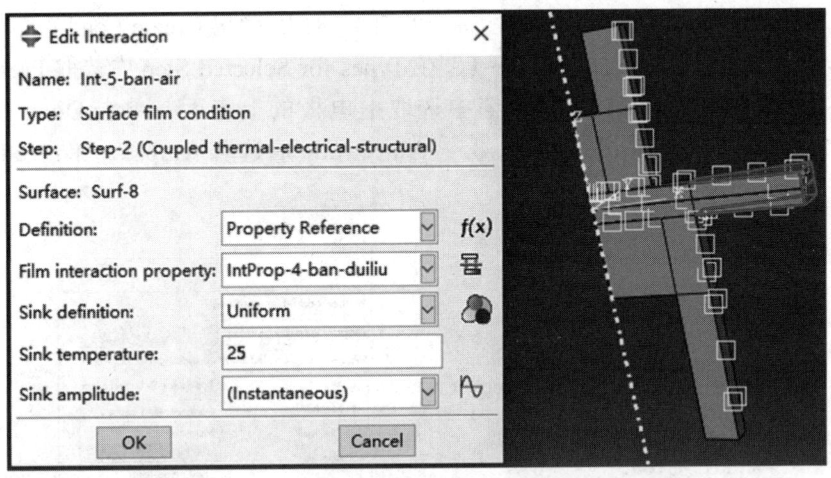

图 14-77　上 / 下板外侧面与空气表面传热属性设置

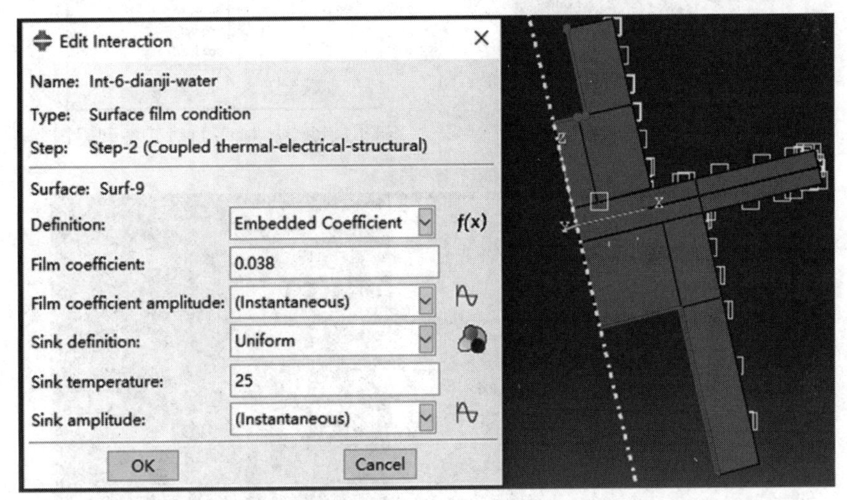

图 14-78　上 / 下电极内侧面与冷却水表面传热属性设置

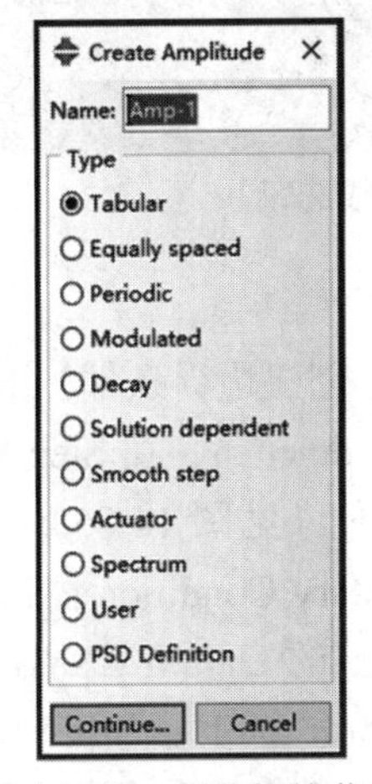

图 14-79　创建幅值曲线

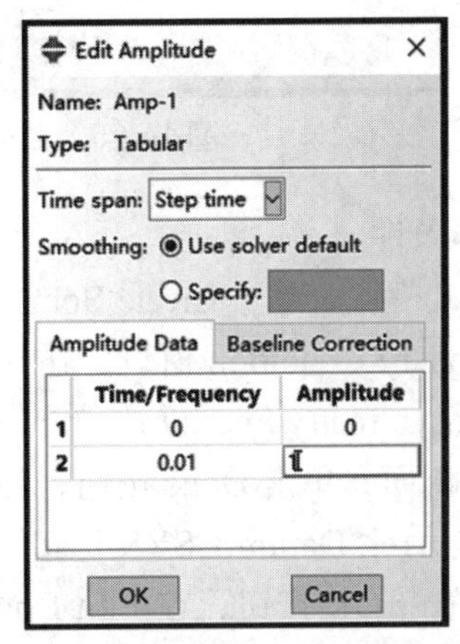

图 14-80　幅值随时间变化数据

2）单击 Create Load（创建载荷）图标（见图 14-81），弹出 Create Load 窗口，输入名称为 Load-1-shangdianji，Step 后选取 Step-1，在 Types for Selected Step 中选取 Pressure，单击 Continue... 按钮（见图 14-82），在视窗中选取上电极的上表面，单击 Done 按钮，弹出 Edit Load 窗口，在 Magnitude 后输入 35，Amplitude 后选取 Amp-1，单击 OK 按钮（见图 14-83）。

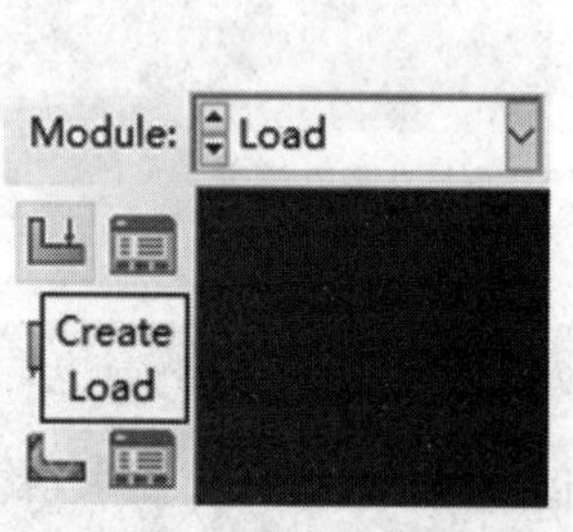

图 14-81　创建载荷图标

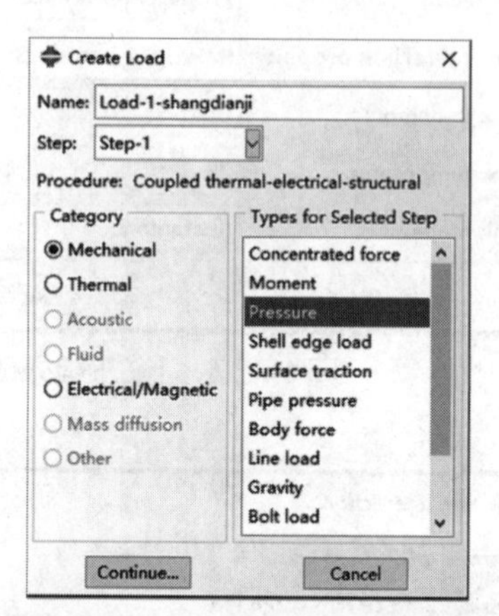

图 14-82　机械压力载荷类型设置

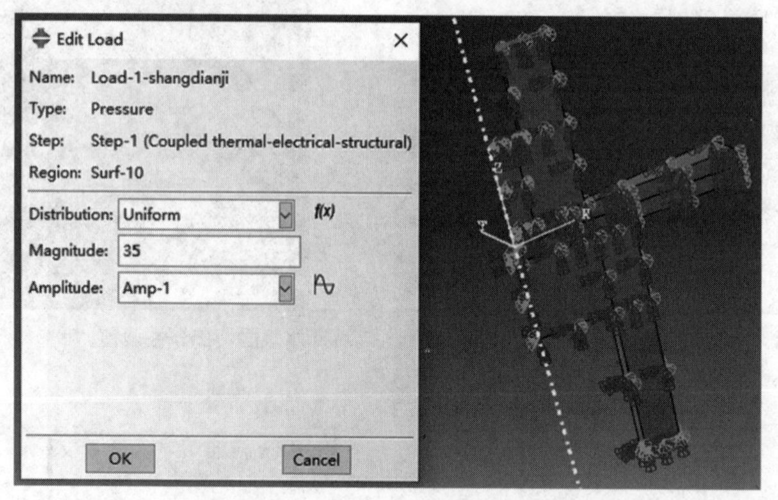

图 14-83　载荷数据及幅值曲线选取

2. 创建边界条件

1）进入 Load 模块，单击 Create Boundary Condition（创建边界条件）图标（见图 14-84），弹出 Create Boundary Condition 窗口，输入名称为 BC-1-duichen，在 Step 后选取 Initial，选取 Symmetry/Antisymmetry/Encastre，单击 Continue... 按钮（见图 14-85），在视窗中选取四个部件实例的两侧面，单击 Done 按钮，弹出 Edit Boundary Condition 窗口，单击 Global 后的箭头，单击提示栏 Datum CSYS List... 按钮，在弹出的 Datum CSYS List 窗口中选取 Datum csys-2，单击 OK 按钮，在 Edit Boundary Condition 窗口中选中 YSYMM，单击 OK 按钮（见图 14-86）。完成对侧面的对称设置。

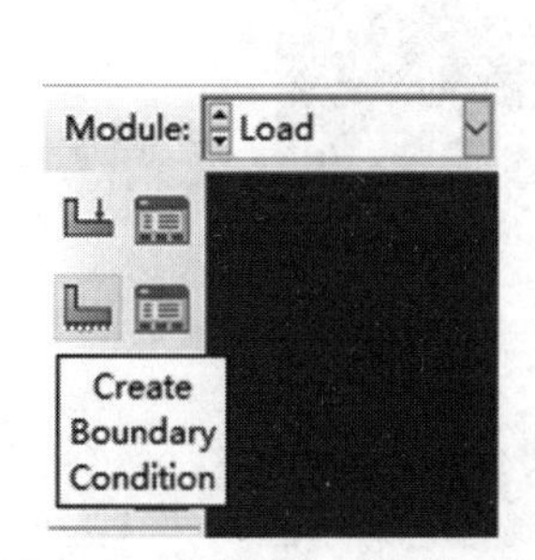

图14-84　创建边界条件图标

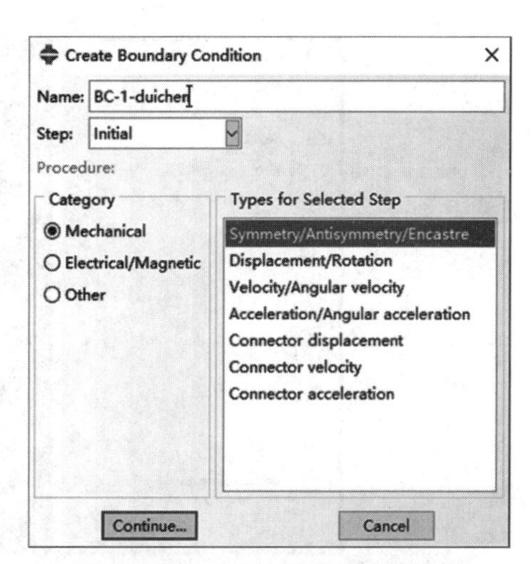

图14-85　对称边界条件类型设置

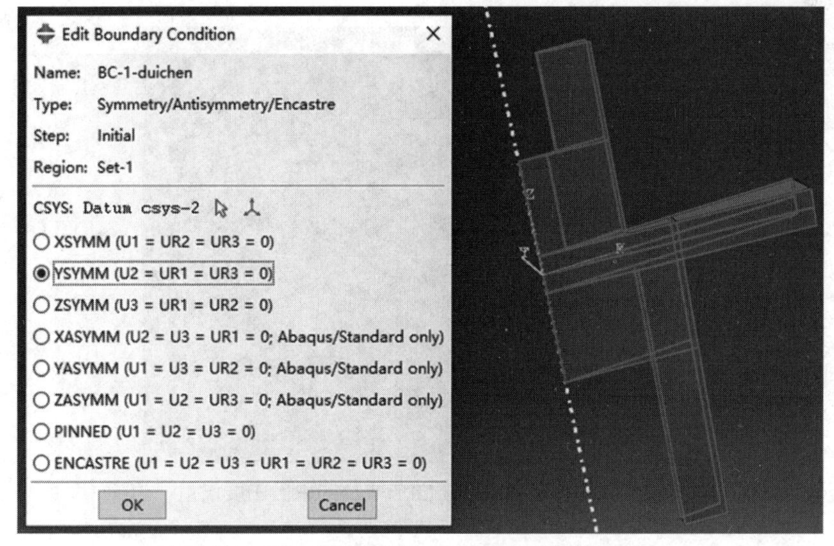

图14-86　对称面选取及对称边界条件设置

2）参考步骤1），创建边界条件BC-2-zhongxinxian，在Create Boundary Condition窗口中选取Displacement/Rotation，在视窗中选取四个部件实例的中心线，在Datum CSYS List窗口中选取Datum csys-2，在Edit Boundary Condition窗口中选中U1，单击OK按钮（见图14-87）。

3）参考步骤1），创建边界条件BC-3-xiadianji-dimian，在Create Boundary Condition窗口中选取Displacement/Rotation，在视窗中选取下电极底面，在Datum CSYS List窗口中选取Datum csys-2，在Edit Boundary Condition窗口中选中U3，单击OK按钮（见图14-88）。

4）参考步骤1），创建边界条件BC-4-shangdianji-dianya，在Create Boundary Condition窗口中，Step后选取Step-2，Category区域选取Electrical/Magnetic，Type for Selected Step区域选取Electric potential，在视窗中选取上电极上表面，Magnitude后输入2000（对应2000mV电压），单击OK按钮（见图14-89）。

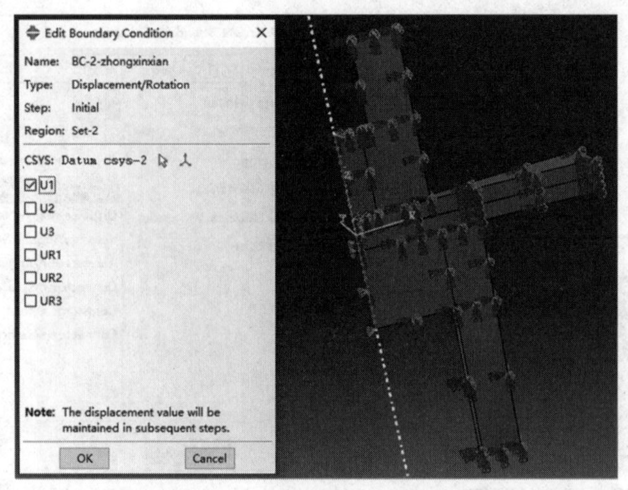

图 14-87　中心线选取及约束自由度设置

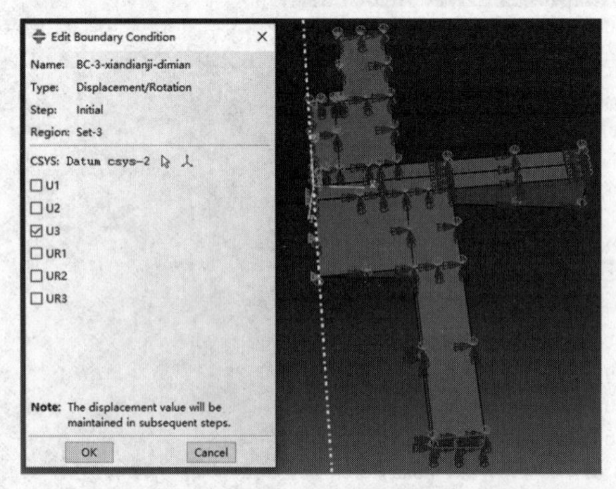

图 14-88　下电极下表面选取及约束自由度设置

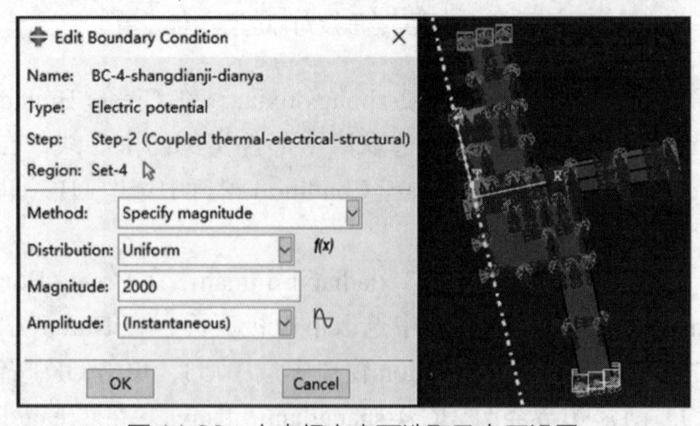

图 14-89　上电极上表面选取及电压设置

5）参考步骤 4)，创建边界条件 BC-5-xiadianji-dianya，在视窗中选取下电极下表面，在 Magnitude 后输入 0，单击 OK 按钮（见图 14-90）。

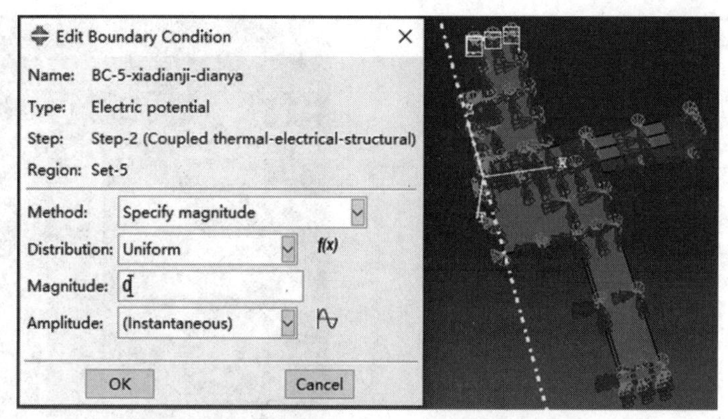

图 14-90　下电极下表面选取及电压设置

3. 创建初始条件

进入 Load 模块，单击 Create Predefined Field（创建预定义场）图标（见图 14-91），弹出 Create Predefined Field 窗口，输入名称为 Predefined Field-1（默认值，可以修改），Step 后选取 Initial，Category 区域选取 Other，Types for Selected Step 区域选取 Temperature，单击 Continue... 按钮（见图 14-92），在视窗中框选全部四个部件实例，单击 Done 按钮，弹出 Edit Predefined Field 窗口，Magnitude 后输入 25，单击 OK 按钮（见图 14-93）。完成所有部件实例初始温度 25℃的设置。

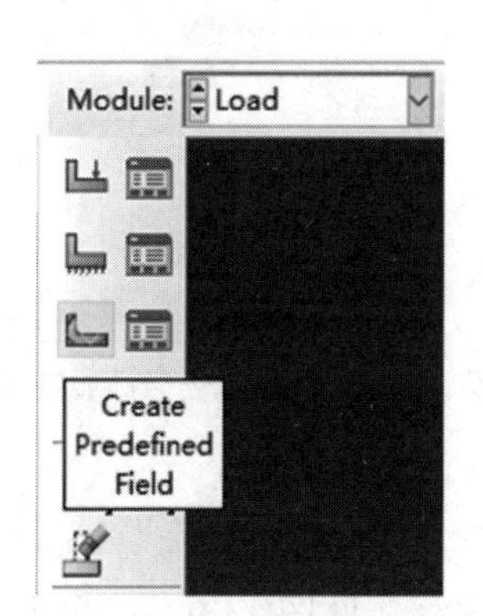

图 14-91　创建边界条件图标

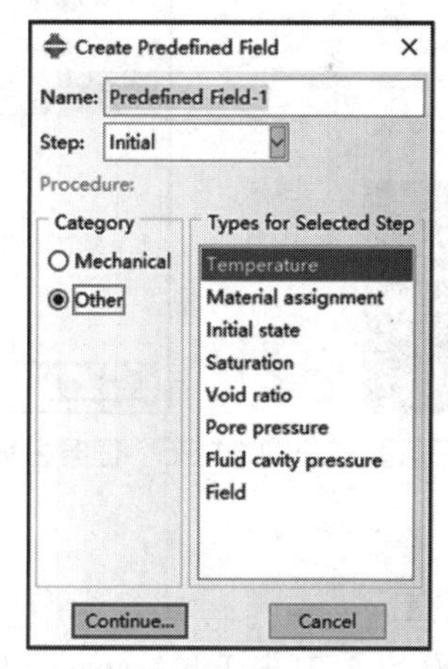

图 14-92　对称边界条件类型设置

14.2.9　任务生成

1. 创建分析任务

进入 Job 模块，单击 Create Job（创建任务）图标（见图 14-94），弹出 Create Job 窗口，输入名称为 Job-1（默认值，可以修改），选取 Model-1，单击 Continue... 按钮（见图 14-95），在弹出的 Edit Job 窗口中，单击 Parallelization，选中 Use multiple processors，根据计算处理器核数设置（见图 14-96），单击 OK 按钮。

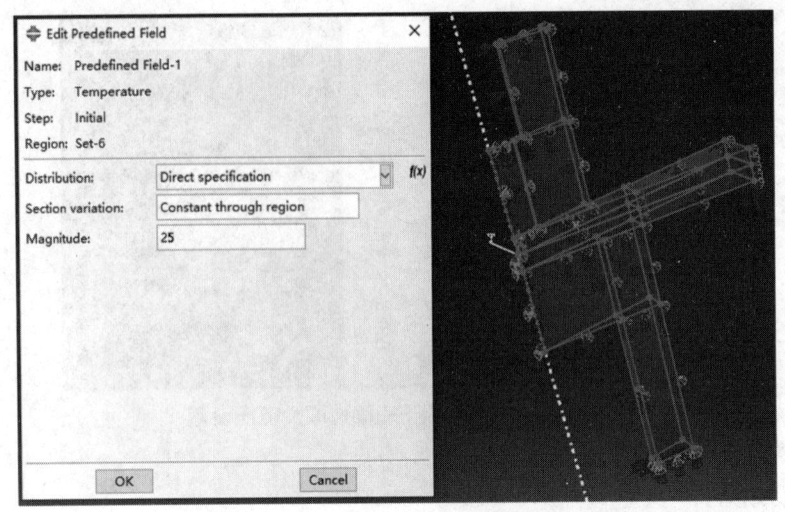

图 14-93　全部模型选取及温度初始条件设置

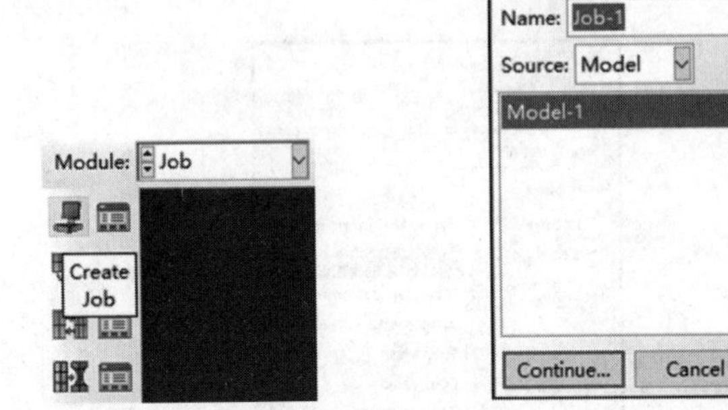

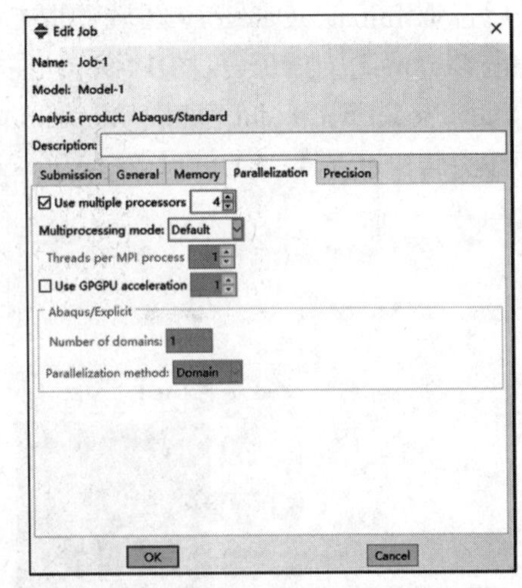

图 14-94　创建任务图标　图 14-95　任务名称编辑及模型选取　图 14-96　任务计算处理器核数设置

2. 任务提交

进入 Job 模块，单击 Job Manager（任务管理）图标（见图 14-97），弹出任务管理器 Job Manager 窗口（见图 14-98），选取 Job-1，可以先单击 Write Input 按钮，此时在文件夹 1-Spotwelding 中生成 input 文件 Job-1.inp，再单击 Data Check 按钮进行 input 文件的数据检查，单击 Monitor... 按钮，根据弹出的 Job-1 Monitor 窗口（见图 14-99）中 Warnings、Errors 信息进行有限元模型调整，也可以直接单击 Submit 按钮提交任务计算，单击 Monitor... 按钮，在弹出的窗口中查看计算情况。计算完成后，任务管理器窗口中 Status 下方显示 Completed。

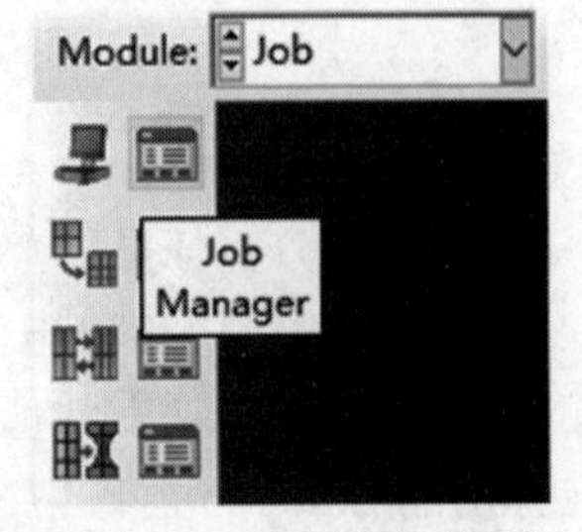

图 14-97　任务管理器图标

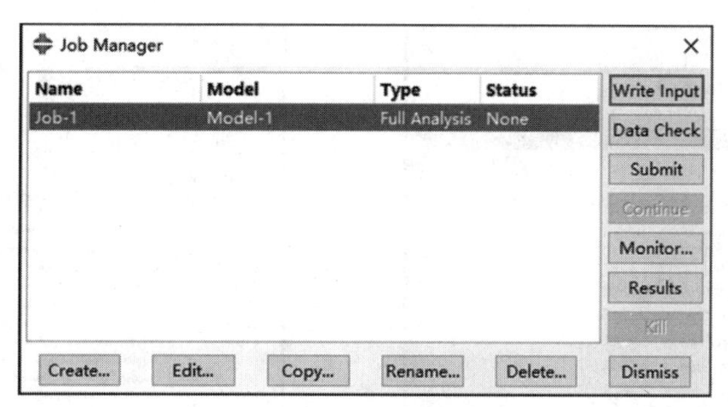

图 14-98　任务管理器窗口

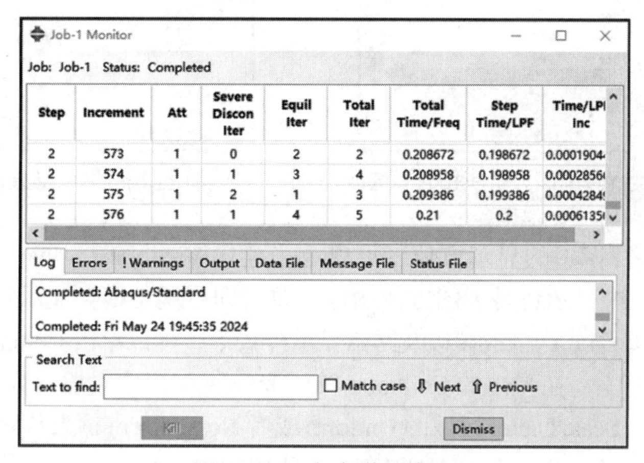

图 14-99　任务监视窗口

14.3　后处理

在任务管理器窗口单击 Results 按钮进入可视化 Visualization 模块查看结果，如果任务管理器窗口中有多个任务，需要先单击 Job-1，此时所在行高亮显示，然后再单击 Results 按钮，也可以通过菜单 File → Open... 打开 Job-1.odb 文件。通常需要显示不同时刻结果并对模型结果显示样式进行调节，常见的操作方法如下：

1）观察不同分析步不同时刻的结果数据，可以单击菜单 Result → Step/Frame...，在弹出的 Step/Frame 窗口中选取（见图 14-100），也可以单击环境栏上的箭头翻看。

2）切换观察结果类型，如查看温度场、位移场、应力场、应变场、电压场、接触面正压力、接触状态等，可以单击菜单 Result → Field Output...，在弹出的 Field Output 窗口中选取（见图 14-101）。

3）输出默认参考的坐标系为全局坐标系，如果想将结果参考其他坐标系输出，比如对于本章分析案例模型的轴对称特征，可以参考柱坐标系输出结果，此时可以单击菜单 Result → Options...，在弹出的 Result Options 窗口中单击 Transformation（见图 14-102），选中 User-specified（默认的之前创建的圆柱坐标系 Datum csys-2 高亮显示），单击 OK 按钮即完成切换。

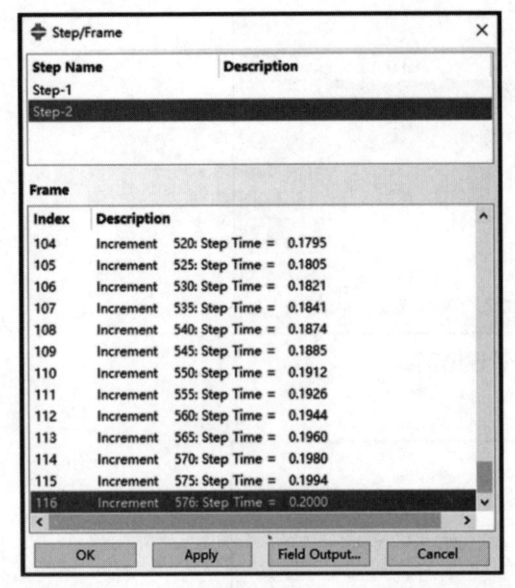

图 14-100　Step/Frame 窗口分析步和时间选取

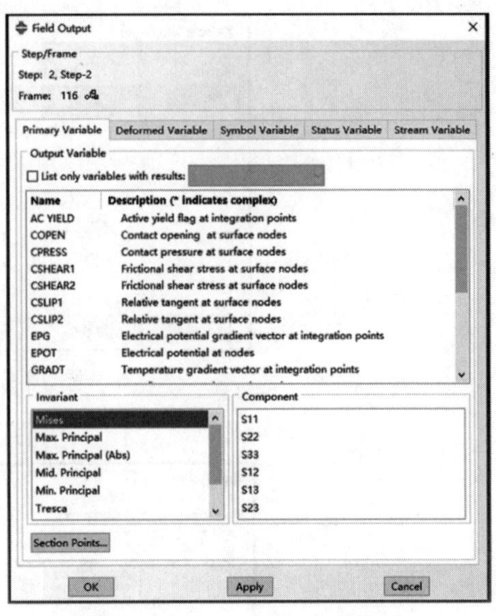

图 14-101　结果输出类型选取

4）调整模型在视窗中的显示方位，可以单击菜单 View → Toolbars-Views，确定 Views 选中，此时在工具栏中显示各种视图方位图标，单击即可调整模型显示。

5）调整模型变形缩放比例或棱边及网格显示样式等，可以单击 Common Options（通用选项）图标（见图 14-103），在弹出的 Common Plot Options 窗口中设置，如进行模型放大缩小，可以选中 Deformation Scale Factor 区域的 Uniform 或者 Nonuniform 输入数字进行等比例或者 X、Y、Z 三个方向不同比例缩放，如隐藏所有边，可以选中 Visible Edges 中的 No edges。

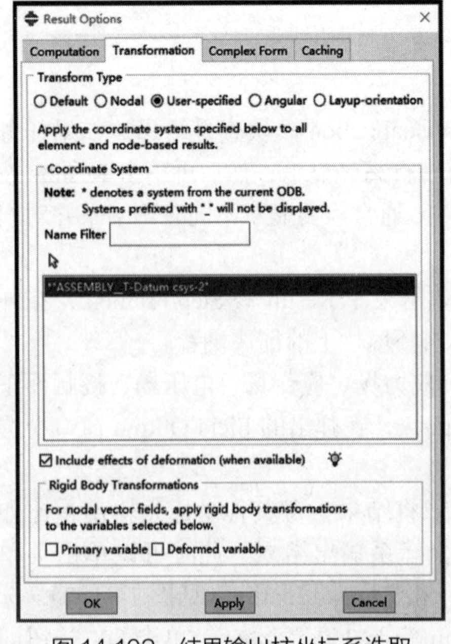

图 14-102　结果输出柱坐标系选取

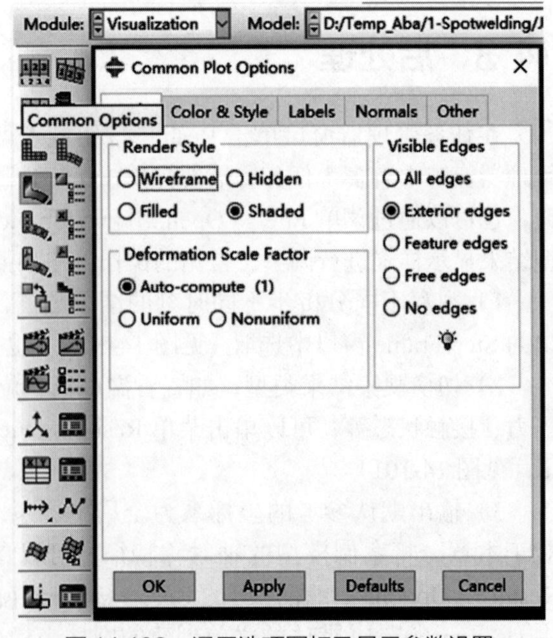

图 14-103　通用选项图标及显示参数设置

6）调整输出结果数据显示范围，可以单击菜单 Options → Contour...，在弹出的 Contour Plot Options 窗口中设置，例如在显示温度场时，可以选中 Min/Max 区域 Max 部分 Specify，并输入材料熔点 1460（见图 14-104），此时将温度超出 25~1460℃的区域将显示成灰色。

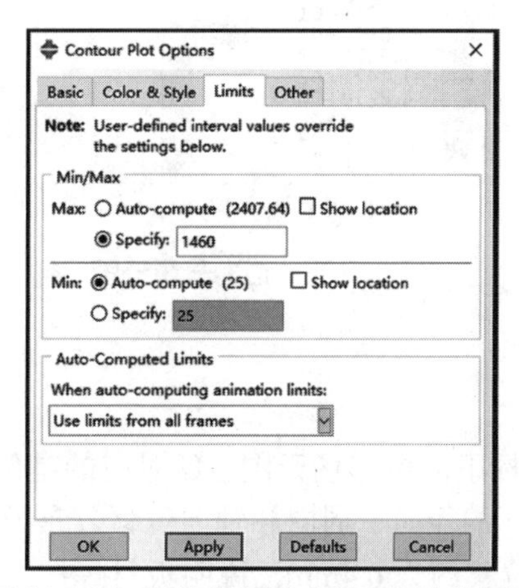

图 14-104　输出结果最大值和最小值设置

14.3.1　应力场

在可视化 Visualization 模块中，单击 Plot Contours on Deformed Shape（在变形状态下显示云图）图标（见图 14-105），此时默认显示最后一个分析步完成时刻的 Mises 等效应力即等效应力场分布云图（见图 14-106），也可以单击菜单 Result → Field Output...，在 Field Output 窗口中 Output Variable 区域选取 S，在 Invariant 区域选取 Mises，或者在工具栏 Primary 后边选择 S 和 Mises。图 14-105 左侧说明框中给出了不用颜色对应的应力数值，可以观察到最大等效应力出现的位置，即图 14-106 中的红色区域，最大 Mises 等效应力为 3.398e+02MPa（339.8MPa）。图 14-107 所示为在柱坐标系下的径向、周向和轴向应力分量分布云图，S11、S22 和 S33 分别对应柱坐标系下的径向、周向和轴向位移分布云图，可以观察到上下板中心区域应力值均为负值，说明熔化区域的应力状态为三向压应力状态，三个方向压应力均约为 125MPa。

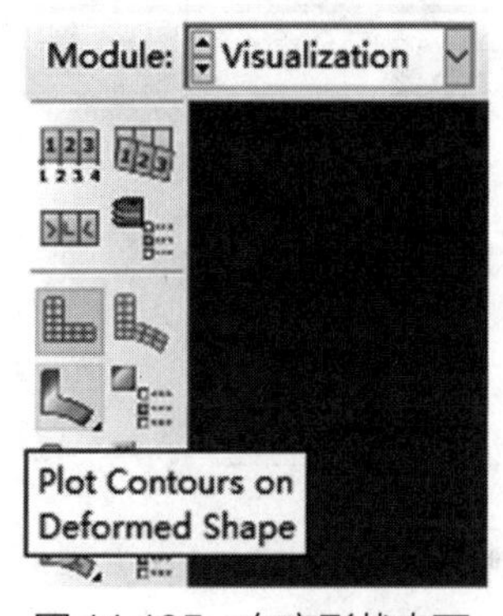

图 14-105　在变形状态下显示云图图标

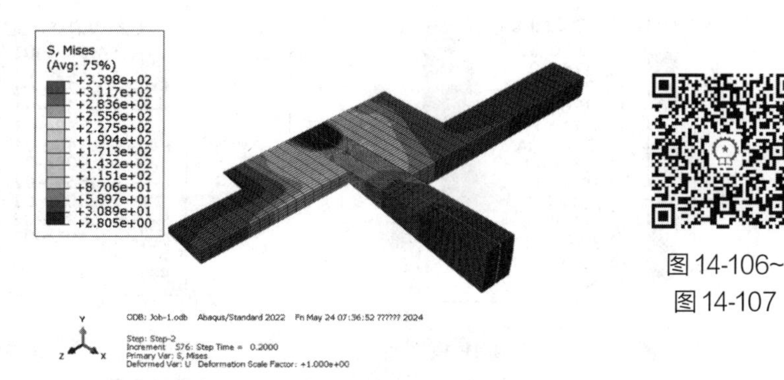

图 14-106　Mises 等效应力场分布云图

图 14-106~图 14-107

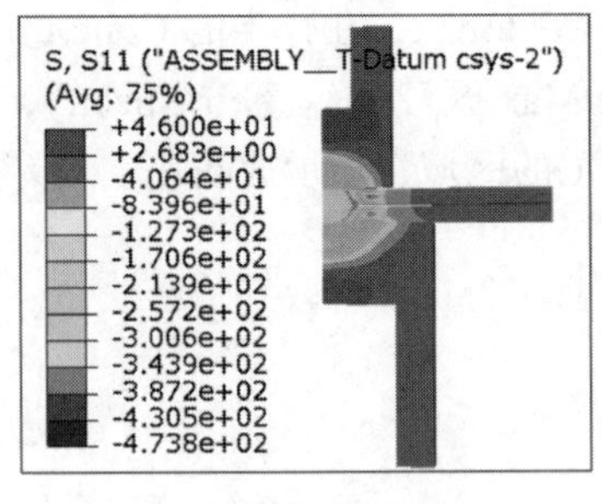

a) S11-径向应力分量

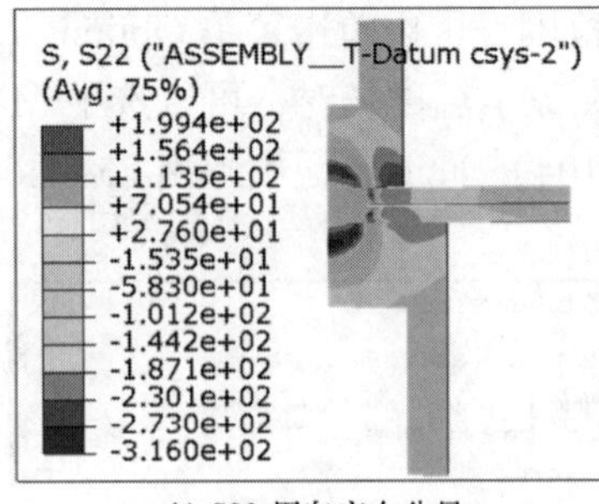

b) S22-周向应力分量

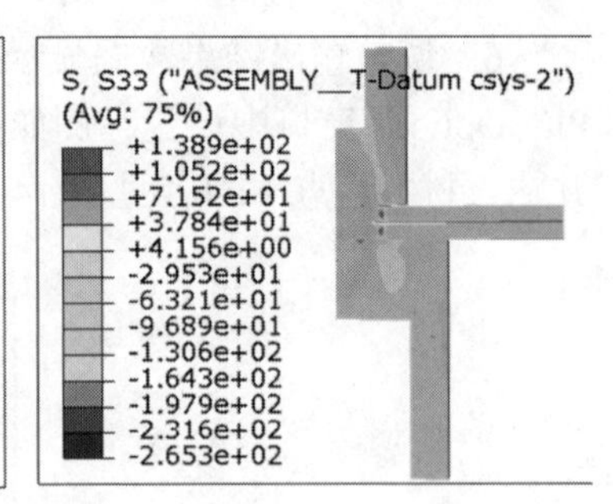

c) S33-轴向应力分量

图 14-107　应力分量云图

14.3.2　位移场

图 14-108 所示为在柱坐标下的位移场云图，U 对应的是位移标量，U1、U2 和 U3 分别对应柱坐标系下的径向、周向和轴向位移分布云图。可以观察到上电极发生了轴向向上的位移约为 0.4mm，说明板材焊接受热后发生了膨胀，此时也可以在上下板中间观察到间隙；周向位移为 0，由于建模时施加了轴向对称约束，理论上周向没有变形；径向位移最大位置出现在上下板界面熔化区最外侧，位移达到 0.185mm，此时由于熔化区域温度较高，材料膨胀变形较大，产生轴向位移和径向位移。

图 4-108~图 4-109

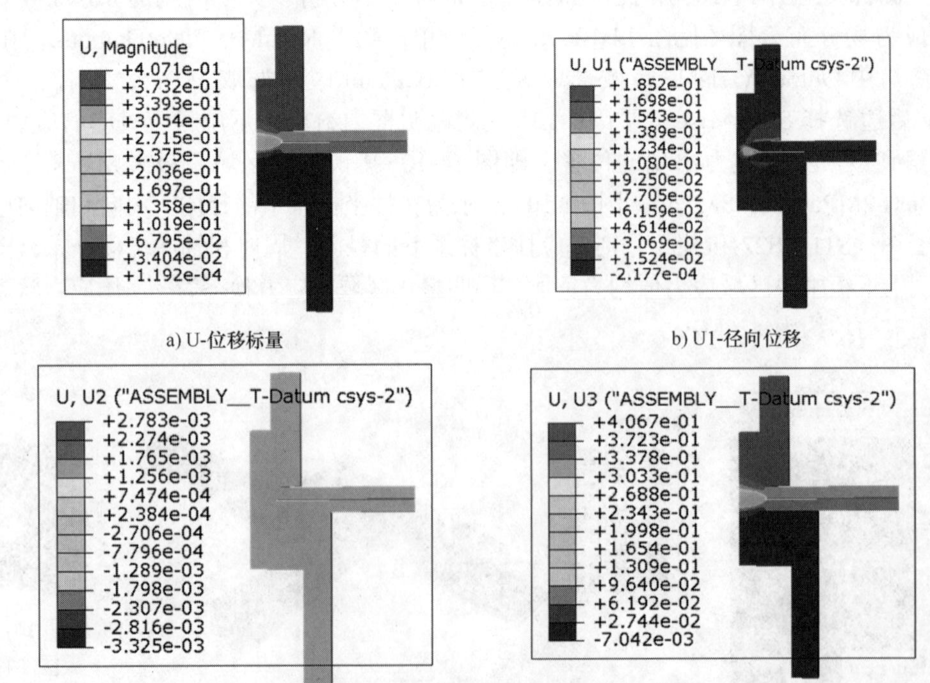

a) U-位移标量　　b) U1-径向位移

c) U2-周向位移　　d) U3-轴向位移

图 14-108　位移分布云图

14.3.3　温度场

图 14-109 所示为电压加载后不同时刻温度分布云图。可以观察到电压加载后 0.01s，温度最高位置出现在上电极与上板接触区域外侧，随着电阻点焊的进行，上下板接触中心区域温度快速升高且最高温度超过了上电极与上板接触区域外侧，说明熔化核心主要在上下板接触中心区域。

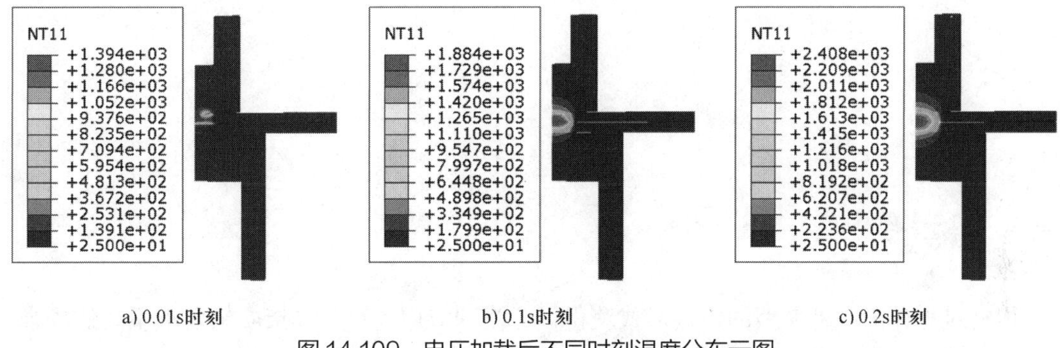

a) 0.01s时刻　　b) 0.1s时刻　　c) 0.2s时刻

图 14-109　电压加载后不同时刻温度分布云图

第15章 >>>
无坡口板材对焊过程模拟

15.1 概述

板材对焊作为一种典型的焊接形式获得了广泛的应用，对于焊接质量要求不高的场合通常采用不开坡口形式进行焊接。

本章旨在介绍应用通用仿真分析软件 Abaqus 2022 进行板材对焊传热应力完全耦合数值模拟从建模前处理、提交计算到结果分析的全部操作过程，重点介绍了高斯面热源和半椭球体热源设置与对应热源子程序，热力完全耦合模型设置及对流与辐射换热模型设置。

对于大部分焊接而言，焊接热源是实现焊接过程的基本条件。由于焊接热源的局部集中热输入，焊件存在十分不均匀、不稳定的温度场，导致焊接过程中和焊后出现较大的焊接应力和变形。焊接热源模型是否选取适当，对焊接温度场和应力变形的模拟计算精度，特别是在靠近热源的地方，会有很大的影响。在焊接过程数值模拟研究中，人们提出了一系列的热源计算模型，在本章中简要加以介绍。

1. 高斯函数分布的热源模型

焊接时，电弧热源把热能传给焊件是通过一定的作用面积进行的，这个面积称为加热斑点。加热斑点上热量分布是不均匀的，中心多而边缘少。费里德曼将加热斑点上热流密度的分布近似地用高斯数学模型来描述，距加热中心任一点 A 的热流密度可表示为如下形式：

$$q(r)=q_{\mathrm{m}}\exp\left(-\frac{3r^2}{R^2}\right)$$

式中，q_{m} 是加热斑点中心最大热流密度；r 是 A 点距离电弧加热斑点中心的距离；R 是电弧有效加热半径。对于移动热源

$$q_{\mathrm{m}}=\frac{3}{\pi R^2}Q$$

式中，Q 是热输入功率。这种热源模型在用有限元分析方法计算焊接温度场时应用较多。在电弧挺度较小、对熔池冲击力较小的情况下，运用这种模型能得到较准确的计算结果。

2. 半球状热源模型和半椭球状热源模型

对于高能束焊接（如激光焊、电子束焊等），必须考虑其电弧穿透作用。在这种情况下，

半球状热源模型比较适合。半球状热源分布函数为

$$q(r)=q_{\mathrm{m}}\frac{6Q}{\pi^{3/2}R^3}\exp\left(-\frac{3r^2}{R^2}\right)$$

这种分布函数也有一定的局限性，因为在实践中，熔池在激光焊等情况下不是球对称的，为了改进这种模式，人们提出了椭球状热源模型。椭球状热源分布函数可表示为

$$q(r)=q_{\mathrm{m}}\frac{6\sqrt{3}Q}{\pi^{3/2}abc}\exp\left[-3\left(\frac{x^2}{a^2}+\frac{y^2}{b^2}+\frac{z^2}{c^2}\right)\right]$$

3. 双椭球状热源模型

用椭球状热源分布函数计算时发现，在椭球前半部分温度梯度不像实际中那样陡变，而椭球的后半部分温度梯度分布较缓。为了克服这个缺点，提出了双头球状热源模型，这种模型将前半部分作为一个 1/4 椭球，后半部分作为另一个 1/4 椭球。设前半部分椭球能量分数为 f_1，后半部分椭球能量分数为 f_2，且 $f_1+f_2=2$，则在前半部分椭球内热源分布为

$$q(r)=\frac{6\sqrt{3}f_1Q}{\pi^{3/2}abc}\exp\left\{-3\left[\left(\frac{x}{a}\right)^2+\left(\frac{y}{b}\right)^2+\left(\frac{z}{c}\right)^2\right]\right\}$$

后半部分椭球内热源分布为

$$q(r)=\frac{6\sqrt{3}f_2Q}{\pi^{3/2}abc}\exp\left\{-3\left[\left(\frac{x}{a}\right)^2+\left(\frac{y}{b}\right)^2+\left(\frac{z}{c}\right)^2\right]\right\}$$

此两式中的 a、b、c 可取不同的值，它们相互独立。在焊接不同材质时可将双椭球分成 4 个 1/8 的椭球瓣，每个可对应不同的 a、b、c。

通常解析方法较简单、意义明确、容易计算，但由于其假设太多，难以提供在焊接热影响区的精确计算结果，而且考虑不到电弧力对熔池的冲击作用。采用有限元和有限差分法，应用高斯分布的表面热源分布函数计算，可以引入材料性能的非线性，可进一步提高高温区的准确性，但仍未考虑电弧挺度对熔池的影响。从球状、椭球到双椭球热源模型，随着计算量的增加，每一种方案都比前一种更准确，更利于应用有限元法或差分法在计算机上进行计算，而且实践也证明能得出更满意的结果。通常对于焊接方法如手工电弧焊、钨极氩弧焊，采用高斯分布的函数就可以得到较满意的结果。对于电弧冲力效应较大的焊接方法，如熔化极氩弧焊和激光焊，常采用双椭球形分布函数。为求准确，还可将热源分为两部分，采用高斯分布的热源函数作为表面热源，焊件熔池部分采用双椭球形热源分布函数作为内热源。

在计算时，由于焊缝的对称性，一般只考虑计算一半区域，除上表面外，其他表面设为绝热边界，辐射和对流可直接计算，也可通过改变材料物理性能如表面的导热系数等间接计算。

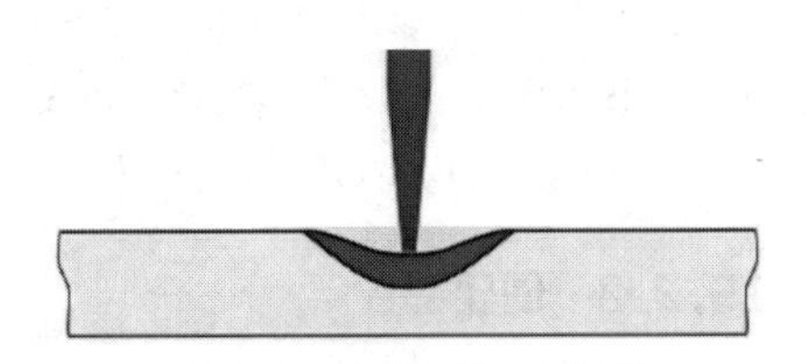

图 15-1 板材对焊示意图

本章所分析的未开坡口板材对焊仿真分析模型示意图如图 15-1 所示，焊接板材材料为铝合金，材料热物理性能、力学性能等参数见表 15-1~ 表 15-3。

表 15-1　铝合金的物理性能参数

温度 /℃	密度 /(kg/m³)	导热系数 / [W/(m·K)]	比热容 / [J/(kg·K)]
20	2700	119	900
100	2700	121	921
200	2700	126	1005
300	2700	130	1047
400	2700	138	1089
2000	2700	145	1129

表 15-2　铝合金的力学性能参数

温度 /℃	弹性模量 /Pa	屈服强度 /Pa	线胀系数 /K^{-1}	泊松比
20	6.67e+10	2.50e+08	2.23e-05	0.33
100	6.08e+10	2.25e+08	2.28e-05	0.33
200	5.44e+10	1.90e+08	2.47e-05	0.33
300	4.31e+10	1.33e+08	2.55e-05	0.33
400	3.61e+10	2.08e+07	2.67e-05	0.33
500	3.00e+10	8.60e+06	2.70e-05	0.33
2000	1.00e+10	1.00e+03	2.70e-05	0.33

表 15-3　传热分析涉及潜热、对流换热系数等参数

潜热 / (J/kg)	固相线温度 /℃	液相线温度 /℃	对流换热系数 / [W/(m^2·K)]	辐射率	绝对零度 /℃	斯特藩 - 玻尔兹曼常数 / [W/(m^2·K^4)]
390000	615	655	20	0.85	−273.15	5.67e-08

15.2　前处理

15.2.1　初始设置

创建一个文件夹，在 D：\Temp_Aba 文件夹中（如果没有则需要创建）创建文件夹 2-ButtWelding。修改 Abaqus CAE 启动链接右键属性中起始位置的文件夹路径为 D：\Temp_Aba\2-ButtWelding。启动 Abaqus CAE，关掉 Start Session 窗口。在弹出窗口中输入文件名 Model-1.cae，单击 OK 按钮保存文件。

15.2.2　创建部件

在 Part 模块中单击“创建部件”图标，在 Create Part 窗口中，部件名改为 Plate，Approximate Size 为 2，其他均为默认，然后单击 Continue... 按钮，进入草图绘制模式，绘

制图 15-2 中矩形，完成截面草图绘制后，在弹出的 Edit Base Extrusion 窗口中 Depth 值输入 0.005，单击 OK 按钮，完成尺寸 0.1 × 0.03 × 0.005 的板材几何模型，默认长度单位为 m。

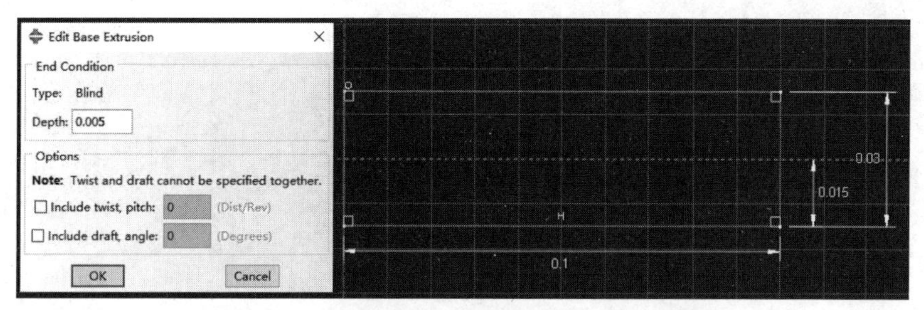

图 15-2　板材截面草图和厚度方向拉伸尺寸参数

15.2.3　网格划分和单元属性设置

1. 切分部件 Plate

1）在 Mesh 模块中，对 Plate 进行切分。

2）单击 Create Datum Plane：Offset From Principal Plane 图标（见图 15-3），提示栏中单击 XZ Plane 按钮，提示栏中 Offset 后默认为 0.0，回车或者单击中键即完成数据平面创建。

3）按住切块图标，移动光标到 Partition Cell：Use Datum Plane 图标（见图 15-4），释放左键，在视窗中选取 2）中创建的数据平面，单击提示栏中 Create Partition 按钮，完成切分，切分后部件如图 15-5 所示。

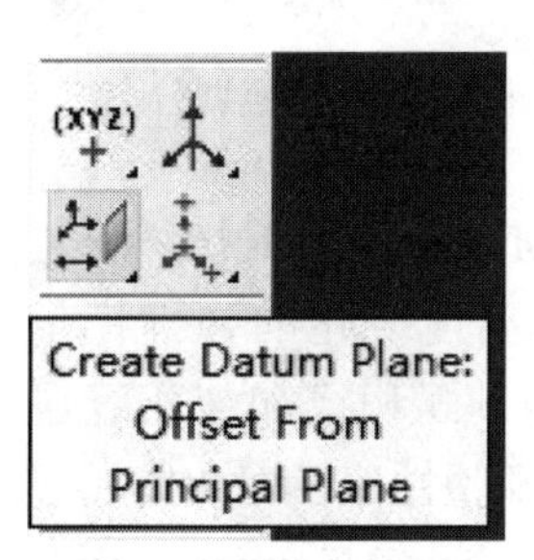

图 15-3　偏置主平面方式创建数据面图标

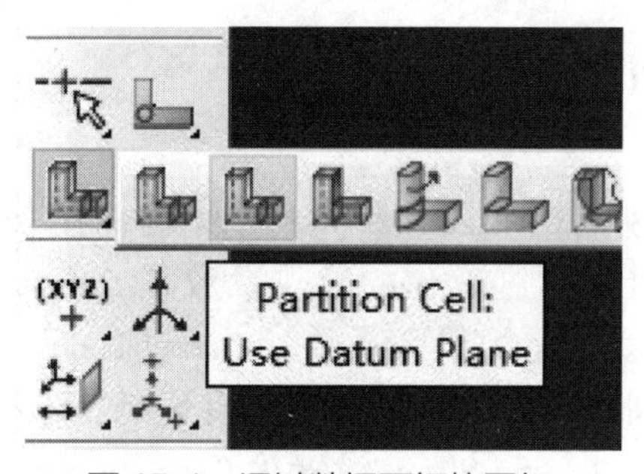

图 15-4　通过数据面切块图标

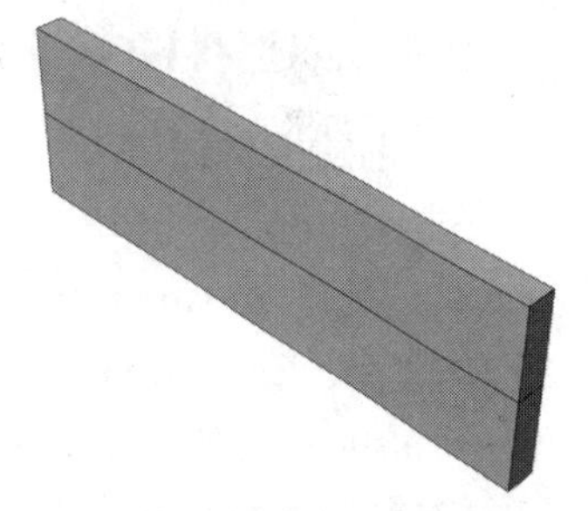

图 15-5　切块后板材模型

2. 网格划分并赋予单元属性

1）在 Mesh 模块中，选中 Part 前边的圆圈图标，选择 Plate。

2）单击 Seed Edges 图标，对 6 条长 0.1 的棱边（板材长度方向棱边），在 Local Seeds 窗口中 Method 区域选中 By number，Sizing Controls 区域中 Number of elements 后设置为 50；对 6 条长 0.005 的棱边（板材厚度方向棱边），Local Seeds 窗口中 Method 区域选中 By number，Sizing Controls 区域中 Number of elements 后设置为 5；对于剩下 8 条棱边，Local Seeds 窗口中 Method 区域选中 By number，Bias 区域选中 Single，Sizing Controls 区域中 Number of elements 后设置为 10，Bias ratio 后设置为 5，利用 Flip bias 后的 Select... 按钮调

整棱边箭头方向，如图 15-6 所示。

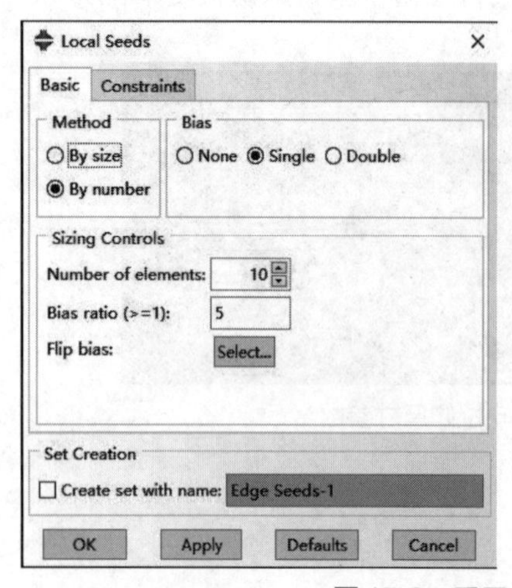

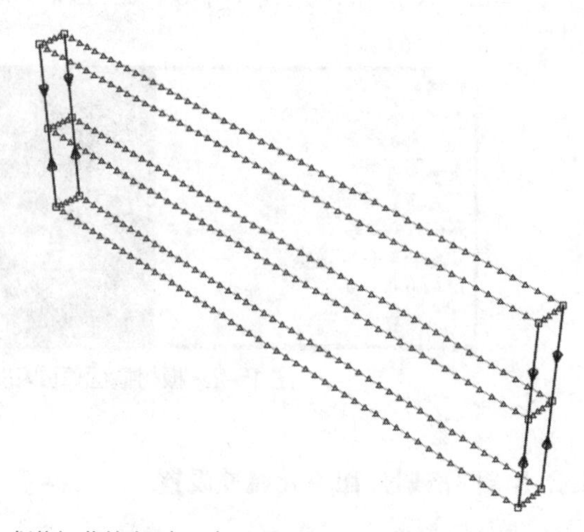

图 15-6　采用偏置方式进行非均匀种子点设置

3）单击 Mesh Part 图标，单击 Yes 按钮，即完成网格划分，划分后网格如图 15-7 所示。

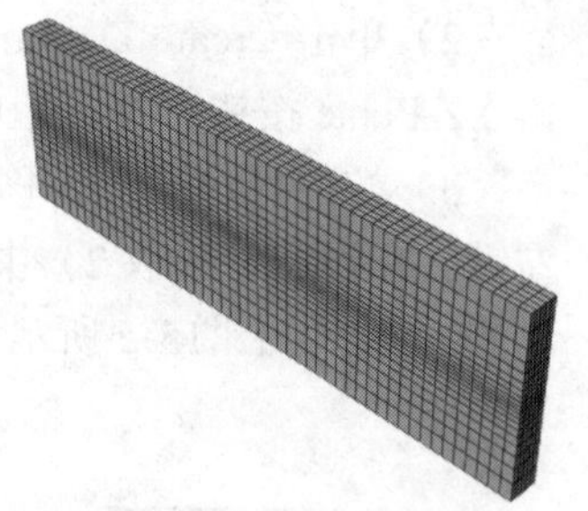

图 15-7　网格划分图

4）单击 Assign Element Type 图标，框选整个部件，单击 Done 按钮，在弹出的 Element Type 窗口中，Family 区域选择 Coupled Temperature-Displacement，单击 OK 按钮，完成单元类型设置。

15.2.4　创建材料并赋予部件

1. 创建板材材料

进入 Property 模块，创建名为 Material-1-Al 的材料，在 Edit Material 窗口中，设置 Density（密度）、Conductivity（随温度变化的导热系数）、Elastic（随温度变化的弹性模量和泊松比）、Expansion（随温度变化的线胀系数）、Latent Heat（潜热、固相线和液相线温度）、Palstic（随温度变化的屈服应力，如考虑塑性应变影响，还需要随塑性应变变化的屈服应力数据，本章中未予考虑），Plastic Strain 设置为 0；Suboptions 中 Anneal Temperature 及 Specific Heat（随温度变化的比热容）数据参考表 15-1~ 表 15-3。

2. 生成截面属性

创建名为 Section-1-Plate 的截面属性，Create Section 窗口的 Category 区域中默认选中 Solid，Type 区域中默认选中 Homogeneous，Edit Section 窗口中选择材料 Material-1-Al，创建一个材料为 Material-1-Al 的均质实体截面属性。

3. 赋予材料

将截面属性 Section-1-Plate 赋予部件 Plate。

15.2.5　创建装配

在 Assembly 模块中，创建一个部件 Plate 的实例。

15.2.6 分析步设置

1. 创建焊接加热分析步

进入Step模块，单击Create Step图标，弹出Create Step窗口，输入分析步名Step-1_Heating，选择Coupled temp-displacement，单击Continue...按钮。在弹出的Edit Step窗口中，选中Transient，设置Time period为20，选中On，然后单击菜单Incrementation，Maximum number of increments为10000，Initial为0.001，Minimum为1e-10，Maximum为1，Max. allowable temperature change per increment为200，单击OK按钮，完成第一个分析步设置。

2. 创建焊接后冷却分析步

参考1.中步骤创建第二个分析步，分析步名为Step-2_Cooling，设置时间为1800，最大增量步数为10000，初始增量步长为0.001，最小增量步长为1e-10，最大增量步长为60，每个增量步允许的最大温度变化值为500，单击OK按钮，完成第二个分析步设置。

15.2.7 相互作用设置

进入Interaction模块，单击"创建相互作用"图标，弹出Create Interaction窗口，输入相互作用名Int-1-Convection，Step后边选取Step-1_Heating，选取Surface film condition，单击Continue...按钮，视窗中选取Plate的所有外表面，单击Done按钮，弹出Edit interaction窗口，Film coefficient后输入20，sink temperature后输入20，单击OK按钮，完成板外表面与空气对流换热设置。

再次单击Create Interaction图标，在弹出的Create Interaction窗口中输入相互作用名Int-2-Radiation，Step后边选取Step-1_Heating，选取Surface radiation，单击Continue...按钮，视窗中选取Plate的所有外表面，单击Done按钮，弹出Edit interaction窗口，Emissivity后输入0.85，Ambient temperature后输入20，单击OK按钮，完成板外表面辐射换热设置。对于辐射换热，还需要设置模型属性，单击菜单栏Model→Edit Attributes→Model-1，在弹出的Edit Model Attributes窗口中，选中Absolute zero temperature（绝对零度），输入–273.15，选中Stefan-Boltzmann constant（斯特藩-玻尔兹曼常数），输入5.67e-08，单击OK按钮完成设置。

15.2.8 创建载荷和边界条件

1. 创建载荷

进入Load模块，单击Create Load图标，弹出Create Load窗口，输入名Load-1-Gaussian，Step后选取Step-1_Heating，Category区域选中Thermal，Types for Selected Step中选取Surface heat flux，单击Continue...按钮，在视窗中选取Plate的上表面，单击Done按钮，弹出Edit Load窗口，Distribution后选取User-defined，Magnitude后输入1，单击OK按钮完成热输入载荷设置（见图15-8）。此时的热源载荷类型为高斯面热源，如需要施加半椭球体热源，在Create load窗口的Types

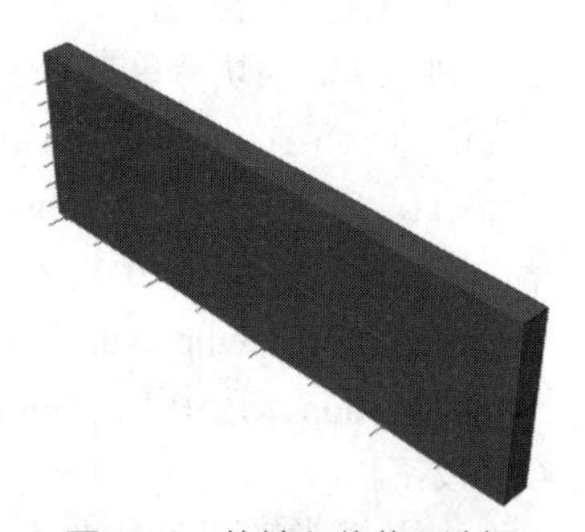

图15-8 热输入载荷面选择

for Selected Step 区域选取 Body heat flux，单击 Continue... 按钮，在视窗中框选整个 Plate 即可。

2. 创建边界条件

进入 Load 模块，单击 Create Boundary Condition 图标，弹出 Create Boundary Condition 窗口，输入名称为 BC-1，Step 后选取 Initial，选取 Symmetry/Antisymmetry/Encaste，单击 Continue... 按钮，在视窗中选取 Plate 中间对称面，单击 Done 按钮，在 Edit Boundary Condition 窗口中选中 YSYMM，单击 OK 按钮。完成关于 XZ 平面的对称设置（见图 15-9）。

再次单击 Create Boundary Condition 图标，创建边界条件 BC-2，Step 后选取 Initial，在 Create Boundary Condition 窗口中选取 Displacement/Rotation，在视窗中选取四个角处的棱边，单击 Done 按钮，在 Edit Boundary Condition 窗口中选中 U1 和 U3，单击 OK 按钮。完成四个角的 X 方向和 Z 方向位移约束（见图 15-10）。

图 15-9　对称面选择

图 15-10　约束棱边选择

3. 创建初始条件

进入 Load 模块，单击 Create Predefined Field 图标，弹出 Create Predefined Field 窗口，输入名称为 Predefined Field-1（默认值，可以修改），Step 后选取 Initial，Category 区域选取 Other，Type for Selected Step 区域选取 Temperature，单击 Continue... 按钮，在视窗中框选整个 Plate，单击 Done 按钮，弹出 Edit Predefined Field 窗口，在 Magnitude 后输入 20，单击 OK 按钮。完成 Plate 初始温度 20℃的设置。

15.2.9　任务生成

1. 创建分析任务

进入 Job 模块，单击 Create Job 图标，弹出 Create Job 窗口，输入名称为 Job-1-Gaussian（默认值 Job-1），选取 Model-1，单击 Continue... 按钮，在弹出的 Edit Job 窗口中，单击 General，单击 User subroutine file 后的图标，打开热载荷子程序文件 weld_Gaussian.for（或者直接在下边文本框中输入 weld_Gaussian.for，此时要求子程序文件与 Model-1.cae 在同一个文件夹 D：\Temp_Aba\2-ButtWelding 中），子程序文件内容见图 15-11 和图 15-12，单击 Parallelization，选中 Use multiple processors，根据计算机核数设置（这里设置为 4），单击 OK 按钮。

如热源类型须改为半椭球热源，可以单击菜单 Model → Copy Model → Model-1，在弹出窗口中输入 Model-2，此时复制了一个仿真模型，在环境栏 Model 后选择 Model-2，在 Load 模块中，单击 Create Load 图标右侧的 Load Manager 图标，弹出 Load Manager 窗口中删除 Surface heat flux 类型载荷 Load-1-Gaussian 或单击其前边的√图标使其处于未激活状态，重新创建 Body heat flux 类型载荷 Load-1-Ellipsoid。在 Job 模块，创建 Job-2-Ellipsoid 任务，选择 Model-2，在弹出的 Edit Job 窗口中 General 里边选择子程序文件或输入子程序文件名 weld_Ellipsoid.for。

```
      SUBROUTINE
DFLUX(FLUX,SOL,KSTEP,KINC,TIME,NOEL,NPT,COORDS,JLTYP,
     1          TEMP,PRESS,SNAME)
C
       INCLUDE'ABA_PARAM.INC'
       parameter(one=1.d0)
       DIMENSION COORDS(3),FLUX(2),TIME(2)
       CHARACTER*80 SNAME
       PI=3.1415
C      Q,电弧有效热功率 W
C      v,焊枪移动速度 m/s
C      Rh,加热斑点半径,95% 的热量落在以 Rh 为半径的面积内
C      d,当前时刻焊接斑点中心跟焊接初始位置的距离
       Q=600
       v=0.005
       Rh=0.003
       d=v*TIME(2)
C
       x=COORDS(1)
       y=COORDS(2)
       z=COORDS(3)
C      焊接板厚度为 0.005m,焊枪移动从坐标 0,0 开始,沿着 x 方向移动
       x0=0
       y0=0
C
       R=sqrt((x-x0-d)**2+(y-y0)**2)
C      JLTYP=0,表示为面热源
       JLTYP=0
       FLUX(1)=3*Q/(PI*Rh**2)*exp(-3*R**2/Rh**2)
       RETURN
       END
```

图 15-11　高斯面热源子程序 weld_Gaussian.for 文件内容

```
      SUBROUTINE
DFLUX(FLUX,SOL,KSTEP,KINC,TIME,NOEL,NPT,COORDS,JLTYP,
     1          TEMP,PRESS,SNAME)
C
     INCLUDE'ABA_PARAM.INC'
     parameter(one=1.d0)
     DIMENSION COORDS(3),FLUX(2),TIME(2)
     CHARACTER*80 SNAME
     PI=3.1415
C    Q,电弧有效热功率 W
C    v,焊枪移动速度 m/s
C    d,当前时刻焊接斑点中心与焊接初始位置的距离
     Q=800
     v=0.005
     d=v*TIME(2)
C
     x=COORDS(1)
     y=COORDS(2)
     z=COORDS(3)
C    焊接板厚度为 0.005m,焊枪移动从坐标 0,0,0.005 开始,沿着 x 方向移动
     x0=0
     y0=0
     z0=0.005
C    a,b,c 为椭球的半轴,对应 x,y,z 方向
     a=0.0025
     b=0.0015
     c=0.002
C
     heat=6*sqrt(3.0)*Q/(a*b*c*PI*sqrt(PI))
     shape=exp(-3*(x-x0-d)**2/a**2-3*(y-y0)**2/b**2-3*(z-z0)**2/c**2)
C    JLTYP=1,表示为体热源
     JLTYP=1
     FLUX(1)=heat*shape
     RETURN
     END
```

图 15-12　半椭球体热源子程序 weld_Ellipsoid.for 文件内容

2. 任务提交

进入 Job 模块，单击 Job Manager 图标，弹出 Job Manager 窗口，选取任务 Job-1-Gaussian，可以先单击 Write Input 按钮，此时在文件夹 2-ButtWelding 中生成 input 文件 Job-

1-Gaussian.inp，再单击 Data Check 按钮进行 input 文件的数据检查，单击 Monitor... 按钮，根据弹出的 Job-1-Gaussian Monitor 窗口中 Warning、Errors 信息进行有限元模型调整，也可以直接单击 Submit 按钮提交任务计算，单击 Monitor... 按钮，在弹出窗口中查看计算情况。参考上述方法提交任务 Job-2-Ellipsoid。

15.3　后处理

15.3.1　温度场

图 15-13 和图 15-14 分别所示为采用高斯热源和半椭球热源时不同时刻板材的温度分布云图。可以观察到温度最高位置出现热源中心，在给定的焊接参数条件下，焊接热源中心区域温度超过 1000℃，超过了铝合金的熔点，焊接加热结束后冷却半个小时后基本降到了所设定的室温 20℃，采用高斯热源输入的焊接功率 600W 低于半椭球热源时的焊接功率 800W，可以通过温度分布云图直观观察到，相同焊接加热时刻半椭球热源焊接时热源中心区域温度更高，焊接熔池区域温度除了受热源类型的影响，还会受热源尺寸参数及焊接速度等参数的影响。对于实际焊接过程，焊接热源类型选择、高斯热源光斑直径或半椭球热源半轴尺寸可以通过仿真分析结果中温度场分布及熔池形状与试验结果对比进行修正。

图 15-13~
图 15~14

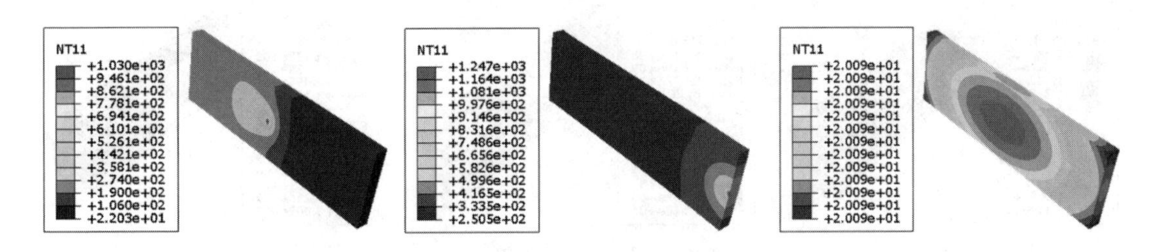

a) 焊接加热约10s时刻　　b) 焊接加热20s结束时刻　　c) 冷却1800s结束时刻

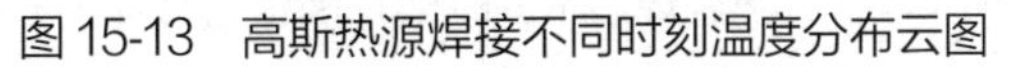

图 15-13　高斯热源焊接不同时刻温度分布云图

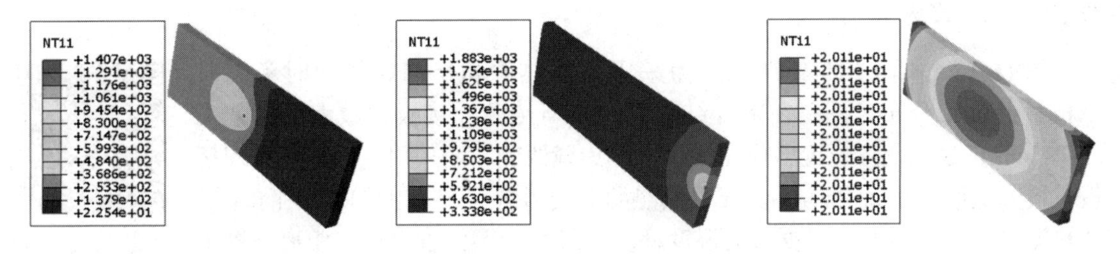

a) 焊接加热约10s时刻　　b) 焊接加热20s结束时刻　　c) 冷却1800s结束时刻

图 15-14　半椭球热源焊接不同时刻温度分布云图

15.3.2 应力场

图 15-15 和图 15-16 所示为采用高斯热源和半椭球热源时不同时刻板材的 Mises 等效应力分布云图。可以观察到在焊接加热过程中板材上 Mises 等效应力分布是在变化的，这两种热源条件下，均是在冷却结束后 Mises 等效应力值达到最大，采用半椭球热源时，冷却结束时刻最大 Mises 应力更大。但是在焊接加热过程中，相同时刻高斯热源时的板材上的 Mises 应力整体大于半椭球热源时的应力。说明焊接热源类型和功率大小除了影响熔池形状和温度外对焊接应力具有复杂的影响。

图 15-15~
图 15-16

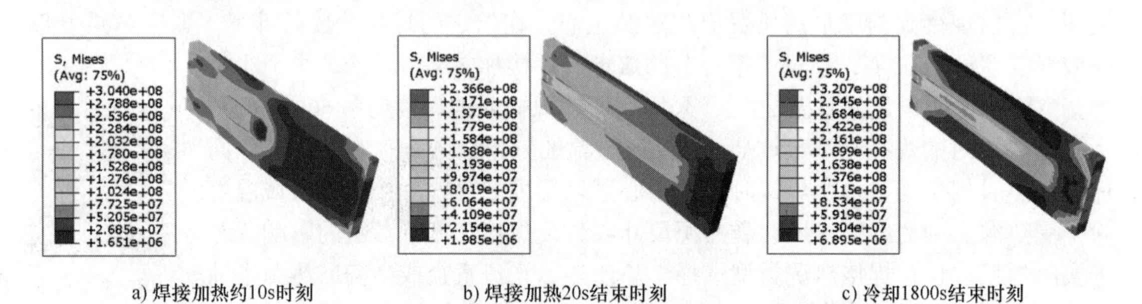

a) 焊接加热约10s时刻　b) 焊接加热20s结束时刻　c) 冷却1800s结束时刻

图 15-15　高斯热源焊接不同时刻 Mises 等效应力分布云图

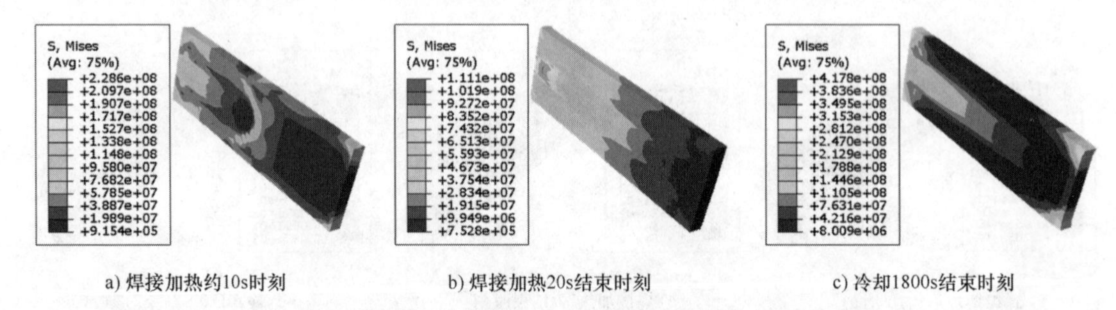

a) 焊接加热约10s时刻　b) 焊接加热20s结束时刻　c) 冷却1800s结束时刻

图 15-16　半椭球热源焊接不同时刻 Mises 等效应力分布云图

15.3.3 位移场

图 15-17 和图 15-18 分别所示为采用高斯热源和半椭球热源时不同时刻板材的位移分布云图。在冷却结束后，高斯热源焊接板材最大变形达到 0.3187mm，最大变形位置出现在板材中部焊缝两侧，而采用半椭球热源焊接板材最大变形为 0.6898mm，大于高斯热源的变形量，该结果可以归因于半椭球热源更大热输入产生了更大的温度梯度，最大变形位置出现在距离焊缝末端一定距离处，与焊接热输入较大、板材冷却较慢且焊接板材约束在四个角处有关。

图 15-17~
图 15-18

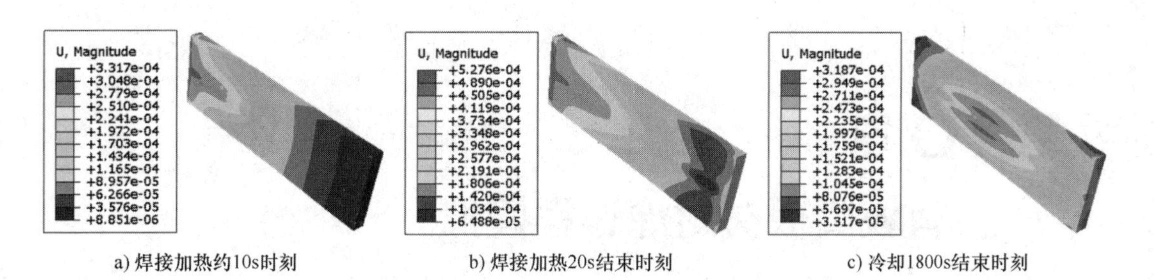

a) 焊接加热约10s时刻　　b) 焊接加热20s结束时刻　　c) 冷却1800s结束时刻

图15-17　高斯热源焊接不同时刻位移分布云图

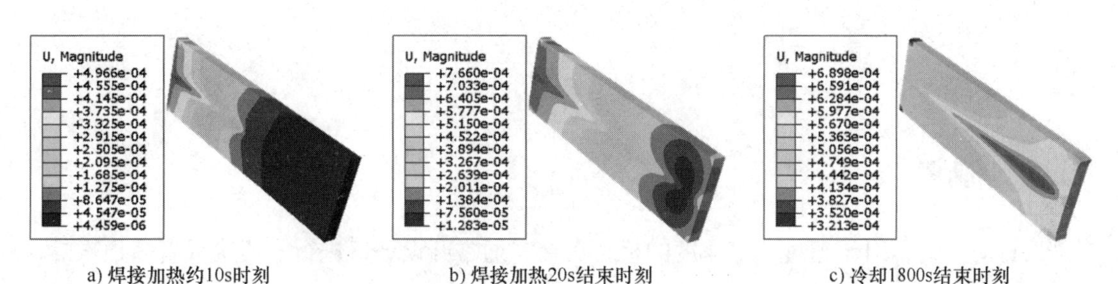

a) 焊接加热约10s时刻　　b) 焊接加热20s结束时刻　　c) 冷却1800s结束时刻

图15-18　半椭球热源焊接不同时刻位移分布云图

第16章 >>>
有坡口板材对焊过程模拟

16.1 概述

板材对焊时，对于超过一定厚度的板材焊接，通常开设坡口进行一道次或者多道次焊接成形。

本章旨在介绍应用通用仿真分析软件 Abaqus 2022 进行单道次板材对焊传热应力顺序耦合数值模拟从建模前处理、提交计算到结果分析的全部操作过程，重点介绍了坡口材料单元生死建模方法及热力顺序耦合建模方法，本篇前边的焊接分析操作介绍了焊接仿真传热中体热源和面热源建模方法及对应子程序，本章为节约篇幅，仅采用了体热源。

仿真分析涉及几何模型尺寸如图 16-1 所示，其中坡口焊缝长度为 0.01，模型尺寸单位默认为 m。由于模型的对称特征，焊接板材和坡口材料为钢，材料的物理性能和力学性能参数见表 15-1~ 表 15-3。

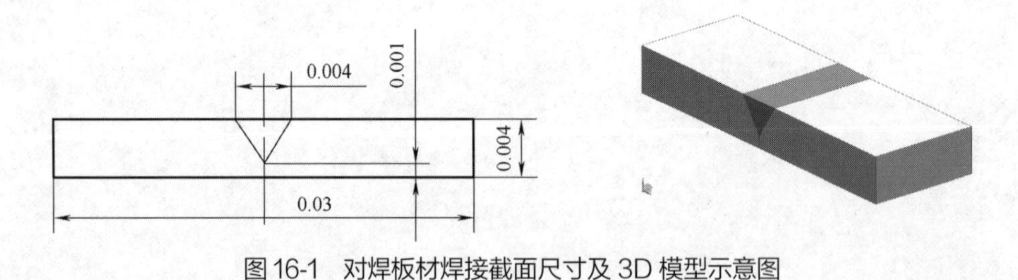

图 16-1　对焊板材焊接截面尺寸及 3D 模型示意图

16.2 焊接传热模型前处理

16.2.1 初始设置

创建一个文件夹，在 D:\Temp_Aba 文件夹中（如果没有则需要创建）创建文件夹 3-GrooveWelding。修改 Abaqus CAE 启动链接右键属性中起始位置的文件夹路径为 D：\Temp_Aba\3-ButtWelding。启动 Abaqus CAE，关掉 Start Session 窗口。在弹出的窗口中输入文件名 Model-1.cae，单击 OK 按钮保存文件。

单击菜单栏 Model → Edit Attributes → Model-1，在弹出的 Edit Model Attributes 窗口中，选中 Absolute zero temperature（绝对零度），输入 –273.15，选中 Stefan-Boltzmann constant（斯特藩 - 玻尔兹曼常数），输入 5.67e-08。单击 OK 按钮完成属性设置。

16.2.2 创建部件

在 Part 模块中单击 Create Part 图标，在 Create Part 窗口中，部件名改为 Plate，Approximate Size 为 2，其他均为默认，然后单击 Continue... 按钮，进入草图绘制模式，绘制图 16-2 中的矩形，完成截面草图绘制后，在弹出的 Edit Base Extrusion 窗口中 Depth 值输入 0.01，单击 OK 按钮，完成尺寸 0.03 × 0.01 × 0.004 的板材几何模型，默认长度单位为 m。

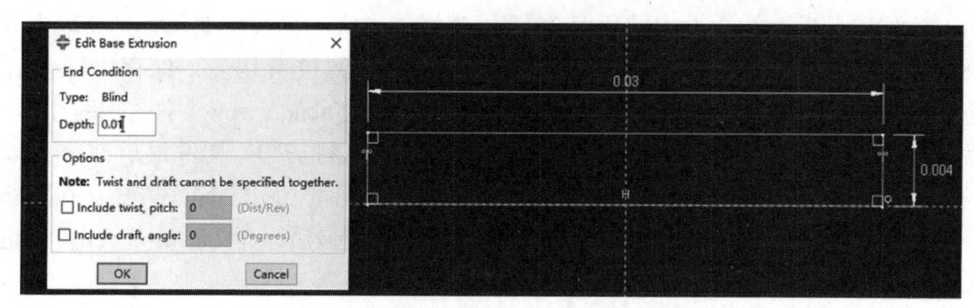

图 16-2　板材截面草图和焊接方向拉伸尺寸参数

16.2.3 网格划分和单元属性设置

1. 切分部件 Plate

1）在 Mesh 模块中，对 Plate 进行切分。

2）单击 Partition Face：Sketch 图标，在提示栏中 Sketch origin 后边选择 Specify，然后选择部件尺寸 0.03 × 0.004 的侧面，单击 Done 按钮，在窗口下边 X，Y，Z 后边输入（0，0，0），回车，然后选择右侧竖直边。在新的草图编辑窗口中，绘制如图 16-3 所示的两条线段。

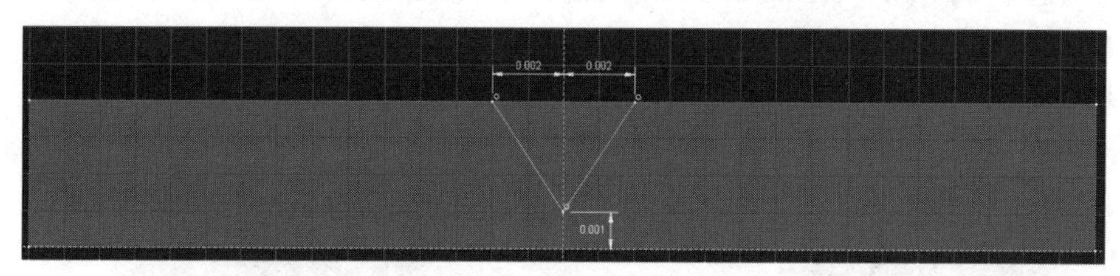

图 16-3　坡口截面尺寸图

3）通过 Partition Cell：Extrude/Sweep Edges 工具，利用 2）中两条线段沿着尺寸 0.01 的棱边扫掠切分 Plate。

4）通过 Create Datum Plane：Offset From Principal Plane 工具，创建一个 XY Plane 偏置 0 的数据平面，再创建一个 XZ Plane 偏置 0.001 的数据平面。

5）通过 Partition Cell：Use Datum Plane 工具，分别利用 4）中创建的两个数据平面对 Plate 进行切分。

6）在命令行区域，输入 Python 脚本程序代码（见图 16-4），偏置 XY 平面，创建 9 个数据平面（间隔为 0.001）。

```
>>> p = mdb.models['Model-1'].parts['Plate']
>>> for i in range(1,9+1,1):
...     p.DatumPlaneByPrincipalPlane(principalPlane=XYPLANE, offset=0.001*(i))
...
mdb.models['Model-1'].parts['Plate'].features['Datum plane-3']
mdb.models['Model-1'].parts['Plate'].features['Datum plane-4']
```

图 16-4　切块用数据平面批量生成脚本程序代码

7）在命令行区域，输入 Python 脚本程序代码（见图 16-5），利用 6）中 9 个数据平面切分 Plate。代码最后一行数据中的数值 36 会因为操作方式不同发生变化，其获取方式：可以先采用 6）中创建的第一个数据平面（Z 坐标为 0.001）进行切分，保存，打开 Abaqus CAE 起始位置的文件夹 D：\Temp_Aba\3-ButtWelding 中的 abaqus.rpy 文件（用写字板打开，或者另存该文件后修改扩展名为 .py 再采用 Python 编辑器打开），文件最后部分可以看到“datum Plane=d［36］”。运行脚本程序前可以先删除刚进行的切分，操作方式：在左边模型树中，一次单击 Parts、Plate 和 Features 左边的“+”，找到最后一个 Partition cell，右键单击 Delete。完成切分后部件 Plate 如图 16-6 所示。

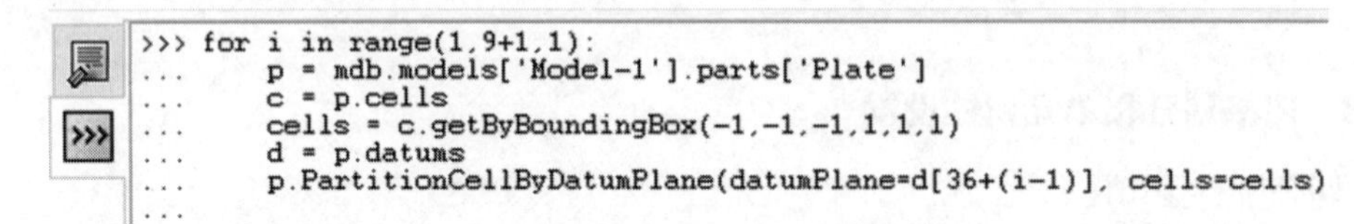

```
>>> for i in range(1,9+1,1):
...     p = mdb.models['Model-1'].parts['Plate']
...     c = p.cells
...     cells = c.getByBoundingBox(-1,-1,-1,1,1,1)
...     d = p.datums
...     p.PartitionCellByDatumPlane(datumPlane=d[36+(i-1)], cells=cells)
...
```

图 16-5　采用数据平面切块批量生成脚本程序代码

2. 网格划分并赋予单元属性

1）在 Mesh 模块中，选中 Part，选择 Plate。

2）通过设置 Seed Edges 工具，先对所有棱边进行种子点布置，在 Local Seed 窗口中，Method 区域选中 By Size，Sizing Controls 区域中 Approximate element size 后设置为 0.00025；对 Plate 长度方向较长的边设置为 0.001。

3）通过部件 Mesh Part 工具进行网格划分，划分后网格如图 16-7 所示。

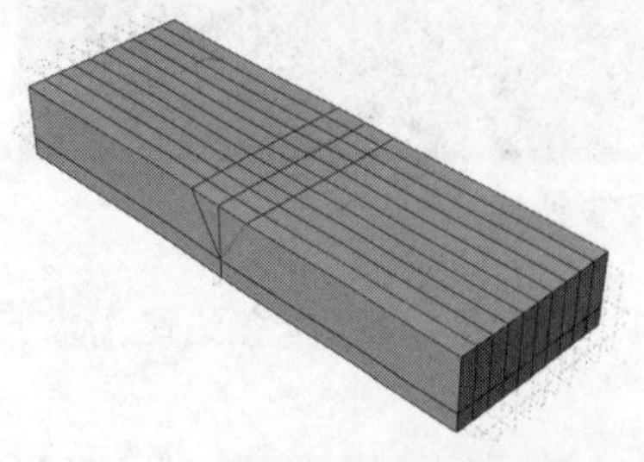

图 16-6　切块后板材的 3D 模型

图 16-7　网格划分图

4）通过 Assign Element Type 工具，框选整个部件，在 Element Type 窗口 Family 区域中选择 Heat Transfer，完成单元类型的设置。

16.2.4　创建材料并赋予部件

采用第 15 章中相同的操作步骤赋予相同的材料属性。

16.2.5　创建装配

在 Assembly 模块中，创建一个部件 Plate 的实例。

16.2.6　分析步设置

1. 创建焊接加热分析步

1）进入 Step 模块，通过 Create Step 工具，创建分析步 Step-1，选择 Heat transfer，在 Edit Step 窗口中，选中 Transient，设置 Time period 为 0.2，设置 Maximum number of increments 为 10000，Initial 为 0.01，Minimum 为 1e-10，Maximum 为 0.1，每个增量步允许的最大温度变化值（Max.allowable temperature change per increment）为 1000。

2）在命令行区域，输入 Python 脚本程序代码（见图 16-8），创建分析步 Step-2 至 Step-10。

```
>>> for i in range(2,10+1,1):
...     mdb.models['Model-1'].HeatTransferStep(name='Step-'+str(i), previous='Step-'+str(i-1),
...         timePeriod=0.2, maxNumInc=10000, initialInc=0.01, minInc=1e-10,
...         maxInc=0.01, deltmx=1000.0)
...
```

图 16-8　分析步批量创建脚本程序代码

2. 创建焊接后冷却分析步

通过 Create Step 工具，创建分析步 Step-11-Cool，Create Step 窗口中 Insert new step after 区域选择 Step-10，选择 Heat transfer，在 Edit Step 窗口中，选中 Transient，设置 Time period 为 1200，设置 Maximum number of increments 为 10000，Initial 为 0.01，Minimum 为 1e-10，最大（Maximum）增量步长为 60，每个增量步允许的最大温度变化值（Max.allowable temperature change per increment）为 1000。

16.2.7　相互作用设置

1. 创建 Set 集

1）进入 Interaction 模块，在命令行区域，输入 Python 脚本程序代码（见图 16-9），对坡口中材料创建 Set 集 Set-1 至 Set-10。创建成功后，可以单击菜单 Tools → Set → Manager...，在弹出的 Set Manager 窗口中查看新生成的 Set 集。

```
>>> a = mdb.models['Model-1'].rootAssembly
>>> c = a.instances['Plate-1'].cells
>>> for i in range(1,11,1):
...     cells1 = c.findAt(((0.0+0.001, 0.004-0.0005, 0.0005+(i-1)*0.001),),)
...     cells2 = cells1+c.findAt(((0.0-0.001, 0.004-0.0005, 0.0005+(i-1)*0.001),),)
...     a.Set(cells=cells2, name='Set-'+str(i))
...
```

图 16-9　坡口材料 Set 集批量创建脚本程序代码

2）在命令行区域，输入 Python 脚本程序代码（见图 16-10，先输入最后一行之前的代码，单击回车后再输入最后一行代码回车），对坡口中材料创建 Set 集 Set-others，Set-others 包含 Set-2 到 Set-10 的 9 个 Set 集，如图 16-11 中红色部分所示。

```
>>> a = mdb.models['Model-1'].rootAssembly
>>> c = a.instances['Plate-1'].cells
>>> cellsforSet = c.findAt(((0.0+0.001, 0.004-0.0005, 0.0005+(2-1)*0.001),),
...                        ((0.0-0.001, 0.004-0.0005, 0.0005+(2-1)*0.001),),)
>>> for i in range(3,11,1):
...     cells1 = c.findAt(((0.0+0.001, 0.004-0.0005, 0.0005+(i-1)*0.001),),
...                       ((0.0-0.001, 0.004-0.0005, 0.0005+(i-1)*0.001),),)
...     cellsforSet = cellsforSet + cells1
...
>>> a.Set(cells=cellsforSet, name='Set-others')
```

图 16-10　坡口部分材料 Set-others 集创建脚本程序代码

3）单击菜单 Tools → Set → Create...，或者单击菜单 Tools → Set → Manager...，在弹出的 Set Manager 窗口中单击 Create... 按钮，弹出 Create Set 窗口，输入 Set 名称为 Set-All，单击 Continue... 按钮，视窗中框选 Plate，单击 Done 按钮，完成对整个部件 Plate 的 Set 集创建。

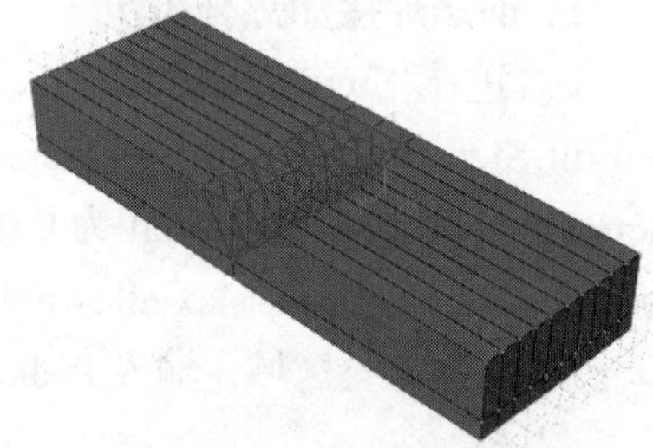

图 16-11　坡口部分材料 Set-others 集

2. 创建相互作用

1）进入 Interaction 模块，单击 Create Interaction 图标，弹出 Create Interaction 窗口，输入相互作用名 Int-1，Step 后边设置为 Step-1，选取 Model change，单击 Continue... 按钮（见图 16-12），在弹出的 Edit Interaction 窗口，单击 Region：（None）后箭头，单击提示栏 Sets... 按钮，弹出 Region Selection，选取 Set-others，单击 Continue... 按钮，回到 Edit Interaction 窗口，选中 Deactivated in this step，单击 OK 按钮（见图 16-13）。相互作用 Int-1 的目的是在分析步 Step-1 时仅保留坡口焊接起始处的一块材料（对应 Set 集 Set-1）。

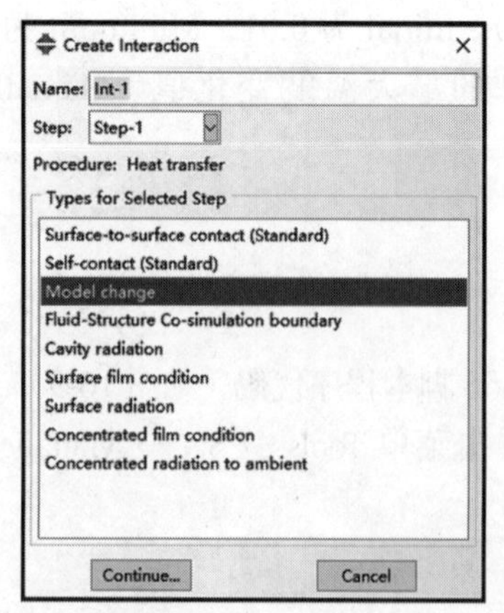

图 16-12　创建单元生死相互作用

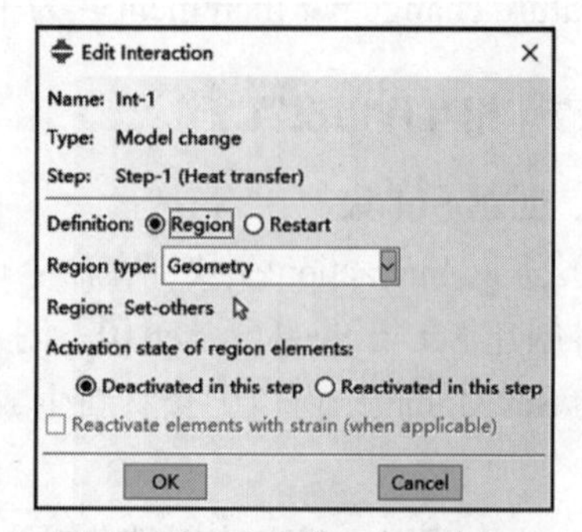

图 16-13　Set 集 Set-others 单元杀死设置

2）在命令行区域，输入 Python 脚本程序代码（见图 16-14），将在 Step-2 到 Step-10 分别建立一个与1）中类似相互作用，对应作用名称从Int-2到Int-10，通过单击创建相互作用（Create Interaction）图标右侧的Interaction Manager图标，在弹出的Interaction Manager窗口中双击每一个相互作用名右边的Created文本进行查看，此时在Edit Interaction窗口中选中的是Reactivated in this step，Region选取的Set集分别从Set-2到Set-10。Int-2到Int-10的目的是在每一个分析步开始时刻，坡口处增加一块材料，模拟焊接时填充的金属。

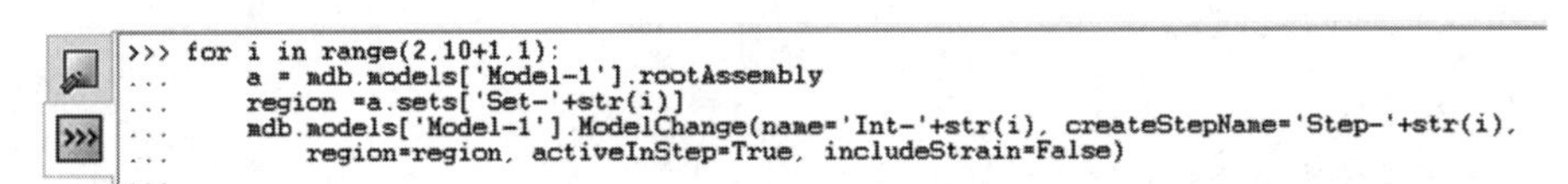

图16-14　单元激活批量创建脚本程序代码

3）通过Create Interaction工具，弹出Create Interaction窗口，输入相互作用名Int-11-Cooling，Step后边选取Step-1，选取Surface film condition，单击Continue...按钮，视窗中选取Plate的所有外表面，单击Done按钮，弹出Edit interaction窗口，Film coefficient后输入20，sink temperature后输入20，单击OK按钮，完成板外表面与空气对流换热设置。

16.2.8　创建载荷和边界条件

1. 创建载荷

进入Load模块，通过Create Load工具在Step-1分析步创建Load-1，Create Load窗口Category区域中选中Thermal，Types for Selected Step中选取Body heat flux，在视窗中框选整个Plate，Edit Load窗口Distribution后选取User-defined，Magnitude后输入1。完成体热源载荷的设置。

2. 创建初始条件

在Load模块中，通过Create Predefined Field工具，在Initial分析步创建初始条件Predefined Field-0，Create Predefined Field窗口Category区域选取Other，Type for Selected Step区域选取Temperature，在视窗中框选整个Plate，Edit Predefined Field窗口Magnitude后输入20。完成Plate初始温度20℃的设置。

16.2.9　任务生成

1. 创建分析任务

进入Job模块，通过Create Job工具创建任务Job-1-Temp，选取Model-1，在Edit Job窗口中General里边User subroutine file后打开热源载荷子程序文件weld_Ellipsoid.for或者直接在下边文本框中输入weld_Ellipsoid.for，子程序文件内容见图16-15，Parallelization里选中Use multiple processors，根据计算机核数设置计算时处理器个数（这里设置4）。

2. 任务提交

在Job模块中，单击Job Manager工具，在弹出的Job Manager窗口中，单击Submit按钮，生成Input文件、检查数据并提交求解器进行计算。

```
      SUBROUTINE DFLUX(FLUX,SOL,KSTEP,KINC,TIME,NOEL,NPT,COORDS,JLTYP,
     1                TEMP,PRESS,SNAME)
C
      INCLUDE 'ABA_PARAM.INC'
      parameter(one=1.d0)
      DIMENSION COORDS(3),FLUX(2),TIME(2)
      CHARACTER*80 SNAME
      PI=3.1415
C     Q,电弧有效热功率 W
C     v,焊枪移动速度 m/s
C     d,当前时刻焊接斑点中心与焊接初始位置的距离
      Q=1200
      v=0.005
      d=v*TIME(2)
C
      x=COORDS(1)
      y=COORDS(2)
      z=COORDS(3)
C     焊接板厚度为 0.004m,焊枪移动从坐标(0,0.004,0)开始,沿着 z 正方向移动
      x0=0.0
      y0=0.004
      z0=0.0
C     a,b,c 为椭球的 x,y 和 z 三个方向的半轴尺寸
      a=0.004
      b=0.005
      c=0.002
C
      heat=6*sqrt(3.0)*Q/(a*b*c*PI*sqrt(PI))
      shape=exp(-3*(x-x0)**2/a**2-3*(y-y0)**2/b**2-3*(z-z0-d)**2/c**2)
C     JLTYP = 1,表示为体热源
      JLTYP=1
      FLUX(1)=heat*shape
      RETURN
      END
```

图 16-15 半椭球体热源子程序 weld_Ellipsoid_forGW.for 文件内容

16.3 焊接应力模型前处理

16.3.1 初始设置

在 Model-1.cae 中，单击菜单 Model → Copy Model → Model-1，在弹出的 Copy Model 窗口中输入 Model-1-Stress（复制模型 Model-1，也可以将 Model-1.cae 文件另存后对其中的 Model-1 进行后续操作）。将对模型 Model-1-Stress 进行调整，利用模型 Model-1 计算焊接传热分析结果进行应力分析。

16.3.2 单元属性设置

通过 Assign Element Type 工具，框选整个部件，在 Element Type 窗口 Family 区域中选择 3D Stress，完成单元类型设置。

16.3.3 分析步设置

1. 删除焊接应力分析步

进入 Step 模块，单击 Create Step 图标右侧的 Step Manager（分析步管理器）图标，在弹出的 Step Manager 窗口中，选取 Initial 后的全部分析步，然后单击 Delete... 按钮全部删除。此时，所删除分析步创建的相互作用与载荷等均同时被删除。

2. 创建焊接应力分析步

1）在 Step Manager 窗口中，单击 Create... 按钮，或者关闭 Step Manager 窗口后单击（创建分析步）Create Step 图标，创建分析步 Step-1，选择 Static，General，在 Edit Step 窗口中，设置 Time period 为 0.2，选中 On，设置 Maximum number of increments 为 10000，Initial 为 0.01，Minimum 为 1e-10，Maximum 为 0.1。此分析步中设置的时间、增量步数和增量步长均与前述焊接传热分析步中的一致。

2）在命令行区域，输入 Python 脚本程序代码（见图 16-16），创建静力（Static，General）分析步 Step-2 至 Step-10。

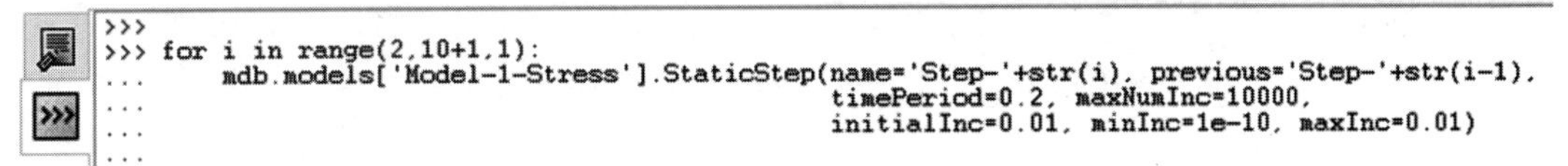

图 16-16 静力通用分析步批量创建脚本程序代码

3）通过 Create Step 工具，创建分析步 Step-11-Cool，Create Step 窗口中 Insert new step after 区域选择 Step-10，选择 Static，General，在 Edit Step 窗口中，设置 Time period 为 1200，设置 Maximum number of increments 为 10000，Initial 为 0.01，Minimum 为 1e-10，Maximum 为 60（此分析步中设置的时间、增量步数和增量步长均与前述焊接后冷却分析步中的一致）。

3. 分析步结果输出文件设置

在 Step 模块中，单击 Field Output Manager 图标（见图 16-17），弹出 Field Output Request Manager 窗口，双击 Created，弹出 Edit Field Output Request 窗口，单击 Thermal 左边的黑色三角形符号▼，选中 NT，Nodal temperature（见图 16-18），单击 OK 按钮。在后续结果查看时，可以观察到温度数据。

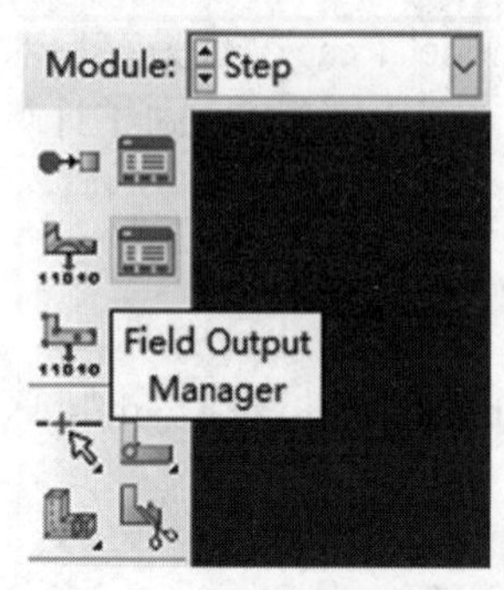

图 16-17　场输出管理器图标

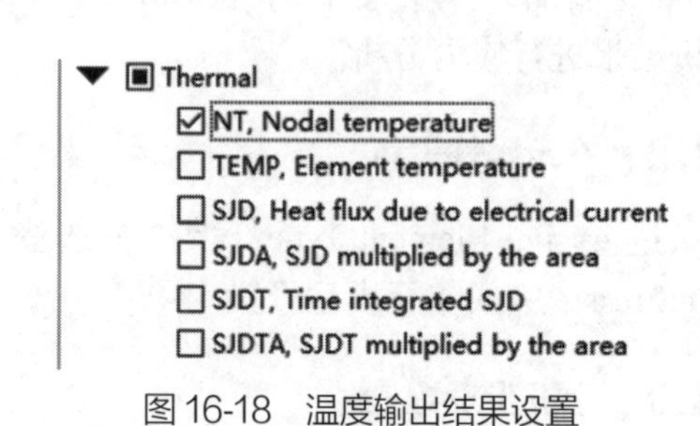

图 16-18　温度输出结果设置

16.3.4　相互作用设置

进入 Interaction 模块，在命令行区域，分别输入并执行图 16-19 和图 16-20 中的 Python 脚本程序代码，建立与前述传热分析一致的相互作用（随着分析步的进行不断激活新的 Set 集）。

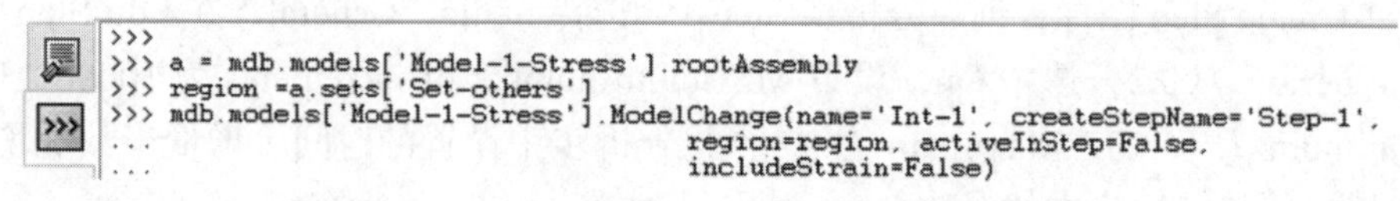

图 16-19　Set 集 Set-others 单元杀死脚本程序代码

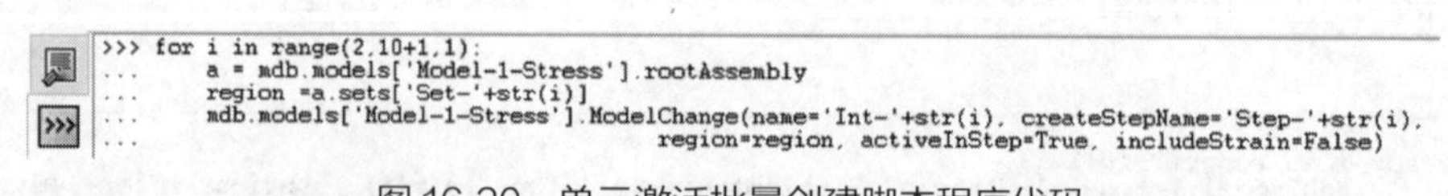

图 16-20　单元激活批量创建脚本程序代码

16.3.5　创建载荷和边界条件

1. 创建边界条件

1）进入 Load 模块，通过 Create Boundary Condition 工具创建边界条件 BC-1-Symm-YZ，Step 后选取 Initial，Category 区域选中 Mechanical，Types for Selected Step 区域选取 Symmetry/Antisymmetry/Encaste，单击 Continue... 按钮，在视窗中选取焊缝中心对称面（选取时可以利用 Views 工具将 Plate 摆正，先框选全部 Plate，然后按住 Ctrl 键同时框选去除不需要的区域），单击 Done 按钮，在 Edit Boundary Condition 窗口中选中 XSYMM，单击 OK

按钮。完成坡口中心面的对称设置。

2）参考步骤 1)，创建边界条件 BC-2-fixed，在 Create Boundary Condition 窗口中选取 Displacement/Rotation，在视窗中选取 Plate 四个角处的棱边，单击 Done 按钮，在 Edit Boundary Condition 窗口中选中 U2 和 U3，单击 OK 按钮。完成四个角的 Y 方向和 Z 方向位移约束。

2. 创建初始条件

1）在 Load 模块中，通过 Create Predefined Field 工具，在 Step-1 分析步创建初始条件 Predefined Field-1，Create Predefined Field 窗口 Category 区域选取 Other，Type for Selected Step 区域选取 Temperature，在视窗中框选整个 Plate，Edit Predefined Field 窗口中 Distribution 后边选取 From results or output database file，File name 后输入 Job-1-Temp.odb（前述焊接传热分析任务完成后的结果文件），Begin step 后输入 1，Begin increment 后输入 0，End step 后输入 1，单击 OK 按钮（见图 16-21）。

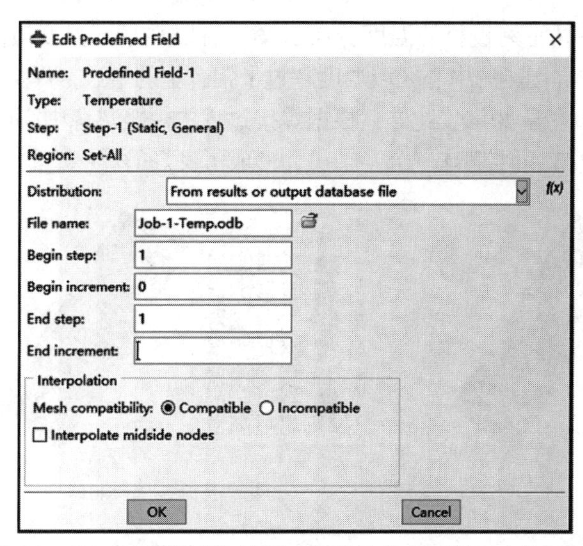

图 16-21　Step-1 分析步初始温度场从传热分析结果文件导入设置

2）在命令行区域，输入并执行图 16-22 中的 Python 脚本程序代码，将在 Step-2 到 Step-10 分析步分别建立一个与 1）中类似的初始条件，对应作用名称从 Predefined Field-2 到 Predefined Field-10，对比 1）中设置，在每一个分析步创建的初始条件 Edit Predefined Field 窗口中，仅将 Begin step 和 End Step 后输入的数值与分析步名称后数值一样。

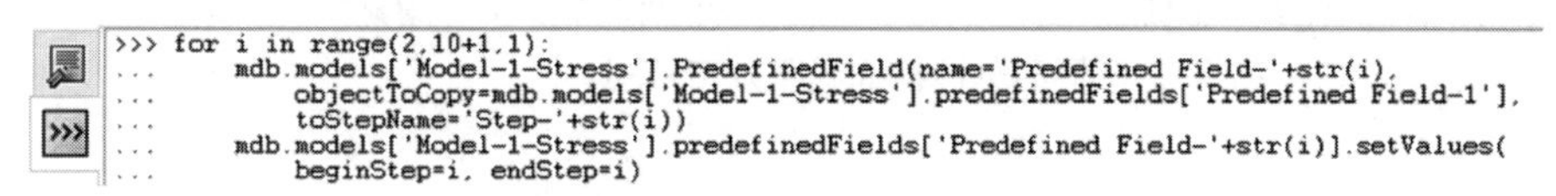

图 16-22　温度场从传热分析结果文件导入设置批量创建脚本程序代码

3）通过创建预定义场（Create Predefined Field）工具，在 Step-11-Cool 分析步中创建 1）中类似的初始条件，Begin step 和 End Step 后输入的数值为 11。

16.3.6 任务生成

1. 创建分析任务

进入 Job 模块，通过 Create Job 工具创建任务 Job-1-Stress，选取 Model-1-Stress，根据计算机核数设置计算时处理器个数，此时不需要设置热源子程序。

2. 任务提交

在 Job 模块中，单击 Job Manager 工具，在弹出的 Job Manager 窗口中，单击 Submit 按钮，生成 Input 文件、检查数据并提交求解器进行计算。

16.4 后处理

16.4.1 温度场

图 16-23 所示为不同时刻板材的温度分布云图。可以观察到温度最高位置出现热源中心，在给定的焊接参数下，焊接热源中心区域温度超过了铝合金的熔点，焊接加热结束后冷却 20min 后基本降到了所设定的室温 20℃。此外，根据焊接过程中焊接热源中心区域的温度分布可以看出给定的热源功率 1200W 和半椭球三个半轴尺寸形成了良好的焊接熔池，实现了板材的焊透。

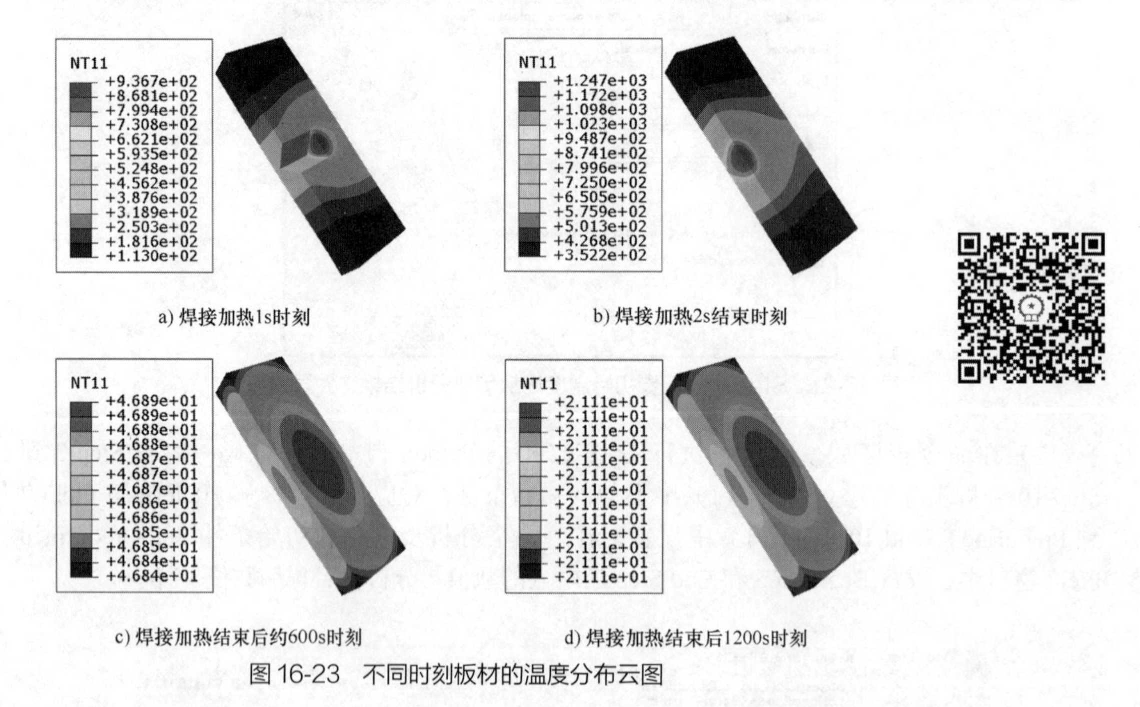

a) 焊接加热1s时刻

b) 焊接加热2s结束时刻

c) 焊接加热结束后约600s时刻

d) 焊接加热结束后1200s时刻

图 16-23 不同时刻板材的温度分布云图

16.4.2 应力场

图 16-24 所示为采用热力顺序耦合分析不同时刻板材的 Mises 等效应力分布云图。可以在给定的焊接参数和固定约束下，最大应力出现在约束区域，随着焊接后冷却的进行，约束区域的应力也在不断增大，此外，从图 16-24 中还可以观察到焊缝区域存在显著的应力。

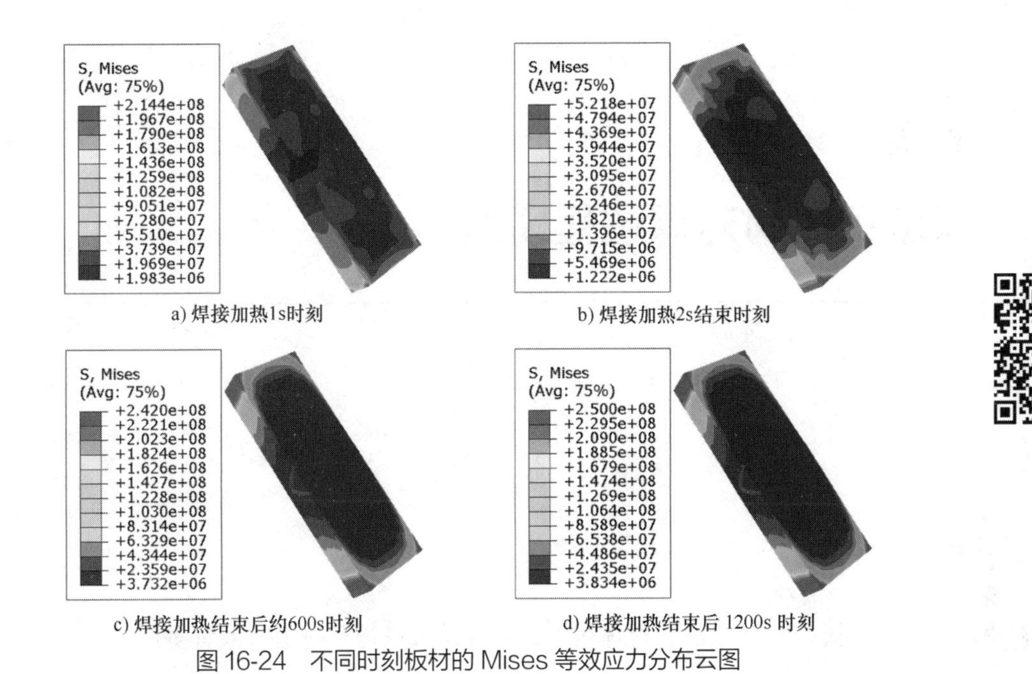

a) 焊接加热1s时刻　b) 焊接加热2s结束时刻

c) 焊接加热结束后约600s时刻　d) 焊接加热结束后 1200s 时刻

图 16-24　不同时刻板材的 Mises 等效应力分布云图

16.4.3　位移场

图 16-25 所示为采用热力顺序耦合分析不同时刻板材的位移分布云图。可以在给定的焊接参数和固定约束下，随着焊接后冷却的进行，最大位移也在不断增大，最大变形出现在焊缝的末端。

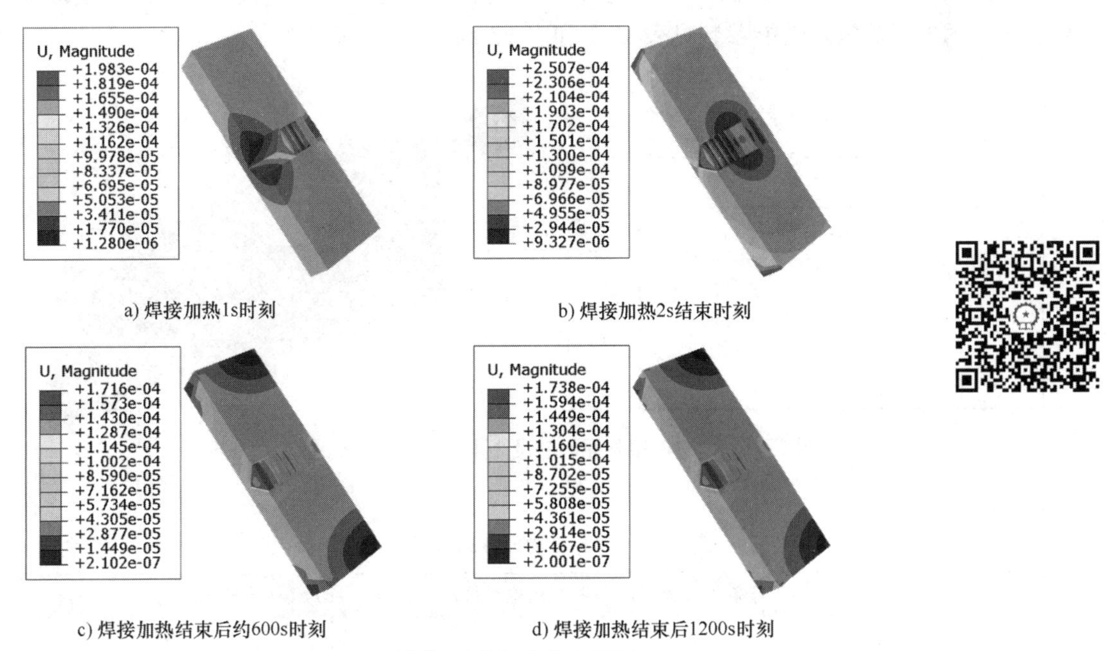

a) 焊接加热1s时刻　b) 焊接加热2s结束时刻

c) 焊接加热结束后约600s时刻　d) 焊接加热结束后1200s时刻

图 16-25　不同时刻板材的位移分布云图

第17章 >>> 有坡口管材对焊过程模拟

17.1 概述

管材对焊时，对于超过一定壁厚的管材焊接，通常开设坡口进行一道次或者多道次焊接成形。

本章旨在介绍应用通用仿真分析软件 Abaqus 2022 进行多道次管材对焊传热数值模拟从建模前处理、提交计算到结果分析的全部操作过程，采用半椭球体热源子程序进行热源施加，本篇前边的焊接分析操作介绍了完全热力耦合及顺序热力耦合焊接仿真，本章为节约篇幅，仅进行了焊接过程传热分析。

仿真分析涉及几何模型尺寸如图 17-1 所示，管材外径为 0.12，壁厚为 0.012，坡口角度为 60°，模型尺寸单位默认为 m，坡口焊缝分为两层，采用三个焊接道次。焊接管材及坡口材料均为钢，材料热物理性能参数见表 17-1 和表 17-2。

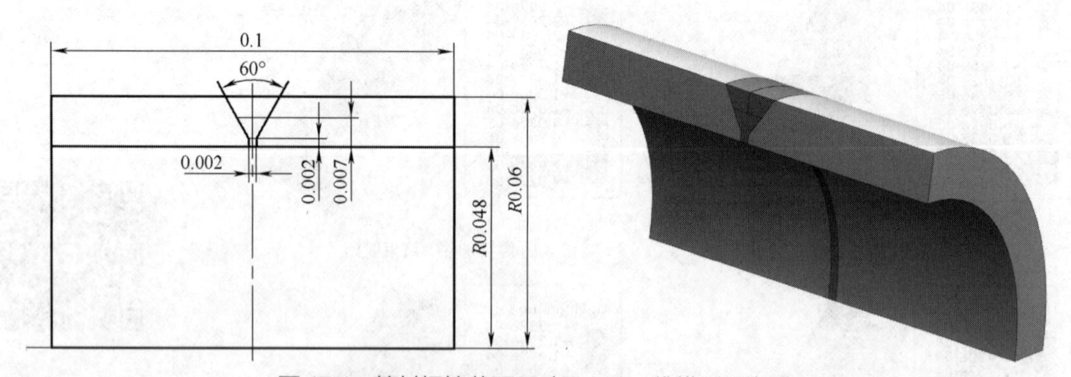

图 17-1 管材焊接截面尺寸及 1/4 三维模型示意图

表 17-1 钢的热物理性能参数

温度 /℃	密度 / (kg/m^3)	传热系数 / [W/ (m · K)]	比热容 / [J/ (kg · K)]
20	7966	13.31	470
200	7893	16.33	508

（续）

温度 /℃	密度 /（kg/m³）	传热系数 /［W/（m · K）］	比热容 /［J/（kg · K）］
400	7814	19.47	550
600	7724	22.38	592
800	7630	25.07	634
900	7583	26.33	655
1000	7535	27.53	676
1100	7486	28.37	698
1200	7436	29.76	719
1420	7320	31.95	765
1460	7320	32	765

表 17-2 传热分析涉及潜热、对流换热系数等参数

潜热 /（J/kg）	固相线温度 /℃	液相线温度 /℃	对流换热系数 /［W/（m² · K）］	辐射率	绝对零度 /℃	斯特藩 - 玻尔兹曼常数 /［W/（m² · K⁴）］
300000	1420	1460	20	0.85	–273.15	5.67e-08

17.2 前处理

17.2.1 初始设置

创建一个文件夹，在 D：\Temp_Aba 文件夹中（如果没有则需要创建）创建文件夹 4-Tubewelding。修改 Abaqus CAE 启动链接右键属性中起始位置的文件夹路径为 D：\Temp_Aba\4-Tubewelding。启动 Abaqus CAE，关掉 Start Session 窗口。在弹出的窗口中输入文件名 Model-1.cae，单击 OK 按钮保存文件。

单击菜单栏 Model → Edit Attributes → Model-1，在弹出的 Edit Model Attributes 窗口中，选中 Absolute zero temperature（绝对零度），输入 –273.15，选中 Stefan-Boltzmann constant（斯特藩 - 玻尔兹曼常数），输入 5.67e-08，单击 OK 按钮完成属性设置。

17.2.2 创建部件

在 Part 模块中单击 Create Part 图标，在 Create Part 窗口中，部件名称改为 Tube，Approximate Size 为 1，Type 区域中选择 Revolution，进入草图绘制如图 17-2 所示草图，选取水平结构线作为旋转中心线，在弹出的 Edit Revolution 窗口中输入角度 90（见图 17-2），创建 1/4 管材。完成外径尺寸为 0.06，壁厚为 0.012，长度为 0.1 的管材几何模型的创建，默认长度单位为 m。

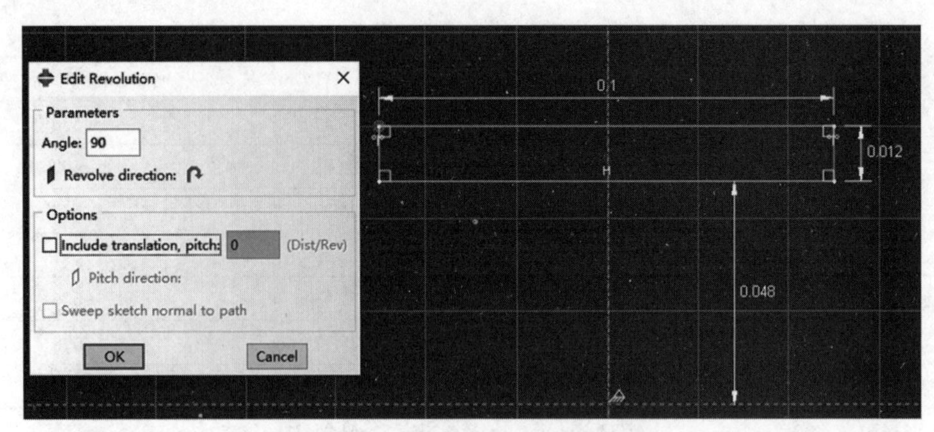

图 17-2 截面草图和旋转角度参数

17.2.3 网格划分和单元属性设置

1. 切分部件 Tube

1）在 Mesh 模块中，对 Tube 进行切分。

2）通过 Partition Face：Sketch 工具，在管材其中一个横截面上绘制如图 17-3 所示线段。

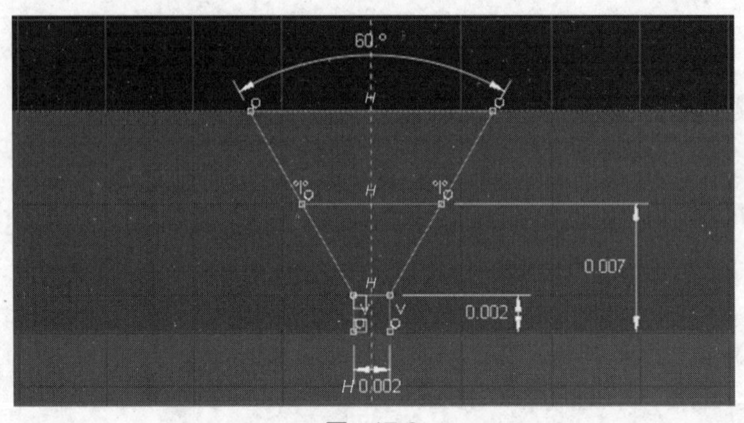

图 17-3

3）通过 Partition Cell：Extrude/Sweep Edges 工具，利用 2）中线段沿着圆弧棱边扫掠切分 Tube（建议分别采用两条斜线段和中间水平线段选择整个 Tube 部件分三次进行扫掠）。

4）通过 Create Datum Plane：Offset From Principal Plane 工具，创建一个 YZ Plane 偏置为 0 的数据平面。通过 Partition Cell：Use Datum Plane 工具，分别利用创建的数据平面对整个 Tube 部件进行切分。

5）创建一个 XY Plane 偏置为 0 的数据平面，利用 Create Datum Plane：Rotate from Plane 工具，然后选择创建的数据平面和 Tube 中心旋转轴，旋转 3.6°，创建一个数据平面。

6）在命令行区域，输入 Python 脚本程序代码（见图 17-4），旋转 5）中 XY Plane 偏置 0 创建的数据平面，创建 23 个数据平面，角度间隔 3.6°，旋转轴为 Tube 中心轴，代码中的数值为 104，通过完成步骤 5）后单击“保存”按钮，然后再打开 Abaqus CAE 起始位置文件夹中的 abaqus.rpy 文件查看，在文件后部 datumPlane 后中括号内。

```
>>>
>>> for i in range(1,23+1,1):
...     p = mdb.models['Model-1'].parts['Tube']
...     d = p.datums
...     p.DatumPlaneByRotation(plane=d[9], axis=d[1], angle=3.6+i*3.6)
...
```

图 17-4　切块用数据平面批量生成脚本程序代码

7）通过 Partition Cell：Use Datum Plane 工具，采用 5）中旋转平面后创建的数据平面对整个 Tube 部件进行切分。

8）在命令行区域，输入 Python 脚本程序代码（见图 17-5），利用 6）中创建的 23 个数据平面切分 Tube，代码中数值 131 通过完成步骤 7）后单击“保存”按钮，然后再打开 abaqus.rpy 文件查看，在文件后部 datumPlane 后中括号内。完成切分后部件 Tube 如图 17-6 所示。

```
>>> for i in range(1,23+1,1):
...     p = mdb.models['Model-1'].parts['Tube']
...     c = p.cells
...     cells = c.getByBoundingBox(-1,-1,-1,1,1,1)
...     d = p.datums
...     p.PartitionCellByDatumPlane(datumPlane=d[10+i], cells=cells)
...
```

图 17-5　采用数据平面切块批量生成脚本程序代码

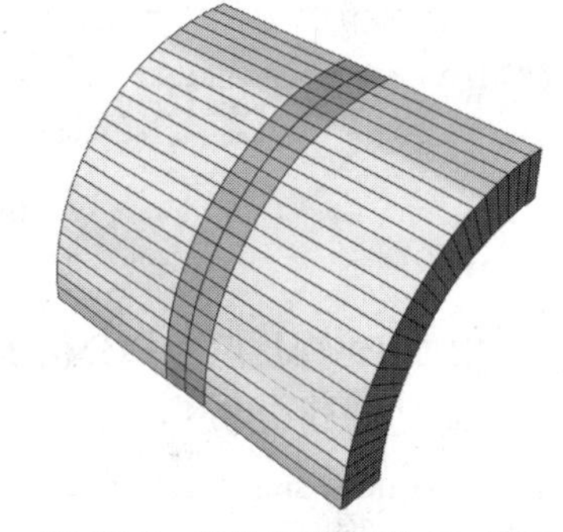

图 17-6　切块后管材的 3D 模型

2. 网格划分并赋予单元属性

1）在 Mesh 模块中，选中 Part 前边的圆圈图标，选择 Tube。

2）通过设置 Seed Edges 工具，先对所有棱边进行种子点布置，在 Local Seed 窗口中，Method 区域选中 By Size，Sizing Controls 区域中 Approximate element size 后设置 0.0048。

3）通过部件 Mesh Part 工具进行网格划分，划分后网格如图 17-7 所示。

4）通过 Assign Element Type 工具，框选整个部件，在 Element Type 窗口 Family 区域中选择 Heat Transfer，完成单元类型设置。

图 17-7　网格划分图

17.2.4　创建材料并赋予部件

采用第 14 章中相同的操作步骤，采用表 17-1~ 表 17-3 中材料数据对部件 Tube 赋予材料属性。

17.2.5 创建装配

在 Assembly 模块中，创建一个部件 Tube 的实例。

17.2.6 分析步设置

1. 创建焊接加热分析步

1）进入 Step 模块，通过 Create Step 工具，创建分析步 Step-1，选择 Heat transfer，在 Edit Step 窗口中，选中 Transient，设置 Time period 为 1，设置 Maximum number of increments 为 10000，Initial 为 0.001，Minimum 为 1e-10，Maximum 为 1，Max.allowable temperature change per increment 为 1000。

2）在命令行区域，输入 Python 脚本程序代码（见图 17-8），创建分析步 Step-2 至 Step-75。

```
>>>
>>>
>>> for i in range(2,75+1,1):
...     mdb.models['Model-1'].HeatTransferStep(name='Step-'+str(i), previous='Step-'+str(i-1),
...         maxNumInc=10000, initialInc=0.001, minInc=1e-10, maxInc=1.0, deltmx=1000.0)
...
```

图 17-8　分析步批量创建脚本程序代码

2. 创建焊接后冷却分析步

通过创建分析步（Create Step）工具，创建分析步 Step-76-Cool，在 Create Step 窗口中 Insert new step after 区域选择 Step-75，选择 Heat transfer，在 Edit Step 窗口中，选中 Transient，设置 Time period 为 3600，设置 Maximum number of increments 为 10000，Initial 为 1，Minimum 为 1e-10，Maximum 为 360，Max.allowable temperature change per increment 为 1000。

17.2.7 相互作用设置

1. 创建 Set 集

1）进入 Interaction 模块，在命令行区域，分别输入执行图 17-9~ 图 17-11 中 Python 脚本程序代码，对坡口中材料分别创建 Set 集 Set-1 至 Set-25，Set-26 至 Set-50，Set-51 至 Set-75，分别对应环形焊缝的第一道、第二道和第三道（见图 17-12~ 图 17-14）。

```
>>> import math
>>> a = mdb.models['Model-1'].rootAssembly
>>> c = a.instances['Tube-1'].cells
>>> for i in range(1,25+1,1):
...     cells1 = c.findAt(((0.0+0.0005, 0.049*math.cos(math.radians(1.8+3.6*(i-1))),
...                        0.049*math.sin(math.radians(1.8+3.6*(i-1)))),),)
...     cells2 = cells1+c.findAt(((0.0-0.0005, 0.049*math.cos(math.radians(1.8+3.6*(i-1))),
...                              0.049*math.sin(math.radians(1.8+3.6*(i-1)))),),)
...     cells3 = cells2+c.findAt(((0.0+0.0005, 0.0525*math.cos(math.radians(1.8+3.6*(i-1))),
...                              0.0525*math.sin(math.radians(1.8+3.6*(i-1)))),),)
...     cells4 = cells3+c.findAt(((0.0-0.0005, 0.0525*math.cos(math.radians(1.8+3.6*(i-1))),
...                              0.0525*math.sin(math.radians(1.8+3.6*(i-1)))),),)
...     a.Set(cells=cells4, name='Set-'+str(i))
...
```

图 17-9　第一道次焊接坡口处材料 Set 集批量创建脚本程序代码

```
>>> import math
>>> a = mdb.models['Model-1'].rootAssembly
>>> c = a.instances['Tube-1'].cells
>>> for i in range(1,25+1,1):
...     cells1 = c.findAt(((0.0+0.0005, 0.0575*math.cos(math.radians(1.8+3.6*(i-1))),
...                         0.0575*math.sin(math.radians(1.8+3.6*(i-1)))),),)
...     a.Set(cells=cells1, name='Set-'+str(i+25))
...
```

图 17-10　第二道次焊接坡口处材料 Set 集批量创建脚本程序代码

```
>>> import math
>>> a = mdb.models['Model-1'].rootAssembly
>>> c = a.instances['Tube-1'].cells
>>> for i in range(1,25+1,1):
...     cells1 = c.findAt(((0.0-0.0005, 0.0575*math.cos(math.radians(1.8+3.6*(i-1))),
...                         0.0575*math.sin(math.radians(1.8+3.6*(i-1)))),),)
...     a.Set(cells=cells1, name='Set-'+str(i+50))
...
```

图 17-11　第三道次焊接坡口处材料 Set 集批量创建脚本程序代码

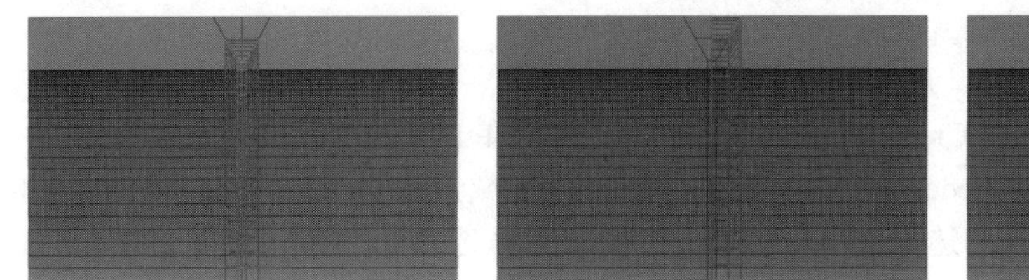

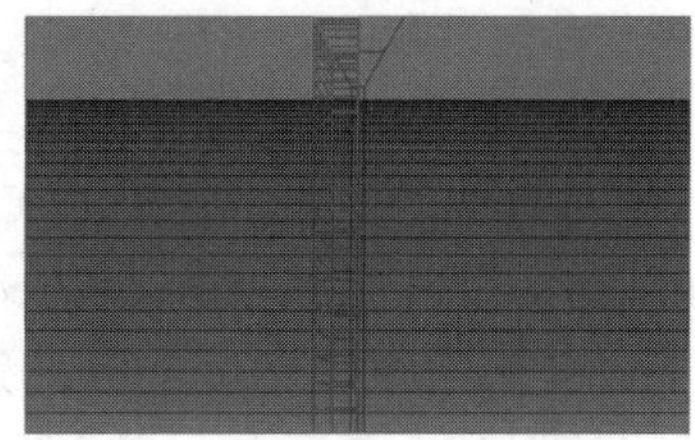

图 17-12　第一道次焊接区域　　图 17-13　第二道次焊接区域　　图 17-14　第三道次焊接区域

2）通过 Create Display Group 工具，在 Create Display Group 窗口中，单击 Item 下方的 Sets，选择 Set-2 到 Set-75，然后单击 Replace 单独显示在视窗中，然后单击菜单 Tools → Set → Create...，弹出 Create Set 窗口，输入 Set 名 Set-others，单击 Continue... 按钮，在视窗中框选显示的模型，单击 Done 按钮，完成 Set-other 集创建。单击 Create Display Group 图标左侧的 Replace All 图标，恢复视窗中部件显示。

3）单击菜单 Tools → Set → Create...，弹出 Create Set 窗口，输入 Set 名 Set-All，单击 Continue... 按钮，视窗中框选 Tube，单击 Done 按钮，完成对整个部件 Tube 的 Set 集创建。

2. 创建相互作用

1）进入 Interaction 模块，单击 Create Interaction 图标，弹出 Create Interaction 窗口，输入相互作用名称为 Int-1，Step 后边设置为 Step-1，选取 Model change，单击 Continue... 按钮，在弹出的 Edit Interaction 窗口，单击 Region:（None）后的箭头，单击提示栏 Sets... 按钮，弹出 Region Selection，选取 Set-others，单击 Continue... 按钮，回到 Edit Interaction 窗口，选中 Deactivated in this step，单击 OK 按钮。

2）在命令行区域，输入 Python 脚本程序代码（见图 17-15），将在 Step-2 到 Step-75 分别建立一个 Model change 相互作用，对应作用名称从 Int-2 到 Int-75，选取的 Set 集分别从 Set-2 到 Set-75。目的是在每一个分析步开始时刻，坡口处增加一块材料，模拟焊接时填充的金属。

```
>>>
>>> for i in range(2,75+1,1):
...     a = mdb.models['Model-1'].rootAssembly
...     region =a.sets['Set-'+str(i)]
...     mdb.models['Model-1'].ModelChange(name='Int-'+str(i), createStepName='Step-'+str(i),
...         region=region, activeInStep=True, includeStrain=False)
...
```

图 17-15　Model change 相互作用批量创建脚本程序代码

3）通过 Create Interaction 工具，在 Step-1 分析步创建对流换热相互作用，名称为 Int-76-Cooling，Step 后边选取 Step-1，选取 Surface film condition，单击 Continue... 按钮，视窗中选取 Tube 的内外表面，单击 Done 按钮，在弹出的 Edit interaction 窗口中 Film coefficient 后输入 20，sink temperature 后输入 20，单击 OK 按钮，完成板外表面与空气对流换热设置。

17.2.8　创建载荷和边界条件

1. 创建载荷

进入 Load 模块，通过 Create Load 工具在 Step-1 分析步创建 Load-1，Create Load 窗口 Category 区域中选中 Thermal，Types for Selected Step 中选取 Body heat flux，在视窗中框选整个 Tube，Edit Load 窗口 Distribution 后选取 User-defined，Magnitude 后输入 1。完成体热源载荷的设置。

2. 创建初始条件

在 Load 模块中，通过 Create Predefined Field 工具，在 Initial 分析步创建初始条件 Predefined Field-0，Create Predefined Field 窗口 Category 区域选取 Other，Type for Selected Step 区域选取 Temperature，选取集 Set-All（或在视窗中框选整个 Tube），Edit Predefined Field 窗口 Magnitude 后输入 20。完成 Tube 初始温度 20℃的设置。

17.2.9　任务生成

1. 创建分析任务

进入 Job 模块，通过 Create Job 工具创建任务 Job-1-Temp，选取 Model-1，在 Edit Job 窗口中 General 里边 User subroutine file 后打开热源载荷子程序文件 weld_Ellipsoid-Tube.for 或者直接在下边文本框中输入 weld_Ellipsoid.for，子程序文件内容见图 17-16，Parallelization 里选中 Use multiple processors，根据计算机核数设置计算时处理器个数（这里设置为 4）。

2. 任务提交

在 Job 模块中，单击 Job Manager 工具，在弹出的 Job Manager 窗口中，单击 Submit 按钮，生成 Input 文件、检查数据并提交求解器进行计算。

```
      SUBROUTINE
DFLUX(FLUX,SOL,KSTEP,KINC,TIME,NOEL,NPT,COORDS,JLTYP,
     1                    TEMP,PRESS,SNAME)
C
      INCLUDE 'ABA_PARAM.INC'
      parameter(one=1.d0)
      DIMENSION COORDS(3),FLUX(2),TIME(2)
      CHARACTER*80 SNAME
```

图 17-16　半椭球体热源子程序 weld_Ellipsoid_Tube.for 文件内容

```
      PI=3.1415926
C     Q,电弧有效热功率 W
C     v_angle,焊枪移动角速度 0.31415926(50s 走完半圈)
C     Theta_0,当前时刻焊接斑点中心跟焊接初始位置的旋转角度
C
      x=COORDS(1)
      y=COORDS(2)
      z=COORDS(3)
C
      Q=4000
      v_angle=PI/50.0
      if(TIME(2).LE.25)then
         Time_new = TIME(2)
      elseif(TIME(2).GT.25.AND.TIME(2).LE.50)then
         Time_new = TIME(2)-25
      elseif(TIME(2).GT.25.AND.TIME(2).LE.75)then
         Time_new = TIME(2)-50
      else
         Time_new = 0
      end if
      r_current = sqrt(y*y+z*z)
      Theta_0=v_angle*Time_new！ 通过热源中心和圆柱面的垂线与 y 轴夹角
      Theta = ACOS(y/r_current)！ 通过当前位置和圆柱面的垂线与 y 轴夹角
C
C     第一道次焊枪移动从坐标(0,0.055,0)开始,绕 X 轴旋转
C     第二道次焊枪移动从坐标(0.00338675,0.06,0)开始,绕 X 轴旋转
C     第三道次焊枪移动从坐标(-0.00338675,0.06,0)开始,绕 X 轴旋转
      if(TIME(2).LE.25)then
         x0=0！ 热源中心 x 坐标,x 方向对应椭球 b 轴方向
         r_initial = 0.055
      elseif(TIME(2).GT.25.AND.TIME(2).LE.50)then
         x0=0.00338675！ 热源中心 x 坐标,x 方向对应椭球 b 轴方向
         r_initial = 0.06
      elseif(TIME(2).GT.25.AND.TIME(2).LE.75)then
         x0=-0.00338675！ 热源中心 x 坐标,x 方向对应椭球 b 轴方向
         r_initial = 0.06
      else
         x0 = 0
         r_initial=0
         Q = 0
      endif
C     a,b,c 为椭球热源的半轴
      a=0.006！ 热源前进方向
      b=0.009！ 热源侧面方向
```

图17-16　半椭球体热源子程序 weld_Ellipsoid_Tube.for 文件内容（续）

```
        c=0.008！热源深度方向
C
        heat=6*sqrt(3.0)*Q/(a*b*c*PI*sqrt(PI))
        x_distance = r_current*SIN(Theta-Theta_0)
        y_distance = x-x0
        z_distance = r_initial-r_current*COS(Theta-Theta_0)

        shape = exp(-3*x_distance**2/a**2
        1           -3*y_distance**2/b**2
        2           -3*z_distance**2/c**2)
C       JLTYP = 1,表示为体热源
        JLTYP=1
        FLUX(1)=heat*shape
        RETURN
        END
```

图 17-16　半椭球体热源子程序 weld_Ellipsoid_Tube.for 文件内容（续）

17.3　后处理

图 17-17~ 图 17-19 分别所示为第一道次、第二道次和第三道次焊接中间时刻的温度分布云图。图 17-20 所示为焊接后冷却 30min 和 60min 时刻的温度分布云图。可以看出，给定的热源功率 4000W 和半椭球三个半轴尺寸保证焊接坡口区域最高温度超过 2500℃，超过钢的熔点。焊接加热结束后冷却 60min 后基本降到了约 65℃，且管材长度方向和厚度方向温度比较均匀。

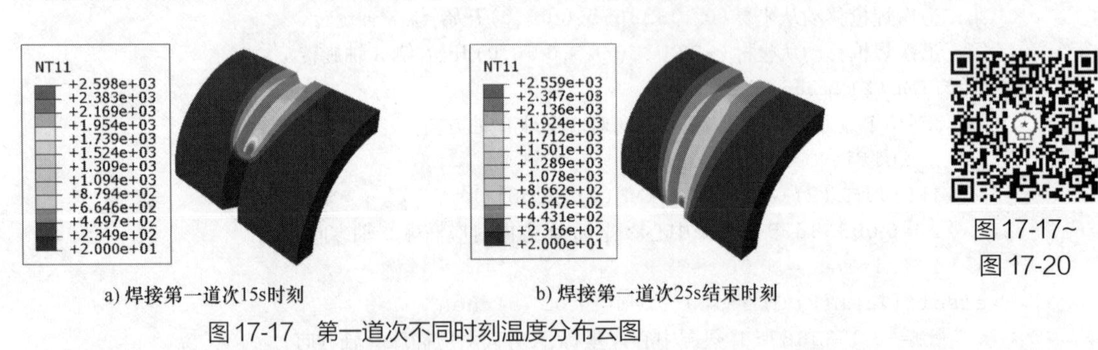

a) 焊接第一道次15s时刻　　b) 焊接第一道次25s结束时刻

图 17-17　第一道次不同时刻温度分布云图

图 17-17~图 17-20

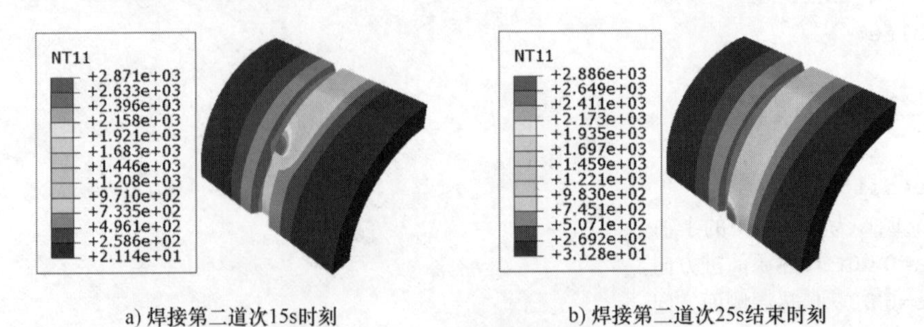

a) 焊接第二道次15s时刻　　b) 焊接第二道次25s结束时刻

图 17-18　第二道次不同时刻温度分布云图

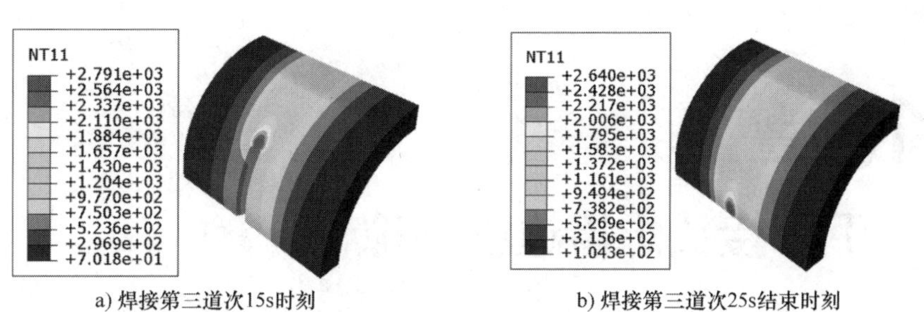

a) 焊接第三道次15s时刻　　b) 焊接第三道次25s结束时刻

图 17-19　第三道次不同时刻温度分布云图

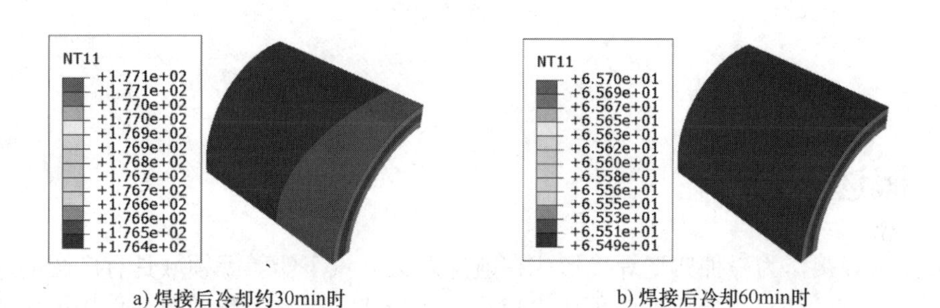

a) 焊接后冷却约30min时　　b) 焊接后冷却60min时

图 17-20　焊接后冷却不同时刻温度分布云图

第18章 >>>

T形接头焊接过程模拟

18.1 概述

T形接头焊接作为一种典型焊接形式在航空航天、汽车船舶等领域具有广泛的应用，对于超过一定厚度的板材焊接，通常采用多道次焊接形式，焊接参数选择、焊接道次及先后顺序对焊接质量具有直接影响。数值模拟方法可有效提高焊接工艺设计评估及优化效率，并节约成本。

本章旨在介绍应用通用仿真分析软件 Abaqus 2022 进行的T形接头多道次焊接数值模拟从建模前处理、提交计算到结果分析的全部操作过程，本章仅进行传热分析建模过程介绍。

仿真分析涉及几何模型尺寸如图18-1所示，其中T形焊接模型长度为40，模型尺寸单位默认为mm。由于模型的对称特征，为提高计算效率，取整个模型的1/2进行建模。接头材料为钢，材料热物理性能参数见表18-1和表18-2。

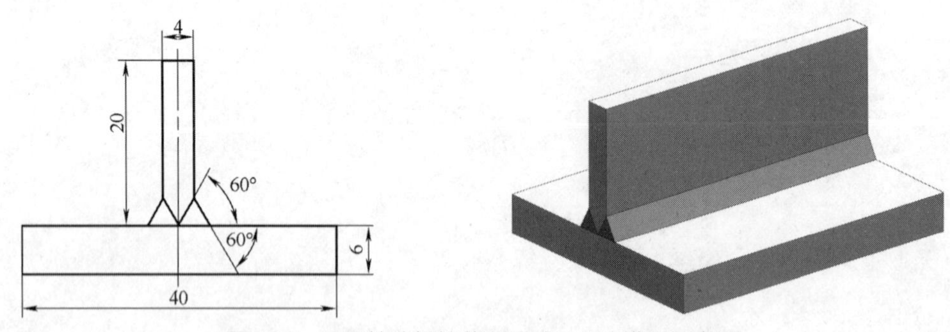

图18-1 T形接头焊接截面尺寸及3D模型示意图

表18-1 钢的物理性能参数

温度/℃	密度/（t/mm^3）	导热系数/[mW/（mm·K）]	比热容/[mJ/（t·K）]
20	7.966×10^{-9}	13.31	4.70×10^{8}
200	7.893×10^{-9}	16.33	5.08×10^{8}

（续）

温度 /℃	密度 / (t/mm³)	导热系数 / [mW/ (mm · K)]	比热容 / [mJ/ (t · K)]
400	7.814×10^{-9}	19.47	5.50×10^{8}
600	7.724×10^{-9}	22.38	5.92×10^{8}
800	7.63×10^{-9}	25.07	6.34×10^{8}
900	7.583×10^{-9}	26.33	6.55×10^{8}
1000	7.535×10^{-9}	27.53	6.76×10^{8}
1100	7.486×10^{-9}	28.37	6.98×10^{8}
1200	7.436×10^{-9}	29.76	7.19×10^{8}
1420	7.32×10^{-9}	31.95	7.65×10^{8}
1460	7.32×10^{-9}	32	7.65×10^{8}

表 18-2　钢的力学性能参数

潜热 / (mJ/t)	固相线温度 /℃	液相线温度 /℃	对流换热系数 / [mW/ (mm² · K)]	辐射率	绝对零度 / ℃	斯特藩 - 玻尔兹曼常数 / [mW/ (mm² · K⁴)]
3×10^{11}	1420	1460	0. 02	0. 85	−273.15	5.67×10^{-11}

18.2　前处理

18.2.1　初始设置

创建一个文件夹，在 D：\Temp_Aba 文件夹中创建文件夹 5-TjointWelding。修改 Abaqus CAE 启动链接右键属性中起始位置的文件夹路径为 D：\Temp_Aba\5-TjointWelding。启动 Abaqus CAE，关掉 Start Session 窗口。在弹出的窗口中输入文件名 Model-1.cae，单击 OK 按钮保存文件。

单击菜单栏 Model → Edit Attributes → Model-1，在弹出的 Edit Model Attributes 窗口中，选中 Absolute zero temperature（绝对零度），输入 −273.15，选中 Stefan-Boltzmann constant（斯特藩 - 玻尔兹曼常数），输入 5.67e-11，单击 OK 按钮完成属性设置。

18.2.2　创建部件

在 Part 模块中单击“创建部件”图标，在 Create Part 窗口中，部件名改为 T-joint，Approximate Size 为 200，其他均为默认值，然后单击 Continue... 按钮，进入草图绘制模式，绘制图 18-2 所示矩形，完成截面草图绘制后，在弹出的 Edit Base Extrusion 窗口中 Depth 值输入 40，单击 OK 按钮，完成 T 形接头 1/2 几何模型的创建，默认长度单位为 mm。

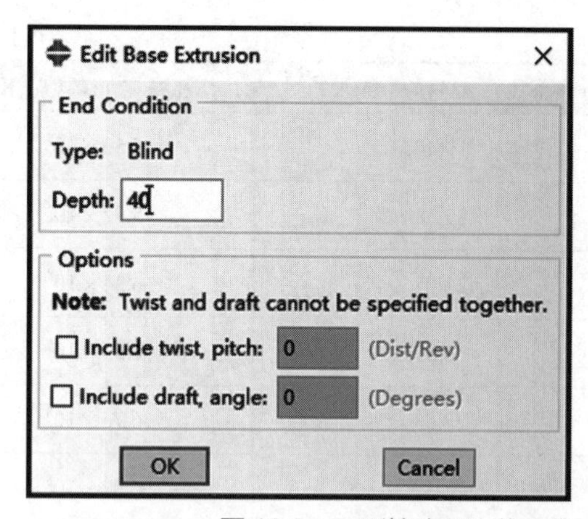

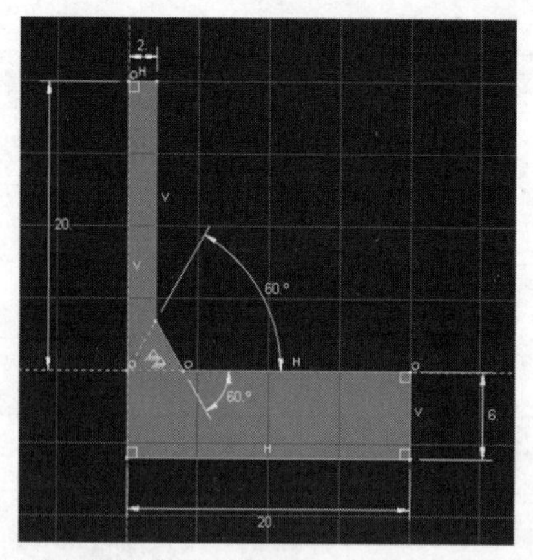

图 18-2　T 形接头 1/2 截面草图和长度方向拉伸尺寸参数

18.2.3　网格划分和单元属性设置

1. 切分部件 T-joint

1）在 Mesh 模块中，对 T-joint 进行切分。

2）通过 Partition Face：Sketch 工具，在一侧端面绘制如图 18-3 所示线段。

3）通过 Partition Cell：Extrude/Sweep Edges 工具，利用 2）中线段沿着尺寸 40 的棱边扫掠切分 T-joint。(可以通过多次拉伸或扫掠)

4）在命令行区域，输入 Python 脚本程序代码（见图 18-4），偏置 XY Plane 平面，创建 19 个数据平面（间隔为 2）。

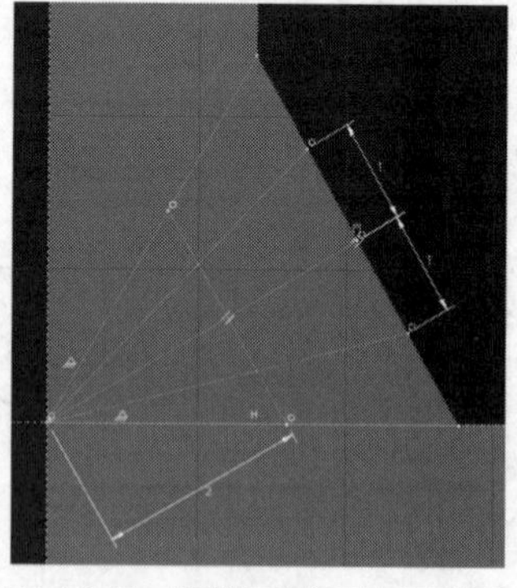
图 18-3　焊缝区域切块用草图

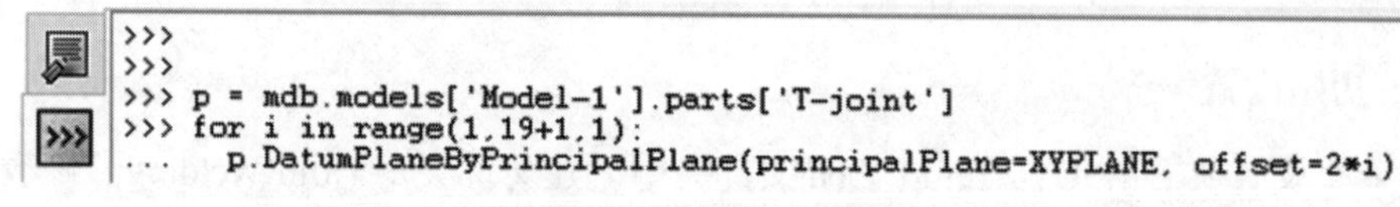

图 18-4　切块用数据平面批量生成脚本程序代码

5）在命令行区域，输入 Python 脚本程序代码（见图 18-5），利用 4）中 19 个数据平面切分 T-joint。代码最后一行数据中的数值 31 会因为操作方式不同发生变化，其获取方式：可以先采用 4）中创建的第一个数据平面（Z 坐标为 2）进行切分，保存，打开 Abaqus CAE 起始位置文件夹中的 abaqus.rpy 文件，文件最后部分可以看到“datumPlane=d［31］”。运行脚本程序前可以先删除刚进行的切分。完成切分后部件 T-joint 如图 18-6 所示。

```
>>> for i in range(1,19+1,1):
...     p = mdb.models['Model-1'].parts['T-joint']
...     c = p.cells
...     cells = c.getByBoundingBox(-1000,-1000,-1000,1000,1000,1000)
...     d = p.datums
...     p.PartitionCellByDatumPlane(datumPlane=d[31+(i-1)], cells=cells)
...
```

图 18-5　采用数据平面切块批量生成脚本程序代码

2. 网格划分并赋予单元属性

1）在 Mesh 模块中，选中 Part 前边的圆圈图标，选择 T-joint。

2）通过设置 Seed Edges 工具，先对所有棱边进行种子点布置，在 Local Seed 窗口中，Method 区域选中 By Size，在 Sizing Controls 区域中 Approximate element size 后设置 0.5。

3）通过部件 Mesh Part 工具进行网格划分，划分后网格如图 18-7 所示。

4）通过 Assign Element Type 工具，框选整个部件，在 Element Type 窗口 Family 区域中选择 Heat Transfer，完成单元类型设置。

图 18-6　切分后 T 形接头 3D 模型

图 18-7　网格划分图

18.2.4　创建材料并赋予部件

采用第 14 章中相同的操作步骤赋予相同的材料属性。

18.2.5　创建装配

在 Assembly 模块中，创建一个部件 T-joint 的实例。

18.2.6　分析步设置

1. 创建焊接加热分析步

1）进入 Step 模块，通过 Create Step 工具，创建分析步 Step-1，选择 Heat transfer，在 Edit Step 窗口中，选中 Transient，设置 Time period 为 1，设置 Maximum number of increments 为 10000，Initial 为 0.01，Minimum 为 1e-10，Maximum 为 0.1，Max.allowable temperature change per increment 为 1000。

2）在命令行区域，输入 Python 脚本程序代码（见图 18-8），创建分析步 Step-2 至 Step-10。

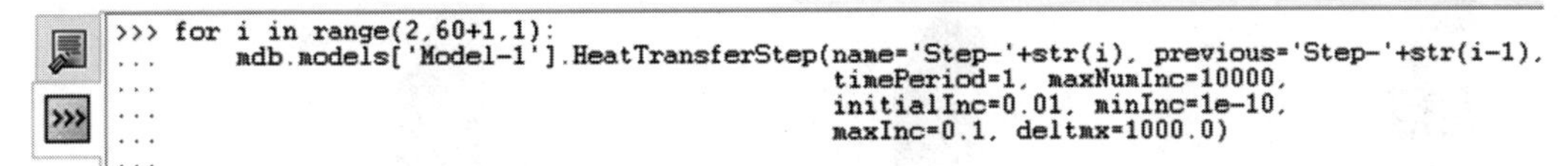

```
>>> for i in range(2,60+1,1):
...     mdb.models['Model-1'].HeatTransferStep(name='Step-'+str(i), previous='Step-'+str(i-1),
...                                            timePeriod=1, maxNumInc=10000,
...                                            initialInc=0.01, minInc=1e-10,
...                                            maxInc=0.1, deltmx=1000.0)
...
```

图 18-8　分析步批量创建脚本程序代码

2. 创建焊接后冷却分析步

通过 Create Step 工具，创建分析步 Step-61-Cool，在 Create Step 窗口中 Insert new step after 区域选择 Step-60，选择 Heat transfer，在 Edit Step 窗口中，选中 Transient，设置 Time period 为 1800，设置 Maximum number of increments 为 10000，Initial 为 0.01，Minimum 为 1e-10，Maximum 为 60，Max.allowable temperature change per increment 为 1000。

18.2.7　相互作用设置

1. 创建 Set 集

1）进入 Interaction 模块，在命令行区域，分别输入执行图 18-9~ 图 18-11 中 Python 脚本程序代码，对坡口中材料分别创建 Set 集 Set-1 至 Set-20，Set-21 至 Set-40，Set-41 至 Set-60，分别对应环形焊缝的第一道次、第二道次和第三道次（见图 18-12~ 图 18-14）。

```
>>> import math
>>> a = mdb.models['Model-1'].rootAssembly
>>> c = a.instances['T-joint-1'].cells
>>> for i in range(1,20+1,1):
...     cells1 = c.findAt(((1*math.cos(math.radians(7.5)),
...                         1*math.sin(math.radians(7.5)),1+2*(i-1)),),)
...     cells2 = cells1+c.findAt(((1*math.cos(math.radians(22.5)),
...                         1*math.sin(math.radians(22.5)),1+2*(i-1)),),)
...     cells3 = cells2+c.findAt(((1*math.cos(math.radians(37.5)),
...                         1*math.sin(math.radians(37.5)),1+2*(i-1)),),)
...     cells4 = cells3+c.findAt(((1*math.cos(math.radians(52.5)),
...                         1*math.sin(math.radians(52.5)),1+2*(i-1)),),)
...     a.Set(cells=cells4, name='Set-'+str(i))
...
```

图 18-9　第一道次焊接坡口处材料 Set 集批量创建脚本程序代码

```
>>> import math
>>> a = mdb.models['Model-1'].rootAssembly
>>> c = a.instances['T-joint-1'].cells
>>> for i in range(1,20+1,1):
...     cells1 = c.findAt(((3*math.cos(math.radians(7.5)),
...                         3*math.sin(math.radians(7.5)),1+2*(i-1)),),)
...     cells2 = cells1+c.findAt(((3*math.cos(math.radians(22.5)),
...                         3*math.sin(math.radians(22.5)),1+2*(i-1)),),)
...     a.Set(cells=cells2, name='Set-'+str(20+i))
...
```

图 18-10　第二道次焊接坡口处材料 Set 集批量创建脚本程序代码

```
>>> import math
>>> a = mdb.models['Model-1'].rootAssembly
>>> c = a.instances['T-joint-1'].cells
>>> for i in range(1,20+1,1):
...     cells1 = c.findAt(((3*math.cos(math.radians(37.5)),
...                         3*math.sin(math.radians(37.5)),1+2*(i-1)),),)
...     cells2 = cells1+c.findAt(((3*math.cos(math.radians(52.5)),
...                         3*math.sin(math.radians(52.5)),1+2*(i-1)),),)
...     a.Set(cells=cells2, name='Set-'+str(40+i))
...
```

图 18-11　第三道次焊接坡口处材料 Set 集批量创建脚本程序代码

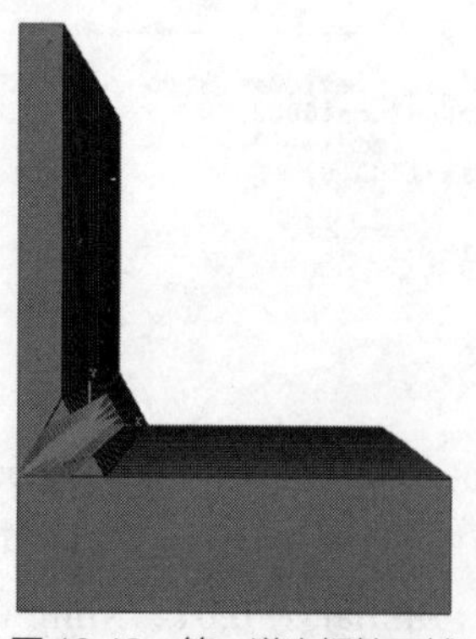

图 18-12　第一道次焊接区域

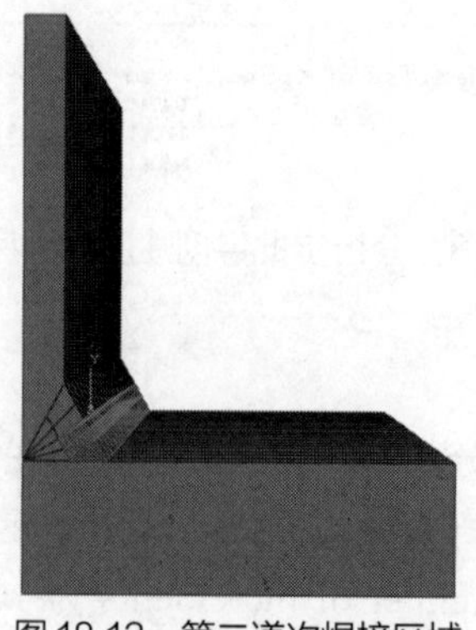

图 18-13　第二道次焊接区域

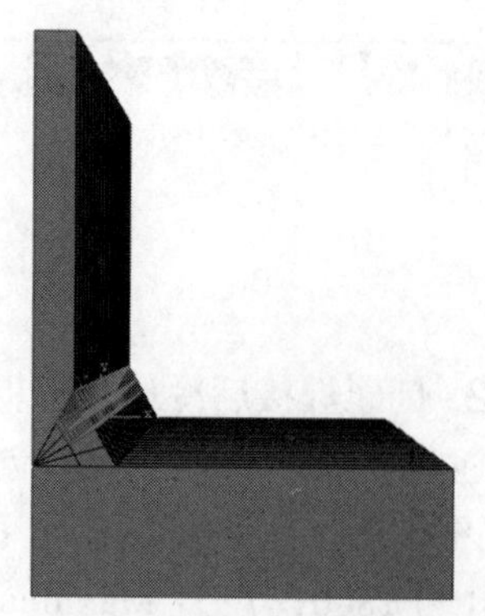

图 18-14　第三道次焊接区域

2）通过 Create Display Group 工具，在 Create Display Group 窗口中，单击 Item 下方的 Sets，选择 Set-2 到 Set-60，单击 Replace 单独显示在视窗中，然后单击菜单 Tools → Set → Create...，弹出 Create Set 窗口，输入 Set 名 Set-others，单击 Continue... 按钮，在视窗中框选显示的模型，单击 Done 按钮，完成 Set-other 集创建。单击 Create Display Group 图标左侧的 Replace All 图标，恢复视窗中部件显示。

3）单击菜单 Tools → Set → Create...，弹出 Create Set 窗口，输入 Set 名 Set-All，单击 Continue... 按钮，在视窗中框选 T-joint，单击 Done 按钮，完成对整个部件 T-joint 的 Set 集创建。

2. 创建相互作用

1）进入 Interaction 模块，单击 Create Interaction 图标，弹出 Create Interaction 窗口，输入相互作用名称为 Int-1，Step 后边设置为 Step-1，选取 Model change，单击 Continue... 按钮，在弹出的 Edit Interaction 窗口，单击 Region：（None）后箭头，单击提示栏 Sets... 按钮，弹出 Region Selection，选取 Set-others，单击 Continue... 按钮，回到 Edit Interaction 窗口，选中 Deactivated in this step，单击 OK 按钮。

2）在命令行区域，输入 Python 脚本程序代码（见图 18-15），将在 Step-2 到 Step-75 分别建立一个 Model change 相互作用，对应作用名称为 Int-2 到 Int-60，选取的 Set 集分别为 Set-2 到 Set-60。目的是在每一个分析步的开始时刻，在坡口处增加一块材料，模拟焊接时填充的金属。

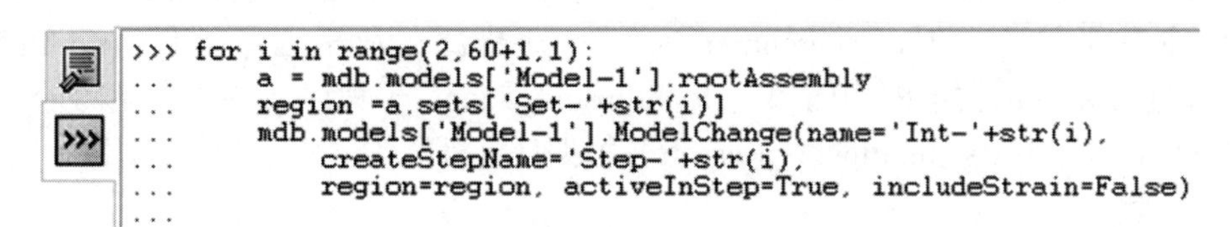

```
>>> for i in range(2,60+1,1):
...     a = mdb.models['Model-1'].rootAssembly
...     region =a.sets['Set-'+str(i)]
...     mdb.models['Model-1'].ModelChange(name='Int-'+str(i),
...         createStepName='Step-'+str(i),
...         region=region, activeInStep=True, includeStrain=False)
...
```

图 18-15　Model change 相互作用批量创建脚本程序代码

3）通过 Create Interaction 工具，弹出 Create Interaction 窗口，输入相互作用名 Int-61-Cooling，在 Step 后边选取 Step-1，选取 Surface film condition，单击 Continue... 按钮，在视窗中选取 T-joint 除对称面以外的其他表面，单击 Done 按钮，弹出 Edit interaction 窗口，在 Film coefficient 后输入 0.02，sink temperature 后输入 20，单击 OK 按钮，完成板外表面与空气对流换热设置。

18.2.8　创建载荷和边界条件

1. 创建载荷

1）进入 Load 模块，通过 Create Load 工具在 Step-1 分析步创建 Load-1，在 Create Load 窗口 Category 区域中选中 Thermal，在 Types for Selected Step 中选取 Surface heat flux，应用 Create Display Group 工具仅显示 Set-1 到 Set-20，选取上表面时，先单击激活工具栏（见图 18-16）中 Select From All Entities 图标，提示栏中选取 by angle，设置表面名称为 Surf-1。完成面选取后，在 Edit Load 窗口 Distribution 后选取 User-defined，Magnitude 后输入 1。单击 Load Manager 图标，在弹出的 Load Manager 窗口中，选取 Step-21 对应的 Propagated，单

击 Deactivate 按钮，载荷 Load-1 从 Step-21 之后不再有效。完成第一道次面热源载荷的设置。

2）参考 1）中步骤创建 Surface heat flux 载荷，在 Step-21 分析步创建，名称为 Load-2，选取 Set-21 到 Set-40 上表面，设置表面名称为 Surf-2。在 Load Manager 窗口中设置使载荷 Load-21 从 Step-41 之后不再有效。完成第二道次面热源载荷的设置。

图 18-16　所有实体中选择设置图标

3）参考 1）中步骤创建 Surface heat flux 载荷，在 Step-41 分析步创建，名称为 Load-3，选取 Set-41 到 Set-60 上表面，设置表面名称为 Surf-3。在 Load Manager 窗口中设置使载荷 Load-21 从 Step-61-Cool 之后不再有效。完成第三道次面热源载荷的设置。

2. 创建初始条件

在 Load 模块中，通过 Create Predefined Field 工具，在 Initial 分析步创建初始条件 Predefined Field-0，在 Create Predefined Field 窗口 Category 区域选取 Other，在 Type for Selected Step 区域选取 Temperature，选取集 Set-All。或在视窗中框选整个 T-joint，在 Edit Predefined Field 窗口 Magnitude 后输入 20。完成 T-joint 初始温度 20℃的设置。

18.2.9　任务生成

1. 创建分析任务

进入 Job 模块，通过 Create Job 工具创建任务 Job-1-Temp，选取 Model-1，在 Edit Job 窗口中 General 里边 User subroutine file 后打开热源载荷子程序文件 weld_Ellipsoid_T.for 或者直接在下边文本框中输入 weld_Ellipsoid_T.for，子程序文件内容见图 18-17，在 Parallelization 里选中 Use multiple processors，根据计算机核数设置计算时处理器个数（这里设置为 4）。

2. 任务提交

在 Job 模块中，单击 Job Manager 工具，在弹出的 Job Manager 窗口中，单击 Submit 按钮，生成 Input 文件，检查数据并提交求解器进行计算。

```
      SUBROUTINE
DFLUX(FLUX,SOL,KSTEP,KINC,TIME,NOEL,NPT,COORDS,JLTYP,
     1                   TEMP,PRESS,SNAME)
C
      INCLUDE'ABA_PARAM.INC'
      parameter(one=1.d0,half=0.5)
      parameter(PI=3.1415926)
      DIMENSION COORDS(3),FLUX(2),TIME(2)
      CHARACTER*80 SNAME
C     Q,电弧有效热功率 mW
C     v,焊枪移动速度 mm/s
C     Rh,加热斑点半径,95% 的热量落在以 Rh 为半径的面积内
```

图 18-17　高斯面热源子程序 weld_Ellipsoid_T.for 文件内容

```
C       d,当前时刻焊接斑点中心与焊接初始位置的距离
         Q=1200000
         v=2.0
         Rh=4.0
         d=v*TIME(2)
C       T 形焊接板厚 4mm,两面对称坡口,坡口角度 alpha
         thick = 4.0
         alpha0 = 60.0*PI/180.0 ! 坡口角度(弧度单位)
         height0 = half*thick*tan(alpha0) ! 坡口高度
         A_left = PI/2-alpha0/2.0
         A_Right =-(PI/2-alpha0/2.0) ! 坡口在竖直板右侧
C
         x=COORDS(1)
         y=COORDS(2)
         z=COORDS(3)
C       焊枪移动从新坐标系原点(x1,y1,z1)开始,沿 z1 方向移动
C       新坐标系在原始坐标系上先平移到(x1,y1,z1)处,
C       再绕着 z1 轴逆时针旋转角度 -(PI/2-alpha0/2),
C       构成新的坐标系(x2,y2,z2)
C
         JLTYP=0  ! 表示为面热源
C
         IF(TIME(2).le.20.0)THEN  ! 第一道次,焊缝起点坐标(x1,y1,z1)
           x1 = 2*cos(alpha0/2.0)
           y1 = 2*sin(alpha0/2.0)
           z1 = 0.0
           x2 =(x-x1)*cos(A_Right)+(y-y1)*sin(A_Right) ! 在新坐标系中的坐标
           z2 = z
           R=sqrt((x2)**2+(z2-d)**2)
           FLUX(1)=3*Q/(PI*Rh**2)*exp(-3*R**2/Rh**2)
         ELSEIF(TIME(2).gt.20.0.and.TIME(2).le.40.0)THEN ! 第二道次
           x1 = half*thick + height0*tan(alpha0/2.0)*0.75
           y1 = height0*0.25
           z1 = 0.0
           x2 =(x-x1)*cos(A_Right)+(y-y1)*sin(A_Right) ! 在新坐标系中的坐标
           z2 = z
           R=sqrt((x2)**2+(z2-d+40.0)**2)
           FLUX(1)=3*Q/(PI*Rh**2)*exp(-3*R**2/Rh**2)
         ELSEIF(TIME(2).gt.40.0.and.TIME(2).le.60.0)THEN ! 第三道次
           x1 = half*thick + height0*tan(alpha0/2.0)*0.25
```

图 18-17　高斯面热源子程序 weld_Ellipsoid_T.for 文件内容（续）

```
  y1 = height0*0.75
  z1 = 0.0
  x2 =(x-x1)*cos(A_Right)+(y-y1)*sin(A_Right)！在新坐标系中的坐标
  z2 = z
  R=sqrt((x2)**2+(z2-d+80.0)**2)
  FLUX(1)=3*Q/(PI*Rh**2)*exp(-3*R**2/Rh**2)
ENDIF
RETURN
END
```

图18-17　高斯面热源子程序weld_Ellipsoid_T.for文件内容（续）

18.3　后处理

图18-18~图18-20分别所示为第一道次、第二道次和第三道次焊接中间时刻温度分布云图。图18-21所示为焊接后冷却20min和30min时刻的温度分布云图。可以看出，给定的热源功率1200W（子程序中功率数据单位为mW）和热源斑点半径尺寸4mm保证焊接坡口区域最高温度超过2700℃，最高达到3500℃，超过钢的熔点。焊接加热结束后冷却30min后基本降到了约35℃，温度分布比较均匀。

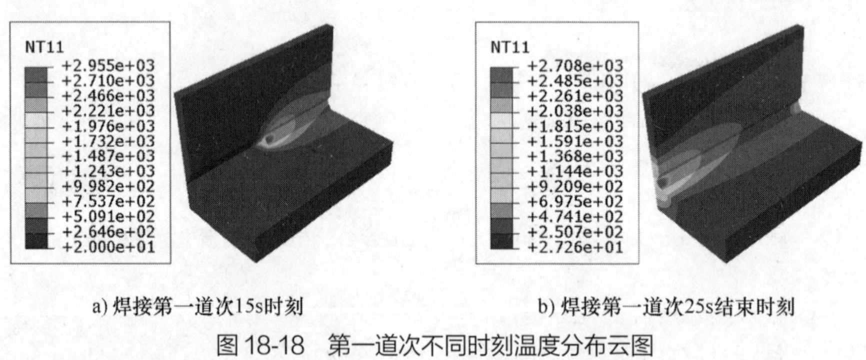

a) 焊接第一道次15s时刻　　b) 焊接第一道次25s结束时刻

图18-18　第一道次不同时刻温度分布云图

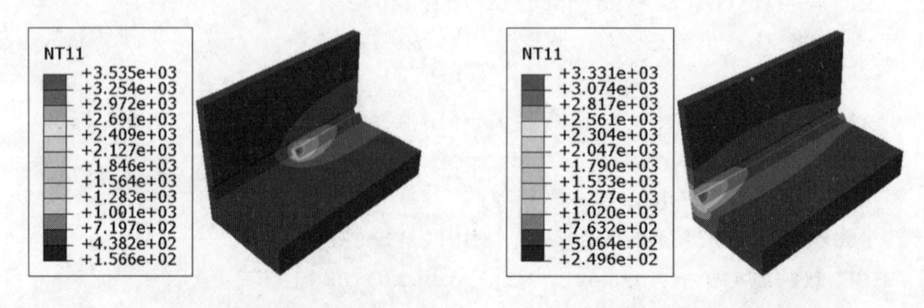

a) 焊接第二道次15s时刻　　b) 焊接第二道次25s结束时刻

图18-19　第二道次不同时刻温度分布云图

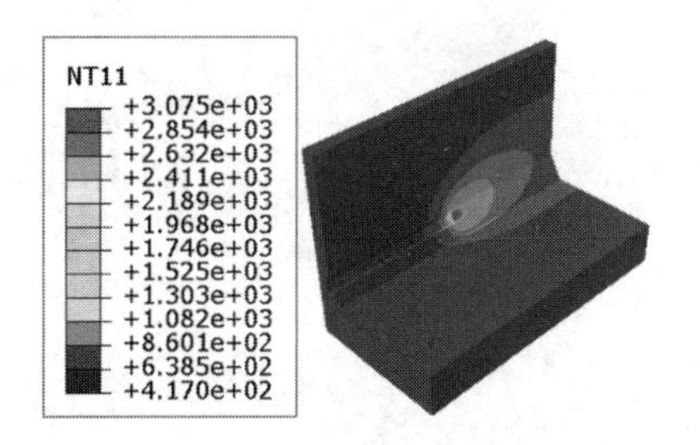

a) 焊接第三道次15s时刻

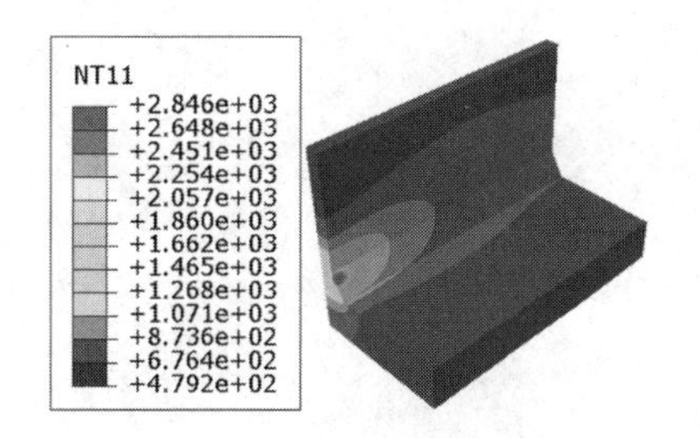

b) 焊接第三道次25s结束时刻

图 18-20　第三道次不同时刻温度分布云图

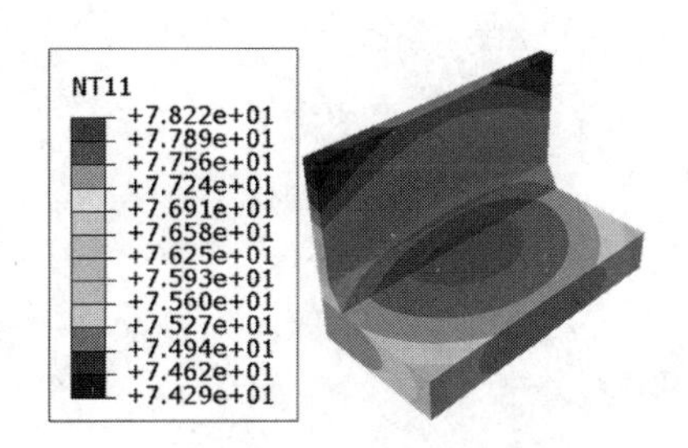

a) 焊接后冷却20min时

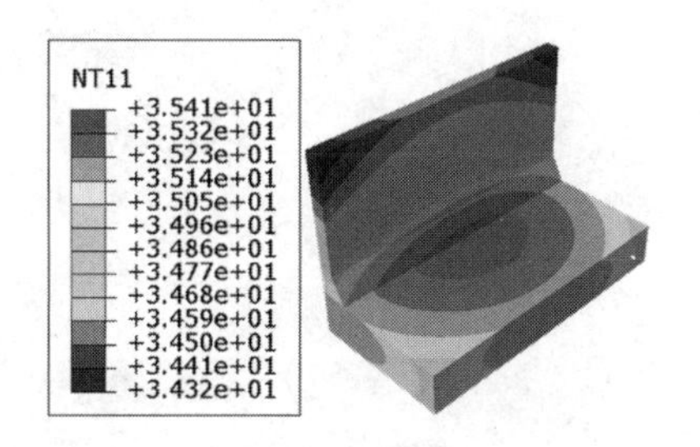

b) 焊接后冷却30min时

图 18-21　焊接后冷却不同时刻温度分布云图

图 18-18~
图 18-21

第4篇

基于 DANTE 软件金属热处理 CAE 分析

第19章 >>>

内花键气体渗碳和低压渗碳过程模拟

19.1 概述

气体渗碳是指将工件放进高温密闭的渗碳炉内，滴入煤油、乙醇和苯等有机物，在高温下裂解后产生甲烷、一氧化碳等气体或直接向渗碳炉中通入甲烷、乙烷等供碳气体，炉内气体压力为1002~1003mbar（1bar=10^5Pa）。与传统气体渗碳相比，低压渗碳时炉内压力一般低于30mbar，以其清洁、高效、环保的特点，成为当前热处理发展的前沿技术和热点，两种工艺原理如图19-1所示。

本章旨在介绍应用热处理仿真分析软件DANTE结合通用仿真分析软件Abaqus 2022进行内花键气体渗碳和低压渗碳数值模拟从建模前处理、提交计算到结果分析的全部操作过程，重点介绍了渗碳模型的建立、初始状态设置、边界条件定义的具体操作。

仿真分析内花键模型如图19-2所示，材料选用牌号S9310高强度钢。部件由于为对称结构，为简化计算过程，缩短计算时间，取部件的1/10进行仿真分析，如图19-3所示。

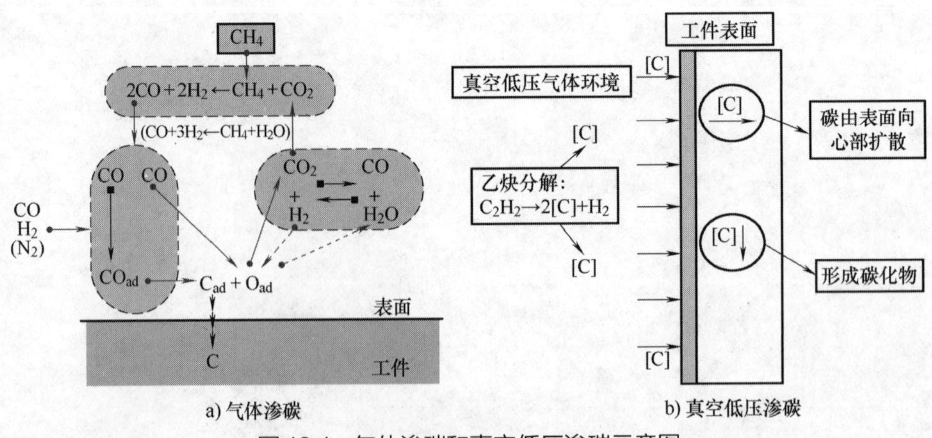

图19-1 气体渗碳和真空低压渗碳示意图

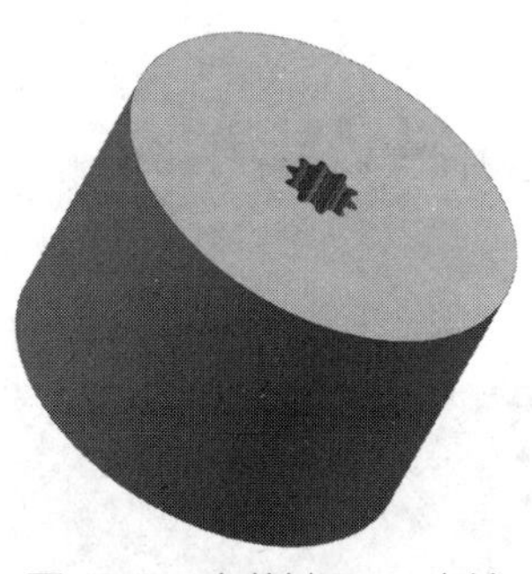

图 19-2 内花键 D10 齿轮

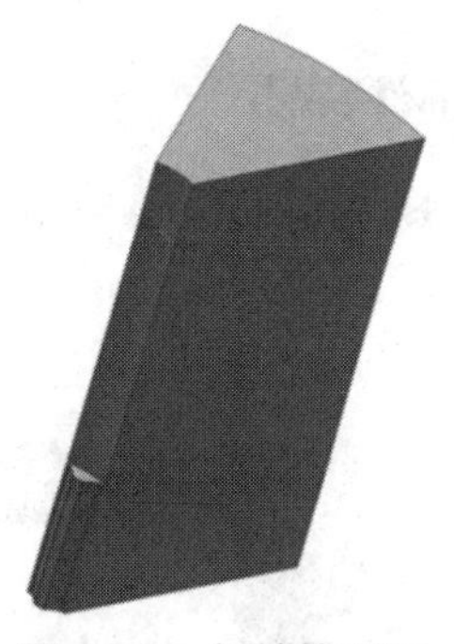

图 19-3 部件的 1/10

19.2 前处理

19.2.1 初始设置

创建一个文件夹，在 D：\Temp_Aba 文件夹中（如果没有则需要创建）创建文件夹的 D10-Carburization。修改 Abaqus CAE 启动链接右键属性中起始位置的文件夹路径为 D：\Temp_Aba\D10-Carburization。启动 Abaqus CAE，关闭 Start Session 窗口。单击菜单 Model → Create...，在弹出的窗口中输入模型名 D10-Carburization，单击 OK 按钮保存。

19.2.2 创建部件

单击菜单 File→Import→Part，选择已创建的 .stp 文件（可以在 Abaqus 软件中创建部件，也可以预先采用其他 CAD 软件建立内花键三维模型并导出成 STP 格式文件，本章采用后一种方式创建几何模型），如图 19-4 所示。在弹出的窗口中更改部件名称为 D10-Carburization，单击 OK 按钮，如图 19-5 所示，部件创建完成。

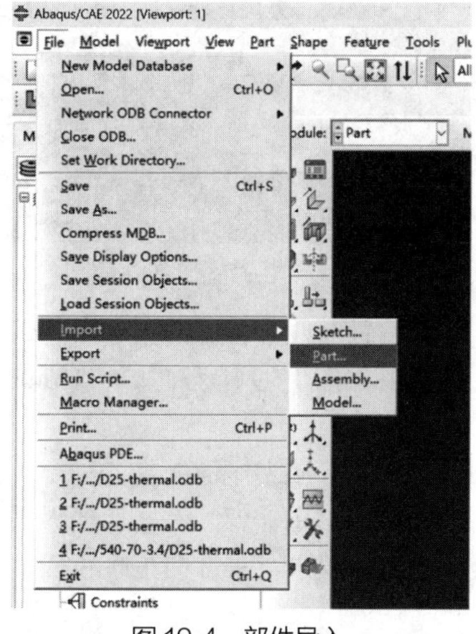

图 19-4 部件导入

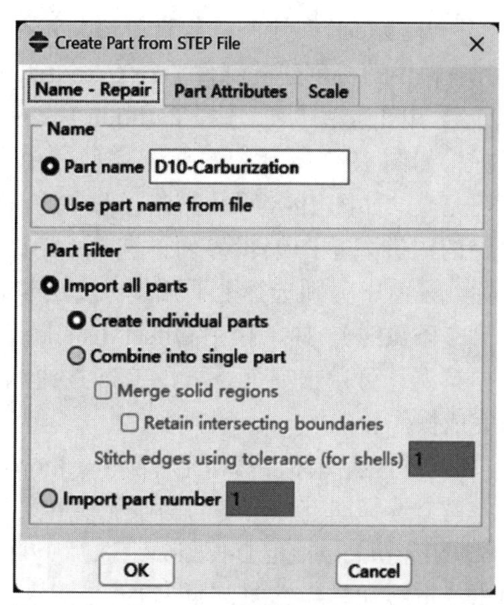

图 19-5 部件名称修改

19.2.3　部件装配

进入 Assembly 模块，单击 Create Instance 图标，选择导入的部件，单击 OK 按钮，完成部件装配，如图 19-6 所示。

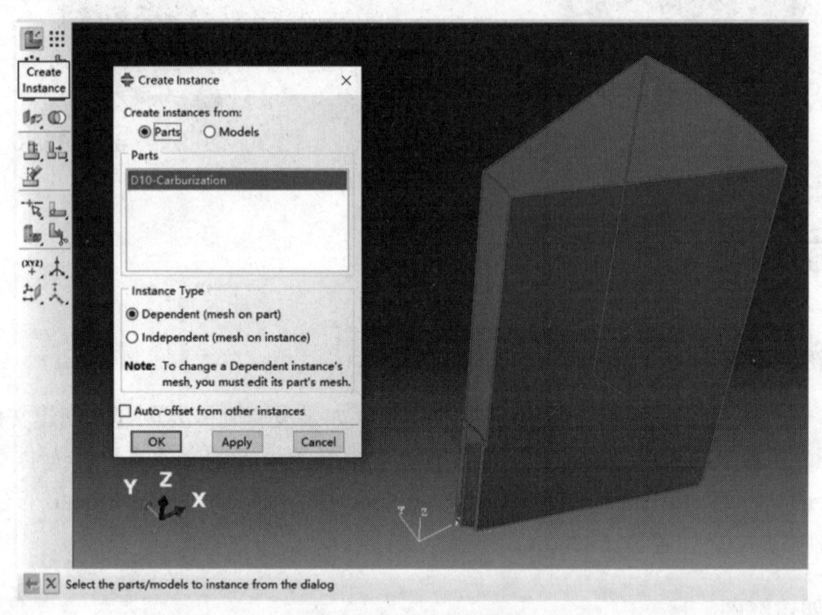

图 19-6　部件装配

19.2.4　网格划分和单元属性设置

1. 切分部件

1）在 Mesh 模块中，勾选 Part，并在右侧下拉列表框中选择创建的部件 D10-Carburization。

2）单击图标，选择 Partition Face：Sketch 图标，如图 19-7 所示。选择上表面，单击 Done 按钮完成，如图 19-8 所示。在接下来的窗口选择面上的边进入草图编辑界面，选择 Offset Curves 图标，视窗中分别选择上下弧线（按住 Shift 键选择第二条弧线），提示栏中 Offset distance 后填入 2.0，观察偏置曲线是否方向正确，若偏置方向错误，可单击界面下方的 Flip 按钮调整方向，最终结果如图 19-9 所示，单击 Done 按钮完成操作。

图 19-7　由草图切割平面

3）按住图标，移动光标到 Partition Cell：Extrude/Sweep Edges 图标（见图 19-10），松开左键，选择面上切出来的两条弧线和最下面的短弧线，单击 Done 按钮，在之后的界面下方选择 Extrude Along Direction，选择竖直方向边为拉伸方向，观察箭头方向是否正确，可单击 Flip 按钮转换方向，如图 19-11 所示。

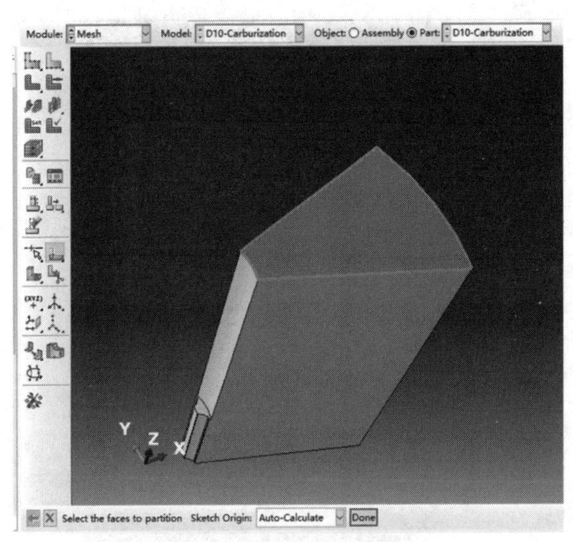

图19-8　选择切割面

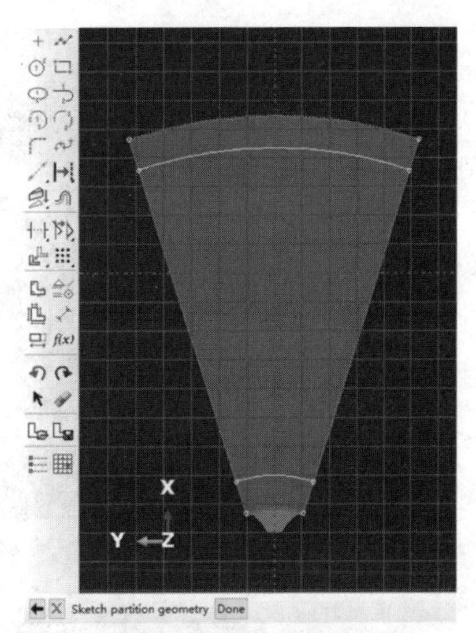

图19-9　草图绘制

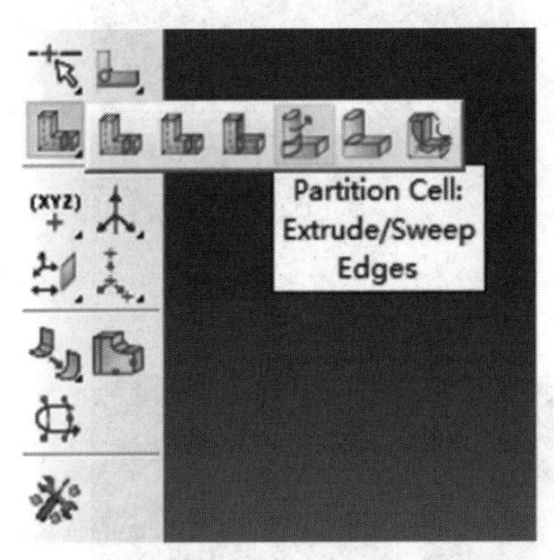

图19-10　通过拉伸和扫掠边进行切块

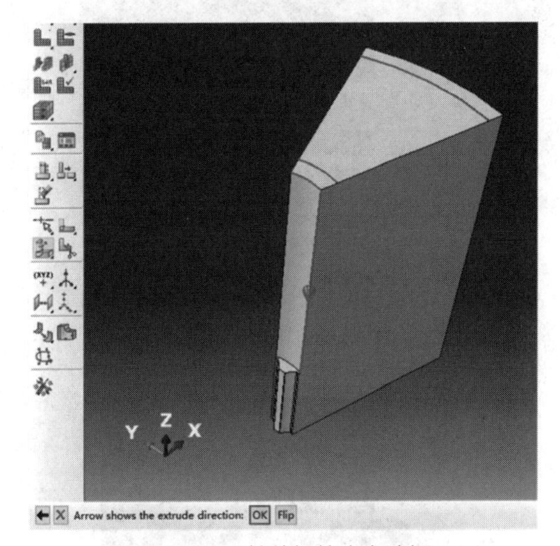

图19-11　拉伸切块方向选择

4）按住图标，移动到Partition Cell：Extend Face图标（见图19-12），选择图中所示面，全选需要切割的Part部件，在弹出的界面下方单击Done按钮，选择图19-13所示的平面，单击Create Partition按钮，完成切割体。

5）单击Create Datum Plane：Offset From Plane图标（见图19-14），单击需要偏置的面，在下方提示栏中选择Enter Value，如图19-15所示。单击OK按钮，若方向错误可单击Flip按钮，在提示栏中Offset后填入偏置距离2.0，按Enter键或者单击中键即完成数据平面创建。其他几个由中间小平面和底面创建的偏置面创建过程与此相同。

6）按住图标，移动光标到Partition Cell：Use Datum Plane图标（见图19-16），松开左键，在视窗中选取5）中创建的数据平面，单击提示栏中的Create Partition按钮，完成切分，切分后部件如图19-17所示。

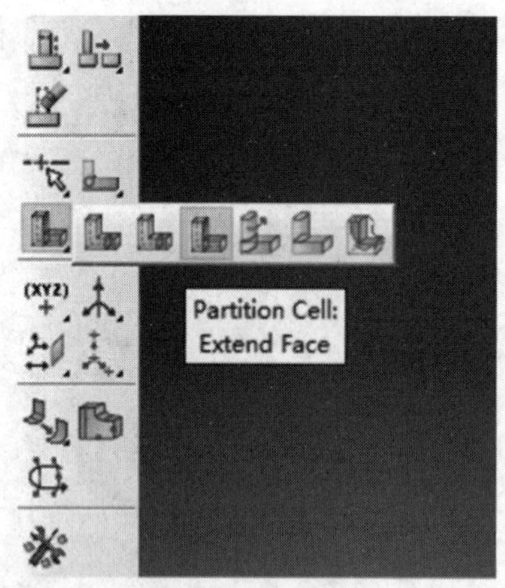

图 19-12　拉伸面进行切块

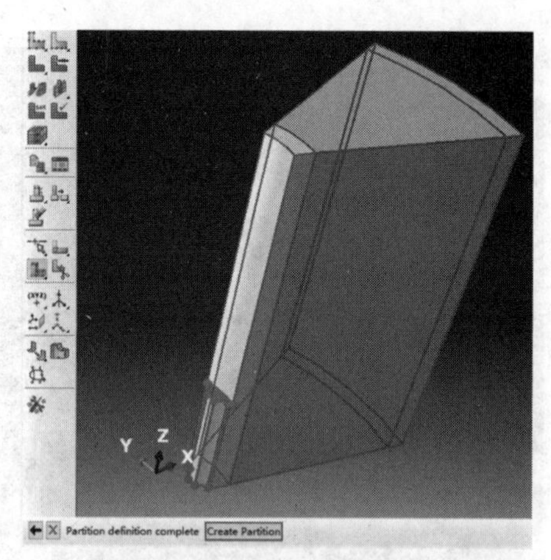

图 19-13　选择拉伸切块面

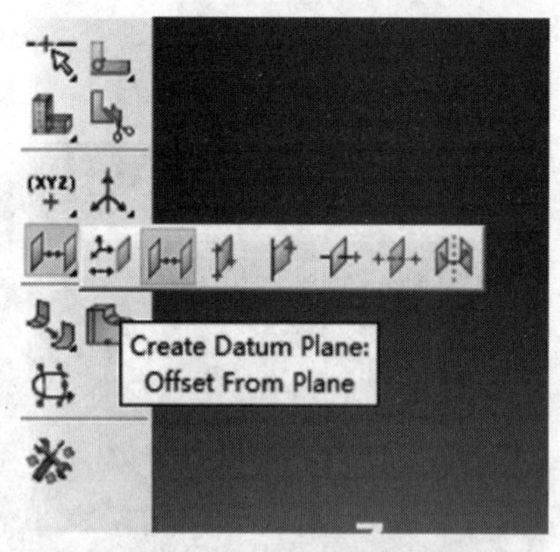

图 19-14　选择偏置平面创建数据面

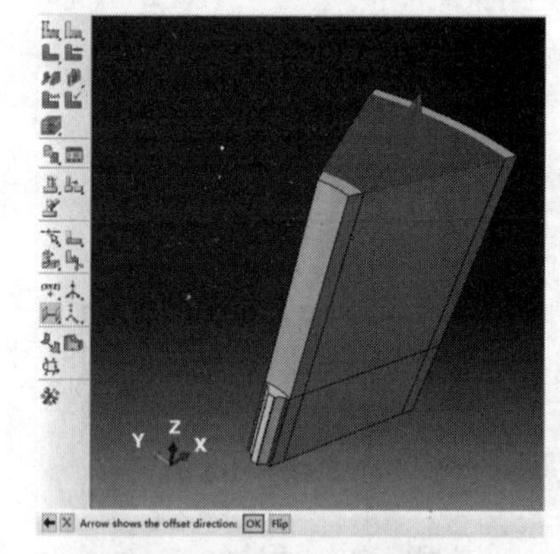

图 19-15　偏置面选择

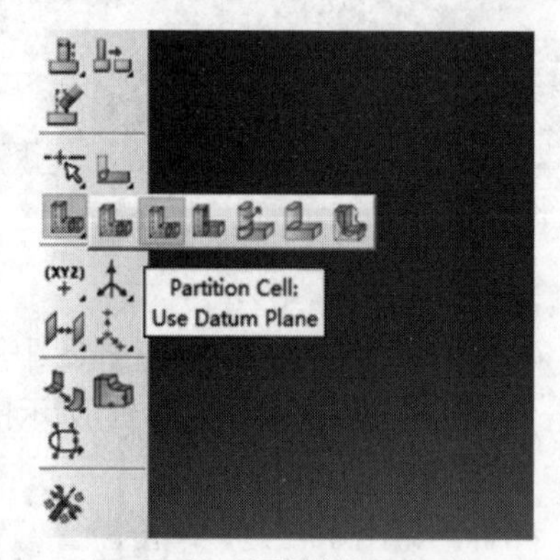

图 19-16　通过数据面切块

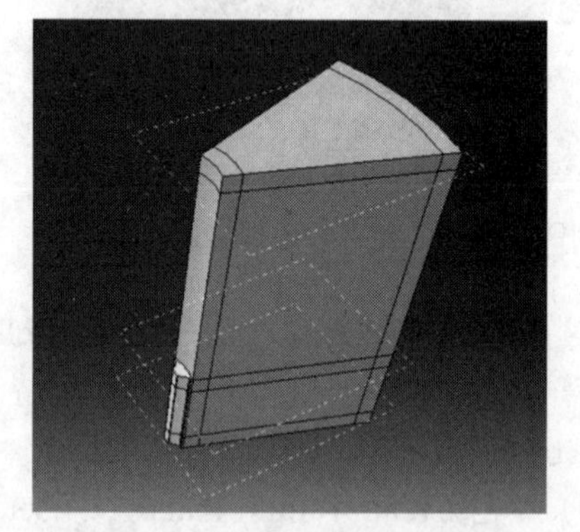

图 19-17　部件切块示意图

2. 网格划分并赋予单元属性

1）在 Mesh 模块中，勾选 Part，并在右侧下拉列表框中选择部件名 D10-Carburization。

2）单击 Seed Edges 图标，选择如图 19-18 所示的外部分区的各个棱边，单击 Done 按钮，在 Local Seeds 窗口中 Method 区域选中 By size，在 Approximate element size 后填入 0.2，如图 19-19 所示，单击 OK 按钮，继续选中部件剩下的棱边并填入 0.6。

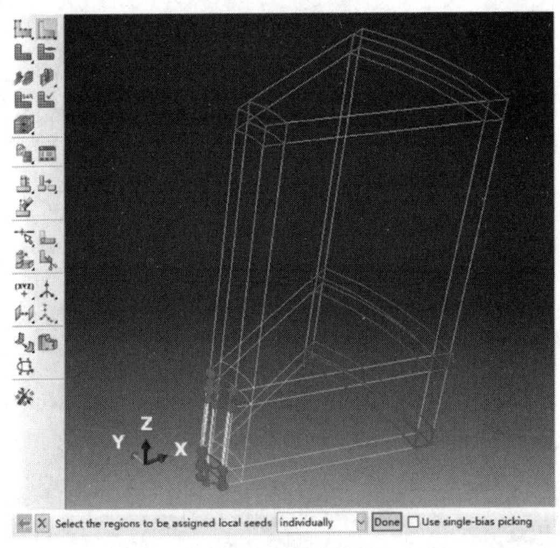

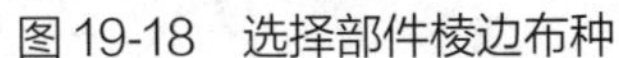
图19-18　选择部件棱边布种

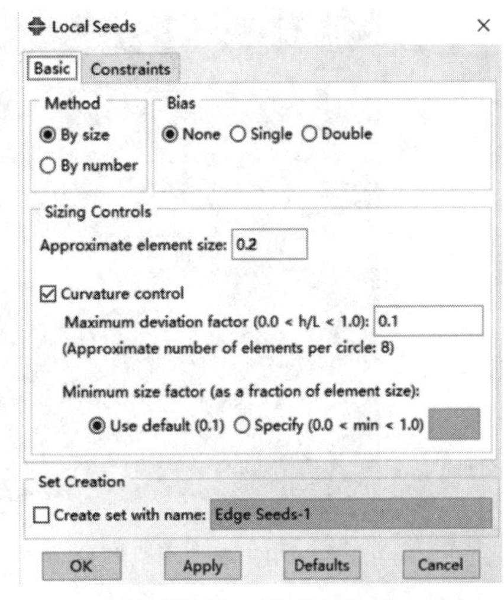

图19-19　种子点设置

3）设定网格类型，单击 Assign Element Type 图标，框选整个部件，如图 19-20 所示，单击 Done 按钮。在类型设置中选择 Heat Transfer（传热），单击 OK 按钮，如图 19-21 所示。单击 Done 按钮，完成网格类型设置。

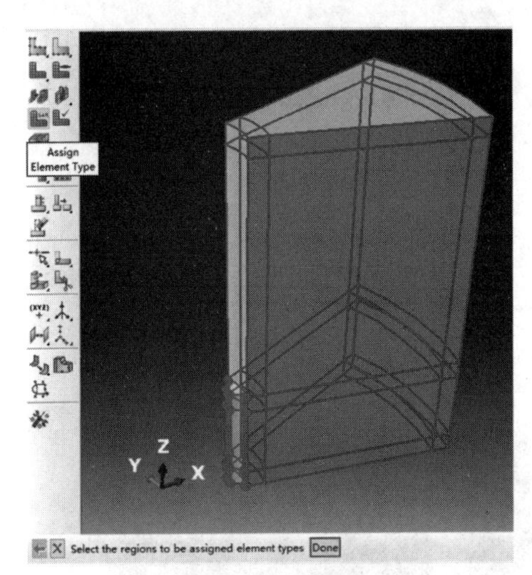

图19-20　选择所有单元

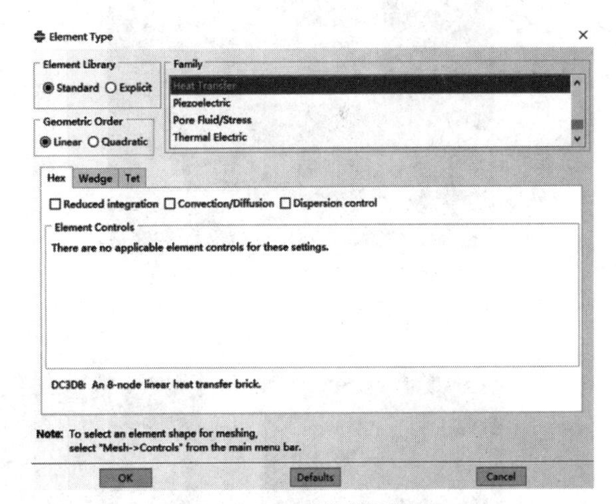

图19-21　网格类型选择

4）单击部件 Mesh Part 图标，如图 19-22 所示。单击 Yes 按钮，即完成网格划分，划分后的网格如图 19-23 所示。

3. 集合定义

1）转至 Assembly 模块设置，单击菜单 Tools → Set → Create，如图 19-24 所示。在 Create Set 窗口的 Type 选项中选中 Node，填入 Set 名称 allnodes，单击 Continue... 按钮，如图 19-25 所示。选中所有节点，单击 Done 按钮，完成相应集合的创建。以相同的操作过程创建 Set 集合 sidenodes，选择两侧节点，如图 19-26a 所示。创建 fixed 节点集，如图 19-26b 所示，创建 monitor 集合，如图 19-26c 所示。

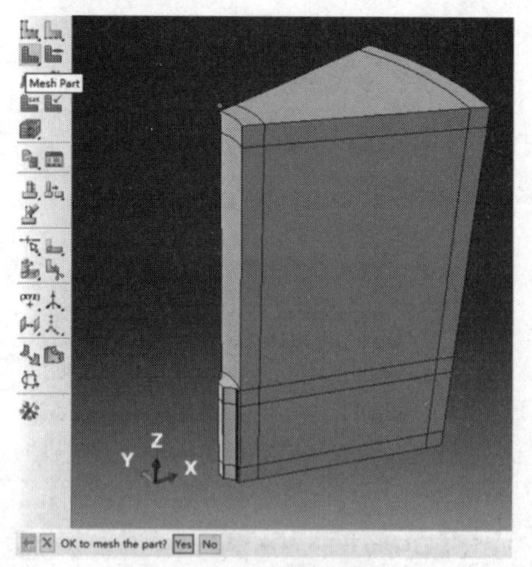

图 19-22　网格划分

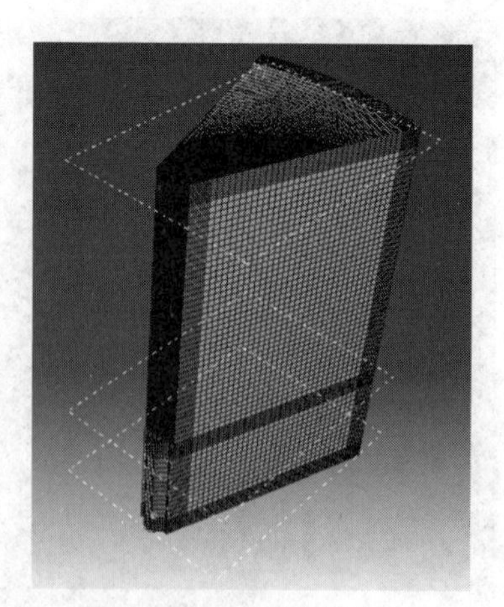

图 19-23　网格划分结果

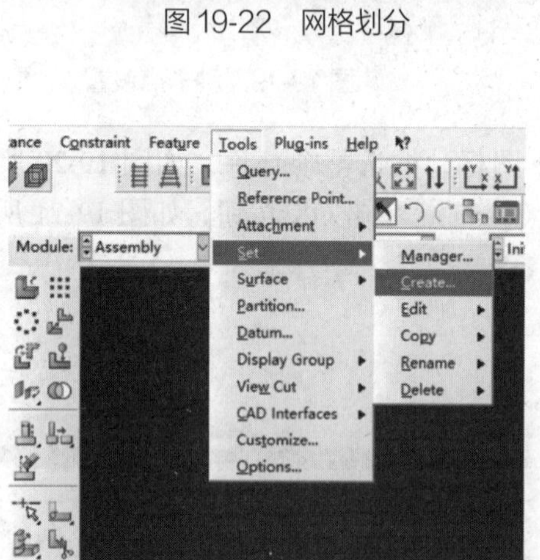

图 19-24　集合创建

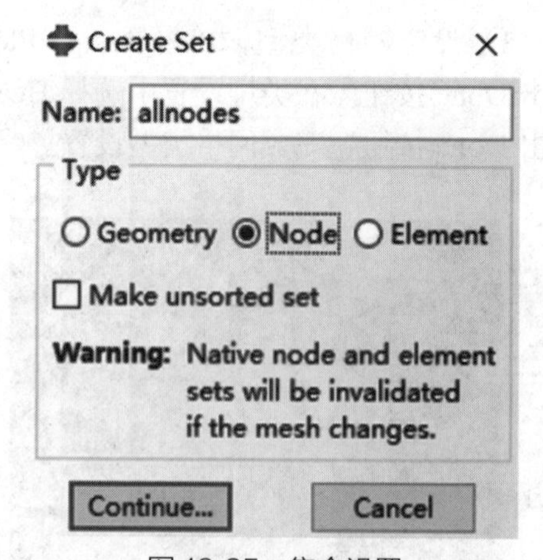

图 19-25　集合设置

a) sidenodes 集合定义

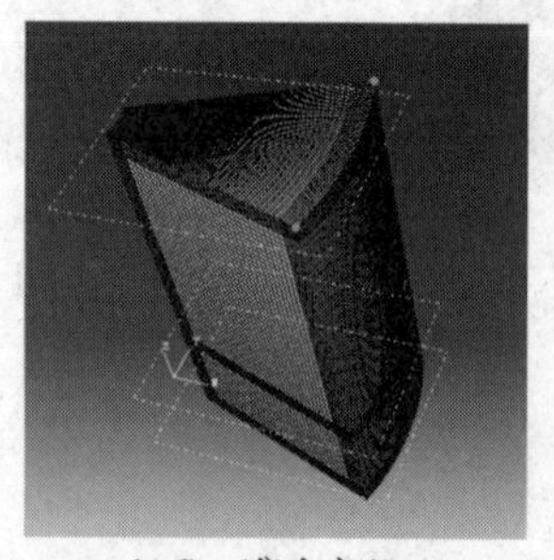

b) fixed集合定义

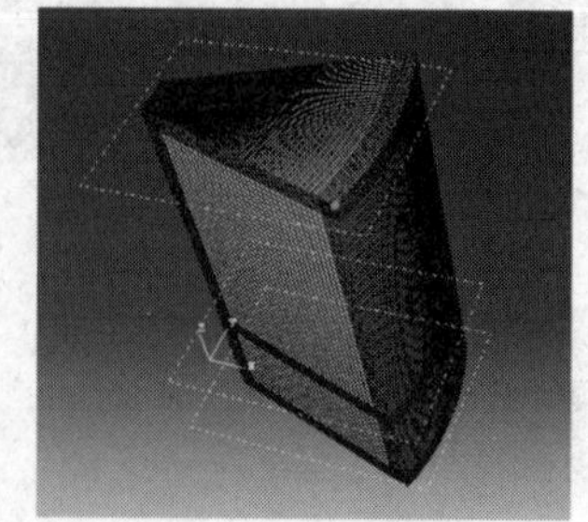

c) monitor集合定义

图 19-26　节点集合定义

2）创建表面集合，单击菜单 Tools → Surface → Create，如图 19-27 所示，设置表面集合名称为 outer-face，Type 区域选中 Geometry，选择部件外表面，如图 19-28 所示，单击 Done 按钮完成表面集合的创建。

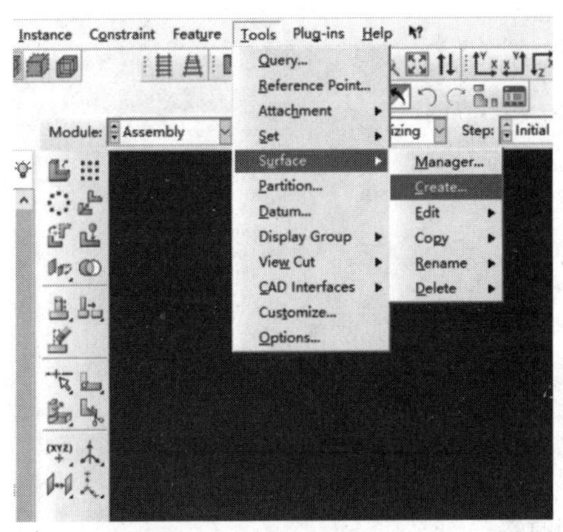

图 19-27　创建表面集合

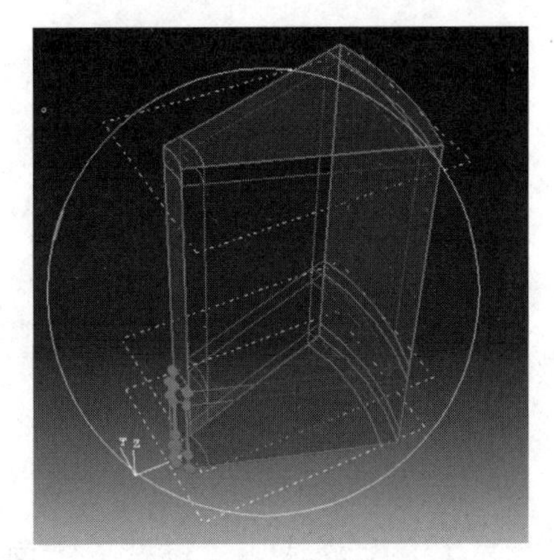

图 19-28　表面选择

3）转至 Part 模块，单击菜单 Tools → Set → Create，定义 Set 名称为 allelement，Type 区域选中 Element，全选所有单元，单击 Done 按钮，完成单元集的创建。

4）操作均完成后，单击菜单 File → Save As...，保存项目文件为 D10-Carburization.cae，文件名也可自由定义，此步骤可以启动 Abaqus CAE 并关闭 Start Session 窗口后任何时刻进行，后续为避免异常退出需经常进行保存，单击菜单 File → Save 即可。

19.2.5　创建材料并赋予部件

单击菜单 Plug-ins → DANTE Model Builder，弹出 DANTE 插件窗口，在 Active Model 中选择创建的模型，Model Type 选择 Carburization，设置完成后单击 Create DANTE Model 按钮，如图 19-29 所示。转到 Materials 标签页，在 Part Element Set 中选用在 Part 中定义的 allelement 单元集，材料选用软件自带数据库中的 S93XX，最后单击 Add Material Section 按钮，完成材料属性添加，如图 19-30 所示。

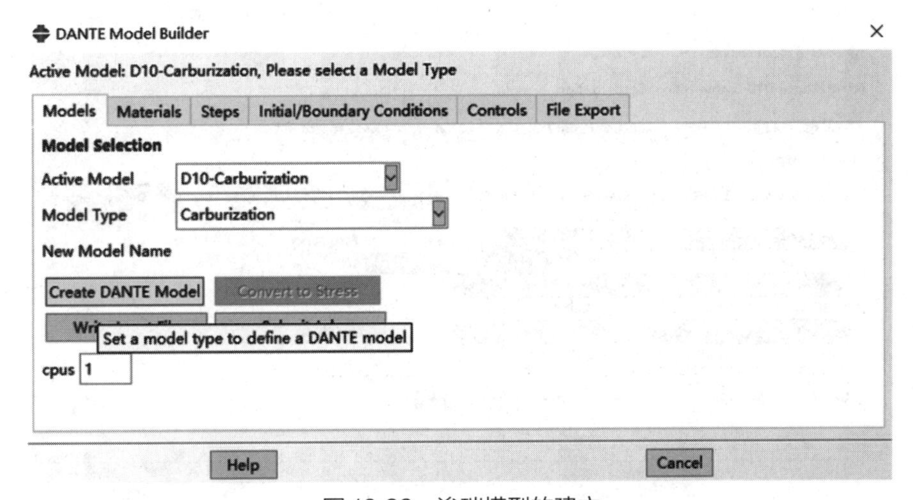

图 19-29　渗碳模型的建立

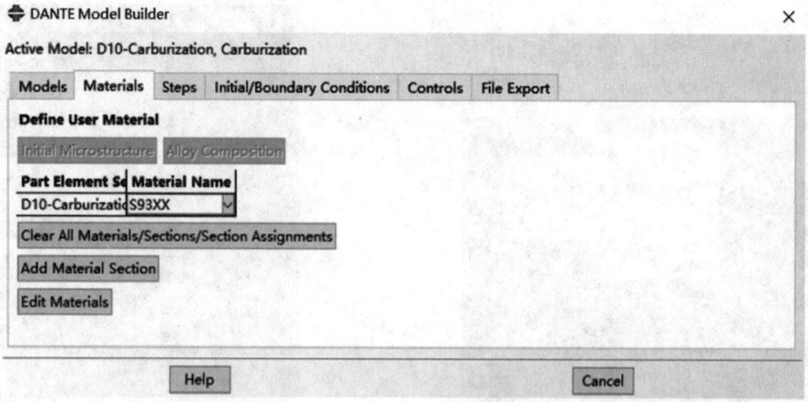

图 19-30　材料赋予

19.2.6　分析步设置

转至 Steps 标签页，选中 Monitor Node 并在其右侧下拉列表框中选择 Assembly 模块创建的 monitor 节点集，输入 Step Name 分析步名称，在 Previous Step 选择前一步分析步名称（默认最初步为 Initial），根据渗碳工艺要求，设定工艺步的时长 Time Period，填入最大时间步长（Max.Time inc），单击 Create Step 按钮，完成分析步创建，如图 19-31 所示。对于低压渗碳（LPC）需要在 Initial/Boundary Conditions 标签中完成膜属性 Add Film Property/Amplitude 的添加（具体步骤参考后文中创建边界条件部分），再转至 Steps 标签，单击 LPC Steps 按钮，在弹出的窗口中 Previous Step 后下拉菜单中选择 Initial，Region Set 后下拉菜单中选择 allnodes 节点集，Reaction Factor 选择设置好的膜属性，Region Surface 选择创建的外表面集 outer-face，下方表格每行中 Time 里填入每个渗碳步的总时长，在 Temperature 里填入 LPC 过程中的温度，可以在每个渗碳步中调整该值，但是大多数 LPC 工艺都是用恒定温度，Surface Ambient Carbon 里填入表面碳势，通过此步骤，可同时定义多个低压渗碳步，如图 19-32 所示。

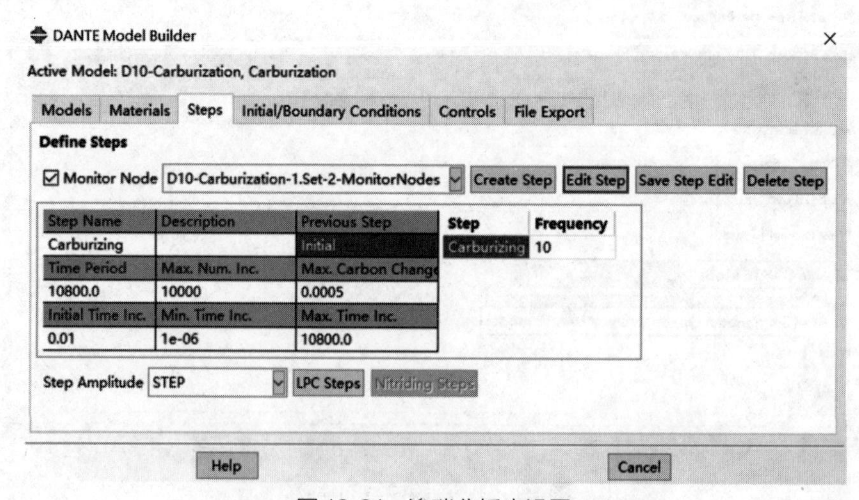

图 19-31　渗碳分析步设置

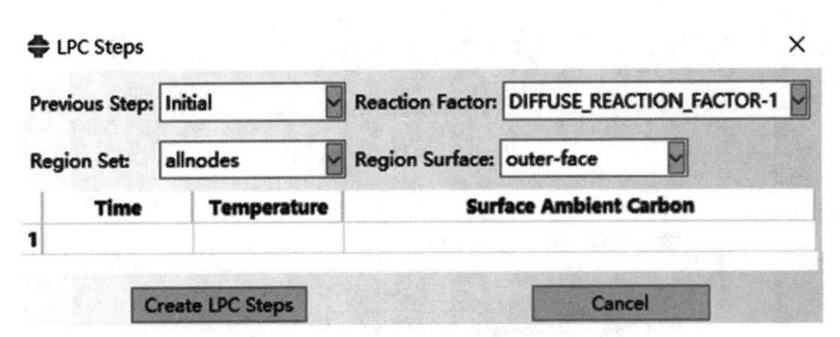

图 19-32　低压渗碳分析步创建

19.2.7　初始状态定义

转至 Initial/Boundary Conditions 标签页，单击 Add Initial Condition/Predefined Field，在弹出窗口中的 Field Type 后下拉列表框中选择 Carburizing Temperature，Region 后下拉列表框中选择 allnodes 节点集，选中 Constant Value，填入渗碳温度 930℃，如图 19-33 所示，单击 Apply 按钮。特别是对于低压渗碳（LPC），渗碳温度已在分析步创建后自动生成，仅须如下文所示设置初始碳含量。

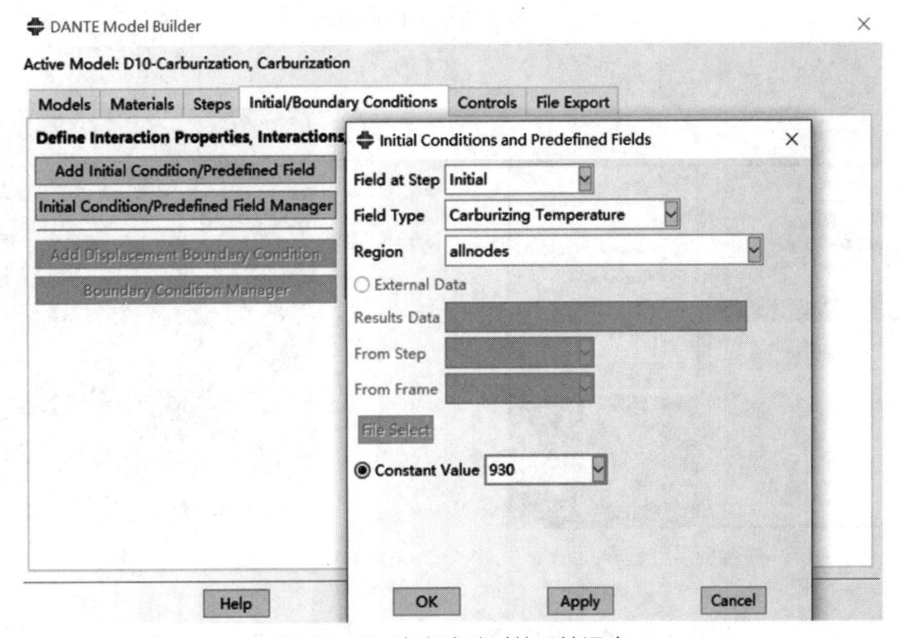

图 19-33　定义渗碳时的环境温度

在 Field Type 后下拉列表框中选择 Total Carbon Weight Fraction，单击 Constant Value 按钮，填入初始碳含量 0.002，如图 19-34 所示，单击 OK 按钮。

19.2.8　创建约束边界条件和相互作用

1. 创建约束边界条件

首先创建柱坐标系，进入 Assembly 模块，单击菜单 Tools → Datum...，弹出 Create Datum 窗口中 Type 区域选中 CSYS，Method 区域选择 3 points，在弹出的 Create Datum

CSYS 窗口中填入坐标名称，下方选中 Cylindrical，如图 19-35 所示，单击 Continue... 按钮。在提示栏单击 Create Datum（此时默认新建坐标系坐标原点为 0，0，0），创建坐标系如图 19-36 所示。

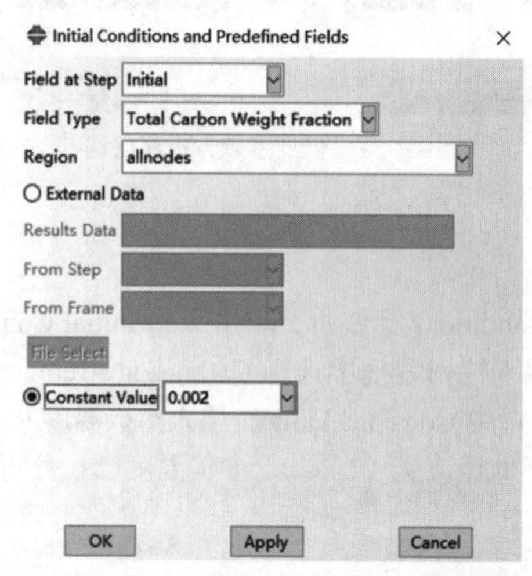

图 19-34　定义渗碳时的初始碳含量

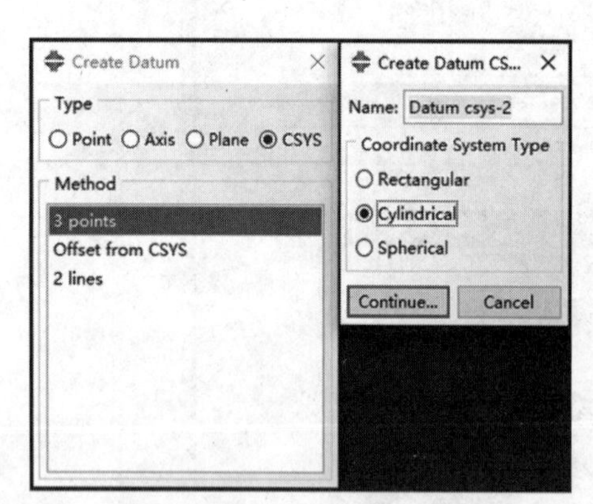

图 19-35　柱坐标系创建界面

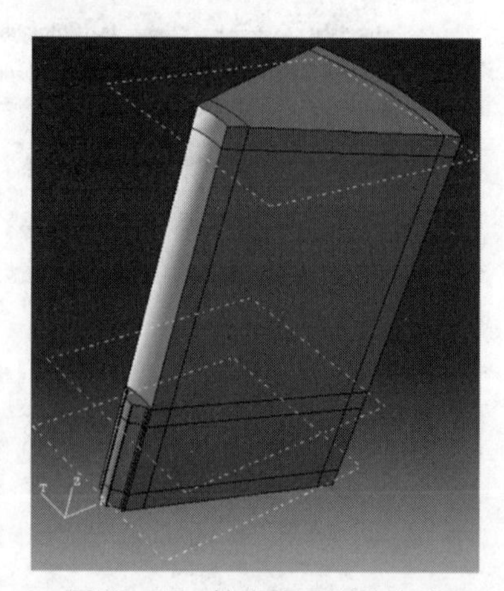

图 19-36　柱坐标系创建完成

进入 Load 模块，单击 Create Boundary Condition 图标，弹出 Create Boundary Condition 窗口，输入名称为 BC-1，Step 后选取 Initial，Type 项选取 Symmetry/Antisymmetry/Encaste，单击 Continue... 按钮，单击提示栏 Sets... 按钮，选择 Assembly 模块中创建的 sidenodes 节点集，单击 Continue... 按钮，在弹出的 Edit Boundary Condition 窗口中单击 CSYS 右侧箭头，选择创建的柱坐标系，选中 YSYMM，如图 19-37 所示，单击 OK 按钮，完成侧边平面的对称约束设置，如图 19-38 所示。

再次单击 Create Boundary Condition 图标，Create Boundary Condition 名称为 BC-2，Step 后选取 Initial，在 Create Boundary Condition 窗口中选取 Displacement/Rotation，选择 fixed 节点集，单击 Done 按钮，选择创建的柱坐标系，在 Edit Boundary Condition 窗口中选

中 U3，如图 19-39 所示，单击 OK 按钮，完成对 fixed 节点集外侧 Z 方向的位移约束，如图 19-40 所示。

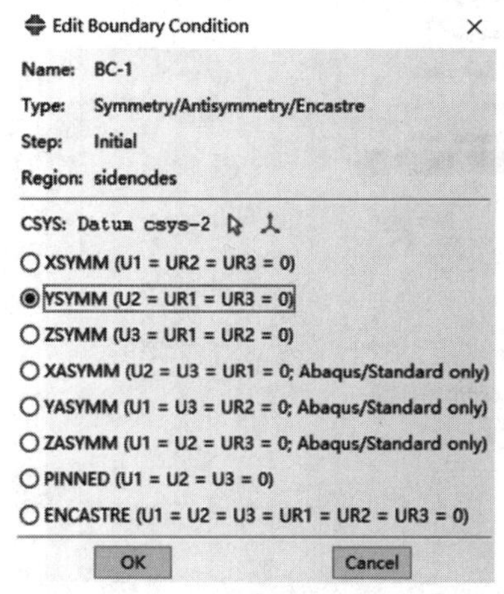

图 19-37　编辑边界条件

图 19-38　侧边平面对称约束设置

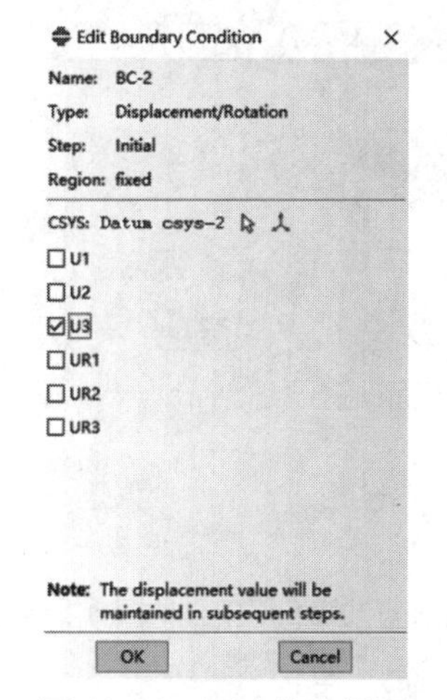

图 19-39　固定约束设置

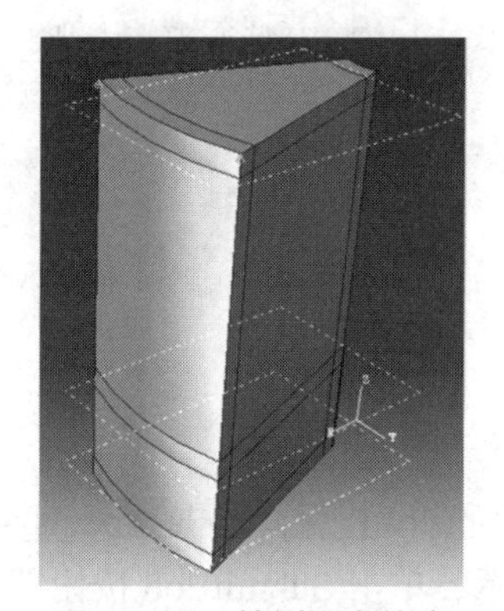

图 19-40　外侧固定约束

2. 创建相互作用

单击菜单 Plug-ins → DANTE Model Builder，转至 Initial/Boundary Conditions 标签页，首先单击 Add Film Property/Amplitude，输入膜属性名称 Reaction_Factor，在 Film Coeff 选项填入推荐的系数 0.005，Temperature 列下填入渗碳工艺碳势，单击 OK 按钮创建完成，如图 19-41 所示。对于低压渗碳（LPC）此参数可根据实际进行调整。

设置膜属性后，单击 Add Interaction 按钮，在接触界面设置界面，选中 Reaction Factor vs Temperature 选项，下拉列表框中选择分析步对应的膜属性，在 Carbon Potential（Wt. Frac.）后填入工艺碳势 0.0108，Surface 后选择创建的外表面集 outer-face，选择相应的分析步，如图 19-42 所示，单击 OK 按钮。之后若有多个分析步，须为每步进行上述的操作。特别是对于低压渗碳（LPC），在创建分析步后相互作用已自动添加，无须重复设置。

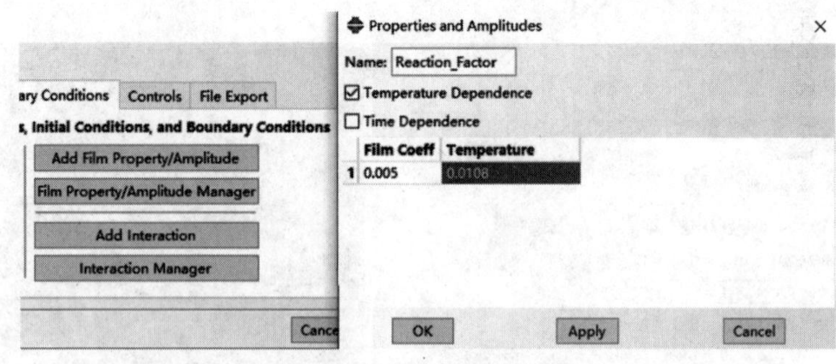

图19-41　膜属性的设置

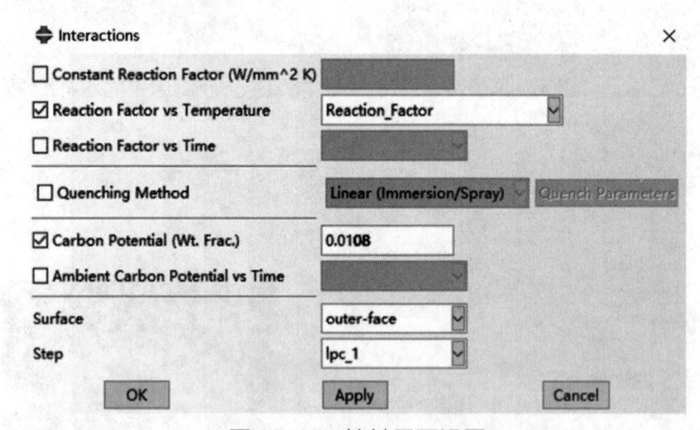

图19-42　接触界面设置

19.2.9　任务生成

完成上述所有设置后，单击Models标签页，cpus项填入8（根据实际计算机cpus核数），如图19-43所示，单击Submit Job按钮即提交求解器运算。

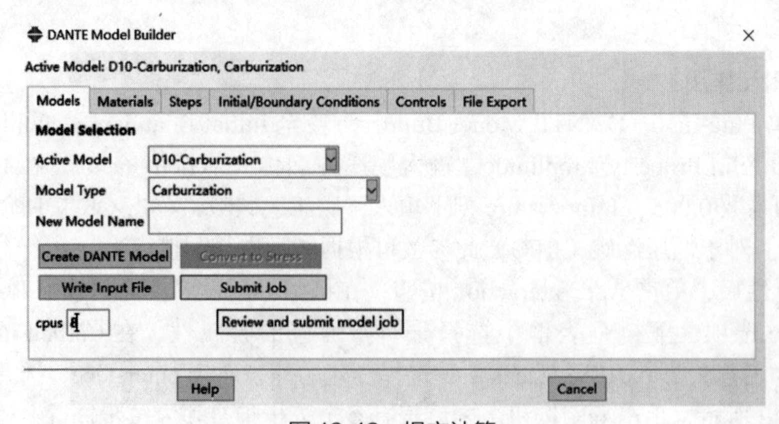

图19-43　提交计算

19.3　后处理

转至 Visualization 模块查看计算结果，渗碳模型后处理包括以下内容：查看 DANTE 计算结果，查看碳势分布、碳化物分布，输出碳势分布文件。在后处理界面，工具栏场变量输出按钮右侧选择 Primary 分组，并在其右侧下拉列表框中切换变量显示，单击 Plot Contours on Deformed Shape 图标，输出变量分布云图，如图 19-44 所示。部分渗碳后处理结果如图 19-45 所示。

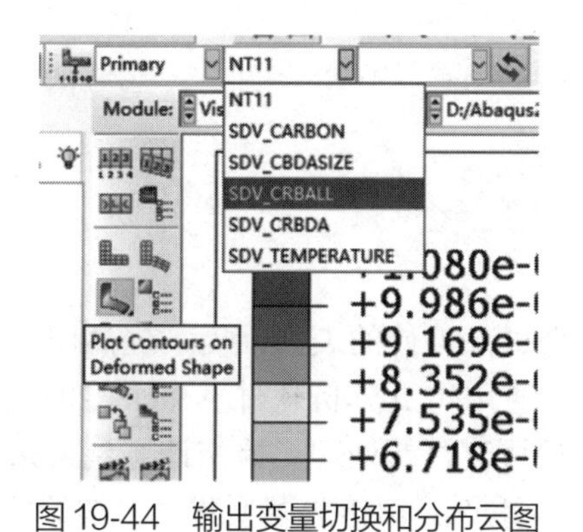

图 19-44　输出变量切换和分布云图

图 19-44~
图 19-45

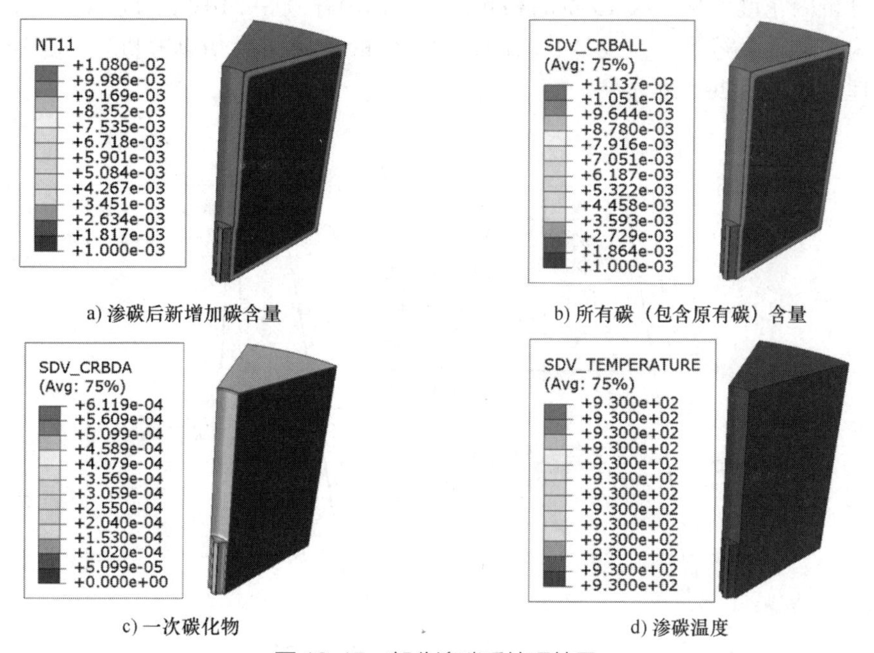

a) 渗碳后新增加碳含量　　b) 所有碳（包含原有碳）含量

c) 一次碳化物　　d) 渗碳温度

图 19-45　部分渗碳后处理结果

第 20 章 >>>

内花键齿轮气体渗碳淬火过程模拟

20.1 概述

渗碳后淬火热处理常用来提高工件的表面硬度、提高服役寿命。本章旨在介绍应用热处理仿真分析软件 DANTE 和通用仿真分析软件 Abaqus 2022 进行内花键齿轮气体渗碳淬火过程的数值模拟，其中包括从建模前处理、提交计算到结果分析的全部操作过程。基于第 19 章的渗碳过程模拟，本章重点介绍传热模型建立、初始状态设置、边界条件定义、应力模型建立和运算的具体操作。

仿真分析内花键模型与第 19 章的相同，材料选用牌号 S9310 高强度钢。部件由于为对称结构，为简化计算过程，减少计算时间，取部件的 1/10 进行仿真分析。仿真分析涉及的渗碳热处理工艺如图 20-1 所示。

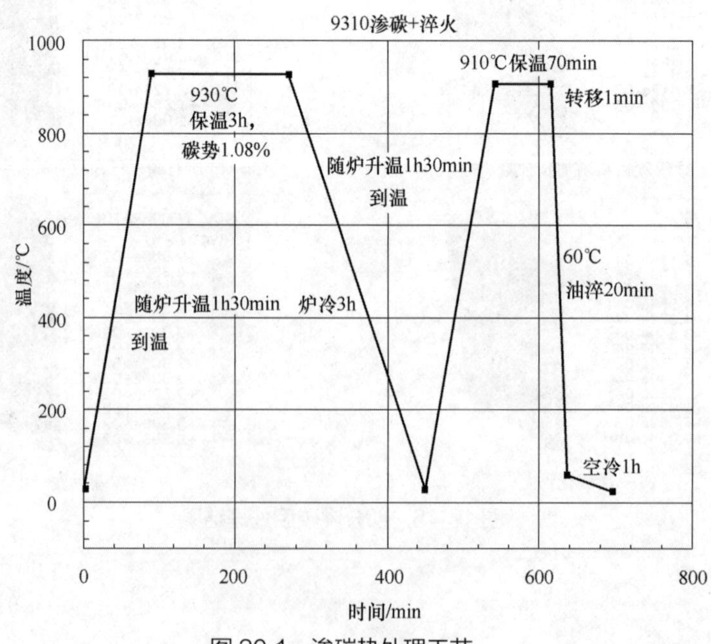

图 20-1　渗碳热处理工艺

20.2　前处理

对于传热分析模型的建立，需要调用渗碳过程仿真模型计算输出的odb碳势分布文件，因此在传热模型建立及计算前须进行渗碳过程建模仿真计算。渗碳过程仿真模型计算完成后，可以打开对应的模型文件（D10-Carburization.cae），单击菜单Model→Copy Model→D10-Carburization（D10-Carburization为第19章中创建的渗碳模型）复制模型。在弹出窗口中输入新模型名D10-thermal，单击OK按钮保存，此时部件、部件装配、网格划分和单元属性等设置均会保留，下文将重点介绍需要重新设置或修改的部分。

20.2.1　创建材料并赋予部件

单击菜单Plug-ins→DANTE Model Builder，弹出DANTE插件窗口，在Active Model里选择创建的模型，Model Type选择Thermal，单击Create DANTE Model按钮，如图20-2所示。转到Materials标签页，在Part Element Set中选择在Part模块中定义的allelement单元集，材料选用软件自带的数据库中的S93XX，最后单击Add Material Section按钮，完成材料属性的添加。

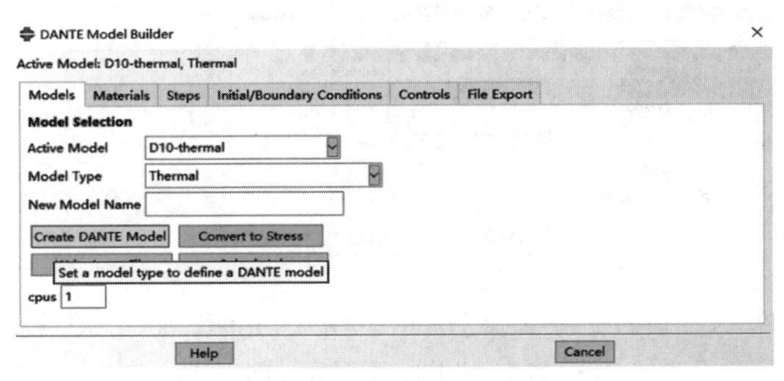

图20-2　传热模型的建立

20.2.2　分析步设置

转至Steps标签页，在Monitor Node下拉列表框中选择Assembly模块创建的monitor节点集，根据热处理工艺曲线创建分析步。此时需要先删除原有的除Initial以外的分析步。

输入Step Name（分析步名称），在Previous Step选择前一步分析步名称（默认最初步为Initial），根据渗碳工艺要求，设定工艺步的Time Period，填入Max.Time Inc，单击Create Step，完成分析步的创建。

1）随炉升温过程分析步设置，在Step Name中输入heat-up，在Previous Step选择Initial，Time Period设置为5400.0，Max.Time Inc.设置为600.0，单击Create Step，如图20-3所示。

2）渗碳过程分析步设置，在Step Name中输入shentan，在Previous Step选择上一步的heat-up，Time Period设置为10800.0，在Max.Time Inc.中输入1000.0，单击Create Step，完成渗碳分析步的创建。值得注意的是，对于渗碳过程，界面下方Step Amplitude应选择

RAMP，如图 20-4 所示。

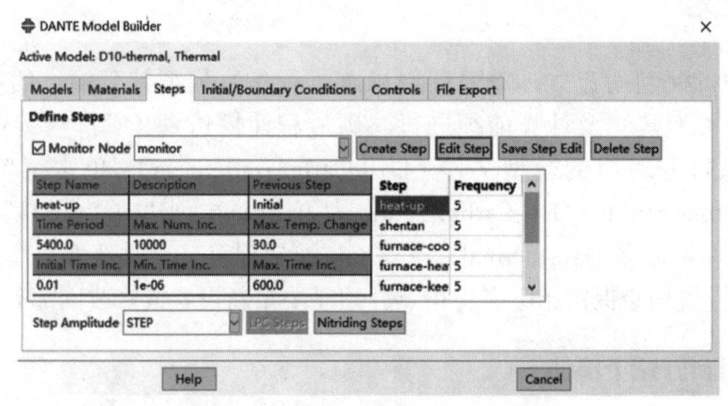

图 20-3　随炉升温过程分析步设置

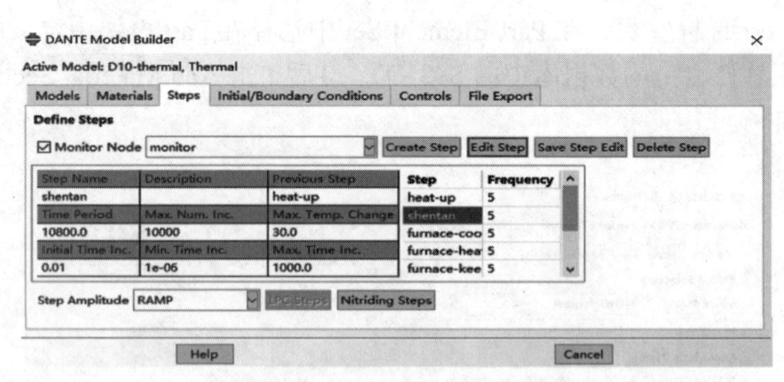

图 20-4　渗碳过程分析步设置

3）炉冷过程分析步设置，在 Step Name 中输入 furnace-cool。在 Previous Step 选择上一步的 shentan，Time Period 设置为 10800.0，在 Max.Time Inc. 中输入 1000.0；单击 Create Step，如图 20-5 所示。

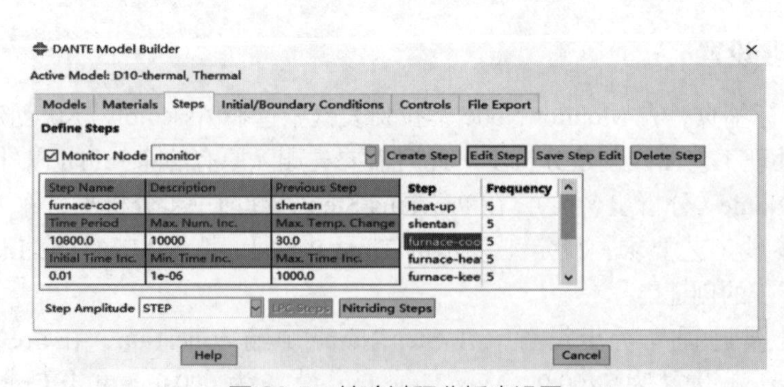

图 20-5　炉冷过程分析步设置

4）随炉升温分析步设置，在 Step Name 中输入 furnace-heat。在 Previous Step 选择上一步的 furnace-cool，Time Period 设置为 5400.0，Max.Time Inc. 中输入 600.0，单击 Create Step，如图 20-6 所示。

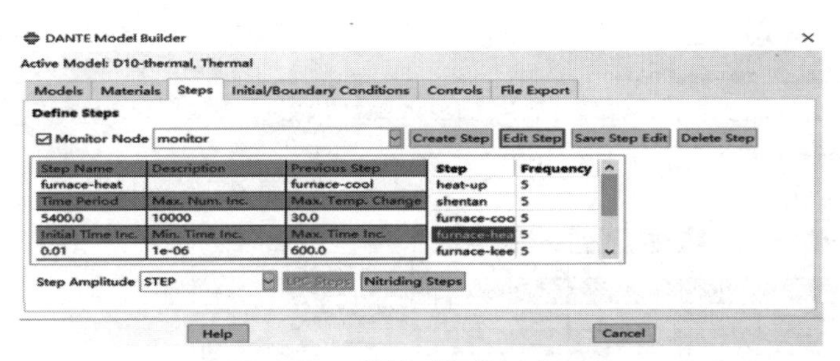

图 20-6 随炉升温分析步设置

5）保温分析步设置，在 Step Name 中输入 furnace-keep。在 Previous Step 选择上一步的 furnace-heat，Time Period 设置为 4200.0，Max.Time Inc. 中输入 4200.0，单击 Create Step，如图 20-7 所示。

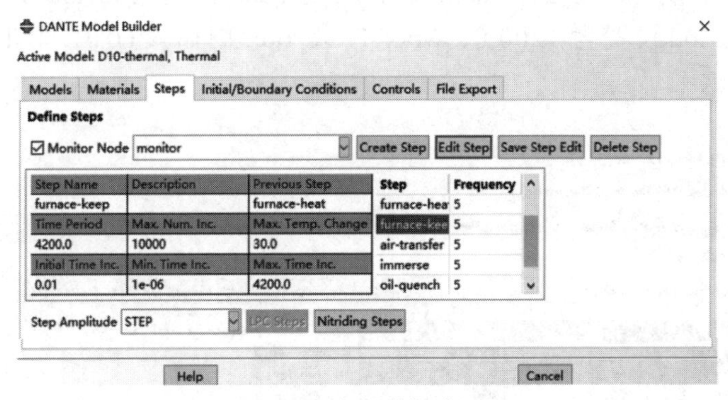

图 20-7 保温分析步设置

6）空气中转移分析步设置，在 Step Name 中输入 air-transfer。在 Previous Step 选择上一步的 furnace-keep，Time Period 设置为 60.0，Max.Time Inc. 中输入 10.0，单击 Create Step，如图 20-8 所示。

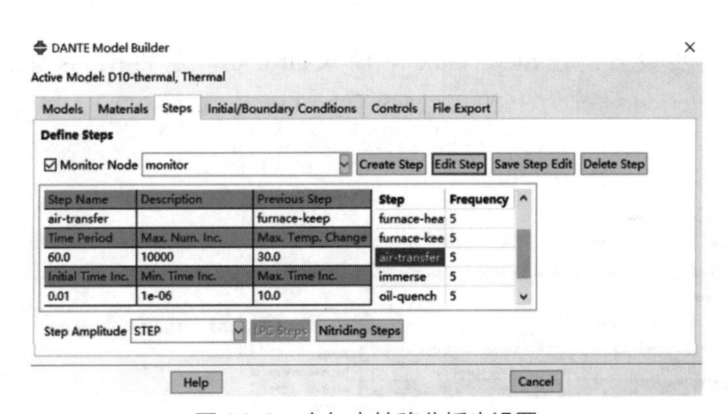

图 20-8 空气中转移分析步设置

7）浸没分析步设置，在 Step Name 中输入 immerse。在 Previous Step 选择上一步的 air-transfer，Time Period 设置为 4.0，Max.Time Inc. 中输入 1.0，单击 Create Step，如图 20-9 所示。

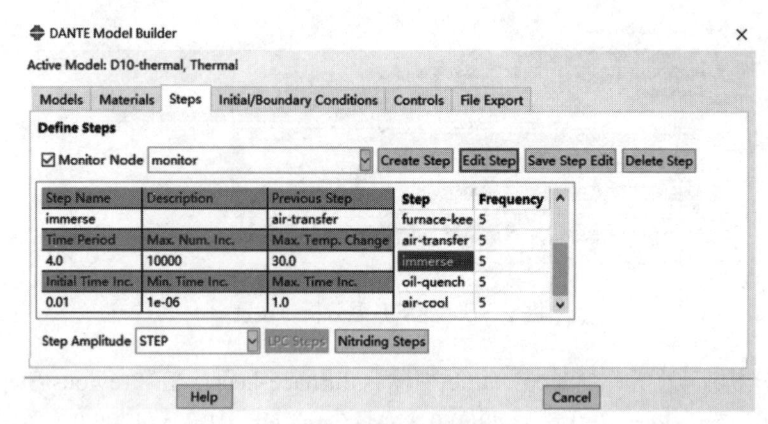

图 20-9　浸没分析步设置

8）油淬分析步设置，在 Step Name 中输入 oil-quench。在 Previous Step 选择上一步的 immerse，Time Period 设置为 1200.0，Max.Time Inc. 中输入 60.0，单击 Create Step，如图 20-10 所示。

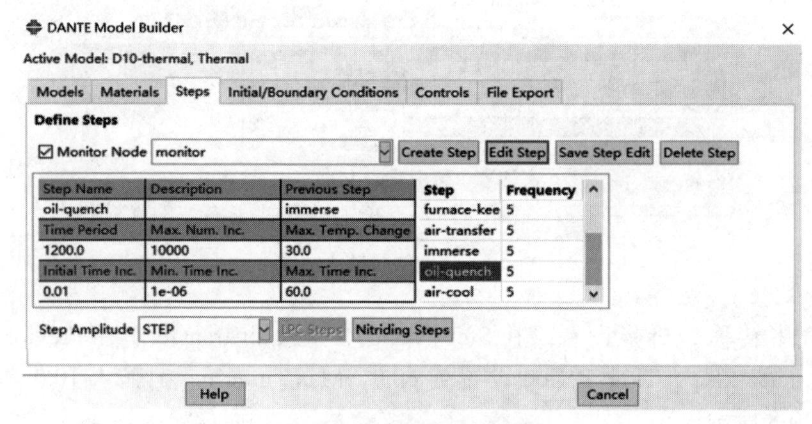

图 20-10　油淬分析步设置

9）空冷分析步设置，在 Step Name 中输入 air-cool。在 Previous Step 选择上一步的 oil-quench，Time Period 设置为 3600.0，Max.Time Inc. 中输入 800.0，单击 Create Step，如图 20-11 所示。

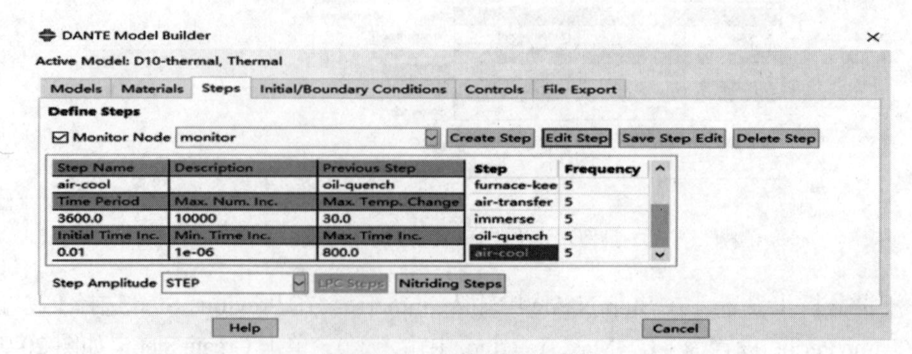

图 20-11　空冷分析步设置

20.2.3　初始状态定义

转至 Initial/Boundary Conditions 标签页，单击 Add Initial Condition and Predefined field，进行初始状态的定义。

1）初始温度的定义。在弹出的 Initial Conditions and Predefined Fields 中，在 Field at Step 下拉列表框中选择初始步 Initial，在 Field Type 下拉列表框中选择 Temperature，在 Region 下拉列表框中选择节点集 allnodes，选中 Constant Value，根据工艺曲线，填入初始温度 25℃，如图 20-12 所示。

2）定义相变动力学模型，选择 –4，如图 20-13 所示。其他动力学模型适用范围详见 DANTE 用户帮助文档。

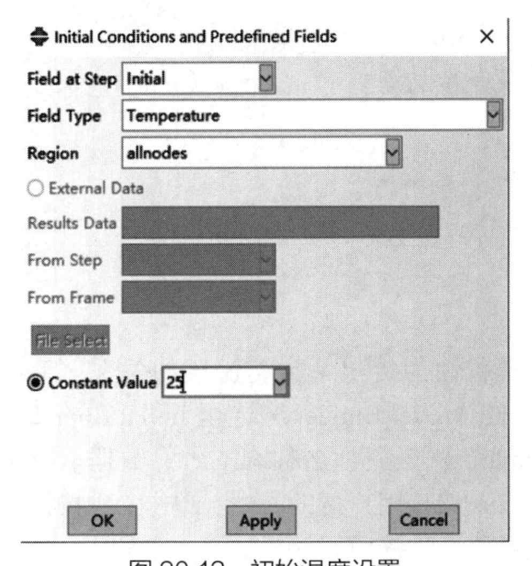

图 20-12　初始温度设置

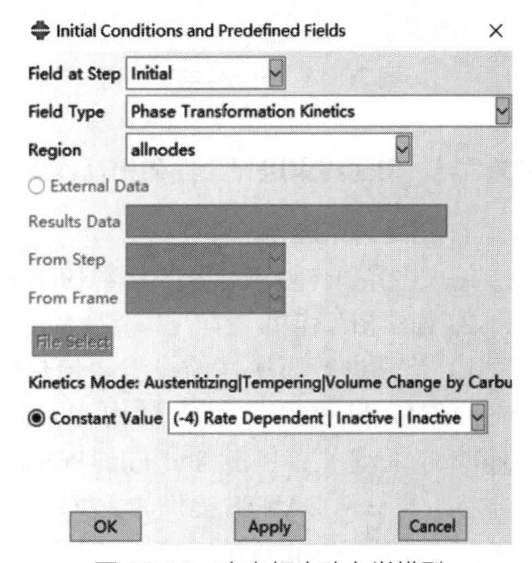

图 20-13　定义相变动力学模型

3）定义初始碳含量。在弹出的 Initial Conditions and Predefined Fields 中，在 Field at Step 下拉列表框中选择初始步 Initial，Field Type 下拉列表框中选择 Total Carbon Weight Fraction，在 Region 下拉列表框中选择节点集 allnodes，选中 Constant Value，填入初始含碳量 0.001，如图 20-14 所示。

4）定义渗碳分析步碳分布。在弹出的 Initial Conditions and Predefined Fields 中，在 Field at Step 下拉列表框中选择渗碳步 shentan，在 Field Type 下拉列表框中选择 Total Carbon Weight Fraction，在 Region 下拉列表框中选择节点集 allnodes，单击 External Data，单击 File Select 按钮，选择第 19 章生成的 odb 文件，在 From Frame 下拉列表框中选择最后的增量步，单击 OK 按钮，如图 20-15 所示。

5）其他参数设置，在弹出的 Initial Conditions and Predefined Fields 窗口中，在 Field at Step 下拉列表框中选择初始步 Initial，Field Type 栏下拉列表框中选择剩下未设置的参数，值得注意的是，除了前面 1）、2）、3）和 4）中已设置好的参数及 Total Carbon and Carbide A Fraction 和 Total Nitrogen，Nitride A and Nitride B Fraction 两参数外，其他参数均设置为 0。在区域 Region 下拉列表框中选择节点集 allnodes，选中 Constant Value，填入值为 0。

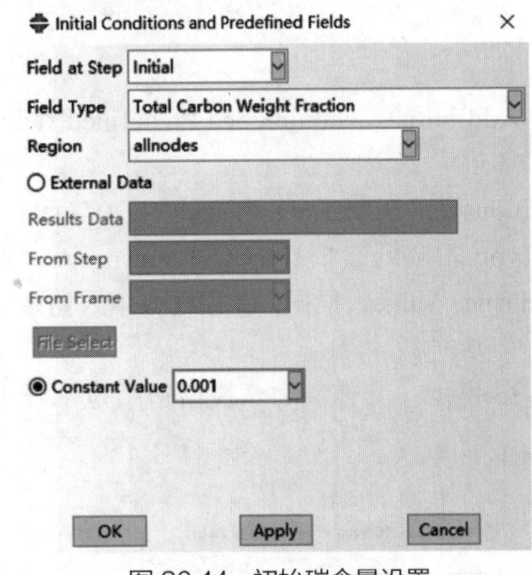

图 20-14　初始碳含量设置

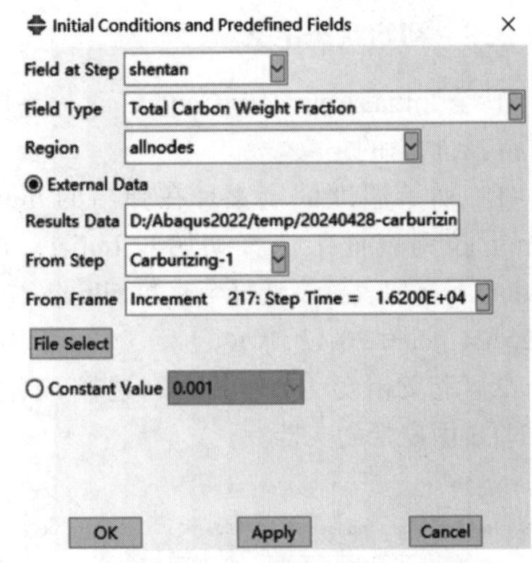

图 20-15　渗碳分析步碳分布导入

20.2.4　创建约束边界条件和相互作用

1. 创建约束边界条件

约束边界条件创建过程参考第 19 章相关内容。

2. 创建相互作用

1）首先进行膜属性的设置。传热模型中的膜属性为传热系数与温度的关系，单击 Abaqus/CAE 界面顶部菜单栏中 Plug-ins → DANTE Model Builder，转至 Initial/Boundary Conditions 标签页，单击 Add Film Property/Amplitude，输入属性名称 furnace，数据可以手动输入，也可从 DANTE 提供的数据库导入，详见 DANTE 用户帮助文档。单击 OK 按钮创建完成，之后依次设置炉冷膜、空冷膜、空气中转移膜、油淬膜属性，如图 20-16 所示。

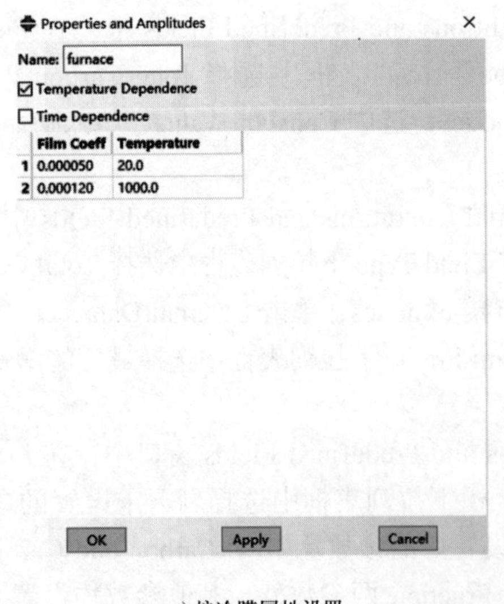

a) 炉冷膜属性设置

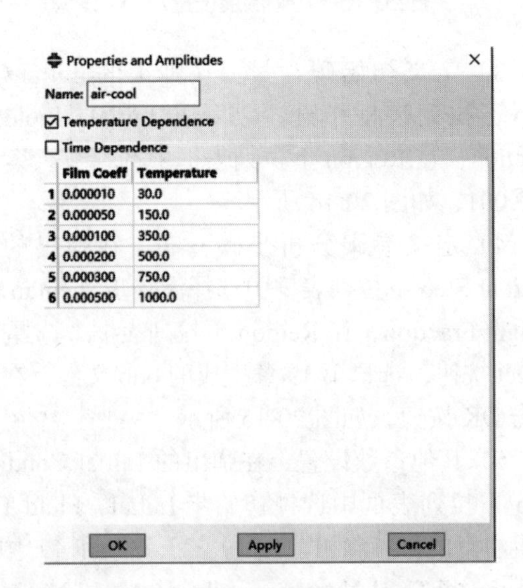

b) 空冷膜属性设置

图 20-16　膜属性创建

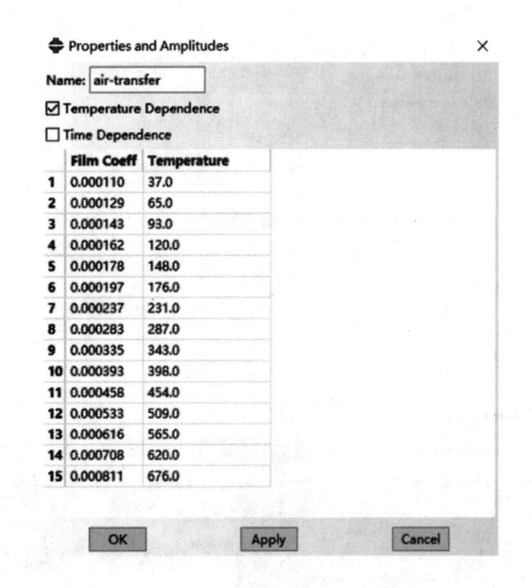

c) 空气中转移膜属性设置

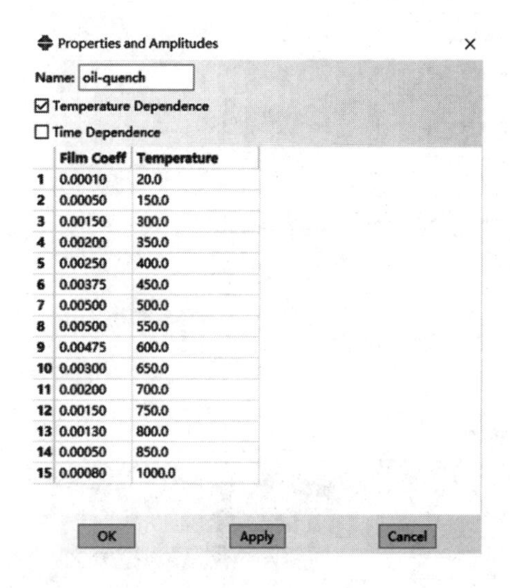

d) 油淬膜属性设置

图 20-16　膜属性创建（续）

2）进一步将创建的膜属性赋予每一分析步。单击 Add Interaction 按钮，在弹出的窗口中选中 HTC vs Temperature，选择分析步对应的膜属性，选中 Constant Ambient Temperature，填入分析步最终温度，在 Surface 下拉列表框中选择创建的外表面集合 outer-face，Step 选择对应的分析步。对于温度无变化的分析步，可选中 Constant HTC［W/（mm^2·K）］，填入固定值 0，接触定义如图 20-17 所示。特别地，对于浸没这一分析步，需要定义从工件接触溶液到完全浸没的淬火方法，单击 Add Interaction 按钮，Step 选择 immerse，选中 Quenching Method，单击 Quench Parameters，弹出如图 20-18 所示界面。界面左上角 File Name 填入 int-1，也可自由定义。在 Quench Surfaces 下拉列表框中选择创建的外表面集合 outer-face，Quench Direction 淬火方向选择从 Z 方向进入，Z 后文本框中填入 −1。Quench Direction 设置为 0、0、−1，选中 Constant Quench Speed，填写 10.0，选中 Constant Ambient Quench Temperature，填写 60.0，在 Ambient Quench HTC 下拉列表框中选择 oil-quench，设置完成后，单击 Write File 按钮，提示 .TXT written out successfully 即创建成功。回到添加相互作用界面单击 OK 按钮，完成对浸没分析步边界条件的设置。

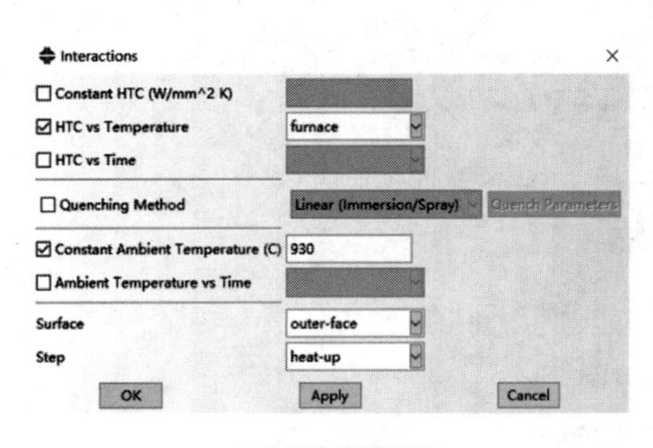

a) 升温步接触设置

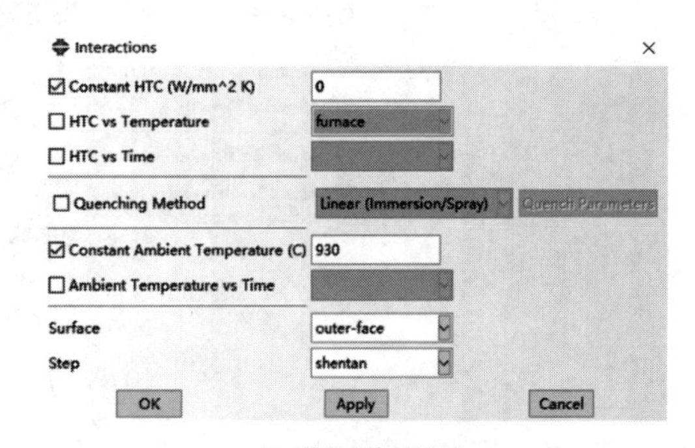

b) 渗碳步接触设置

图 20-17　接触定义

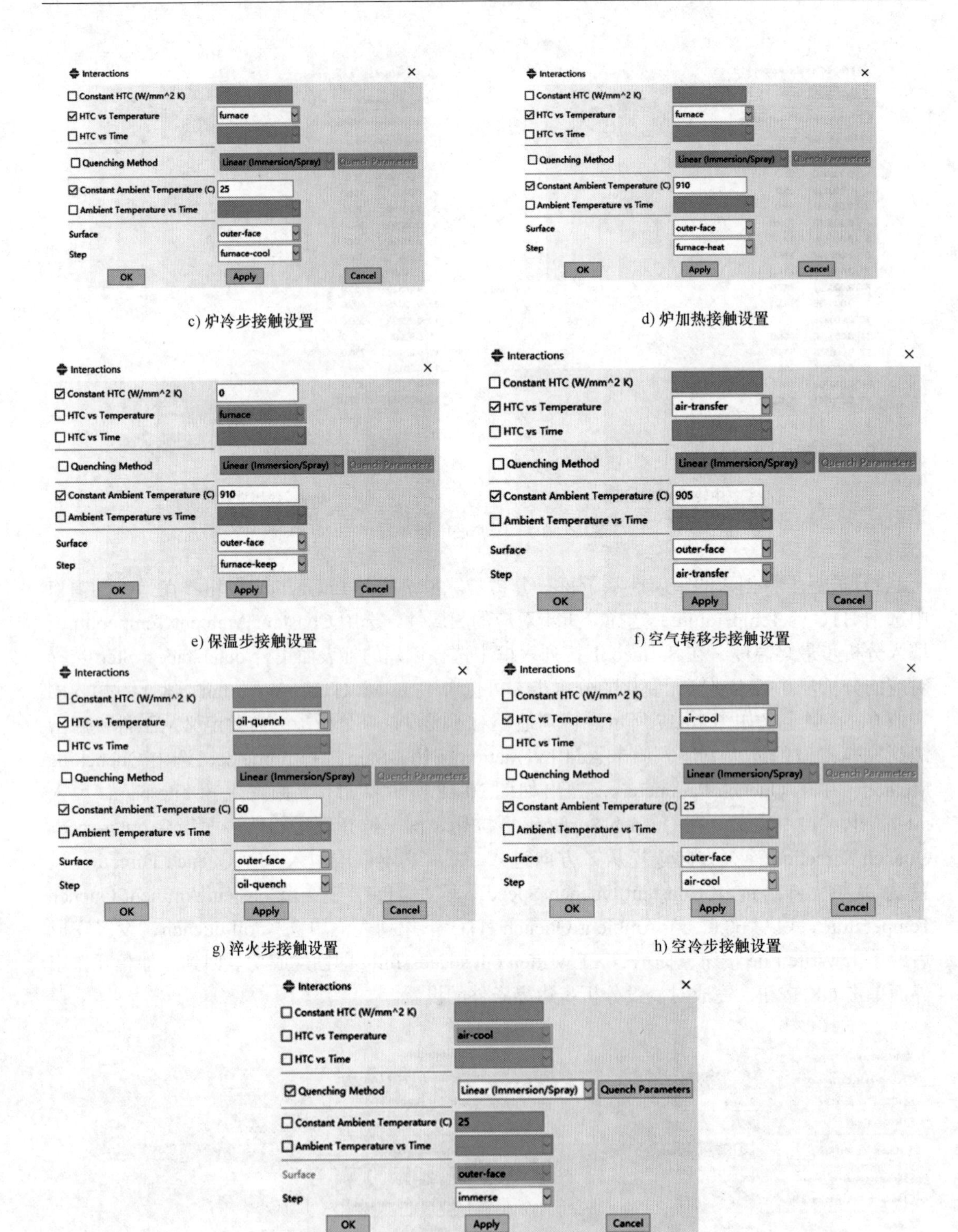

c) 炉冷步接触设置

d) 炉加热接触设置

e) 保温步接触设置

f) 空气转移步接触设置

g) 淬火步接触设置

h) 空冷步接触设置

i) 浸没分析步接触设置

图 20-17　接触定义（续）

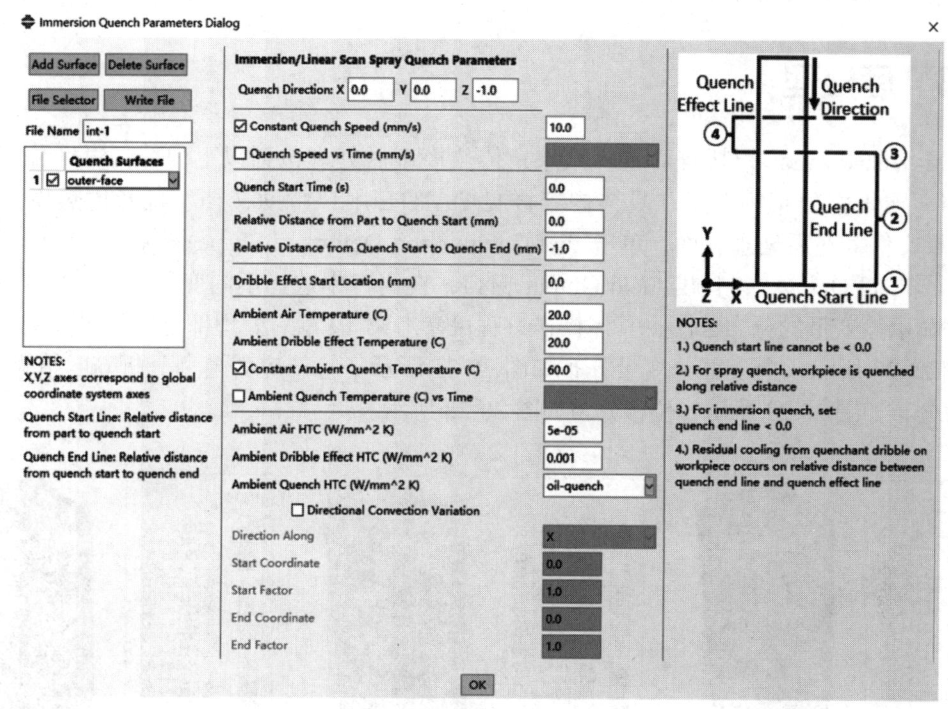

图 20-18　淬火方法定义

20.2.5 任务生成

在设置完所有信息后，回到 Model 界面，cpus 填入 8（根据实际计算机 cpus 核数），单击 Submit Job 即可提交运算，如图 20-19 所示。应力模型须在传热模型的基础上创建。传热模型计算完成后，转至 Mesh 模块，参考第 19 章相关内容，更改单元类型为 3D Stress，取消选中 Reduced integration，完成后回到 DANTE Model Builder 界面，单击 Convert to Stress 按钮，会创建名称为 D10-thermal_s 的应力模型，在 Active Model 下拉列表框中选择 D10-thermal_s，然后单击 Submit Job，提交计算即可。

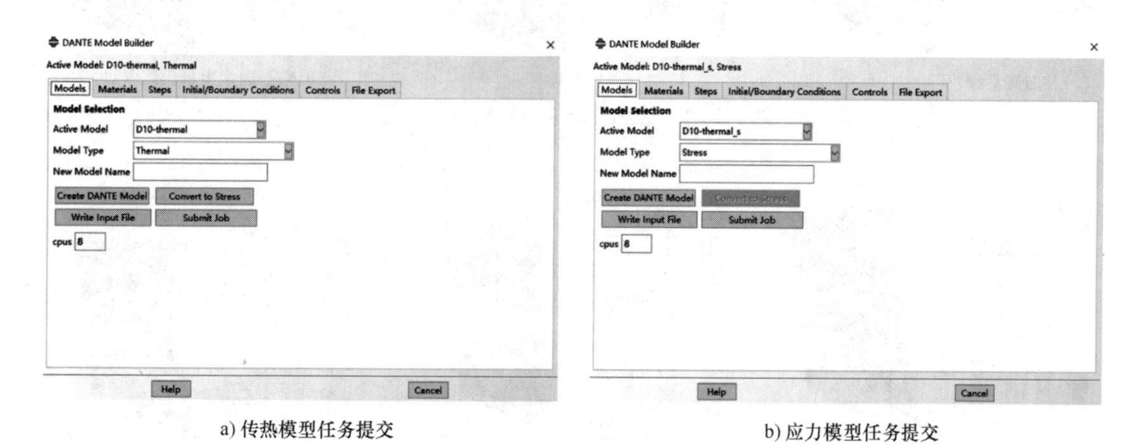

a) 传热模型任务提交　　　　b) 应力模型任务提交

图 20-19　任务提交

20.3 后处理

转至 Visualization 模块查看计算结果，传热模型后处理包括以下内容：温度分布、碳势分布、碳化物分布等变量，具体内容详见 DANTE 用户帮助文档。打开传热模型分析 odb 结果文件，在后处理界面，单击 Plot Contours on Deformed Shape 图标，然后单击菜单 Result → Field Output...，弹出 Field Output 窗口，在窗口中选择不同变量，然后单击 Apply 按钮可显示该变量的分布云图，具体操作过程可参考第 19 章后处理部分。传热分析温度分布如图 20-20 所示，余下部分变量分布如图 20-21 所示。打开应力模型分析 odb 结果文件，各应力分布如图 20-22 所示，位移分布如图 20-23 所示。

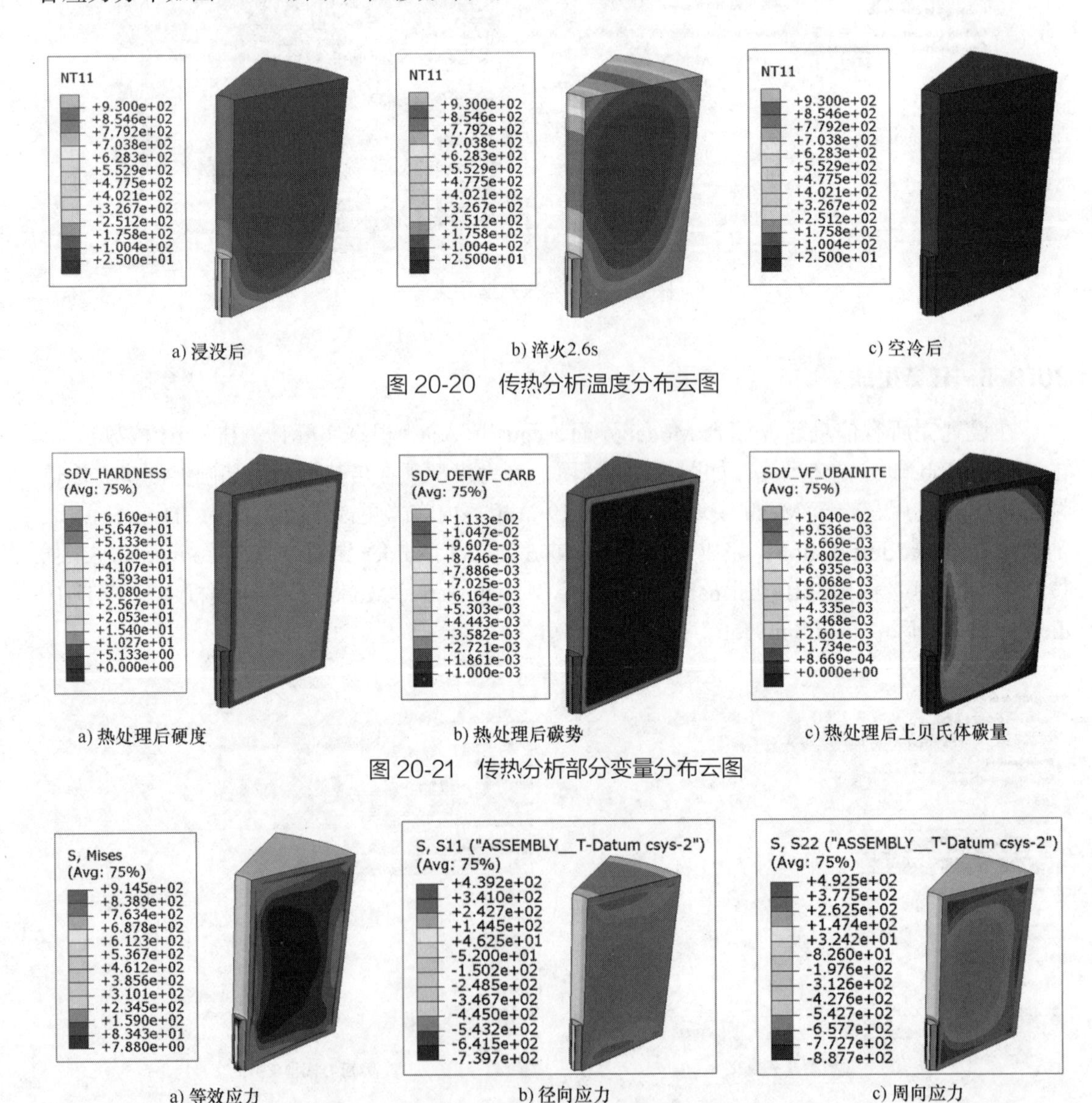

a) 浸没后　　b) 淬火2.6s　　c) 空冷后

图 20-20　传热分析温度分布云图

a) 热处理后硬度　　b) 热处理后碳势　　c) 热处理后上贝氏体碳量

图 20-21　传热分析部分变量分布云图

a) 等效应力　　b) 径向应力　　c) 周向应力

图 20-22　应力分析各应力分布云图

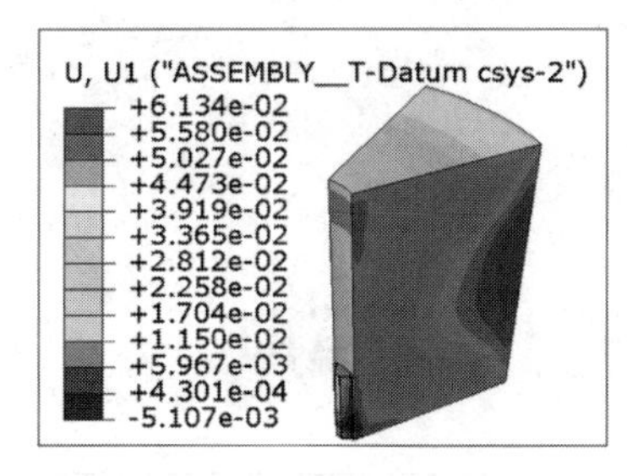

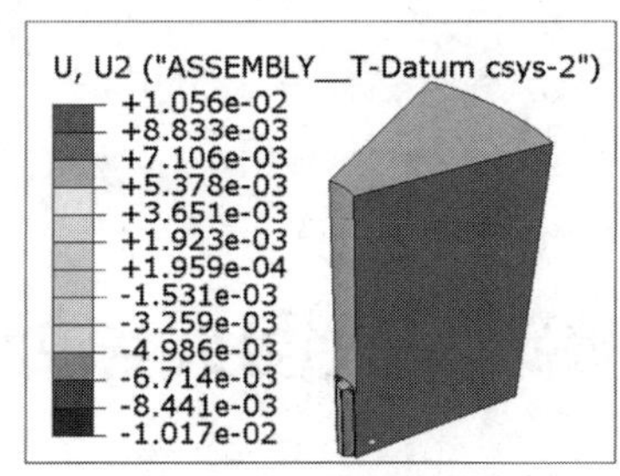

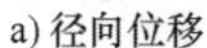

a) 径向位移　　b) 周向位移　　c) 轴向位移

图 20-23　应力分析位移分布云图

图 20-20~图 20-23

第21章 >>>

齿轮多级渗碳淬火回火热处理过程模拟

21.1 概述

本章旨在介绍应用热处理仿真分析软件 DANTE 和通用仿真分析软件 Abaqus 2022 进行齿轮多级渗碳淬火回火热处理过程模拟，其中包括从建模前处理、提交计算到结果分析的全部操作过程，重点介绍了传热模型建立、初始状态设置、边界条件定义、应力模型建立及运算的具体操作。

齿轮部件模型如图 21-1 所示，材料选用牌号 20MnCr5。部件由于为对称结构，为简化计算过程，减少计算时间，取部件的 1/36 进行仿真分析，如图 21-2 所示。仿真分析涉及的多级渗碳工艺如图 21-3 所示。

图 21-1　齿轮部件模型

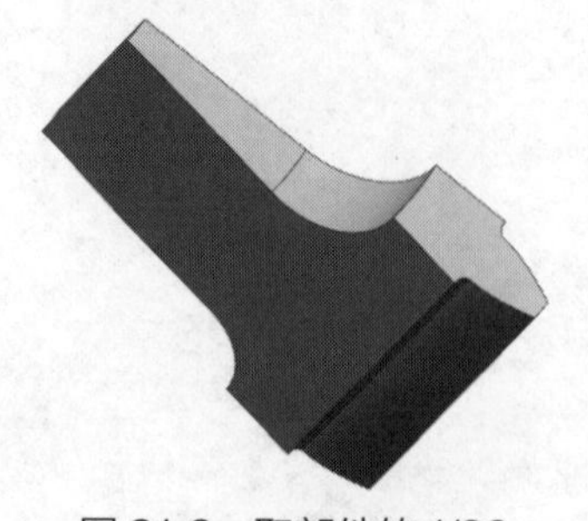

图 21-2　取部件的 1/36

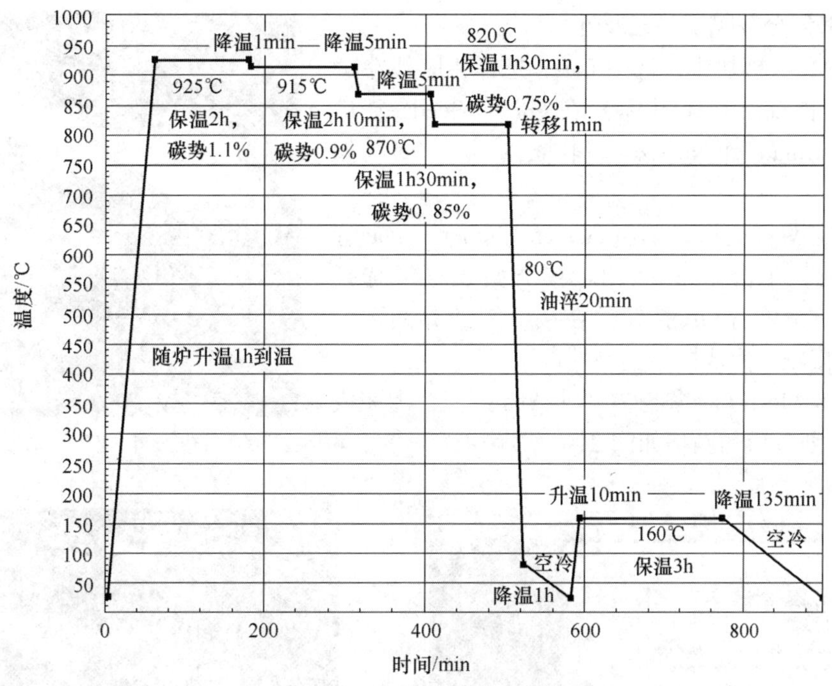

图 21-3　齿轮多级渗碳工艺

21.2　前处理

21.2.1　初始设置

渗碳模型初始设置包括工作路径修改和模型名称的添加，可参考第 19 章相关内容，传热模型初始设置参考第 20 章相关内容。

21.2.2　创建部件

部件创建包括导入部件和设置部件名称，参考第 19 章相关内容。

21.2.3　部件装配

渗碳模型部件装配参考第 19 章操作，传热模型通过复制模型继承相应属性。

21.2.4　网格划分和单元属性设置

1. 切分部件

1）在 Mesh 模块中，对部件进行切分，可参考第 19 章相关内容。

2）按住切块图标，移动光标到 Partition Cell：Extrude/Sweep Edges 图标处，释放左键，选择拉伸线，单击 Done 按钮，在之后的界面下方选择 Extrude Along Direction，选择竖直方向边为拉伸方向，观察箭头方向是否正确，可单击 Flip 转换方向。继续选择下一条拉伸线，选择要切分的部件，单击 Done 按钮，再重复上述操作，切块结果如图 21-4 所示。

2. 网格划分并赋予单元属性

1）在 Mesh 模块中，选中 Part，选择相应部件。

2）单击 Seed Part 图标，在 Global Seeds 窗口中的 Approximate global size 文本框内填入 0.4，如图 21-5 所示。

3）设定网格类型，单击 Assign Element Type 选中所有单元，单击 Done 按钮。在类型设置中选择 Heat Transfer，单击 OK 按钮。在接下来的界面下方单击 Done 按钮，完成网格类型的设置。

4）单击 Mesh Part 图标，单击 Yes 按钮，即完成网格划分，划分后的网格如图 21-6 所示。

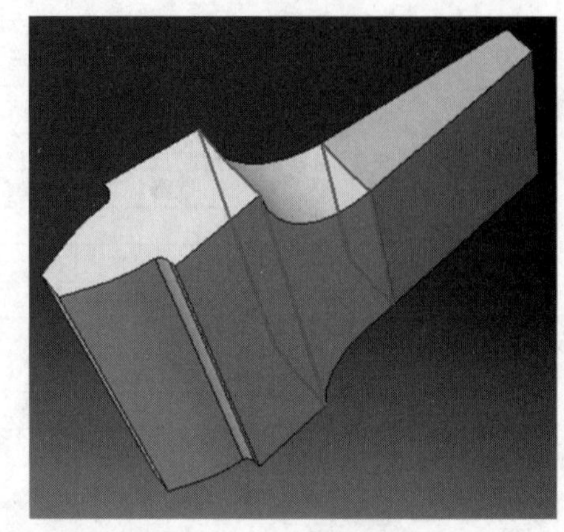

图 21-4　部件切块结果

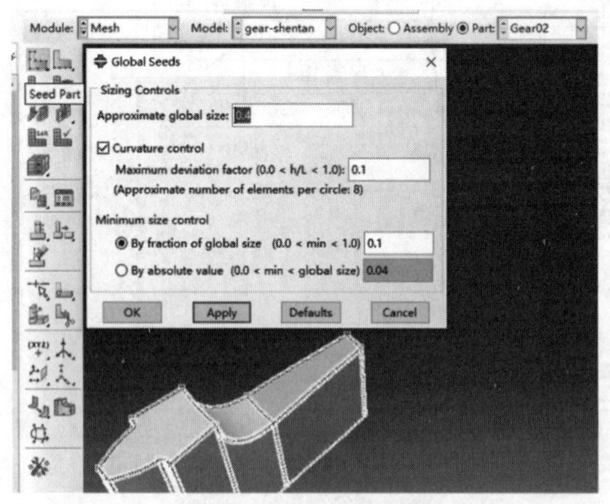

图 21-5　种子点设置

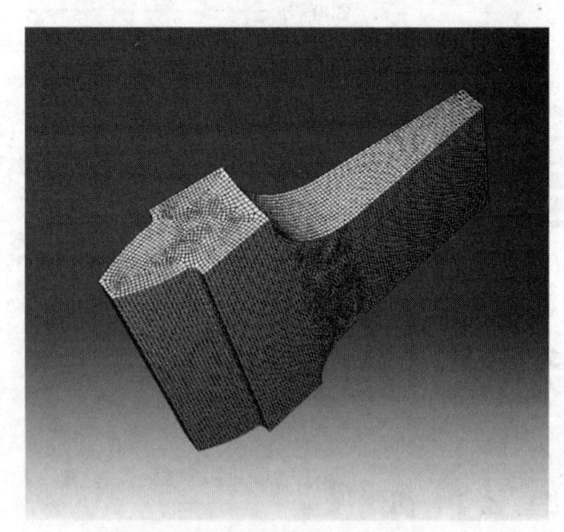

图 21-6　网格划分结果

3. 集合的定义

1）转至 Assembly 模块设置，单击菜单 Tools → Set → Create。在 Create Set（创建集合）窗口选中 Node，填入 Set 名称 allnodes，单击 Continue 按钮，选中所有节点，单击 Done 按钮，完成相应集合的创建。以相同的操作过程创建 Set 集合 sidenodes，选择两侧节点，如图 21-7a 所示。创建 fixed 节点集，如图 21-7b 所示，创建 monitor 节点集，如图 21-7c 所示。

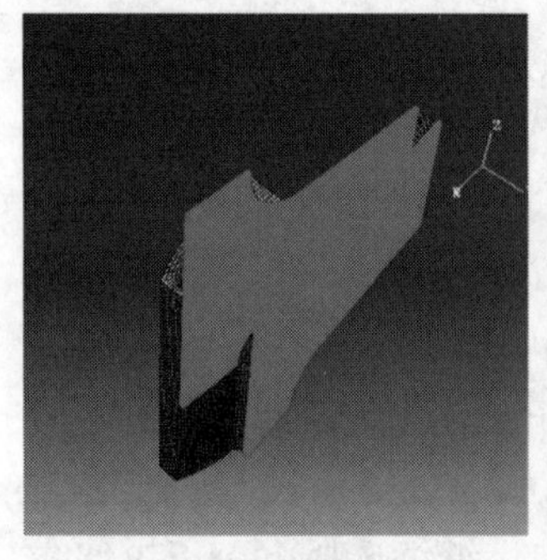

a) sidenodes节点集

b) fixed节点集

c) monitor节点集

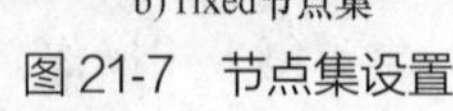

图 21-7　节点集设置

2）创建外表面集合，单击菜单 Tools → Surface → Create，设置表面集名称为 outerface，Type 区域选中 Geometry，选择部件外表面，如图 21-8 所示，单击 Done 按钮完成表面集的创建。

3）转至 Part 模块，单击菜单 Tools → Set → Create，定义 Set 名称为 allelement，在 Type 区域选中 Element，全选所有单元，单击 Done 按钮，完成单元集的创建。

4）操作均完成后，单击菜单 File → Save As...，保存项目，文件名可自由定义，此步骤可以启动 Abaqus CAE 并关掉 Start Session 窗口后任何时刻进行，后续为避免异常退出经常进行保存，单击菜单 File → Save 即可。

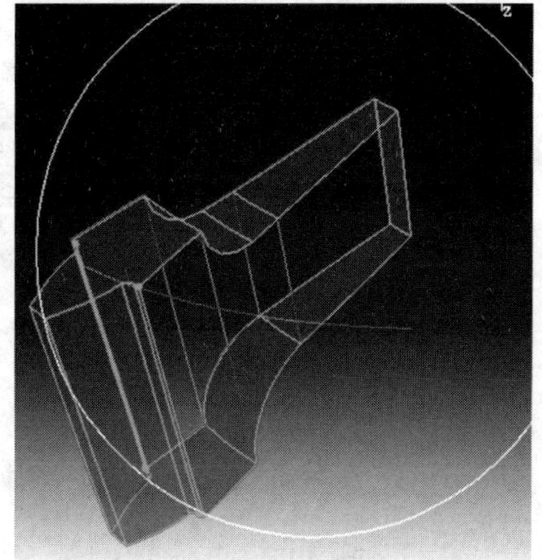

图 21-8　表面集合设置

21.2.5　创建材料并赋予部件

1. 渗碳模型的建立

对于传热分析模型的建立，在定义各渗碳分析步碳质量分数时，需要调用渗碳模型计算输出的 odb 碳势分布文件，因此在传热模型建立和计算前须进行渗碳过程的建模仿真计算。根据工艺曲线，包含连续四道次渗碳，因此需要建立对应的渗碳模型。

1）渗碳模型建立、分析步创建步骤参考第 19 章相关内容。渗碳模型须包括四个分析步，首先是渗碳温度 925℃，碳势 1.1%，渗碳时间 7200s 的第一道次渗碳；其次是渗碳温度 915℃，碳势 0.9%，渗碳时间 7800s 的第二道次渗碳；然后是渗碳温度 870℃，碳势 0.85%，渗碳时间 5400s 的第三道次渗碳；最后是渗碳温度 820℃，碳势 0.75%，渗碳时间 7200s 的第四道次渗碳。输入 Step Name 分析步名称，在 Previous Step 中选择前一步分析步的名称（默认最初步为 Initial）。根据渗碳工艺要求，设定工艺步的总时长 Time Period，填入最大时间步长 Max.Time Inc，单击 Create Step，完成分析步的创建。图 21-9、图 21-10 所示为第一道次和第二道次渗碳分析步创建，其他道次渗碳分析步创建过程与此相同。

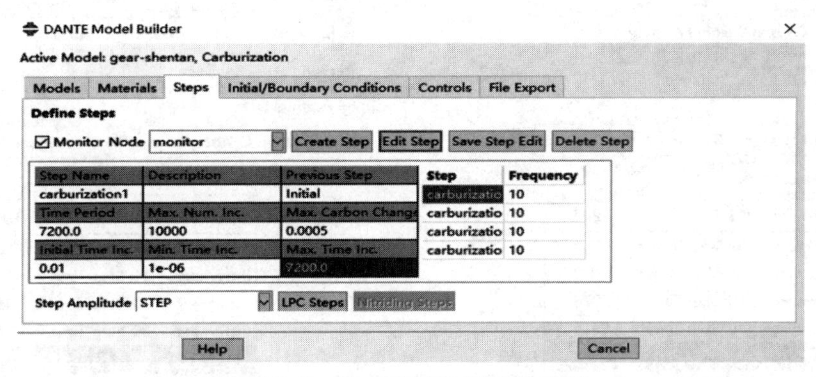

图 21-9　第一道次渗碳分析步创建

2）对于渗碳模型初始状态定义，参考第 19 章相关步骤。值得注意的是，由于四个渗碳分析步渗碳温度不同，须分别对各渗碳分析步添加对应的渗碳温度。

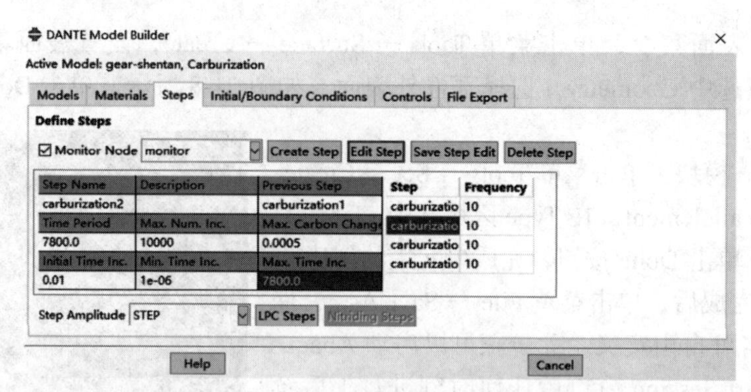

图 21-10　第二道次渗碳分析步创建

3）渗碳相互作用定义参考第 19 章相关内容，特别地，单击 Add Interaction 按钮，根据渗碳工艺，在接触设置界面为各渗碳分析步添加其对应碳势。渗碳模型约束边界条件设置参考后文。

2. 传热模型的建立

传热模型的建立参考第 20 章相关内容。

21.2.6　分析步设置

根据工艺曲线，设置每一分析步名称和时间步长，分析步创建过程参考第 20 章相关内容。对于浸没分析步，时间步长与工件尺寸有关，设置 10mm/s 的浸没速率，计算相应的时间步长。

21.2.7　初始状态定义

参考第 20 章初始状态设定操作，设置初始温度、相变动力学模型、初始碳含量，并通过导入渗碳模型输出的 odb 文件分别定义四个渗碳分析步的碳含量。图 21-11 和图 21-12 所

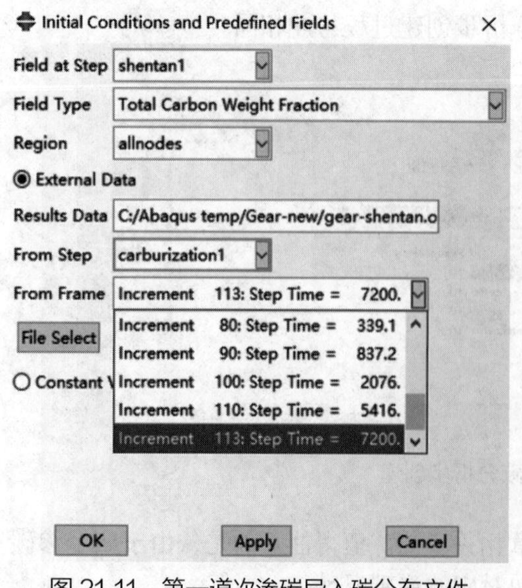

图 21-11　第一道次渗碳导入碳分布文件

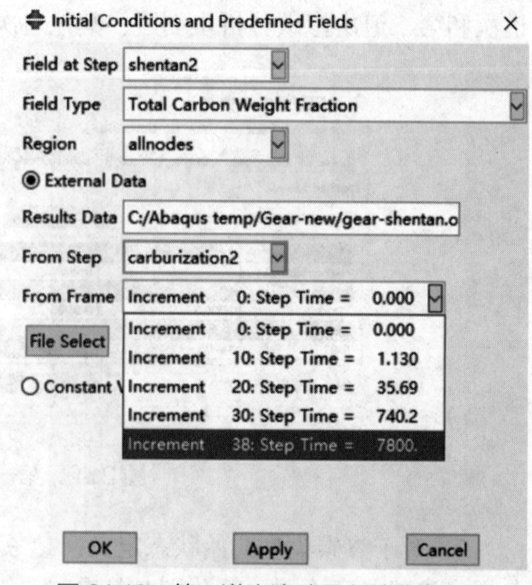

图 21-12　第二道次渗碳导入碳分布文件

示分别为第一道次渗碳步和第二道次渗碳步碳分布的导入，在 From Step 下拉列表框中选择对应的渗碳步，From Frame 下拉列表框中选择最后增量步，其他两道次渗碳分析步碳含量添加过程与此相同。余下其他参数与第 20 章设置相同，均设为 0。

21.2.8　创建约束边界条件和相互作用

1. 创建约束边界条件

首先创建柱坐标系，进入 Assembly 模块，单击菜单 Tools → Datum...，在窗口中 Type 区域选中 CSYS，在 Method 区域选择 3 points，在弹出的 Create Datum CSYS 窗口中填入坐标名称，下方选择 Cylindrical，单击 Continue。在界面底部单击 Create Datum，最后创建柱坐标系，如图 21-13 所示。

进入 Load 模块，单击 Create Boundary Condition 图标，弹出 Create Boundary Condition 窗口，输入名称 BC-1，Step 后，选取 Initial，选取 Symmetry/Antisymmetry/Encaste，单击 Continue... 按钮，单击提示栏 Sets... 按钮，选择 Assembly 模块中创建的 sidenodes 节点集，单击 Continue...，在弹出的 Edit Boundary Condition 窗口中单击 CSYS 右侧箭头，选择创建的柱坐标系，选中 YSYMM，单击 OK 按钮，完成侧边平面的对称约束设置，如图 21-14 所示。再次单击 Create Boundary Condition 图标，创建边界条件 BC-2，Step 后，选取 Initial，在 Create Boundary Condition 窗口中选取 Displacement/Rotation，选择 fixed 节点集，单击 Done 按钮，选择柱坐标系，在 Edit Boundary Condition 窗口中选中 U3，单击 OK 按钮，完成对 fixed 节点集外侧 Z 方向位移约束，如图 21-15 所示。

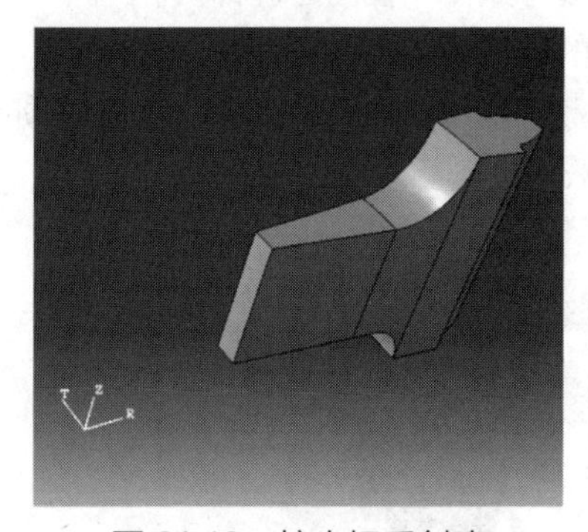

图 21-13　柱坐标系创建

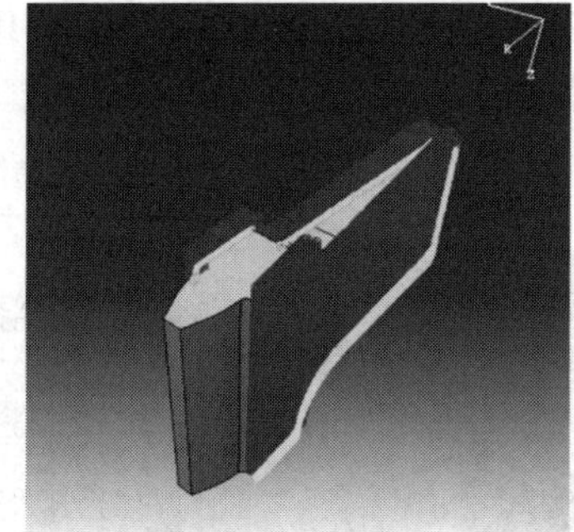

图 21-14　侧边平面的对称约束设置

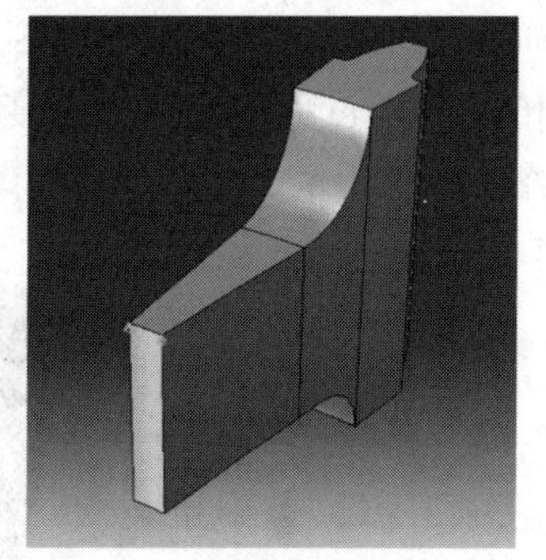

图 21-15　外侧 Z 方向位移约束设置

2. 创建相互作用

传热模型中的膜属性为传热系数和温度的关系，单击菜单 Plug-ins → DANTE Model Builder，转至 Initial/Boundary Conditions 标签页，首先单击 Add Film Property/Amplitude，输入属性名称 furnace，数据可以手动输入，也可从 DANTE 提供的数据库导入，步骤参考 DANTE 用户帮助文档，单击 OK 按钮创建完成。依次设置炉冷膜、空冷膜、空气中转移膜、油淬膜属性，详细步骤参考第 20 章膜属性设置。

进一步将创建膜属性赋予每一分析步，单击 Add Interaction 按钮，在弹出的窗口中选中 HTC vs Temperature，选择分析步对应的膜属性，选中 Constant Ambient Temperature，填入分析步最终温度，在 Surface 下拉列表框中选择创建的外表面集合 outer-face，Step 下拉列表框中选择对应的分析步。对于温度无变化的分析步，可选中 Constant HTC [W/(mm^2·K)]，填入固定值 0，各分析步设定步骤可参考第 20 章。特别地，对于浸没这一分析步，需要定义从工件接触溶液到完全浸没的淬火方法，定义过程参考第 20 章相关内容。回到添加相互作用界面单击 OK 按钮，完成对浸没分析步边界条件的设置。

21.2.9 任务生成

完成传热模型上述所有设置后，单击 Model 标签，cpus 填入 8（根据实际计算机 cpus 核数），单击 Submit Job 即可提交运算。应力模型须在传热模型的基础上创建，传热模型计算完成后，转至 Mesh 模块，参考第 19 章单元属性设置内容，更改单元类型为 3D Stress，取消选中 Reduced Integration。完成后回到 DANTE Model Builder 界面，单击 Convert to stress 按钮，会创建名称为 D10-thermal-s 的应力模型，在 Active Model 下拉列表框中选择 D10-thermal-s，单击 Submit Job 提交计算，详细过程参考第 20 章。

21.3 后处理

打开渗碳模型分析 odb 结果文件，在后处理界面，单击 Plot Contours on Deformed Shape 图标，然后单击菜单 Result→Field Output...，弹出 Field Output 窗口，在窗口中选择不同变量，然后单击 Apply 按钮可显示该变量的分布云图，具体操作过程可参考第 19 章后处理部分内容，传热模型、应力模型的结果输出和查看过程可参考第 20 章后处理部分内容。渗碳模型部分后处理结果如图 21-16 所示，传热分析过程中的温度分布云图如图 21-17 所示，传热分析过程中余下部分变量分布云图如图 21-18 所示。切换至应力模型，各应力分布如图 21-19 所示，位移分布如图 21-20 所示。

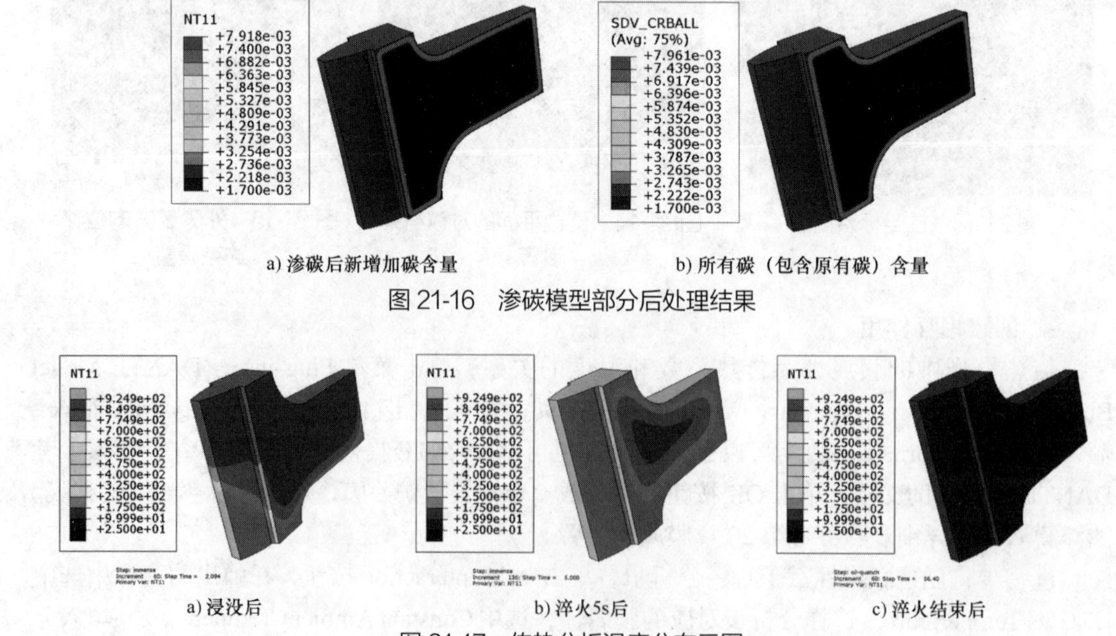

a) 渗碳后新增加碳含量　　b) 所有碳（包含原有碳）含量

图 21-16　渗碳模型部分后处理结果

a) 浸没后　　b) 淬火5s后　　c) 淬火结束后

图 21-17　传热分析温度分布云图

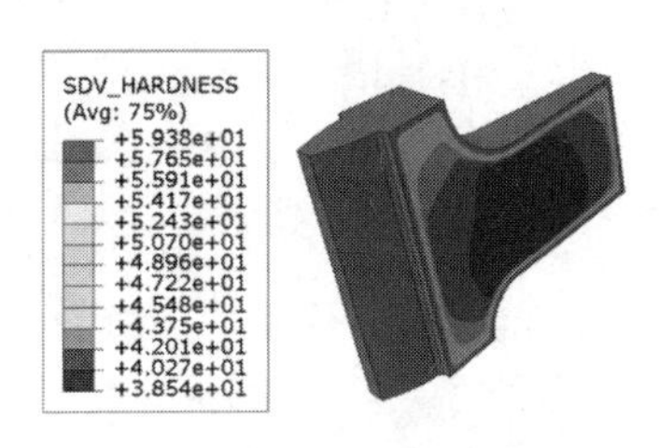

a) 热处理后硬度

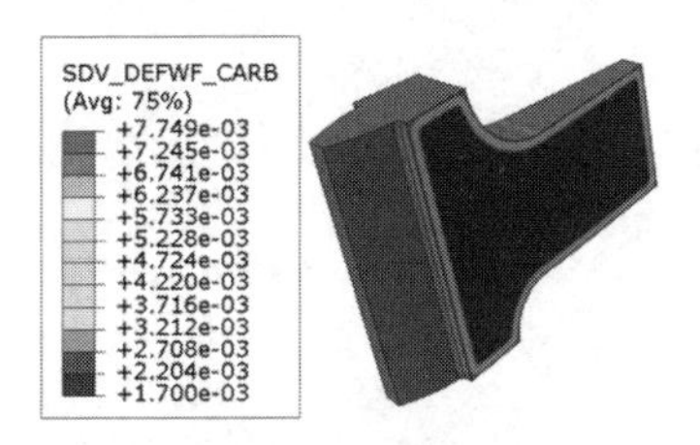

b) 热处理后碳势

SDV_VF_UBAINITE
(Avg: 75%)
+7.041e-02
+6.455e-02
+5.868e-02
+5.281e-02
+4.694e-02
+4.108e-02
+3.521e-02
+2.934e-02
+2.347e-02
+1.761e-02
+1.174e-02
+5.870e-03
+2.336e-06

c) 热处理后上贝氏体碳量

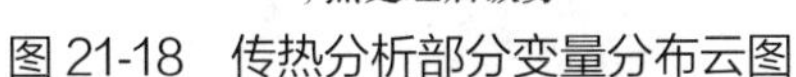
图 21-18　传热分析部分变量分布云图

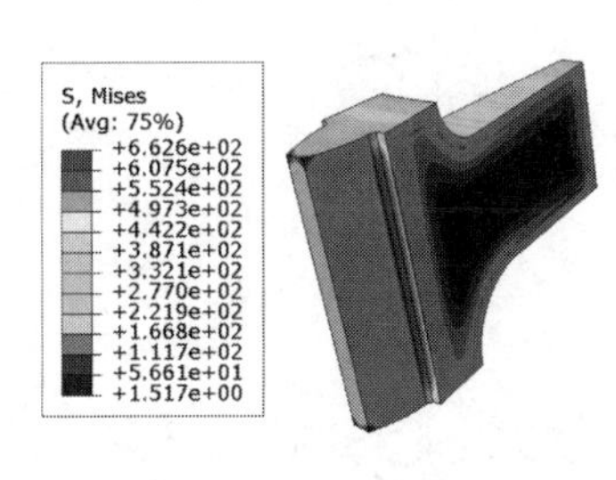

a) 等效应力

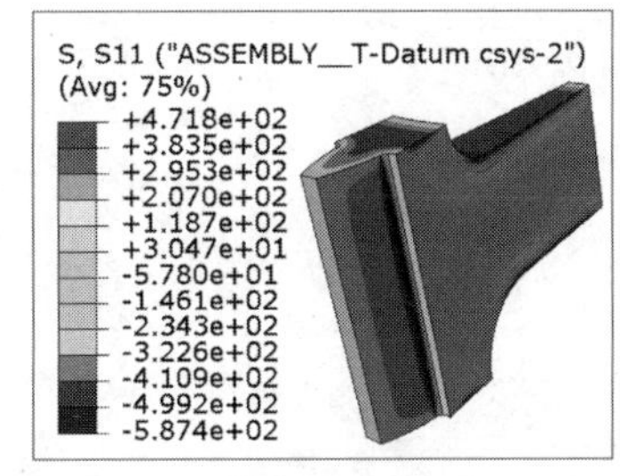

b) 径向应力

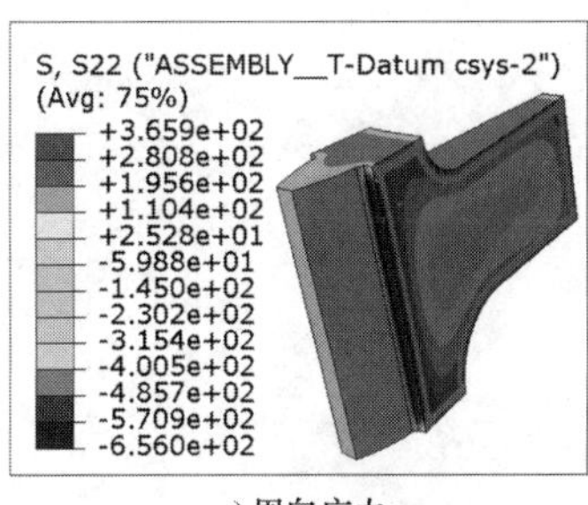

c) 周向应力

图 21-19　应力分析各应力分布云图

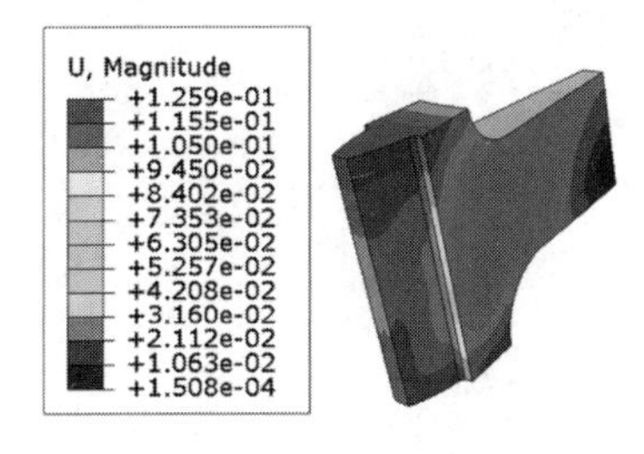

a) 总位移

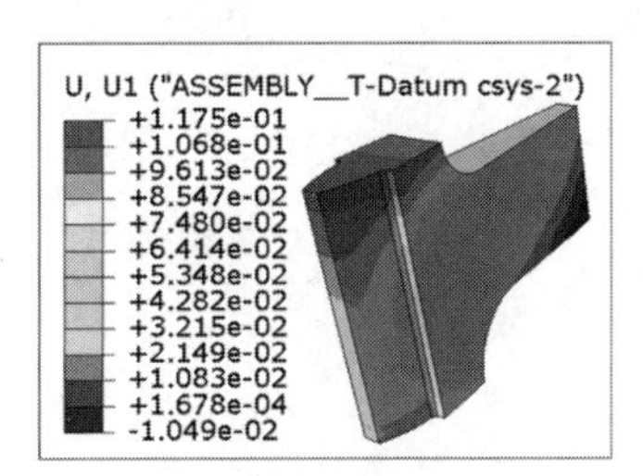

b) 径向位移

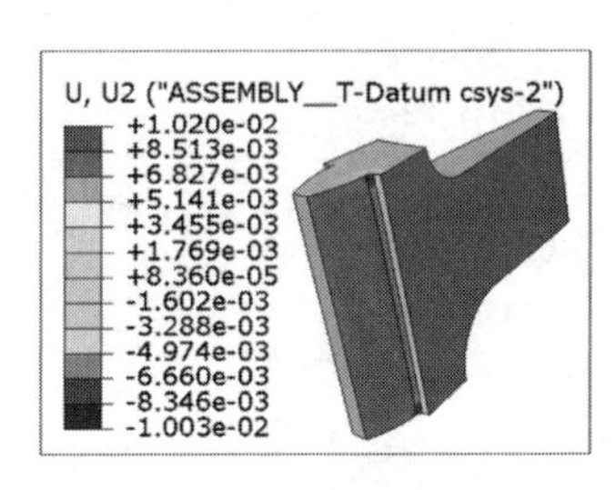

c) 周向位移

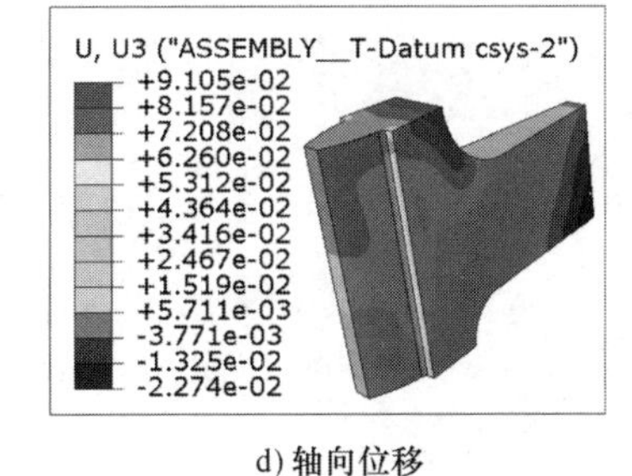

d) 轴向位移

图 21-20　应力分析位移分布云图

图 21-16~
图 21-20